Spark 大数据编程实用教程

艾　叔　主编

汪忠洋　参编

机 械 工 业 出 版 社

本书是一本讲解 Spark 基础应用及编程的实用教程，基于 Spark 2.3 版本，内容包括 Spark 与大数据、构建 Spark 运行环境、开发第一个 Spark 程序、深入理解 Spark 程序代码、RDD 编程、Spark SQL 结构化数据处理、Spark Streaming、Structured Streaming、SparkR 和 GraphX。本书总结了 Spark 学习的关键点；提出了 Spark 快速学习路线图；提供配套的 Spark 前置课程学习资源链接，包括虚拟机、Linux 和 Shell 免费高清视频、《零基础快速入门 Scala》免费电子书等，帮助零基础读者迅速夯实 Spark 基础。

本书配以大量的示例、源代码和注释，可以帮助读者快速、全面而又深入地掌握 Spark 编程技能。

本书既可作为高等院校大数据、云计算和人工智能相关专业的教材，也可以作为 Spark 学习者和大数据研发人员的技术参考书。

图书在版编目（CIP）数据

Spark大数据编程实用教程 / 艾叔主编. —北京：机械工业出版社，2020.3（2023.1 重印）

ISBN 978-7-111-65100-0

Ⅰ. ①S… Ⅱ. ①艾… Ⅲ. ①数据处理软件－教材 Ⅳ. ①TP274

中国版本图书馆CIP数据核字（2020）第 044567 号

机械工业出版社（北京市百万庄大街 22 号 邮政编码 100037）

策划编辑：王 斌 责任编辑：王 斌

责任校对：张艳霞 责任印制：孙 炜

北京中科印刷有限公司印刷

2023 年 1 月第 1 版・第 2 次印刷

184mm×260mm・24 印张・591 千字

标准书号：ISBN 978-7-111-65100-0

定价：109.00 元

电话服务	网络服务
客服电话：010-88361066	机 工 官 网：www.cmpbook.com
010-88379833	机 工 官 博：weibo.com/cmp1952
010-68326294	金 书 网：www.golden-book.com
封底无防伪标均为盗版	机工教育服务网：www.cmpedu.com

前　　言

在大数据开发中，大数据处理是其中十分关键、必不可少的一环。Spark 是主流的通用大数据处理平台，因此，要学习大数据开发，必然要学习 Spark。

近年来，作者在大数据教学上，尤其是在 Spark 技术的应用和推广上进行了一系列有益的尝试。

- 在全国较早地开设了云计算及大数据相关课程。
- 在全国较早地对本科生开展了系统、深入的 Spark 编程训练。
- 主讲的 Spark 实战视频课程在 51CTO 学院长期排名大数据（Spark 分类）课程的年销量第一。
- 作者指导 3 支 Spark 零基础本科生团队参加了 3 届全国性 Spark 编程比赛（第二届、第三届和第四届全国高校云计算应用创新大赛技能赛），在同多支 985/211 高校的参赛队角逐中，我们的本科生队战胜了多支研究生队，共获得全国总决赛二等奖两次，三等奖一次。
- 此外，编者指导的云计算和大数据作品，参加国家级科技创新竞赛，共获得全国特等奖一次，一等奖两次。

在此期间，编者接触并培养了大量的零基础 Spark 学习者，总结出 Spark 初学者的四个共性问题。

- 内容繁杂，理不清头绪：Spark 的学习内容太多，哪些是必须学的？先学哪个？后学哪个？漫无目的地学，只会导致事倍功半。
- 基础不够：Spark 开发需要大量的前置知识，例如虚拟机、Linux 命令、网络基础、分布式系统基础和编程语言等，很多都是理论和实践结合在一起的，有一个问题搞不定，就会卡住进行不下去。
- Scala 难以学习：Scala 语法晦涩难懂，读 Spark 的 Scala API，明明很简单的函数，却看起来像天书。
- 无法动手：看了大量的 Spark 编程书籍，明白了 Spark 的技术原理，但是无法将自己的想法实现成 Spark 程序，更不用说利用 Spark 特性进行优化了。

为此，编者编写了这本《Spark 大数据编程实用教程》，力图能够帮助 Spark 初学者快速掌握 Spark 编程技能，少走弯路，具体做法如下。

- 针对第一个问题，本书总结 Spark 学习的痛点，构建了 Spark 快速学习路线图，为读者提供一条清晰明确的学习路径；结合编者自身的开发经验，按照 20/80 原则，精选 Spark 学习中的重难点，帮助读者快速、深入地掌握 Spark。
- 针对第二个问题，本书提供了一站式 Spark 前置课程资源，包括虚拟机、Linux 和 Shell 编程等免费高清视频，这些视频在“网易云课堂”上学习人数多，好评度高。每门课大概 10 个小视频，短小精悍，每个视频时长 15min 以内，即使零基础也可快速入门。

- 针对第三个问题，本书采用 Scala 作为 Spark 应用的开发语言，每个 API 和关键示例代码都有详细讲解，帮助读者在实战中快速掌握 Scala；同时，本书还提供配套编写的《零基础快速入门 Scala》免费电子书，精选 Scala 知识点，帮助读者在短时间内快速入门 Scala。
- 针对第四个问题，本书提供了非常多的 Spark 示例，它们来源于编者团队 5 年 Spark 项目开发、3 年 Spark 全国编程大赛的实践经验。每个示例都有说明，关键代码有解释，还有测试数据和运行方法，非常适合自学。可以帮助读者迅速上手，全面、深入地掌握 Spark 编程技能，快速积累 Spark 开发经验。

本书共 10 章，分别是 Spark 与大数据、构建 Spark 运行环境、开发第一个 Spark 程序、深入理解 Spark 程序代码、RDD 编程、Spark SQL 结构化数据处理、Spark Streaming、Structured Streaming、Spark R 和 GraphX。

在章节分工上，艾叔负责整个大纲的拟定，以及第 1、2、3、4、5、6、7、8 章的编写；艾叔、汪忠洋共同完成第 9、10 章的编写。

本书既可作为高等院校大数据、云计算和人工智能相关专业的教材，也可以作为 Spark 学习者和大数据研发人员的技术参考书。

感谢机械工业出版社的胡毓坚总编、和庆娣编辑、王斌编辑的大力支持。正是由于他们专业、热情和不辞辛苦的付出，才成就了本书，在此表示衷心的感谢!

感谢我的妻子，她营造了一个很好环境，让我能够安心写书，此书能够顺利出版，与她的包容和支持是密不可分的；感谢我的女儿，虽然她不懂书的内容，却总能给我以最温暖的鼓励；感谢我的父母，他们默默的支持是我前行的动力！

感谢一直以来，关心帮助我成长的家人、老师、领导、同学和朋友们！

谨以此书献给我曾学习、工作和生活多年的母校，虽然现已离开，但仍将铭记校训继续前行！

由于时间紧、任务急，书中难免有疏漏之处，如果阅读过程中有任何疑问，可通过作者邮箱：spark_aishu@126.com，或作者微信及公众号：艾叔编程联系我们。

作者微信

作者公众号

编 者

2020.01

目　　录

第1章　Spark与大数据

本章介绍大数据和Spark开发相关的概念和技术，目的有两个：第一个是让读者能够对大数据及相关技术有一个总览，进而对Spark在整个大数据开发中的地位和重要性加深理解；第二个是帮助读者对Spark技术栈中所涉及的技术、知识点有一个全面、细致的认识，结合Spark快速学习路线图和本书内容，为后续高效学习Spark编程打下基础。

本章将重点讲述以下几个问题：

- 什么是大数据？它和普通数据有什么不一样？
- 大数据开发分为哪几个步骤？
- 大数据开发的各个环节中分别涉及哪些技术？
- Spark是什么？它是用来干什么的？它位于大数据开发的哪个环节？
- Spark相对于其他大数据处理技术，有哪些特点？
- Spark的重要组件有哪些？其作用分别是什么？
- Scala是什么？为什么用Scala来开发Spark框架和Spark应用？
- 使用Scala开发Spark应用涉及哪些技术？
- 学习Spark需要掌握哪些技能或知识点？
- 如何快速学习Spark？

1.1　大数据开发基础

本节的内容包括：大数据的定义、大数据开发步骤以及大数据开发中所涉及的技术。

如果把大数据学习比作一段旅程，那么本节就是一张地图，它会指明学习大数据的正确路线。

📖 本节不涉及具体技术，弄清方向、抬头看路在某种程度上会比学习某个具体的技能更重要！

📖 本节只需要理解大数据定义和大数据开发步骤，对于本节所提到的具体技术只需有一个基本印象，不需要深究细节，待后续积累一定的开发经验后，再回过头来看本节内容，会有不同的理解。

1.1.1　什么是大数据

1．大数据定义

维基百科对大数据的定义如下。

大数据是指传统数据处理应用软件无法充分处理的太大或太复杂的数据集。

本书采用上述定义作为大数据定义，因为它描述了大数据的本质，而大数据的其他特性都可以由此定义推导出来。

2．理解大数据

大数据与普通数据不同之处就在于“大”，这个“大”有以下 3 层含义。

（1）存储空间大

大数据对存储空间的要求超出了普通数据。普通数据通常情况一台机器就能装下。而大数据的存储空间可能远远超出普通机器的容量。例如，1PB 的数据，如果每台机器有 2TB 的存储空间，至少需要 500 台机器才能存储得下。但是，要注意的是，使用数据占用存储空间的绝对值作为大数据的判断标准是不准确的，例如，Google 成立时，硬盘容量通常是在 10GB 左右，有的甚至更小，1TB 的数据，可能就需要 100 块甚至更多的硬盘来存储，当时的 1TB 数据是可以称之为大数据的；而到了现在，一块普通 SATA 硬盘的空间就在 2TB 以上，1TB 的数据 1 块硬盘就可以存储，1TB 的数据再称之为大数据，似乎就不太合适了。

（2）数据量大

这个数据量是指数据记录的条数，不是指它所占用的存储空间大小。最典型的是海量数据库，例如，超过亿条级别的 Oracle 单表，或者超过千万条级别的 MySQL 单表。这样的单表可能并不占用很大的存储空间，但是，记录的条数超出了传统数据库处理的范围，因此，也可以称之为大数据。

（3）计算量大

如果数据处理的算法复杂度高，需要远超单机的计算力，那么即使数据的存储空间、数据量规模都不大，也可称之为大数据。例如，同构子图的查询算法，在一个几千万个节点目标图中，给定一个小的查询图（点、边的集合），要查询目标图中和查询图结构相同的子图，在这个算法中，目标图和查询图在存储空间和数据量方面，都是单机可以处理的范围，但是，整个搜索匹配过程是一个 NP 完全问题，传统的单机方法无法处理。因此，如果待处理的数据，其计算量大，超出传统单机处理范围，也可以称之为大数据。

结论：如果数据的特性符合上述 3 个特性之一，就可以称之为大数据！

1.1.2 大数据开发的通用步骤

大数据的开发步骤如图 1-1 所示。

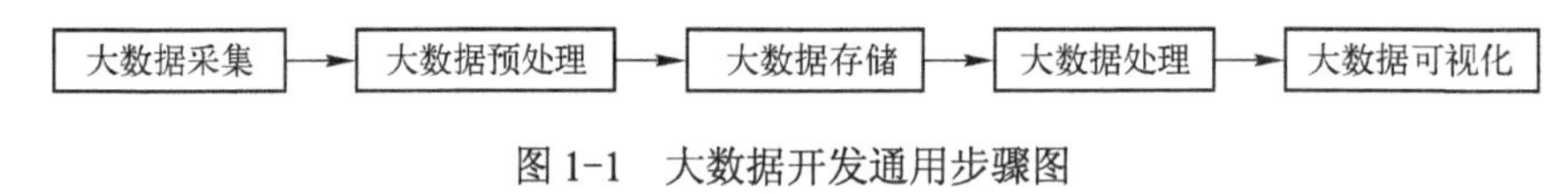

图 1-1　大数据开发通用步骤图

图 1-1 只是一个简化后的步骤和流程，实际开发中，有的步骤可能不需要，有时还需要增加步骤，有的流程可能更复杂，视具体情况而定。下面以 Google 搜索引擎为例，来说明以上步骤。

1．大数据采集

Google 的数据主要来自互联网上的网页，它们由 Google Spider（蜘蛛、爬虫、机器人）来抓取，抓取的原理也很简单，就是模拟人的行为来访问各个网页，然后保存网页内容。

Google Spider 是一个程序，运行在全球各地的 Google 服务器之中，Spider 们非常勤奋，日夜不停地工作。Google 的统计数据表明，Google Spider 们每天都会访问大约 200 亿个网页，而在总量上，它们追踪着 300 亿个左右的独立 URL 链接。可以说，只要是互联网上的网站，只要没有在 robots.txt 文件禁止 Spider 访问的话，其网页数据基本上都会在很短的时间内被抓取到 Google 的服务器上。

全球的网页数据，是典型的大数据，Google Spider 所做的就是典型的大数据采集工作。

2．大数据预处理

Google Spider 爬取的网页数据，无论是从格式还是结构都是不统一的，需要先做一些处理，例如，在存储之前先转码，使用统一的格式对网页数据进行编码，这些工作就是大数据预处理。

3．大数据存储

网页数据经过预处理后，就可以存储到 Google 的服务器上。2008 年，Google 已经索引了全世界 1 万亿个网页，到 2014 年，这个数字变成了 30 万亿个。为了减少开销，节约空间，Google 将多个网页文件合并成一个大文件，文件大小通常在 1GB 以上。

为了实现这些大文件高效、可靠、低成本地存储，Google 发明了一种构建在普通商业机器之上的分布式文件系统：Google File System，缩写为 GFS，用来存储文件（又称之为非结构化数据）。

网页文件存储下来后，就可以对这些网页进行处理了，例如统计每个网页出现的单词以及次数、统计每个网页的外链次数等。这些被统计的信息就成为数据库表中的一个属性，每个网页最终就会成为数据库表中的一条或若干条记录。由于 Google 存储的网页太多（30 万亿个以上）因此这个数据库表也是超级庞大的，传统的数据库像 Oracle 等根本无法处理这么大的数据，因此 Google 基于 GFS，发明了一种存储海量结构化数据（数据库表）的分布式系统 Bigtable。

上述两个系统（GFS 和 Bigtable）并未开源，Google 仅通过文章的形式描述了它们的设计思想。所幸的是，基于 Google 的这些设计思想，业界出现了不少开源大数据分布式文件系统，如 HDFS 等，也出现了许多开源结构化大数据分布式系统，如 HBase、Cassandra 等，它们分别用于不同类型大数据的存储。

总之，如果采集过来的大数据需要存储，要先判断数据类型，再确定存储方案选型；如果不需要存储（如有的流数据不需要存储，直接处理），则直接跳过此步骤进行处理。

4．大数据处理

网页数据存储后，就可以对其进行处理了。对于搜索引擎来说，主要有以下 3 步。

1）单词统计：统计网页中每个单词出现的次数；

2）倒排索引：统计每个单词所在的网页 URL（Uniform Resource Locator，统一资源定位符，俗称网址）以及次数；

3）计算网页级别：根据特定的排序算法（如 PageRank）来计算每个网页的级别，越重要的网页，级别越高，以此决定网页在搜索返回结果中的排序位置。

例如，当用户在搜索框输入关键词“足球”后，搜索引擎会查找倒排索引表，得到“足球”这个关键词在哪些网页（URL）中出现，然后，根据这些网页的级别进行排序，将级别最高的网页排在最前面，返回给用户，这就是单击“搜索”后，看到的最终结果。

在进行大数据处理时，往往需要从存储系统读取数据，处理完毕后，其结果也往往需要输出到存储。因此，大数据处理阶段和存储系统的交互是非常频繁的。

📖 大数据处理和大数据预处理，在技术上是相通的，只是所处阶段不同；

📖 大数据处理环节是大数据开发阶段的一个必需的环节！

5．大数据可视化

大数据可视化是将数据以图表的方式展现出来，与纯粹的数字表示相比，图表方式更为直观，更容易发现数据之间的规律。

例如，Google Analytics 是一个网站流量分析工具，它统计每个用户使用搜索引擎访问网站的数据，然后得到每个网站的流量信息，包括网站每天的访问次数，访问量最多的页面、用户的平均停留时间、回访率等，所有数据都以图表的方式直观地显示出来，如图 1-2 所示。

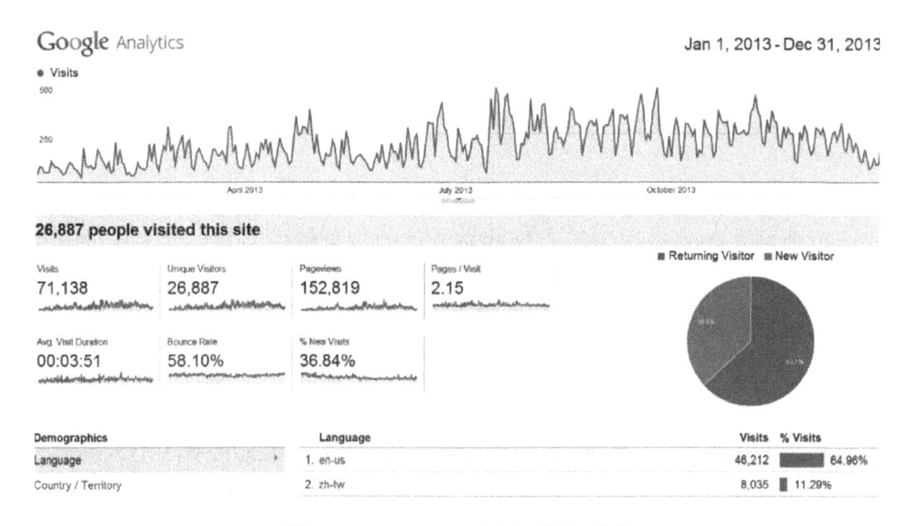

图 1-2　Google 网站访问量分析图

1.1.3　大数据开发技术

上节介绍了大数据开发的通用步骤，本节介绍大数据开发中所涉及的技术。由于技术的通用性，有些步骤所涉及的技术会有重合，例如大数据预处理和大数据处理阶段，两者所涉及的技术重合度较高，故将其合并统一介绍。

下面按照大数据采集、大数据存储、大数据处理（大数据预处理）、大数据可视化的顺序，介绍各阶段所涉及的技术。

1．大数据采集技术

（1）大数据采集技术的特点

和传统的数据采集技术相比，大数据采集技术有两个特点。

1）大数据采集通常采用分布式架构。这是因为大数据采集的数据流量大，数据集记录条数多，传统的单机采集方式在性能和存储空间上都无法满足需求；

2）多种采集技术混合使用。这是因为大数据不像普通数据采集那样单一，往往是多种数据源同时采集，而不同的数据源对应的采集技术通常不一样，很难有一种平台或技术能够统一所有的数据源，因此大数据采集时，往往是多种技术混合使用，对技术要求更高。

（2）大数据采集技术（按数据源分类）

大数据的采集从数据源上可以分为 Web 数据（包括网页、视频、音频、动画、图片等）、日志数据、数据库数据以及其他数据 4 类。不同的数据源对应不同的采集技术，如图 1-3 所示。

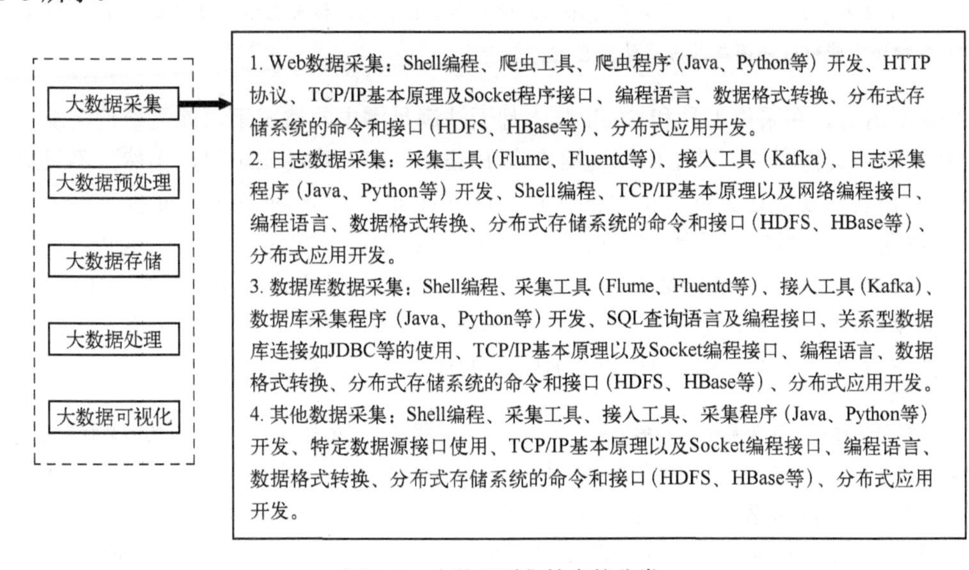

图 1-3　大数据采集技术的分类

（3）大数据采集技术（按知识层次分类）

根据图 1-3 内容，对大数据采集技术按照知识层次进行以下分类。

1）数据采集相关的基础知识。包括操作系统的相关知识和操作，如 Linux 常用命令等，因为采集程序和被采集的对象都是运行在操作系统上的，必须要有相应的基础知识；TCP/IP 网络协议原理，因为所有采集到的数据都是通过网络传输和存储的，因此了解相应的网络传输协议是必需的；HTTP 相关协议，Web 数据的采集是通过 HTTP 协议完成的，还需要有 HTML、CSS 等 Web 相关知识；数据库原理及 SQL 操作，这个是采集数据库数据所必需的；数据提取及清洗技术，基本的数据格式，如 CSV、JSON 等常见格式以及它们的转换操作是必须掌握的；HDFS 和 HBase 的运行机制和基本操作，分别用于结构化和非结构化海量数据的存储；由于大数据采集的架构通常是分布式的，因此，在开发专门的采集程序时，还需要掌握分布式应用开发的技术，如自定义网络协议、网络异常处理、应用间的同步与异常处理等。

2）常用的数据采集工具。不同的数据源对应不同的采集工具，也可能多个数据源可以用同一个采集工具，例如，Flume 可以采集数据库和日志数据。但是很难有一种工具能覆盖所有的数据源。因此，不同的采集需求需要掌握不同采集工具的使用。如果是采集数据库、日志文件，则涉及 Flume、Fluentd 等工具，如果是采集 Web 页面数据，则涉及 HtmlUnit/webmagic 等爬虫框架，同时还可能会涉及反爬虫技术。此外，如果要实现大规模的数据采集、分发、订阅，还需要 Kafka 等组件。

3）Shell 脚本。和采集工具相比，Shell 脚本采集数据更为灵活，和 Python 相比，Shell 脚本更方便，开发简单、效率高，因此，在能满足需求的情况下，完全可以采用 Shell 脚本快速完成数据的采集，在数据量大的情况下，可以使用 Shell 脚本采集部分数据，快速完成原型验证。

> 很多资料提到数据采集，就要用 Python，使用 Python 进行数据采集似乎更高级。但是，Python 也好，Shell 脚本也罢，它们都只是实现数据采集的一个工具而已，技术选型应以“满足需求”为第一要务，哪种语言能够以最简单地方式达到目的，就选它。

4）编程语言。在采集工具和 Shell 脚本都无法满足需求的情况下，就需要使用编程语言来编写特定的采集程序了。常用的编程语言有 Python、Java 和 Scala 等，当然，不只这些，其他的编程语言只要能达到同样的目的皆可。就 Python、Java 和 Scala 而言，除了基础语法、基本数据类型、控制结构等知识点外，还涉及网络编程、文件 I/O 等。这些语言都提供了丰富的函数库资源用于采集数据，例如各种数据格式的转换、数据库连接访问、网络传输、应用层网络协议库等，这些也是所涉及的技术；此外，采集的数据要通过 API 调用存储到分布式数据库中，因此，诸如 HDFS、HBase 的读写接口也是所涉及的技术。

> 自己编写采集程序是最为灵活可控的方式，基本上只要数据源采集的通道打通了，后续的数据采集就不成问题。但是，这也是最耗时、门槛最高的一种方式，尽管每种语言都提供了丰富的函数库，但仍然需要自己编写逻辑把这些库函数组合利用起来，同时，如果是分布式架构的话，还要考虑处理分布式系统中的通信、同步、一致性和异常处理等问题，因此，自己编写采集程序的工作量是很大的，要求也比较高。

2．大数据存储技术

（1）大数据存储的特点

大数据对存储系统的要求和常规数据对存储的要求是不一样的，其特点包括以下 4 点。

1）存储空间超出了单机的容量和一般分布式存储系统所支持的上限；

2）数据集中记录的条数超出了传统数据库可处理的上限；

3）网络带宽以及磁盘 I/O 的吞吐量超出了单机的上限；

4）此外，按照常规方法采用专用存储设备存储数据由于规模小，总的经济成本还可以接受，但是，如果存储海量数据，采用专用存储设备时单位容量的存储代价昂贵，此种方式在经济上会变得不可行。

（2）大数据存储分类

由于上述原因，从 Google 的 GFS 开始，近十几年来，出现了很多的大数据存储系统，根据存储对象的类型，可以分为两类：非结构化数据（即平时所说的文件）存储，结构化数据（即数据库）存储，其中结构化数据存储根据技术特性又可以分为两类：NoSQL 数据库和 NewSQL 数据库。

因此，加上非结构化数据的存储，大数据存储可分 3 类：分布式海量文件存储、NoSQL 数据库和 NewSQL 数据库。每种存储对应的典型系统及技术要求如图 1-4 所示。

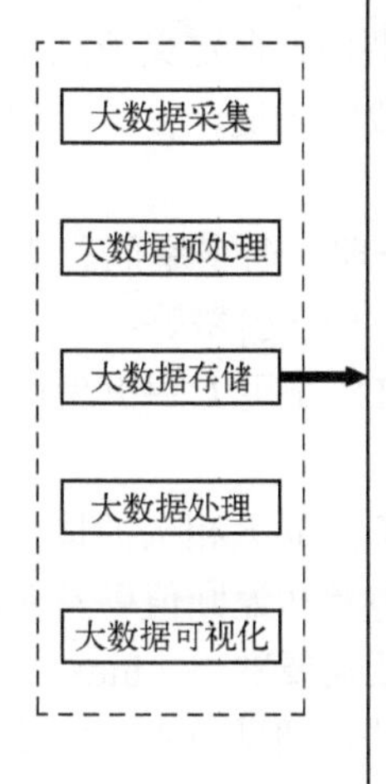

1) 分布式海量文件存储：典型的有HDFS、CEPH、Moosefs、GlusterFS等。其中HDFS支持PB级数据的分布式文件系统，相关技术和知识包括：HDFS的运行机制、构建和基本使用、高级特性、编程接口、日志查看等；CEPH是一个支持PB级数据的Linux分布式文件系统，支持Posix接口，相关技术和知识包括：CEPH的运行机制、构建和基本使用、日志查看等；Moosefs是一个支持Posix接口的轻量级通用分布式文件系统，技术上的要求和CEPH类似；GlusterFS是一个Linux下的高可用分布式文件系统，无中心，支持Posix接口，技术上的要求和CEPH类似。
2) NoSQL数据库：典型的有Hbase、Cassandra等。HBase是基于列的，高可用、高性能分布式数据库，支持专用接口，不支持SQL语言，和Hadoop结合紧密；Cassandra是和HBase类似的NoSQL数据库，没有单点故障，可用性更高，接口易用性比HBase好，支持类似SQL的CQL语言。相关技术涉及：NoSQL数据库的运行机制、构建方法、常用命令、API函数接口等。
3) NewSQL数据库：典型的有VoltDB、Spanner、TiDB等。NewSQL数据库支持SQL操作，而在实现上又采用了分布式架构，支持水平扩展、高可用，是一种结合和传统关系型数据库和NoSQL数据库特点的新型数据库。相关技术涉及：NewSQL数据库的基本运行机制、设计思路、功能特性、开源数据库的构建方法、常用命令、SQL操作、API函数接口、常规调试手段等。

图 1-4　大数据存储技术的分类

根据上图内容，大数据存储技术可以分为两个层次。

使用者层次。

- 存储系统的基础架构和运行原理。一般来说，分布式存储系统的架构有主/从式和对等式两种。HDFS、MooseFS、HBase 是典型的主从式架构，包括一个管理节点和多个数据存储节点，这样的好处是架构简单，设计和实现都可以简化，有利于构建稳定健壮的系统；不足之处是，管理节点是整个存储系统的单点，管理节点不可用会导致整个存储系统不可用。当然，HDFS 目前也提供了相应的 HA 机制来提高管理节点的可用性。Gluster 则是典型的对等式架构，该架构可用性很高，任何一个节点不可用都不会导致整个存储系统不可用；不足之处是，Gluster 架构的设计和实现比较复杂，在性能和可靠性上需要做更多的工作；
- 各存储系统的构建、基本命令、帮助文件和日志文件的查看等基本技能，如果要操作 NewSQL 数据库，还涉及 SQL 的规范和使用；
- 如果要编写程序使用存储系统的话，相关技术还涉及各存储系统的基本 API 函数、各功能实现的调用顺序等，此外，还需要掌握某种编程语言，如 Java、Python、Scala 等，具体的技术涉及语言与存储系统之间的调用机制，包括函数库直接调用，或通过第三方的 thrift 服务等进行调用等；
- 对于一些高级使用方法，如 HDFS 的 HA、纠删码的使用等，在缺乏资料的情况下，还需要阅读源代码，搞清楚实现机制。

我们在与 360 联合实验室的项目中，对 HDFS 的可用性机制进行了研究，当时的 HDFS 并没有 NameNode（管理节点）的热备机制，这是一个很大的隐患，一旦出现问题，在生产环境中是不可容忍的，所以选择了当时 Facebook 提出的 Avatrar 技术方案。由于资料少，如何高效可靠地使用并不清楚，而这些操作又涉及文件系统中的元数据，一不小心就可能导致整个文件系统不可访问，为此，我们深入分析了 Avatrar 的源码，深入理解其实现和运行机制，针对每种异常情况提出了对应的解决方案，得到了 360 方面的高度认可。

开发者、设计者层次。

- 分布式系统设计和开发的相关基础，如网络编程接口、RPC 调用、自定义消息及交互协议、进程间的同步、节点管理、系统扩展、节点可用性、故障恢复、各类异常的处理等；
- 文件系统、数据库系统的理论基础和开发经验，如元数据管理、名字空间、数据分布、资源调度、数据冲突处理、数据模型、一致性保证、SQL 处理引擎等；
- 精通某一种开发语言，例如 HBase 是用 Java 开发的，MooseFS 是用 C++开发的；掌握相对应的开发语言是必需的。
- 针对开发者、设计者而言，需要掌握的技术还涉及：操作系统与 I/O 相关的接口，例如 MooseFS 支持 Posix 接口，需要了解这些接口的功能、参数和返回值以及实现机制；还有像 CEPH 文件系统，它有专门的内核模块，开发者还需要熟悉 Linux 内核模块的开发，清楚 Linux 内核的运行机制、内部接口、使用方法、调试技术；内核开发必须使用 C 语言，因此，掌握 C 语言是必需的；
- 一个高性能存储系统一定是软硬件相结合的，因此，需要掌握操作系统、硬件等底层机制，并结合开发语言的特性将硬件性能利用到极致；
- 如果是基于现有系统进行修改，需要对现有系统的运行、实现机制有深入理解，最主要的途径就是阅读其源码。

📖 我们在与中兴通讯合作项目中，实现了纠删码高性能编解码，并将其应用到分布式文件系统 MooseFS 上，替换原有的副本机制，这样可以在相同可靠性的情况下大幅节约存储空间的。我们当时的一个很重要的工作就是阅读 MooseFS 的源码，深入理解其实现机制，由于 MooseFS 是通用文件系统，不像 HDFS 只支持有限的文件操作（例如，只支持数据的追加，不支持数据修改），要考虑的因素更多，设计和实现更复杂。

3．大数据处理技术（大数据预处理技术）

大数据处理和预处理所用技术基本相同，在此统一介绍。

（1）大数据和普通数据的处理技术对比

大数据和普通数据的处理技术不同之处在于：处理方法和处理框架。

普通数据的传统处理方法有串行处理、多线程处理和分布式处理，而大数据处理则主要采用 MapReduce 方法来处理数据；普通数据通常不需要特定的处理框架。大数据处理则需要针对特定的处理框架，如 MapReduce 框架（Hadoop），Spark 框架等，需要编写专门的程序。在这些处理框架中，Spark 由于其灵活和高性能的特点，已经成为主流的大数据处理框架。

（2）大数据处理所涉及的技术

按照大数据处理的技术方向，可以分为 4 类，每类所涉及的技术如下。

1）大数据处理系统运维。

此方向主要是从事大数据处理系统的运行和维护工作，技术涉及：Linux 平台的基本知识和操作；常用的大数据处理系统，如 Hadoop 平台（包括 Yarn、HDFS 和 MapReduce）、Spark 和 Storm 等，要熟悉这些平台的运行机制、构建方法、常用命令、日志查看方法等；常用的运维工具（如 SaltStack）和常用的监控工具（如 Zabbix）；Shell 编程，很多批处理操作和复杂逻辑可以使用 Shell 脚本完成。

Linux 的基本操作是从事大数据工作的必备技能可通过网易云课堂的免费高清视频课程《艾叔：Linux 入门——零基础 2 小时用会 Linux》学习掌握。资源获取方式参见 1.6.2 节内容。

2）大数据应用开发。

此方向主要是开发面向大数据应用的程序，实现大数据处理逻辑，并进行相应的优化。涉及的技术除大数据处理系统运维基础外，还包括以下三点。

- 与大数据处理框架相关的编程语言，例如，使用 MapReduce 框架，Java 语言是最合适的，因为 Hadoop 就是用 Java 写的，可以无缝对接。如果使用 Spark 框架，Scala 是最合适的，因为 Spark 就是用 Scala 开发的。但这不是绝对的，每个框架都支持多种语言进行交互，例如使用 Python 也可以编写 MapReduce 程序和 Spark 程序。总之，至少要掌握一门框架所支持的语言，除了基本的语法外，要着重掌握框架所提供的 API 函数及使用方法；
- 每个框架所对应的编程模型，例如 MapReduce 模型将数据的处理过程，分解为 Map 和 Reduce 两个阶段。程序启动后，将待处理的数据划分为若干部分，每个部分进行 Map 处理。所谓 Map 处理，就是做映射，将输入的数据通过 Map 函数映射为另一部分数据输出。每个 Map 的输出被分为若干个部分，每个部分称为一个分区（Partition）。如果每个 Map 上相同 id 的分区都准备好了，就会发送到同一个节点，进行 Reduce（归并）操作。在整个处理过程中，Map 阶段和 Reduce 阶段都是并行的，这样就实现了整个程序的并行处理，这就是 MapReduce 的编程模型。如果使用 MapReduce 编程，就要将程序逻辑分成 Map 和 Reduce 两步进行处理；Spark 也同样如此，Spark 中的核心是 RDD（弹性分布式数据集），所有的并行处理都是围绕 RDD 进行的，所以在进行 Spark 程序设计时，要设计合理的 RDD，以便于进行并行处理；
- 如果要进行大数据应用的优化，还需要深入掌握各个处理框架的运行机制以及编程语言的特性。对于 Scala 语言来说，同样的功能采用不同的实现，效率可能会有 100 倍以上的差距；对于 MapReduce 程序和 Spark 程序来说，优化是否得当，对程序的性能也会产生重大影响。

3）大数据处理算法。

此方向主要是针对具体的问题选取合适的大数据算法予以解决。对于已有算法在数据预处理后可直接调用。若已有算法无法满足要求，则需要另外编写算法实现。具体涉及的技术包括以下三点。

- 常用的大数据算法，例如分类回归、聚类、关联规则、推荐、降维和特征抽取等，要清楚每种算法的基本原理。例如推荐算法，有很多种不同的类型，要搞清楚这些典型推荐算法之间的优劣对比，特别要关注其中的并行化算法及实现，这样面对具体问题时，就可以实现算法的快速选型；
- 典型大数据算法的实现方法。算法的实现是和特定的处理框架相关的，例如 Spark 算法主要集中在 MLlib 库，可以通过阅读源码的方式来学习和积累经验，这些都是自身实现大数据处理算法时所需要的；
- 如果要设计算法，需要有数学、概率论、数理统计、离散数学、数据结构和算法等基础；还要掌握常用的大数据处理算法的原理和实现方法。

4）大数据处理技术研发。

此方向偏向于大数据处理自身技术的研发，例如设计开发类似于 Spark 的大数据处理框架。除了前面涉及的技术外，还需要掌握分布式处理理论、分布式处理模型设计和分布式系统设计与实现技术等。

4．大数据可视化技术

大数据可视化的主要工作是：将处理后的大数据结果，以图、表等多种形式，呈现给用户。此环节同样涉及数据的处理、存储等过程，所涉及的技术在前面已有说明，在此不再赘述。

（1）大数据可视化和普通数据可视化的区别

大数据可视化和普通数据可视化不同的地方在于以下两点。

1）数据的来源不同。大数据可视化的数据通常来源于分布式存储系统，来源于各个数据源，或者数据订阅系统，它的来源渠道更多，数据量更大。而普通数据可视化的数据则来源于本地文件系统或数据库，来源相对单一，且数据量有限；

2）数据的呈现不同。大数据可视化的数据类型可能更为丰富，需要更多的展现形式，此外由于数据量大，在呈现方式、布局、数据组织上需要有更多的考虑。

（2）大数据可视化所涉及的技术

大数据可视化所涉及技术如下。

- 网页设计相关技术基础，如 HTML/CSS/JavaScript/Node.js；
- 前端开发框架，如 React、Vue 等；
- 可视化组件和库的使用，如 Echart、HignCharts、D3 和 Three.js 等；
- 后端语言，如 Java 等；
- 美术设计基础，如可视化呈现方式、构图、配色等；
- 计算机视觉、交互基础理论和技术。

1.2 初识 Spark

1.2.1 Spark 是什么

1．Spark 定义

图 1-5 Spark Logo 图

Spark 官网给出的英文定义如下：Apache Spark™ is a unified analytics engine for large-scale data processing。翻译成中文为：Apache Spark™是一个统一的大规模数据处理分析引擎。Spark 的 logo 如图 1-5 所示。

📖 Apache Spark 右上标 TM 表示商标符号，即 Apache Spark 是一个商标；

📖 Spark 的官方网站：http://spark.apache.org/，提供 Spark 各个版本的下载、Spark 新闻发布以及各种文档，是 Spark 学习的第一网站；

📖 特别说明：本书基于 Spark 2.3.0，后续如不做特殊说明，默认都是采用 Spark 2.3.0 版本。

2．认识 Spark

结合官方定义，可以从以下几个方面来认识 Spark：

- Spark 是一个 Linux 下的软件框架，用户调用 Spark 提供的 jar 包编写 Spark 程序，一个 Spark 程序可以分布到多个节点上运行；
- Spark 可以将 Spark 程序中的大数据处理任务分解到多个节点上，每个节点负责一部分任务并行处理，共同完成总任务；
- Spark 不仅支持常规的大数据分析任务，它还支持流数据、图数据，或者是 SQL 操作的大数据任务，因此，它是一个统一的大数据分析引擎。

📖 Spark 的编程有专门的方法，要按照此方法来做任务分解，这样写出来的 Spark 程序才可执行并行处理任务。随便写一个 Spark 程序，或者说按照传统的方法写一个串行程序，Spark 框架是不会、也不可能做任务分解和并行处理的；

📖 Spark 程序在集群上运行，必须要有专门的集群管理器，集群管理器用于集群资源的监控、管理和调度等功能，常用的集群管理器包括 Yarn、MMesos 和 Kubernetes，Spark 自带的资源管理器是 Standalone，通常把 Spark Standalone 也称为 Spark 集群；

📖 注意 Spark、Spark 程序和 Spark 集群的含义：Spark 指 Spark 框架自身，Spark 程序指基于 Spark 框架和规则所编写的程序，Spark 集群指 Spark 自带的集群管理器 Standalone，即 Spark Standalone；

📖 Spark 利用集群对各种各样的大数据进行分析，属于大数据开发过程中的大数据处理环节。

1.2.2 Spark 的技术特点

1．Spark 具备更高性能

Spark 性能对比的对象是 Hadoop MapReduce。MapReduce 的输出只能存储在文件系统上，新一轮 MapReduce 的输入只能从文件系统上读入，这样 I/O 和网络的开销都很大；而在 Spark 中，Reduce 的结果可以保存在内存中（或者内存+文件系统中），这样，下一轮迭代的输入可以直接从内存获得，可以大大节省系统开销。根据 Spark 官网的统计结果，在某些特定的算法领域，Spark 的性能是 Hadoop MapReduce 的 100 倍以上。

2．Spark 支持多种语言

Spark 支持多种语言，包括 Java、Scala、Python、R 和 SQL，其中 Spark 自身就是用 Scala 开发的，因此 Scala 是 Spark 的原生开发语言，Spark 对其支持最好。

3．Spark 更通用

如前所述，Spark 不仅支持常规的大数据分析任务，还提供了 SQL 操作、流数据处理、图数据处理，同时还提供了丰富的机器学习算法库 MLlib 来支持各种类型的大数据分析处理。

4．Spark 可以在多个平台上运行

如前所述，尽管 Spark 程序的运行依赖于特定的集群管理器（不能直接在操作系统上运行），但是它可以在 Hadoop、Apache Mesos、Kubernetes 或是 Cloud（如 EC2）等多种集群管理器下运行。

5．Spark 使得分布式处理程序的开发更容易

如果采用常规的方法开发分布式处理程序，需要有分布式开发的经验，一般的开发过程如下：首先，需要设计分布式的处理架构；其次，自定义消息和网络交互协议，实现进程间的交互；接下来，利用网络编程接口 Socket 或者更上层的网络通信机制如 RPC 等方式实现进程间的网络通信；然后，编程实现架构中各种角色的逻辑；功能实现后，还要考虑系统的扩展、容错等机制。总之从上层的业务逻辑，到底层的通信、同步和容错等，所有的问题都需要开发者考虑。如果要想将扩展性做得很好，支撑很大的规模，同时又兼顾稳定性的话，开发难度会很大。

在 Spark 上开发程序，就像写单机版程序一样简单（当然，具体方法还是不一样的），开发者看不到集群上的具体节点，任务的分解和并行，节点间的通信和交互、容错等都由 Spark 来完成，开发者可以将注意力集中在上层的业务逻辑，因此可以大幅降低开发者的负担，简化开发过程。

- MapReduce 要解决的问题之一就是降低大数据开发难度，通过编程模型向用户屏蔽分布式开发的细节，使得用户能够专注于上层的处理逻辑。Spark 吸取了 MapReduce 的这个优点。因此，Spark 能使没有分布式系统的开发经验的人员，也能够开发出支撑大规模数据处理的分布式程序；
- Spark 向开发者屏蔽了底层细节，从这个角度来说，Spark 编程并不是特别高深的技术。但是，如果要通过 Spark 将集群的性能利用到极致，则又需要透过 Spark 深入到底层，这就需要很深的技术功力了。

1.3 Spark 技术栈

本节按照使用层次列出了 Spark 的技术栈，分为 4 层，自底向上依次为：操作系统、外部组件、Spark 框架、编程语言，如图 1-6 所示。

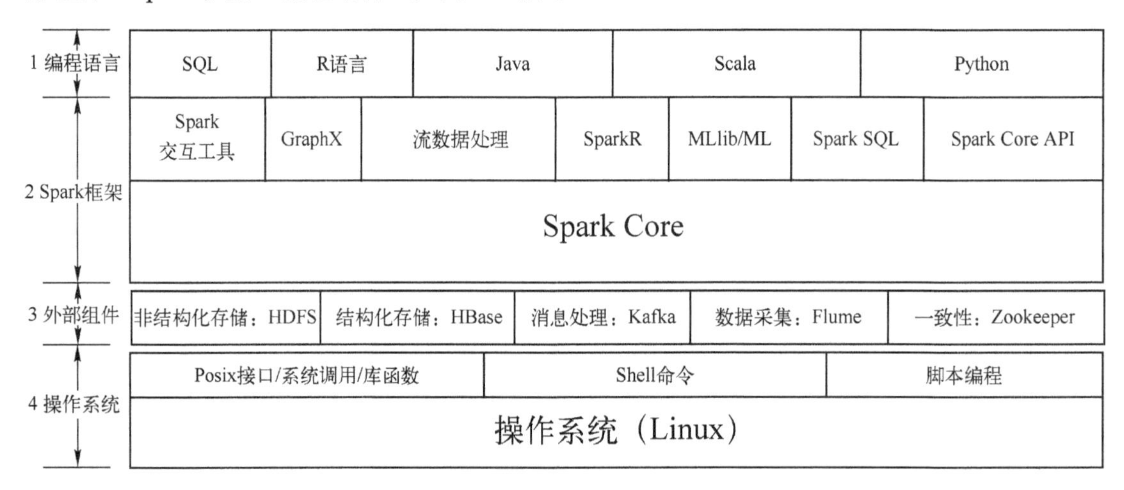

图 1-6 Spark 技术栈

1. 底层基石——操作系统

Spark 程序运行在 Linux 操作系统上，常用的 Linux 发行版是 Ubuntu 和 CentOS。安装 Linux 操作系统时所涉及的技术包括：虚拟机安装与使用、Linux 的安装、功能定制等；系统安装后，涉及的技术可以分为以下 3 类。

- Shell 命令：Linux 基本配置、文件操作、用户管理、权限设置、网络配置、服务的开启、关闭、自动运行、文本编辑器使用等命令；
- 脚本编程：Linux 下主流的脚本语言主要是 Bash 等，技术涉及：变量的使用、基本数据类型、关键词、控制结构、函数定义与使用、调试技巧等；

- 操作系统接口：Spark 应用和 Spark 框架的开发，更多的是和 JDK 以及开发语言的接口打交道，直接同操作系统接口的交互并不多。操作系统的接口对于理解 JVM 机制以及 Spark 应用和 Spark 框架的性能调优时会用到。

2．周围友援——外部组件

Spark 负责大数据分析处理，而数据从哪来、处理后的数据应该往哪去，则需要其他的外部组件来负责。图 1-5 列出了各类外部组件的主流选型，如非结构化数据存储 HDFS、结构化数据存储 Hbase，消息处理、数据接入工具 Kafka、数据采集工具 Flume、分布式程序一致性组件 Zookeeper。实际开发中，Spark 会同这些组件频繁交互，因此，需要掌握这些组件的基本运行原理、安装方法、基本配置、常用命令、API 接口和日志查看方法等基础技术。

3．中坚核心——Spark 框架

Spark 框架就是 Spark 自身，它是 Spark 大数据开发的核心。Spark 框架由 Spark Core、Spark SQL、GraphX、流数据处理、SparkR、MLlib/ML 和 Spark 交互工具组成。后面会详述各组成部分的功能。

4．上层接口——编程语言

Spark 支持的编程语言包括 Java、Scala、Python、R 和 SQL。上述编程语言中 Spark 对 Scala 的支持最好，因为 Spark 框架自身就是用 Scala 开发的。Spark 还支持 SQL，SQL 和其他 4 种语言不一样，它可以独立出现在 spark-sql（Spark 交互工具的一种）中，也可以嵌入在编程语言中。

1.4 Spark 重要组件

如图 1-5 所示，Spark 的重要组件包括 Spark Core、Spark SQL、GraphX、流数据处理、SparkR、MLlib/ML 和 Spark 交互工具。

其中：Spark Core 位于最底层，它实现了 Spark 最基础和最核心的功能；而 Spark SQL、Graphx、流数据处理、SparkR、MLlib/ML 分别实现了 Spark 某一个方面的功能，属于重要组件。

📖 在这里把 Spark 交互工具作为 Spark 的重要组件列出，主要是考虑它是 Spark 和用户的接口，平时会频繁使用 Spark 交互工具同 Spark 打交道，实现各种各样的功能，因此，对于用户来说是非常重要的。

1.4.1 Spark Core

Spark Core 实现了 Spark 最基础和最核心的功能，它使得一个最基本的 Spark 分布式程序得以运行。RDD（Resilient Distributed DataSet，弹性分布式数据集）是 Spark Core 中最基础和最核心的内容。RDD 可以认为是一个分布式的大数组，可以跨多台机器，而 C 语言、Java 中的数组，其内存区域就在当前进程内，是在同一台机器上的，不能跨多台机器。Spark Core 实现了 RDD 持久化和分区（Partition）机制，不同分区的数据往往对应不同的节点上，同时，RDD 提供了很多转换操作，当在 RDD 上执行某一个操作时，这个操作会被分配到不同的分区上并行完成，这样，通过合理地使用 RDD 就可以编写出分布式并行处理的程序了。RDD 计算过程中的通信、容错、资源分配等后台工作，全部由 Spark 框架来完成。

📖 可以说，RDD 抽象是 Spark 编程中最核心、最基础的概念和数据结构，也是最基础的技术，Spark 同 C、Java 编程的本质区别，也正是在于 Spark 拥有 RDD 这种特殊的抽象。

为了实现集群资源的管理，Spark Core 还实现了 Standalone 集群管理器，这样，Spark 程序可以直接运行在 Standalone 模式下，不需要借助外部的集群管理器，此外，Spark Core 还支持 Spark 程序在 Hadoop Yarn、Mesos 等集群管理器下运行。

对于开发者来说，Spark Core 涉及以下技术点。

- Spark 原理和架构；
- Spark 程序的提交及运行过程；
- RDD 的概念、分区的使用；
- RDD 基本的 Transformation 和 Action 操作；
- SparkContext 的创建、设置和 API 的调用；
- Job 操作、DAG 图、Stage 的划分；
- 广播变量、累加器的使用；
- 序列化；
- 日志查看及调试方法；
- Shuffle 的优化。

1.4.2 Spark SQL

Spark SQL 是 Spark 一个的重要组件，用来处理结构化数据。

Spark SQL 能成为主流的结构化大数据处理工具，是因为它具有以下特点。

- Spark SQL 中，用户可以使用 SQL 来操作数据库表，或者使用专门的接口（DataFrame/Dataset API）来处理结构化数据，非常灵活；
- Spark SQL 可以连接不同的数据源，如 Hive 表、Avro、Parquet、ORC、JSON 和 JDBC 等，一旦连接成功，后续的处理方式就都一样了，Spark SQL 统一了各种类型数据的处理方式；
- Spark SQL 对外支持 JDBC 和 ODBC 连接，通过 JDBC 或 ODBC 来连接数据库的智能分析工具就可以使用 Spark SQL 来处理大数据了；
- Spark SQL 无缝兼容 Hive。Spark SQL 可使用已有的 Hive 数据仓库，支持 HiveQL 语法，同时还支持 Hive SerDes（Hive 的序列化和反序列化接口）和 UDF（Hive 用户定义函数）。假设有一个 Hive 数据仓库 A，根据 Spark SQL 的特性，Spark SQL 可以连接到 A，并且在 Spark SQL 上，能够使用 HiveQL、SerDes 或者 UDF 去操作 A，就像之前在 Hive 上的操作一样。这样，数据仓库（数据源）不变，使用方法不变（HiveQL、SerDes、UDF），对数据仓库的使用者来说，Hive 可以无缝迁移到 Spark SQL。

📖 HiveQL 是一种类似 SQL 的 Hive 查询语言；

📖 UDF 的全称为 User-Defined Function，用户定义函数。有的查询无法使用 Hive 内置函数实现，通过写 UDF，用户可以自定义函数来实现特点的查询；

📖 在 Spark 之前，主流的大数据处理框架是 MapReduce，其结构化数据处理工具是 Hive，Spark 出现后，出现了基于 Spark 的 Shark 项目，用来处理结构化数据处理工具，后来 Databriks 重新启动并主导了 Spark SQL 项目，之后，Hive 也启动了 Hive On Spark 项目，意在将 Hive 所使用的 MapReduce 替换成 Spark。因此，这几个工具出现的顺序是：Hive->Shark->Spark SQL->Hive On Spark。

对于应用开发者来说，Spark SQL 涉及以下技术点。

- Spark SQL 核心概念和数据处理机制；
- Spark SQL 运行环境的构建；
- RDD、DataFrame 和 Dataset 的区别和转换方法；
- DataFrame/Dataset 的概念和基本使用
- DataFrame/Dataset 同各类数据源的转换方法；
- DataFrame/Dataset 常用 API 的用法；
- Spark SQL 中 SQL 的基本使用。

1.4.3 GraphX

GraphX 是 Spark 中的图计算组件，它的底层实现基于 RDD，因此，可以利用 Spark 进行海量图数据的分布式并行计算。GraphX 向用户提供了一个有向多重图（从一个顶点到另一个顶点可以有多条同向的边）的抽象，图中的边和顶点都可以被赋值（属性）。

为了支持图计算，GraphX 提供了一组基本算子，同时还提供了一个优化过的 Pregel API 变种；此外，Graphx 还包含了一组不断增加的图算法和图构建集合，用来简化图分析任务。

📖 Pregel 是由 Google 提出的一个可扩展、高容错图计算平台，用来解决大型图的计算问题。Pregel 也是一个图并行处理抽象，有专门的 API 编程接口；

📖 Pregel 基于 BSP（Bulk Synchronous Parallel Computing Model，整体同步并行计算模型）实现，BSP 的基本思路是：以图顶点为中心、基于消息传递批处理，其目标是解决大型图的计算问题；

📖 Pregel API 非常灵活，可描述多种图计算问题：如图遍历、最短路径、PageRank 等。

与其他的图计算框架相比，Graphx 具有以下 3 个特点。

1．更加灵活

GraphX 将 ETL（Extract-Transform-Load，数据抽取、转换、加载）、探索性分析（Exploratory analysis）以及迭代图形计算（Iterative graph computation）集成到了一个系统中。在此之前，上述 3 个功能往往需要不同的工具来完成。开发时，对于同一份图数据，既可以从集合的角度使用 RDD 高效地对图进行变换（Transform）和连接（Join），也可以使用 Pregel API 来编写自定义的迭代图算法。

2．处理速度更快

GraphX 与当前最快的图处理系统 GraphLab 同样执行 PageRank 图算法，在相同的计算数据、迭代次数情况下，GraphX 的速度是 GraphLab 的 1.3 倍，与此同时，GraphX 还可以利用到 Spark 的灵活、容错和易用等特性。

3．算法更丰富

GraphX 除了已有的高度灵活的 API 外，还采用了很多用户贡献的图算法（因为 Spark 是开源的），例如，PageRank（网页重要性评估）、Connected components（连通分支）、Label propagation（标签传播）等，所以 GraphX 图算法更丰富。

对开发者来说，GraphX 所涉及的技术点包括以下几点。

- 有向多重图的基本概念；
- GraphX 的特性和基本框架；
- VertexRDD 和 EdgeRDD 构建方法和基本操作；
- Property Graph 的概念；
- Property Graph 构建方法和基本操作；
- GraphX Pregel 的原理和使用；
- 基于 GraphX 的常用图算法等。

1.4.4　流数据处理

"流数据处理" 是 Spark 中的流数据并行处理模块。

亚马逊对流数据定义是：流数据是指由数千个数据源持续生成的数据，通常以数据记录的形式发送，规模较小（约几千字节）。

流数据包括多种数据，例如移动或 Web 应用程序生成的日志文件、网购数据、游戏内玩家活动、社交网站信息、金融交易大厅或地理空间服务，以及来自数据中心内所连接设备或仪器的遥测数据等。根据上述定义，可以得到流数据的以下 3 个特点。

- 持续不断；
- 多种类型和要求；
- 即时性。

从 Spark 2.0 开始，Spark "流数据处理" 支持两种流处理方式：DStream 和 Structured Streaming，具体说明如下。

DStream 是 Spark 传统的流处理方式，它将流数据抽象 DStream（离散的 RDD 数据流）进行处理。DStream 支持多种数据源的流数据，如图 1-7 所示，包括 Kafka、Flume、Kinesis、TCP sockets、HDFS/S3、Twitter 等。处理后的结果可以存储到文件系统中，如 HDFS、HBase 等。

图 1-7　Spark Streaming 数据源和输出

Structured Streaming 是 Spark 2.0 后新增的流数据处理方式。Structured Streaming 将流数据抽象成一张不断增长、没有边界的大表，使用 Dataset/DataFrame 来表示这张大表，支持使用 SQL 或 Dataset/DataFrame 的 API 来处理流数据；从技术上看，Structured Streaming 构建在 Spark SQL 引擎之上，可以提供更快、时延更低、容错、端到端可靠的流处理。

📖 在 Spark 2.0 之前，只有 DStream 这种流处理方式，DStream 的实现模块是 Spark Streaming。因此，按照 Spark 的命名方式，Spark Streaming 都是指 DStream 流数据处理模块，而不是流数据处理的统称。

流数据处理所涉及的技术包括：

- 多种数据源接入 DStream；
- DStream 的基本原理和创建方法；
- DStream 的常用 Transformation 和 Output 操作；
- Structured Streaming 处理流数据基本流程和相关概念；
- Structured Streaming 接入数据源；
- Structured Streaming 中使用 DataFrame/Dataset 处理流数据。

1.4.5 SparkR

SparkR 是一个 R 语言的 Package，它提供了一种在 R 语言中使用 Spark 的手段。这样，在 R 语言中，可以利用 Spark 的分布式处理能力和机器学习算法来处理大数据。

📖 SparkR 不是对 R 语言已有算法做 Spark 并行化，也不是要替代原有的 R 语言算法库；

📖 SparkR 也不是实现在 Spark 程序中调用已有的 R 语言算法；

📖 SparkR 只是为 R 语言提供一种接入 Spark 的工具，使得在 R 语言编程时可以用 Spark 来处理大数据。

SparkR 提供了一种类似 R 语言中 data.frame 的数据结构：SparkDataFrame，它是一个分布式的结构化数据集合，支持 selection、filtering 和 aggregation 等操作，可以这么认为：SparkDataFrame 是一张分布式的数据库表，或者说 SparkDataFrame 是 R 语言中分布式的 data.frame。

📖 Spark 2.0 以前，SparkDataFrame 的名称为 SparkR DataFrame，Spark 2.0 以后才改名为 SparkDataFrame，本书统一为 SparkDataFrame。

SparkDataFrame 可以由多种数据源构建，包括结构化数据文件、Hive 表、外部数据库和 R 语言 data.frame 变量。

SparkR 所涉及的技术包括以下几点。

- SparkR 基础，SparkR 同 R 语言的关系；
- SparkR 开发和运行环境构建；
- SparkR 代码执行方式；
- SparkR 的基本使用；
- SparkDataFrame 的创建和基本操作；
- 在 SparkR 中使用 SQL；
- SparkR 常用机器学习算法，如分类、聚类、回归、频繁模式挖掘等；
- 在 SparkR 中实现 Spark 和 R 语言的综合应用。

1.4.6 MLlib/ML

1．MLlib 简介

MLlib 是 Spark 的机器学习库，它提供了丰富的机器学习算法，如相关性计算、假设检验等，同时，由于 Spark 是开源软件，它还吸收了不少用户所贡献的算法实现，MLlib 几乎囊括了机器学习领域的常用算法，如果把 Spark 比作一个蛋糕机，那么 MLlib 就是各式各样的蛋糕模具，有了它们，无须从头开始就可以做出各种形状的蛋糕了。因此，如果要从事大数据分析、大数据机器学习方向的工作，MLlib 是必须要掌握的。

2．MLlib 所涉及的技术

从开发的角度看，MLlib 所涉及的技术有以下 5 个方面：

- ML 组件：常用的机器学习算法，例如分类、回归和聚类等；
- 特征化组件：特征抽取、转换、降维和选择；
- 流水线工具：ML 流水线的创建、评价和调整；
- 持久化工具：算法、模型、流水线的保存或加载；
- 实用工具：线性代数、统计和数据处理等。

3．MLlib 接口说明

自 Spark 2.0 之后，MLlib 的接口发生了重大变化，开发者需要特别关注。下面对 MLlib 的接口做一说明：

- MLlib 原来的接口是基于 RDD 的 API，位于 spark.mllib 包中，现在是处于维护状态，只修正已有接口的 bug，不再开发新的基于 RDD 的 API；
- MLlib 现在大力发展的接口是：基于 DataFrame 的 API，当它特性和基于 RDD 的 API 相当时，基于 RDD 的 API 就会被弃用（Deprecated），根据计划和现有进度，基于 RDD 的 API 可能会在 Spark 3.0 中被移除。

4．MLlib 常见问题

（1）为何采用基于 DataFrame 的 API

- DataFrame 相比 RDD 更为友好。使用 DataFrame 的好处包括：统一的 Spark 数据源处理、SQL/DataFrame 查询更灵活、基于 Tungsten 和 Catalyst 解析优化、跨语言的统一 API；
- 基于 DataFrame 的 API 提供了跨 ML 算法和多种语言统一的 API；
- DataFrame 可以使得 ML Pipeline，特别是特征转换更加实用。

（2）为何有时称 Spark MLlib 为“Spark ML”

Spark ML 是一个非正式的名字，偶尔被用来指代基于 DataFrame 的 API，这是因为：基于 DataFrame 的 API 使用 org.apache.spark.ml 包。

（3）MLlib 是否被弃用了

没有，MLlib 包括基于 RDD 的 API 和基于 DataFrame 的 API。基于 RDD 的 API 处于维护状态。但是，基于 RDD 的 API 和 MLlib 整体都没有被弃用。

1.4.7 Spark 交互工具

Spark 交互工具包括 spark-shell、pyspark、sparkR 和 spark-sql。

1. spark-shell

spark-shell 接收用户输入的 Scala 代码，对代码即时编译，然后提交到 Spark 集群执行，显示执行结果。spark-shell 这种方式可以调用 Spark 提供的所有接口，同时又免去了编译打包的过程，因此，既功能强大，又非常方便。

2. pyspark

使用 Python 进行 Spark 编程的 Shell，除了语言使用 Python 外，所实现的功能和 spark-shell 类似。

3. sparkR

这是一个 R 语言 Shell，其作用主要是：支持 R 语言使用 Spark 的 DataFrame 进行编程。

4. spark-sql

spark-sql 接收用户输入的 SQL 语句，并将其提交到 Spark 集群，完成结构化数据的操作。

Spark 交互工具所涉及的技术和知识点包括各个 Shell 的启动命令、基本设置、依赖环境构建、退出机制、帮助查看命令、常用操作命令等。

1.5 Spark 和 Scala

Spark 框架本身是使用 Scala 开发的，Scala 是一种小众语言，个性十分鲜明。那么，Scala 有什么特点？为什么要选择 Scala 来开发 Spark 框架呢？对于用户来说，是选择 Scala 来开发 Spark 应用程序，还是采用 Spark 所支持的其他语言，如 Java、Python？本节将回答这些问题。

1.5.1 Scala 语言简介

Scala 是一种特性丰富、功能强大的编程语言，具有以下特点。

- Scala 结合了面向对象和函数式编程的特性；
- Scala 是强类型（Strong Typing）语言，它不支持类型的隐式转换；
- Scala 是静态（Static）类型的语言，这个特性有助于减少复杂应用程序中的错误；
- Scala 程序在 JVM 上运行，可以利用 Java 丰富的库资源；
- Scala 支持交互式解释器 REPL（Read-Eval-Print-Loop，“读取-求值-输出”循环），可以直接在 REPL 上输入 Scala 语言，后台自动编译、运行，显示结果，可以实现程序的快速验证。

可以说，现有主流编程语言的特性在 Scala 中都可以看到。这对于经验丰富的开发者来说，各种特性可以统一在一门语言中，非常方便开发。但是，对于初学者来说，学习门槛高，内容庞杂，因此，学习曲线会比较陡峭，不少初学者在接触 Scala 后望而却步，但随着学习的深入，学习者会越来越体会到 Scala 带来的便利和强大功能，以及语言高度简洁所带来的魅力。

📖 Scala 是一门开发语言，Scala 程序在 JVM 上运行；

📖 Spark 是一个分布式处理框架，Spark 本身是由 Scala 语言编写的；

📖 可以使用多种语言来编写在 Spark 上运行的程序，如 Scala、Java、Python 等。

1.5.2 为什么用 Scala 开发 Spark 框架

为什么使用 Scala 开发 Spark 框架？

Spark 作者的论文《Resilient Distributed Datasets: A Fault-Tolerant Abstraction for In-Memory Cluster Computing》中解释了原因。选择 Scala 开发 Spark 是因为它同时具备简洁和高效这两个特点。

- 简洁：Scala 对于交互式应用开发非常有用，Scala 可以直接通过 Shell 执行，在大数据处理的场景中，可以快速看到处理后的结果，很多功能往往就是一行代码就可以搞定，不需要像 Java 那样需要编写很多行代码才能编写一个完整的程序，编译后再运行，因此，Scala 的开发效率会比较高（语言上的简洁+直接运行）；
- 高效：Scala 本质上是静态类型语言，它被编译成 Java 的字节码在 JVM 上运行，效率和 Java 基本相当，比较高效。

1.5.3 为什么用 Scala 开发 Spark 程序

使用 Scala 开发 Spark 程序有很多优点。

- Scala 支持函数式编程；
- Scala 的 REPL（Read-Eval-Print-Loop，读取-计算-打印-循环，又称交互式解释器）可以即时验证程序；
- Scala 支持隐式转换（是函数调用的隐式转换，不是变量类型的隐式转换），这样，可以在没有第三方库源码的基础上（第三方库可以不动），扩展库接口；
- Scala 支持类型推断，代码更简洁；
- Scala 程序在 JVM 上运行，可以兼容所有的 Java 库；
- Spark 框架本身采用 Scala 开发，Scala 属于 Spark 的原生语言，Spark 对 Scala API 的支持度最好；
- 掌握 Scala 是阅读 Spark 源码及深入 Spark 内部机制的必要条件。

当然，使用 Scala 来开发 Spark 程序，也存在一些困难：

- Scala 学习门槛高、内容庞杂，学习曲线陡峭，学习人群相对少；
- Scala 编译速度慢；
- Scala 功能强大，同样的功能，通常会有很多种实现方法，每种方法的效率差距可能会很大（同样的功能，Python 可能只有 1 种实现），因此，有种说法，说 Scala 是为聪明人准备的，这个和 C 语言“相信程序员”的说法类似；
- Scala 代码简洁，表达力强，但有时为了简洁，会过分抽象或者引入生僻的操作符或函数式语法，这样就增加了协作开发和后期维护的困难；
- 支持 Scala 的集成开发工具少且功能不全，要弱于 Python 和 Java；
- Scala 的社区规模、成熟度都要弱于 Java 和 Python。

1.5.4 Scala 开发 Spark 程序所涉及的技术

Scala 开发 Spark 程序所涉及的技术汇总如下。

- Scala 编译、运行环境构建；

- Scala 程序的编译与运行；
- IDEA 的使用，包括：编辑器使用、常用快捷键、Build 程序、调试和打包等；
- Scala 程序的运行原理；
- Scala 程序的基本架构；
- Scala 编程的基本语法：程序入口、基本数据类型、变量定义、关键词、控制结构、函数、IO 接口、字符串处理和正则表达式等；
- Scala 高级特性：隐式转换、模式匹配、匿名函数、柯里化、面向对象、多线程编程和网络编程等；
- Spark 函数库的 Scala API：Spark Core 的 RDD 和 SparkContext 的 API、MLlib 的 RDD API 和 DataFrame 接口、GraphX 接口、Streaming 的 DStream 接口、Structured Streaming 接口和 DataFrame/Dataset 接口等。

📖 Scala 开发 Spark 程序所涉及的技术中，有的可能和开发 Spark 框架的技术重叠，例如 Spark 函数库的接口，在开发 Spark 程序时，强调的是如何使用 Scala 调用该接口，重点是接口的使用，包括函数名、传参、返回值；而在开发 Spark 框架时，强调的是如何实现该接口的功能，两者侧重点不同。

1.5.5 Scala 语言基础

为了便于大家快速掌握 Scala 的基础语法和使用，本书精选 Scala 的知识点，编写了配套的《零基础快速入门 Scala》免费电子书，关注公众号“艾叔编程”即可获取。

1.6 如何快速掌握 Spark

本节内容主要面向 Spark 初学者，特别是没有开发经验（基本上没有写过程序）的读者，介绍 Spark 的快速学习路线图，Spark 学习中要注意的地方，如何利用本书相关配套资源更高效地学习 Spark 以及初学者快速学习 Spark 的方法。

1.6.1 Spark 学习的痛点

对初学者（特别是自学者）学习来说，Spark 学习有以下两大痛点。

1．头绪太多，不知道从哪学

从 Spark 的技术栈可以看到，涉及的技术从操作系统到外部组件、Spark 框架、交互工具、编程语言，涉及多个层次，每个层次又包括多个技术和知识点，对初学者来说，可能只是对其中的部分技术有一些模糊的认识，并不会形成 1-7 图中那么全面、清晰的层次。

这样，就会导致学习的时候，到底是从哪开始？比如确定了先学习 Linux，那么 Linux 的发行版又选择哪个好？Linux 的命令又需要学习哪些？如果要想学得全面，仅《鸟哥的 Linux 私房菜》系列书可能就够学 1、2 年的，那么又要学到哪个程度？又比如 Scala 语言，仅简化版的《快学 Scala》就有 300 多页，10 多章，又该从哪开始？学习哪些？学到什么程度？Spark 框架除了 Spark Core 以外，还有 GraphX、Streaming、Spark SQL 和 SparkR 等，它们是否都要一个一个的学？还是只选其中几个学？如果学，那又该选择哪几个最好呢？

所以，在 Spark 初学者的道路上，处处都存在着选择，如何在纷繁复杂的路径中，选择一条较优的路径，对初学者来说，通常是很困难的事情。

2．处处掣肘，起步艰难

Spark 初学者在起步阶段会遇到各种各样的问题，例如，Linux 的各种权限问题、命令使用问题、Spark 环境构建的各种配置问题、Scala 学习中的各种语法问题、Spark 编程中的各种异常等，都是横亘在初学者面前的一座座大山。初学者往往费尽精力，解决了一个问题，结果又冒出了更多的问题，这种心力交瘁，看不到尽头的感觉在起步阶段十分常见。

1.6.2 Spark 快速学习路线图

Spark 学习没有捷径，任何宣称不需要下功夫就能轻松掌握 Spark 的说法，都是不靠谱、不负责任的。这里提到的快速学习路线，可让读者付出更有效，少踩坑，少做无用功，但不管怎样，都需要下功夫，不断实践。

1．Spark 快速学习路线图

Spark 学习要区分以下两种情况。

- 必须要学习的内容。对于这部分内容，从一开始就要把基础打好，必须牢固掌握。
- 可以后续再学的内容。对于这部分内容，只需要清楚其概念，心中有数就可以了，待到需要时，能迅速找到资料，确定学习方法，再快速自学。

基于上面的划分，列出 Spark 快速学习的路线图，如图 1-8 所示。

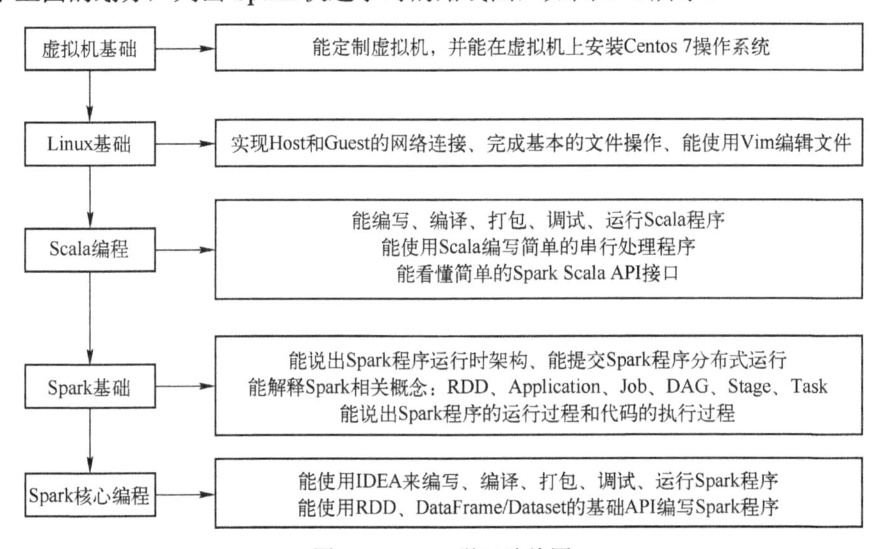

图 1-8　Spark 学习路线图

- 图 1-8 中列出的内容属于必学部分；
- 左侧列为要学习的知识模块，箭头方向表示学习顺序。
- 右侧为每个知识模块对应的知识点和要求，或者说是学习完该模块后，要达到的目标。

2．注意事项（重要）

图 1-8 中的内容相对 1.3 节 Spark 技术栈中所列的技术做了大幅简化，这并不是说没有列出的内容不需要学习或不重要，而是说，学习时可以先按照上图进行系统学习，可以由易到难，快速构建一个最简的 Spark 知识体系。

这个最简 Spark 知识体系是学习后续 Spark 其他知识点模块的基础。一旦构建了这个知识体系，其他的 Spark 知识点，就可以根据需要参考本书，做针对性的学习。如果不使用上面的路线图，打乱顺序，多点出击，或者全盘包揽的话，实践证明效果往往很不理想。

1.6.3 Spark 学习中的关键点

下面列出 Spark 学习中需要注意的点或原则，它们可以使得后续的学习更加高效。

- 看到结果比明白原理更重要；
- 动手比看书更重要；
- 暂时理解不了的原理，或者找不到原因的问题，可以先放下，继续往后学；
- RDD、DataFrame 和 Dataset 是 Spark 最重要的 3 类数据结构；
- RDD 永远不会过时，它只是逐渐退居幕后；
- DataFrame 和 Dataset 正在成为 Spark 与外界打交道的统一接口；
- 结构化大数据处理在 Spark 中应用越来越多，Spark SQL 越来越重要；
- 各种数据格式转换、数据源的连接非常重要；
- SparkR、流数据处理、GraphX 和 MLlib 可以在后续需要的时候再去学习。

1.6.4 利用本书相关资源高效学习 Spark

本书提供了相当丰富的配套资源，这些资源按照 Spark 的学习阶段分为 3 类，如图 1-9 所示，分别是 Spark 学习前置资源、随书资源和进阶资源，具体描述如下。

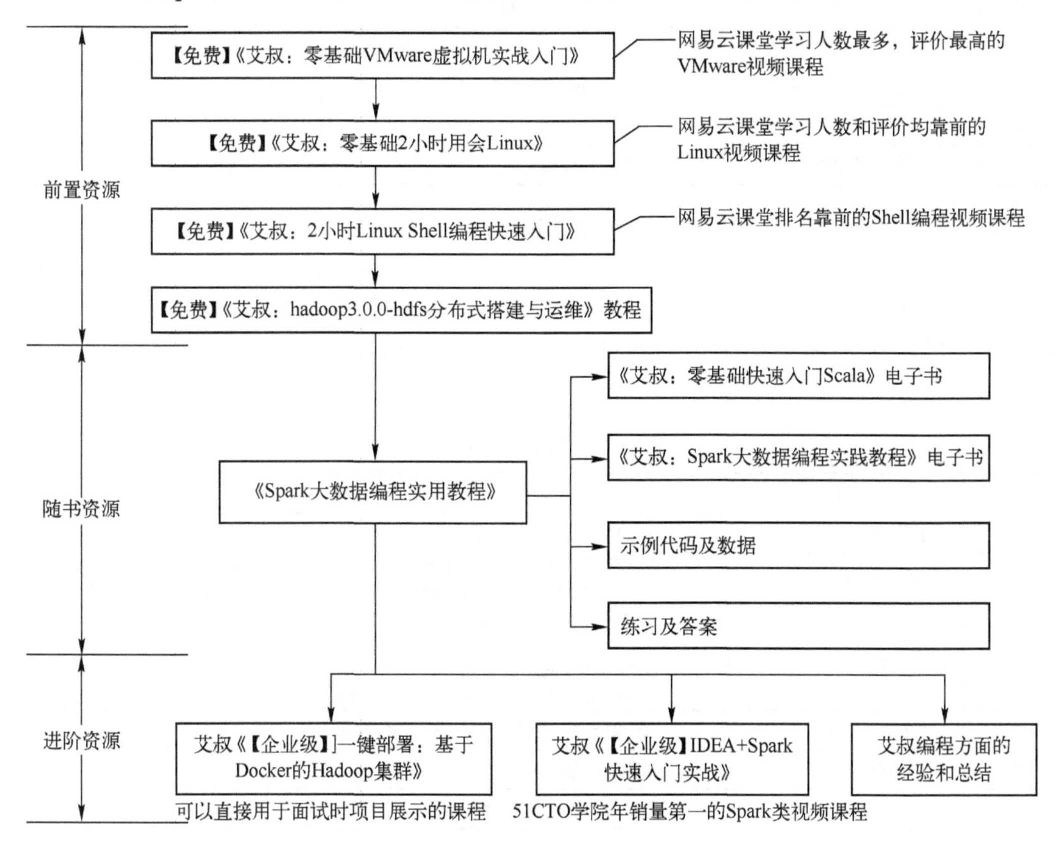

图 1-9 本书配套资源图

- 前置资源指本书学习前的配套资源，主要包括艾叔（本书主要作者）主讲的 VMware 虚拟机、Linux、Shell 编程和 HDFS 免费课程，这些课程都是艾叔多年经验的总结，只讲最有用、使用最为频繁的知识点，因此每门课程的学习时间都不长，基于这些课程，初学者无须查阅其他资料，就可以快速打下 Spark 学习的基础；
- 随书资源是指本书学习中的配套资源，包括艾叔编写的《零基础快速入门 Scala》电子书、《Spark 大数据编程实践教程》、示例代码及数据、练习题及答案。这些资源可以帮助我们更快、更全面地掌握《Spark 大数据编程实用教程》的内容；
- 进阶资源是指本书学习中或学习后用于提升 Spark 编程水平的资源，包括艾叔主讲的两个企业级的实战项目课程《一键部署：基于 Docker 的 Hadoop 集群》和《IDEA+Spark 快速入门实战》，以及艾叔在编程方面的经验和总结，这些资源对加深对本书的理解，提升 Spark 编程实战能力，迅速累积项目经验非常有帮助。

1．随书资源的获取

随书资源是一个 rar 格式的压缩包，文件名是“Spark 大数据编程实用教程配套资料.rar”，该压缩包中的资料如表 1-1 所示，包括艾叔总结多年经验，专门为 Scala 编程初学者所编写的《零基础快速入门 Scala》电子书，本书的配套实践教程《Spark 大数据编程实践教程》、《课程练习及答案》和课程示例代码。

表 1-1　本书配套资料包内容列表

序号	资源名称	文件名	下载地址
1	《零基础快速入门 Scala》	01-零基础快速入门 Scala.pdf	关注本书公众号“艾叔编程”，在后台输入“spark”即可获得 Spark 大数据编程实用教程配套资料.rar 的下载地址。
2	《Spark 大数据编程实践教程》	02-Spark 大数据编程实践教程.pdf	
3	《课程练习及答案》	03-课程练习及答案.pdf	
4	示例代码及数据	04-prog.tar.gz	

2．前置资源、进阶资源以及其他资源的获取

前置资源可以在网易云课堂的“艾叔编程”中获取，获取方法如表 1-2 的第 3 项所示；进阶资源可以在 51CTO 学院网站搜索“文艾”获取，获取方法如表 1-2 的第 4、5 项所示。其他资源包括：作者微信号、本书公众号、大数据学习网站，获取方法如表 1-2 的第 1、2、6 项所示。

表 1-2　本书其他资源列表

序号	资源名称	说明
1	作者微信号	添加作者微信号，和作者直接交流
2	本书公众号	关注作者公众号“艾叔编程”，获取艾叔在大数据编程、职业规划等方面的总结和感悟。输入“spark”获取 Spark 大数据编程实用教程配套资料.rar 下载地址
3	“艾叔编程”网易云课堂	1.《零基础 VMware 虚拟机实战入门》 2.《零基础 2 小时用会 Linux》 3.《2 小时 Linux Shell 编程快速入门》 4.《hadoop3.0.0-hdfs 分布式搭建与运维》
4	51CTO 学院	《一键部署：基于 Docker 的 Hadoop 集群》
5	51CTO 学院	《IDEA+Spark 快速入门实战》
6	大数据学习网	更多的大数据学习资源

1.6.5 本书所使用的软件和版本

学习本书时，各项软件请务必保持和表 1-3 中一致的版本。

表 1-3 本书软件及版本表

软件名	版本	说明和下载地址
Windows 7 64bit 旗舰版	7	Host 操作系统
VMware Workstation 9	9	虚拟机软件
Centos 7.2	7.2	http://vault.centos.org/7.2.1511/isos/x86_64/CentOS-7-x86_64-Everything-1511.iso
jdk-8u162-linux-x64.tar.gz	1.8	http://www.oracle.com/technetwork/java/javase/downloads/index.html
hadoop-2.7.6.tar.gz	2.7.6	http://mirrors.tuna.tsinghua.edu.cn/apache/hadoop/common/hadoop-2.7.6/hadoop-2.7.6.tar.gz
spark-2.3.0-bin-hadoop2.7.tgz	2.3.0	http://archive.apache.org/dist/spark/spark-2.3.0/spark-2.3.0-bin-hadoop2.7.tgz
scala-2.11.12.tgz	2.11.12	https://downloads.lightbend.com/scala/2.11.12/scala-2.11.12.tgz
idealC-2018.1.4.tar.gz	2018.1.4	https://download.jetbrains.8686c.com/idea/idealC-2018.1.4.tar.gz
apache-hive-2.3.3-bin.tar.gz	2.3.3	https://mirrors.tuna.tsinghua.edu.cn/apache/hive/stable-2/apache-hive-2.3.3-bin.tar.gz
R-3.5.1.tar.gz	3.5.1	https://mirrors.tuna.tsinghua.edu.cn/CRAN/src/base/R-3/R-3.5.1.tar.gz
rstudio-server-rhel-1.1.456-x86_64.rpm	1.1.456	https://download2.rstudio.org/rstudio-server-rhel-1.1.456-x86_64.rpm

1.7 练习

1）从大数据开发的角度，给出大数据的定义。

2）如何理解大数据和普通数据之间的区别？

3）大数据开发的通用步骤是什么？这是绝对的吗？

4）大数据的采集同普通数据的采集不同之处在哪里？

5）大数据存储中，根据存储对象的类型进行划分，可以分为哪两类存储？

6）常见的大数据编程模型和编程框架有哪些？

7）用一句话简单描述 Spark 是什么。

8）Spark 的技术特点有哪些？

9）Spark 的组件有哪些，并说出它们的作用。

第 2 章　构建 Spark 运行环境

到目前为止，对 Spark 程序的认识可能有这么几点：

- 它是一个运行在 JVM 上的程序，可以使用 Scala、Java 和 Python 等语言编写；
- 它是一个分布式程序，在很多节点上并行运行。

上述认识暂时还停留在理论的阶段，本章的目的就是要带领大家搞清楚这些细节，并且还能动手操作。

具体来说，本章将着重解决以下问题。

- Spark 程序运行时架构是怎样的？有哪些角色？
- 如果要构建一个 Spark 程序的运行环境，需要哪些组件？
- HDFS 是什么？它的架构和构建步骤是怎样的？和 Spark 的关系是怎样的？
- Yarn 的作用以及构建步骤是怎样的？
- 如何在本地运行 Spark 程序？
- 如何以 client 或 cluster 模式，实现 Spark on Yarn 的程序运行？
- 如何以 client 或 cluster 模式，实现 Spark on Standalone 的程序运行？
- 如何扩展 HDFS、Yarn，以及 Spark Standalone 集群的节点？

上述内容非常重要，不管 Spark 程序有多复杂，使用了多么高深的技术，其运行的原理和基本步骤都不会脱离本章内容的范畴。此外，本章还将引入 Spark 相关的重要概念和术语，例如 Spark 程序的运行方式、运行模式和部署模式等，这些都将为后续进一步学习 Spark 程序开发打下基础。

2.1　Spark 程序运行时架构

Spark 程序运行时架构是指一个 Spark 程序运行后程序的各个组成部分。

Spark 程序运行时的架构如图 2-1 右侧方框所示，共有 3 种角色：Client（客户端），Driver（驱动程序）和 Executor（执行器），它们都是进程。

- Client：负责提交 Spark 程序，提交的对象可以是集群管理器，也可以没有提交对象，本地运行；

📖 集群管理器负责管理、分配、调度集群节点资源。常见的集群管理器有：Yarn、Mesos、K8s 和 Spark 自带的 Standalone 等。

- Driver：负责此次 Spark 程序运行的管理和状态监控，Spark 程序的一次运行，就如同一次作战行动，Driver 就是此次行动的指挥员，从程序的开始到结束都由 Driver 全程负责；

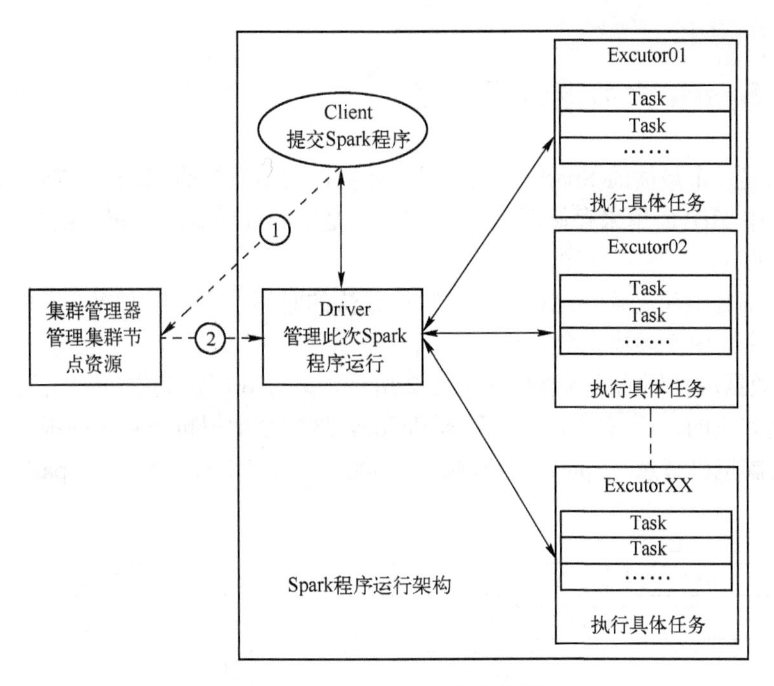

图 2-1　Spark 程序运行架构图

- Executor：负责执行具体任务，Executor 可能有多个，所有 Executor 合并完成整个任务。Executor 中具体执行任务的是 Task，每个 Task 对应一个线程（每个 Task 不一定只占有 1 个 CPU，可以占用多个 CPU），一个 Executor 中可能会有多个 Task，每个 Task 的处理逻辑是一样的，只是处理数据不一样。

📖 当 Spark 程序执行完退出后，图 2-1 架构中的元素：Client、Driver、Executor 也就不存在了。当一个新的 Spark 程序运行时，又会创建新的 Client、Driver 和 Executor。因此，Spark 架构是动态的，不像 HDFS 架构是固定的——HDFS 中有 NameNode 和 DataNode，它们固定运行在某个节点上，自 HDFS 启动后，就一直存在；

📖 Client 和 Driver 都是一个进程，通过参数指定，可以合并在一个进程内，也可以分开，成为各自独立的进程。Client 和 Driver 之间的状态统称为部署模式（Deploy Mode），如果 Client 和 Driver 在一个进程内，则为 client 模式，如果分开，则为 cluster 模式；

📖 Client、Driver、Executor 可以分开运行在不同的节点上，也可以运行在同一个节点上，由配置决定。

如果 Spark 程序要分布式运行，则需要和集群管理器交互，获得集群资源。

Client 向集群管理器发出申请，集群管理器接收请求，并为其分配合适的资源。具体选择哪种管理器，可以在 Client 提交时通过参数指定。每种资源管理器运行 Spark 程序时机制可能不一样，但不管怎样，Spark 程序运行时的架构（图 2-1）是不变的。其他细节，如 Executor、Task 的分配、资源调度、不同资源管理器上 Spark 执行机制等，后续还会详细讲述。

综上所述，要构建一个 Spark 运行环境，除了 Spark 自身框架外，还需要一个集群管理器和一个存储系统用来存储输入和输出的数据，下面将依据此思路来构建一个 Spark 大数据处理环境。

2.2 构建 Spark 大数据运行环境

本节将构建一个最简的 Spark 大数据运行环境，它由最简的 HDFS、Yarn 和 Spark 三个部分组成。其中 HDFS 用来存储海量数据，Yarn 是集群管理器，Spark 包含一个集群管理器和 Spark 程序的开发库和运行库。

每个系统都是最简配置，这样便于大家以最快的时间上手，同时每个系统又都是全分布式的，因此和实际生产环境完全一致。

Spark 大数据运行环境的部署图如图 2-2 所示，共分 6 层，其中 1～5 层是现成的，第 6 层是本节需要完成的，所有的工作都在 scala_dev 这一个虚拟机节点上完成，后续可以根据需要扩展新的虚拟机节点。Spark 大数据运行环境将按照 HDFS、Yarn、Spark 的顺序依次来构建。

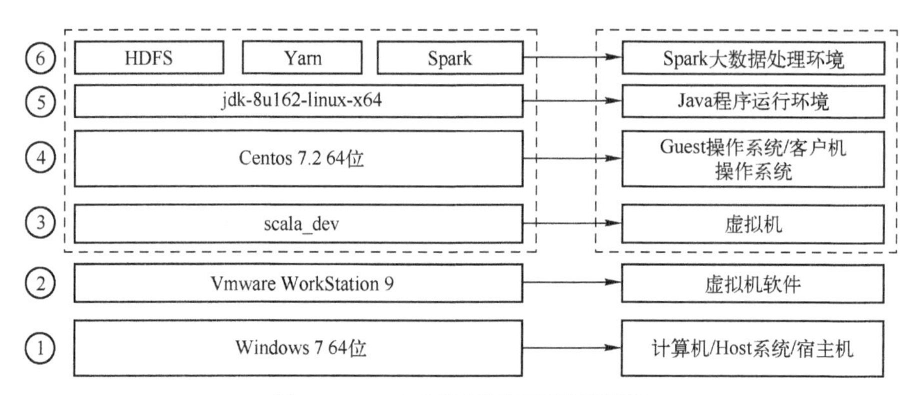

图 2-2　Spark 大数据运行环境部署图

2.2.1 构建 HDFS

1. HDFS 是什么

HDFS（Hadoop Distributed File System，Hadoop 分布式文件系统），是一个分布式文件系统，用来存储海量的大数据文件。在 Spark 进行大数据处理时，它的数据来源、处理结果等往往都存储在 HDFS 之上，因此，在构建 Spark 集群之前，先要构建 HDFS。

📖 文件系统用来实现文件在计算机中的存储和管理，Windows 下常见的文件系统是 NTFS，Linux 下常见的文件系统有 Ext3、Ext4、XFS 等。在使用硬盘前，有一个格式化的步骤，这个步骤就是在硬盘上建立文件系统；

📖 文件系统向上面对的是文件，就是在计算机中看到的文件夹和文件，向下管理的是具体的存储对象：如果存储对象位于本地，例如硬盘，则称此文件系统是本地文件系统，像 NTFS、Ext3 等都是本地文件系统；如果存储对象不在本地，而是位于网络之中，则称此文件系统是分布式文件系统，像 HDFS、Lustre、CEPH 都是典型的分布式文件系统。

HDFS 利用软件和网络将多台计算机的存储空间聚合起来，构成一个统一而又巨大的存储空间，并且通过软件来确保文件的可靠性。HDFS 单个集群的节点规模可达千个以上，存储数据量为 PB 级，包括亚马逊、阿里、腾讯等知名厂商都在使用，性能和可靠性都有保证。

2. HDFS 的系统架构

Hadoop 版本从 1.0 到 2.0 到现在 3.0，中间经历了多次迭代，HDFS 作为 Hadoop 中的一个重要组件，其系统架构也在不断进化，但总的来说并没有脱离最初的主从式架构。HDFS 的架构图具体如图 2-3 所示。

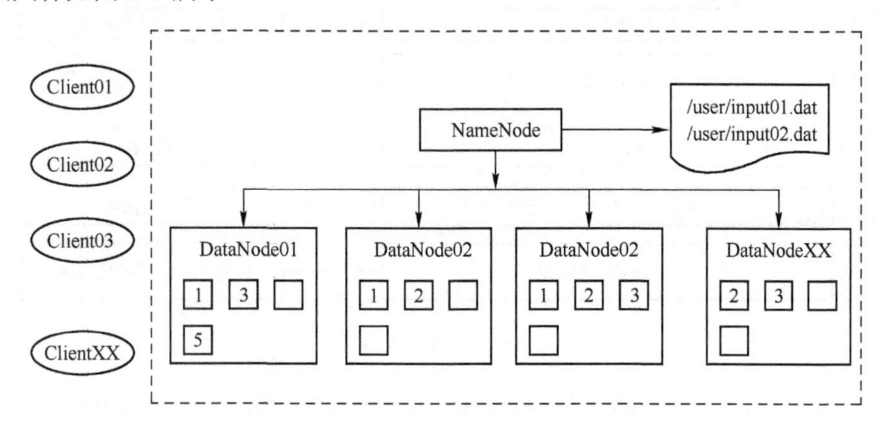

图 2-3　HDFS 架构图

HDFS 架构中有三种角色：NameNode、DataNode 和 Client。

- DataNode。DataNode 是存储节点，它负责存储 HDFS 文件的真实内容，假如有一个 input01.dat 文件，HDFS 会将它按照固定大小分割成若干 Block，每个 Block 会复制若干份（默认是 3 份），存储为文件，每个文件就称为一个副本（Replica），同一个 Block 的副本会存储在不同的 DataNode 上。如图 2-3 所示，DataNode 中的小方块表示副本，其中的编号为 Block 编号，编号相同表示是同一个 Block 的副本；
- NameNode。NameNode 是管理节点，它负责管理元数据和 DataNode。元数据又分为名字空间（NameSpace）和文件存储信息两大类，例如，input01.dat 的路径信息 /usr/input01.dat、文件名、创建时间、拥有者、权限等，都属于名字空间，简而言之，在浏览文件系统时，看到的文件、目录有关的信息都是名字空间。文件存储信息是指副本的存储信息位于哪些 DataNode 上，通过该信息可以在具体的 DataNode 上找到对应的内容；
- Client。Client 用来访问 HDFS，它对应命令 hdfs，可以上传文件到 HDFS，也可以在 HDFS 上创建、删除目录、下载文件等，同时还可以设置属性、管理 HDFS 等。总之，用户同 HDFS 的交互都通过 Client 来完成。

HDFS 最新架构与图 2-3 有以下 3 点不同。

- NameNode 被拆分成多个 NameNode 对外提供服务，每个 NameNode 管理一个互不相干的名字空间（目录），这种机制叫作 Federation（联邦）；
- NameNode 支持热备，从而实现 NameNode 的高可用；
- 除副本容错外，增加了基于编码的容错方式，在相同可靠性的情况下，可大幅节省存储空间。

3. HDFS 的部署图

最简 HDFS 的部署图如图 2-4 所示，自底向上分为 6 层，真正需要构建的是第 6 层的

HDFS，包括 1 个 NameNode、1 个 DataNode01 和 1 个 Client01。因为 HDFS 中 3 种角色各只有一个，因此说是最简单的 HDFS。

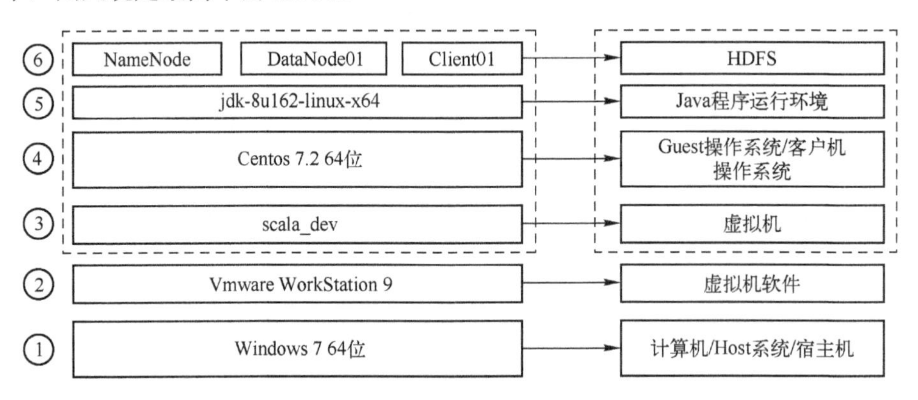

图 2-4　HDFS 部署图

如图 2-4 所示，NameNode、DataNode01 和 Client01 都在同一个虚拟机 scala_dev 之上。这样做的好处是：不需要跨虚拟机，实现起来相对简单；同时又实现了 HDFS 的分布式构建，后续增加新的虚拟机和 DataNode 也非常方便。

4. HDFS 的构建

本节“HDFS 的构建”属于实践内容，因为后续章节都会用到 HDFS，所以本实践必须完成。请参考本书配套资料《Spark 大数据编程实践教程》中的“实践 1：构建分布式 HDFS”完成本节任务。

2.2.2　构建 Yarn

1. Yarn 简介

Yarn 是 Hadoop 的集群管理器，Spark 程序或 MapReduce 程序都可以运行在 Yarn 上，后续会介绍如何将 Spark 程序提交到 Yarn 上运行。

生产环境中，一个集群往往不会只跑 Spark 一种应用，还会有其他的应用，如 MapReduce 程序等，这些应用都可以通过 Yarn 实现统一管理。本节将介绍如何构建 Yarn，以及如何在 Yarn 上运行 MapReduce 程序。

2. Yarn 架构和部署图

Yarn 有两种角色：ResourceManager（资源管理器）和 NodeManager（节点管理器）。ResourceManager 只有 1 个，NodeManager 可以有多个。ResourceManager 管理 NodeManager，NodeManager 在每个节点上都要安装，负责管理它所在节点的硬件资源（CPU 和内存）。

本书的 Yarn 部署图如图 2-5 所示，共分为 6 层，其中第 1～5 层是现成的，第 6 层是本节需要构建的，包括 ResourceManager、NodeManager 两种角色，它们都部署在虚拟机 scala_dev 上，后续可根据需要扩展 NodeManager 节点。

Yarn 和 HDFS 一样，都包含在 Hadoop 软件包中，因此，构建 Yarn 不需要下载新的 Package，只需要在 Hadoop 中配置 Yarn 相关的文件即可。

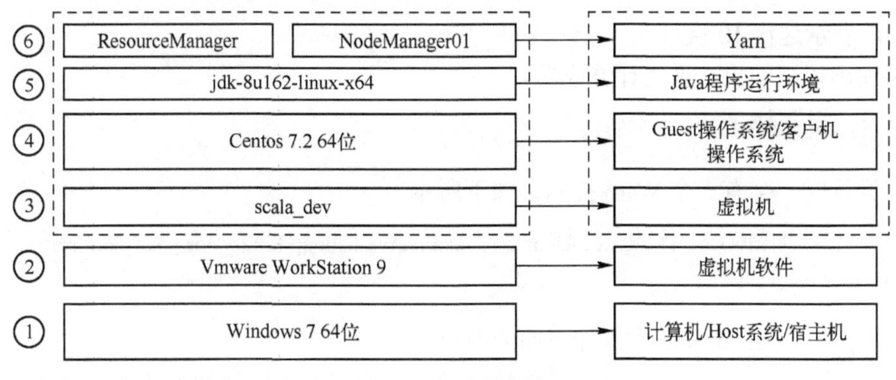

图 2-5　Yarn 部署图

3．Yarn 的构建

本节“Yarn 的构建”属于实践内容，因为后续章节会用到 Yarn，所以本实践必须完成。请参考本书配套资料《Spark 大数据编程实践教程》中的“实践 2：构建 Yarn”完成本节任务。

2.2.3　构建 Spark 集群

本节“构建 Spark 集群”属于实践内容，因为后续章节会用到 Spark 集群，所以本实践必须完成。请参考本书配套资料《Spark 大数据编程实践教程》中的“实践 3：构建 Spark 集群”完成本节任务。

2.3　运行 Spark 程序（Local 方式）

Spark 程序运行方式有两种：

1）第一种为本地运行（Local），Spark 程序只在本地运行，不在其他节点运行。此方式经常被用于调试和快速验证；

2）第二种为分布式运行，Spark 程序会分布到多个节点上运行，常用于生产环境。

本节以 Spark 自带的圆周率计算示例 SparkPi 为例，介绍 Spark 程序的本地运行方式。不管是哪种模式，Spark 程序运行后，都有 Client、Driver 和 Executor 三种角色。

Spark Local 运行方式示例——SparkPi。

Spark 软件包中有一个 spark-examples_2.11-2.3.0.jar，它是 Spark 自带示例的 jar 包，下面就以其中的 SparkPi 为例，介绍 Spark 程序的本地（Local）运行方式。

运行 SparkPi 的具体命令如下。

```
[user@scaladev spark-2.3.0-bin-hadoop2.7]$ spark-submit  --class org.apache.spark.examples.SparkPi --master local  examples/jars/spark-examples_2.11-2.3.0.jar   10
```

SparkPi 的程序参数说明如下。

- --class org.apache.spark.examples.SparkPi，指明此次运行程序的 Main Class；
- --master local，表示此 Spark 程序 Local 运行；
- examples/jars/spark-examples_2.11-2.3.0.jar，为 Spark 示例的 jar 包；

- 10，表示迭代 10 次。

如果输出以下结果，说明计算成功。

```
Pi is roughly 3.13988713988714
```

程序运行时，会有一个 Warn 提示，如下所示。

```
WARN    NativeCodeLoader:62-Unable to load native-hadoop library for your platform...using builtin-java classes where applicable
```

解决办法是在/etc/profile 中添加下面的内容。

```
export LD_LIBRARY_PATH=$HADOOP_HOME/lib/native
```

切换到普通用户，运行下面的命令，使得配置生效。

```
[user@scaladev spark-2.3.0-bin-hadoop2.7]$ source /etc/profile
```

再次运行 SparkPi，就不会有警告了。

📖 Spark 本地方式运行，不需要集群管理器。

2.4 运行 Spark 程序（分布式方式）

本节介绍 Spark 程序的第二种运行方式：**分布式运行**，Spark 程序分布在集群的多个节点上并行处理，这样可以利用集群强大的计算能力，且扩展方便。

Spark 程序分布式运行要依赖特定的集群管理器，最常用的有 Yarn 和 Standalone。把 Spark 程序在 Yarn 上运行称为 Spark on Yarn，同理，把 Spark 程序在 Standalone 上运行称为 Spark on Standalone。

不管是 Spark on Yarn 还是 Spark on Standalone，都统称为 Spark 程序的**运行模式**。

同时，根据 Client 和 Driver 是否在一个进程，又可以分为 client 和 cluster 两种**部署模式**，Spark on Yarn 和 Spark on Standalone 都支持这两种部署模式。

因此，对 Spark 程序分布式运行来说，可以分为 4 类，如表 2-1 所示。本节将按照表中序号，依次介绍每种分类。

表 2-1　Spark 运行分类表

序号	运行方式	运行模式	部署模式
1	分布式运行	Spark on Yarn	client
2			cluster
3		Spark on Standalone	client
4			cluster

2.4.1 Spark on Yarn

如前所述，Spark on Yarn 有两种部署模式：client 和 cluster，本节针对这两种部署模式用示例进行说明。对于每个示例，会先介绍其具体的操作，然后介绍 Spark 程序在 Yarn 上的运行过程。

1. Spark on Yarn（client deploy mode）

本节以 DFSReadWriteTest 为例，说明 Spark on Yarn 的 client deploy mode。

DFSReadWriteTest 是 spark-examples_2.11-2.3.0.jar 自带的一个示例，它会读取本地文件进行单词计数，然后将本地文件上传到 HDFS，从 HDFS 读取该文件，使用 Spark 进行计数，最后比对两次计数的结果。

（1）提交 Spark 程序到 Yarn 上，以 client deploy mode 运行

运行命令如下。

```
[user@scaladev spark-2.3.0-bin-hadoop2.7]$ spark-submit --class org.apache.spark.examples.DFSReadWriteTest --master yarn /home/user/spark-2.3.0-bin-hadoop2.7/examples/jars/spark-examples_2.11-2.3.0.jar /etc/profile /output
```

具体参数说明如下。

- --class org.apache.spark.examples.DFSReadWriteTest，指明此次程序的 Main Class；
- --master yarn，指明将程序提交到 Yarn 上运行；
- /home/user/spark-2.3.0-bin-hadoop2.7/examples/jars/spark-examples_2.11-2.3.0.jar，程序所在的 jar 包；
- /etc/profile，表示本地文件路径（注意，不需要用 file:///来表示本地文件路径）；
- /output，是文件输出路径（位于 HDFS 上）。

> 📖 要运行该程序，除了 Yarn 启动外，还要确保 HDFS 也已启动；
>
> 📖 Spark 在 Yarn 上运行，不需要在 Spark 中 startall.sh 脚本，也就是说不需要启动 Master、Worker 这些和 Standalone 有关的组件；
>
> 📖 deploy mode 可以通过 spark-submit 后面传参--deploy-mode 来指定，默认是 client 模式，即 spark-submit 后面如果不加--deploy-mode，则部署模式是 client，如果要指定 cluster 模式，则要加--deploy-mode cluster，从上面的命令可以看出，其部署模式是 client。

程序执行后，先得到/etc/profile 的单词计数结果 A；将 profile 上传到 HDFS 的/output 目录；读取该文件，并使用 RDD 操作进行单词计数，计数结果写回/output/dfs_read_write_ test 目录，存储为文件 B；最后比较 A 和 B，如结果正确，则输出如下。

```
Success! Local Word Count 276 and DFS Word Count 276 agree.
```

初次运行程序时，可能会有以下两个报错。

报错 1 的报错信息如下所示。

```
Exception in thread "main" java.lang.Exception: When running with master 'yarn' either HADOOP_CONF_DIR or YARN_CONF_DIR must be set in the environment.
```

报错原因：没有设置环境变量：HADOOP_CONF_DIR 或 YARN_CONF_DIR。

解决办法：在/etc/profile 中增加下面的内容。

```
HADOOP_CONF_DIR=$HADOOP_HOME/etc/hadoop
```

```
export HADOOP_CONF_DIR
```

切回到普通用户，使刚才的配置生效。

```
[user@scaladev spark-2.3.0-bin-hadoop2.7]$ source /etc/profile
```

报错 2 的报错信息如下所示。

报错原因：Container（容器）的内存超出了虚拟内存限制，Container 的虚拟内存为 2.1GB，但使用了 2.3GB。

```
Container [pid=4222,containerID=container_1533733079299_0002_02_000001] is running beyond virtual memory limits. Current usage: 164.8 MB of 1 GB physical memory used; 2.3 GB of  2.1 GB virtual memory used. Killing container
```

📖 Container 是 Yarn 上的资源抽象，Yarn 上的 Container 目前包括 CPU 和内存两种资源；

📖 提交到 Yarn 上的程序，会在 Container 中运行。例如，Spark on Yarn 程序运行时，其 Executor 就是在 Container 中运行的。

解决办法：

方法一：改变分配 Container 的最小物理内存值，将 yarn.scheduler.minimum-allocation-mb 设置成 2GB，重启 Yarn，每个 Container 向 RM 申请的虚拟内存为 2GB×2.1=4.2GB。

📖 yarn.scheduler.minimum-allocation-mb：默认值是 1GB;

📖 yarn.scheduler.maximum-allocation-mb：默认值是 8GB。

方法二：改变分配 Container 的虚拟内存比例，将 yarn.nodemanager.vmem-pmem-ratio 设置成 3，重启 Yarn，每个 Container 向 RM 申请的虚拟内存为 1GB×3=3GB。

📖 yarn.nodemanager.vmem-pmem-ratio：默认值是 2.1，是 Container 中虚拟内存/物理内存的值。

方法三：不检查虚拟机内存限制，将 yarn.nodemanager.vmem-check-enabled 设置为 false，重启 Yarn。

📖 yarn.nodemanager.vmem-check-enabled：默认值是 true，它会检查 Container 中虚拟内存的使用是否超过 yarn.scheduler.minimum-allocation-mb*yarn.nodemanager.vmem-pmem-ratio。

（2）Spark 程序在 Yarn 上的执行过程（client deploy mode）

本例中，DFSReadWriteTest 是一个 Spark 程序，部署模式是 client，那么，它在 Yarn 上的执行过程是怎样的？图 2-6 列出了 Spark 程序在 Yarn 上的执行过程（client deploy mode），同 MapReduce 程序一样，Spark 程序在 Yarn 上也是运行在 Container 之中的。具体说明如下。

1）client 模式下，Client 和 Driver 在一个进程内，向 Resource Manager 发出请求；

2）Resource Manager 指定一个节点启动 Container，用来运行 AM（Application Master）；AM 向 Resource Manager 申请 Container 来执行程序，Resource Manager 向 AM 返

回可用节点；

3）AM 同可用节点的 NodeManager 通信，在每个节点上启动 Container，每个 Container 中运行一个 Spark 的 Executor，Executor 再运行若干 Tasks；

4）Driver 与 Executor 通信，向其分配 Task 并运行，并监测其状态，直到整个任务完成；

5）总任务完成后，Driver 清理 Executor，通知 AM、AM 向 ResourceManager 请求释放 Cotainer，所有资源清理完毕后，AM 注销并退出、Client 退出。

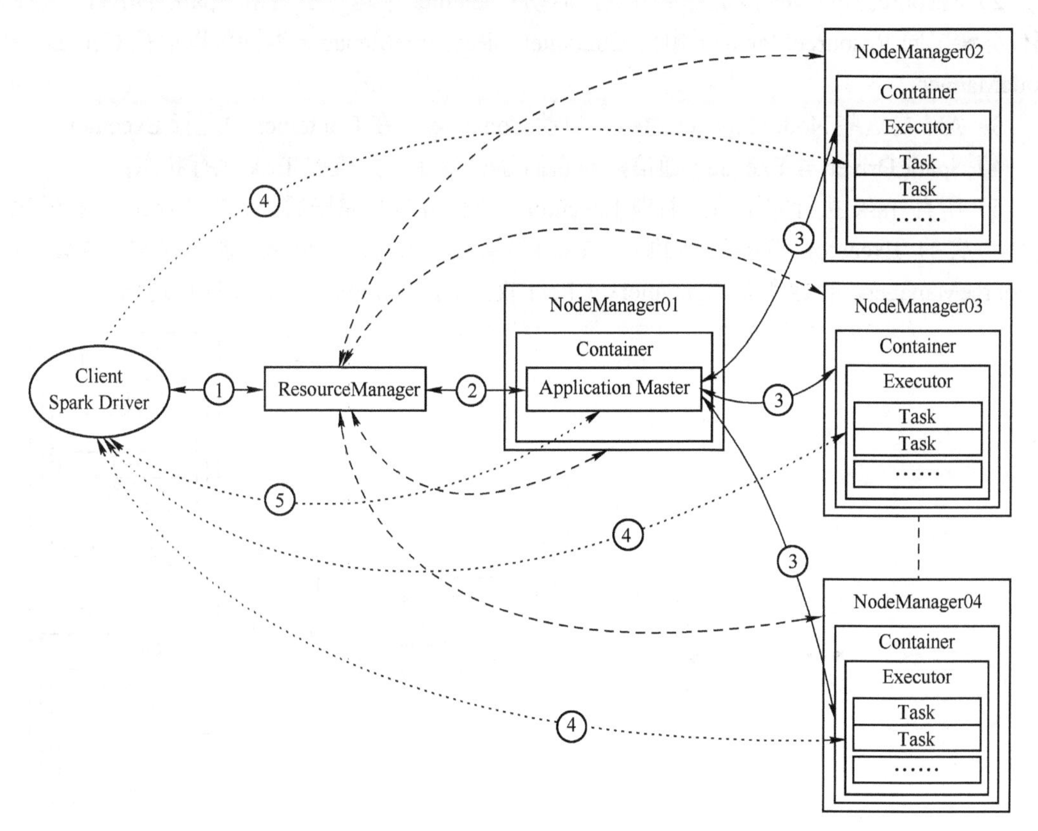

图 2-6 Spark 程序在 Yarn 上执行过程图（client deploy mode）

- AM 的作用是 Container 的申请、释放和管理，它是 Yarn 中的一个概念；
- Spark Driver 负责 Spark 任务的管理和监控；
- Client 负责 Spark 任务的提交。

2．Spark on Yarn（cluster deploy mode）

本节继续以 DFSReadWriteTest 为例，说明 Spark on Yarn 的 cluster deploy mode。

（1）提交 DFSReadWriteTest 到 Yarn 运行（cluster deploy mode）

下面使用 Cluster 模式在 Yarn 上运行 Spark 程序，命令如下，增加了--deploy-mode cluster 的参数。

```
[user@scaladev spark-2.3.0-bin-hadoop2.7]$ spark-submit --deploy-mode cluster --class org.apache.
```

```
spark.examples.DFSReadWriteTest --master yarn /home/user/spark-2.3.0-bin-hadoop2.7/examples/jars/spark-examples_2.11-2.3.0.jar /etc/profile /outputSpark
```

（2）Spark 程序在 Yarn 上执行过程（cluster deploy mode）

在 cluster deploy mode 下，Spark on Yarn 执行过程如图 2-7 所示，Client 和 Driver 分离，Driver 在另一个节点，Driver 和 AM 合并在同一个进程内，执行过程如下。

1）Client 向 ResourceManager 提交 Application 请求；

2）ResourceManager 指定一个节点，启动 Container 来运行 AM 和 Spark Driver；AM 根据任务情况向 ResourceManager 申请 Container；ResourceManager 返回可以运行 Container 的 NodeManger；

3）AM 与这些 NodeManager 通信，启动 Container，在 Container 中运行 Executor；

4）Spark Driver 与 Executor 通信，向它们分配 Task，并监控 Task 执行状态；

5）所有 Task 执行完毕后，清理 Executor（总任务执行完毕后，有的 Executor 已经执行完毕，有的 Executor 可能还在执行 Task），清理完毕后，Driver 通知 AM，AM 请求 ResourceManager，释放所有 Container；Client 收到 Application FINISHED 后退出。

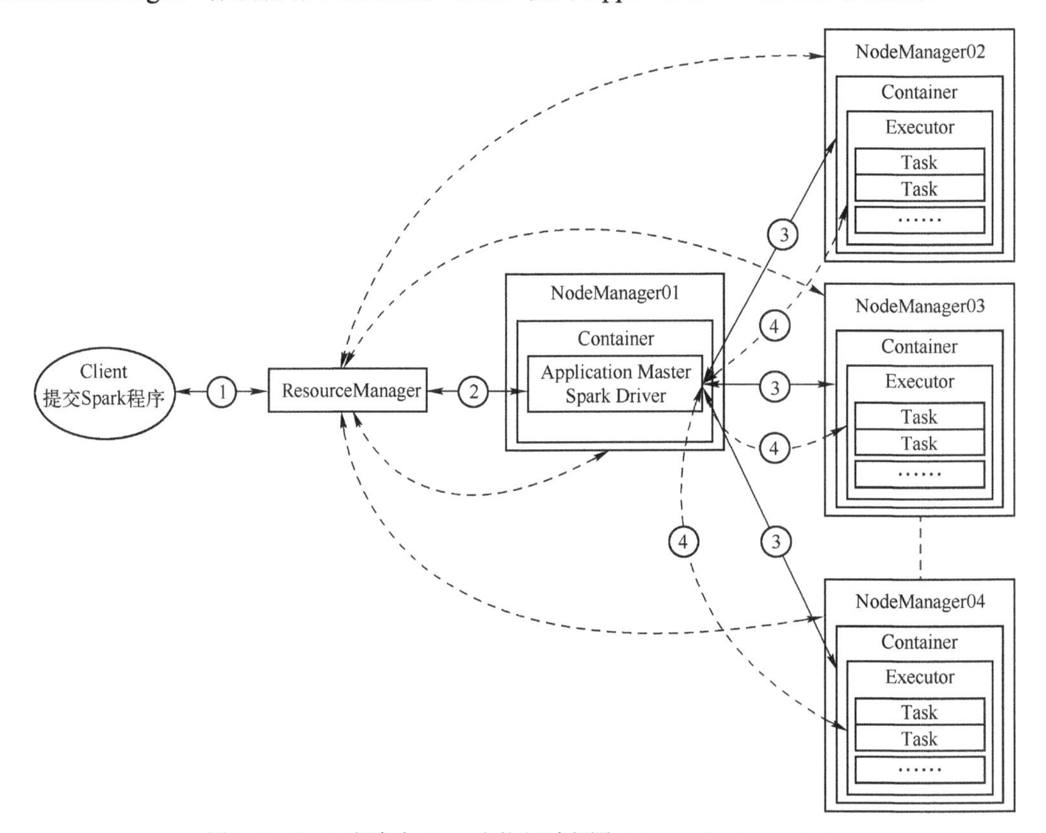

图 2-7　Spark 程序在 Yarn 上执行过程图（cluster deploy mode）

2.4.2　Spark on Standalone

Standalone 是 Spark 自带的一个集群管理器，主/从式架构，包括 Master 和 Worker 两种角色，Master 管理所有的 Worker，Worker 负责单个节点的管理。

Spark 程序可以在 Standalone 上运行，好处是简单、方便，可以快速部署；缺点是不通用，只支持 Spark，不支持 MapReduce 等，此外功能没有专门的集群管理器如 Yarn 等强大。

如前所述，Spark on Standalone 有两种部署模式：client 和 cluster，本节针对这两种部署模式，用示例说明。每个示例，都会先介绍具体的操作，然后介绍 Spark 程序在 Standalone 上的运行过程。

1．Spark on Standalone（client deploy mode）

（1）部署 Standalone

本书的 Spark Standalone 框架部署如图 2-8 所示，分为 6 层，与之前类似，第 1 层到第 5 层是已有的，第 6 层为 Standalone，也是本节需要构建的。Standalone 包含在 Spark Package 中，因此，不需要要装额外的 Package，直接在 Spark 中配置即可。

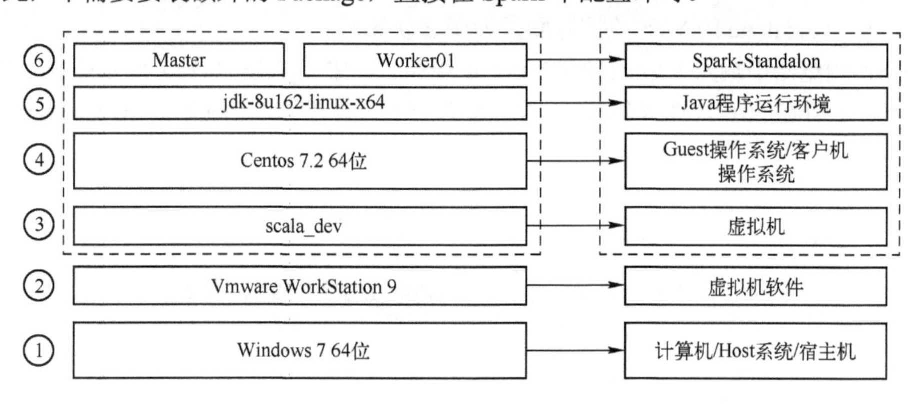

图 2-8　Spark Standalone 部署图

Standalone 的 Master 和 Worker 都部署在 scaladev 虚拟机上，具体步骤如下。

1）配置 slaves 文件，该文件保存了整个集群中被管理节点的主机名。先复制模板文件；

```
[user@scaladev spark-2.3.0-bin-hadoop2.7]$ cp conf/slaves.template conf/slaves
```

2）编辑 slaves 文件；

```
[user@scaladev spark-2.3.0-bin-hadoop2.7]$ vi conf/slaves
```

3）将 localhost 修改为 scaladev；

```
scala_dev
```

4）添加 JAVA_HOME；

```
[user@scaladev spark-2.3.0-bin-hadoop2.7]$ cp conf/spark-env.sh.template conf/spark-env.sh
```

5）编辑 spark-env.sh 文件；

```
[user@scaladev spark-2.3.0-bin-hadoop2.7]$ vi conf/spark-env.sh
```

6）在最后一行增加下面的内容；

```
export JAVA_HOME=/home/user/jdk1.8.0_162
```

7）启动 Standalone 集群；

```
[user@scaladev spark-2.3.0-bin-hadoop2.7]$ sbin/start-all.sh
```

8）验证，使用 jps 查看当前运行的 Java 进程，如下所示，如果 Master 和 Worker 都在，则说明启动、配置成功；

```
[user@scaladev spark-2.3.0-bin-hadoop2.7]$ jps
3061 Master
3205 Jps
3148 Worker
```

9）查看 Standalone 的 Web 监控界面，如图 2-9 所示。

在 Host 浏览器中输入 http://192.168.0.226:8080，其中 192.168.0.226 是 scaladev 的 IP 地址，是 Master 所在的 IP。在 Web 监控界面可以查看集群信息、Spark 的 Application 运行信息等。

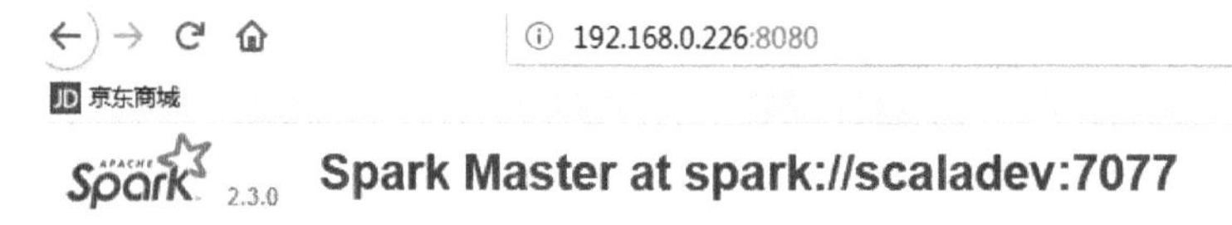

图 2-9　Standalone 的 Web 界面

（2）提交 Spark 程序到 Standalone 上，以 client deploy mode 运行

提交前应确保 HDFS 已经启动，HDFS 上/output 目录下已经清空。具体命令如下。

```
[user@scaladev spark-2.3.0-bin-hadoop2.7]$ spark-submit –class org.apache.spark.examples.DFSReadWriteTest
--master spark://scaladev:7077 /home/user/spark-2.3.0-bin-hadoop2.7/examples/jars/spark-examples_2.11-2.3.0.jar
/etc/profile /output
```

其中，-master spark://scaladev:7077 表示连接 Standalone 集群，scaladev 是 Master 所在的主机名，没有指定--deploy-mode cluster，则部署模式为默认的 client。

（3）Spark 程序在 Standalone 上的运行过程（client deploy mode）

client 部署模式下，Spark 程序在 Standalone 的运行过程如图 2-10 所示。

1）Client 初始化，内部启动 Client 模块和 Driver 模块，并向 Master 发送 Application 请求；

2）Master 接收请求，为其分配 Worker，并通知 Worker 启动 Executor；

3）Executor 向 Driver 注册，Driver 向 Executor 发送 Task，Executor 执行 Task，并反馈执行状态，Driver 再根据 Excutorer 的当前情况，继续发送 Task，直到整个 Job 完成。

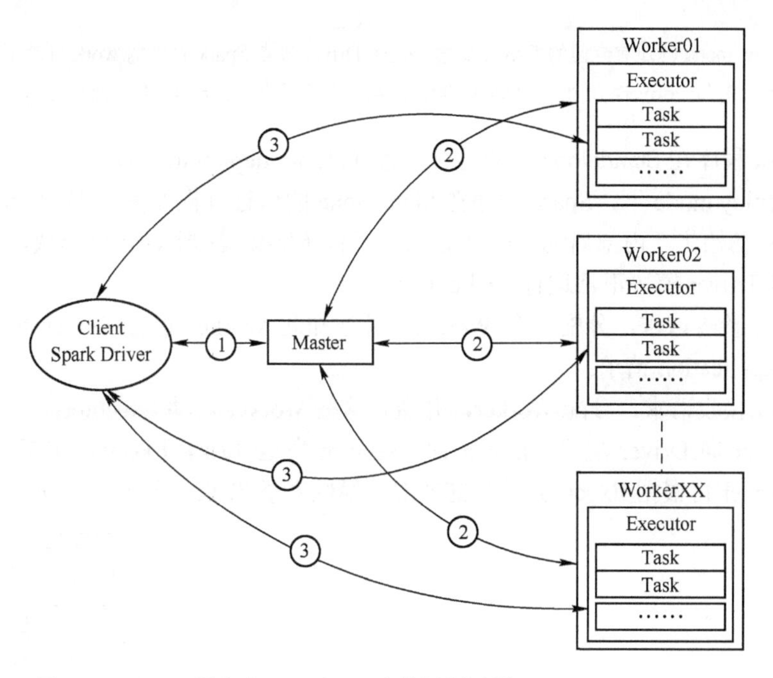

图 2-10 Spark 程序在 Standalone 上的运行过程（client deploy mode）

2. Spark on Standalone（cluster deploy mode）

（1）提交 Spark 程序到 Standalone，以 cluster deploy mode 运行

具体命令如下。

```
[user@scaladev work]$ spark-submit --class org.apache.spark.examples.DFSReadWriteTest --master spark://scaladev:6066 --deploy-mode cluster /home/user/spark-2.3.0-bin-hadoop2.7/examples/jars/spark-examples_ 2.11-2.3.0.jar /etc/profile hdfs://scaladev:9001/output
```

有 4 点需要特别注意。

- 采用 cluster deploy mode 时，Driver 需要一个处理器，后续 Executor 还需要另外的处理器，如果虚拟机 scaladev 只有 1 个处理器的话，就会出现资源不足的警告，导致程序运行失败，如下所示；

```
WARN  TaskSchedulerImpl:66 - Initial job has not accepted any resources;
```

解决办法为：增加虚拟机的处理器为两个。

- 命令参数中，--master spark://scaladev:6066 用来指定 Master 的 URL，cluster deploy mode 下，Client 会向 Master 提交 Rest URL，spark://scaladev:6066 就是 Spark 的 Rest URL；如果还是使用原来的参数--master spark://scaladev:7077，则会报下面的错误；

```
WARN  RestSubmissionClient:66 - Unable to connect to server spark://scaladev:7077.
```

- HDFS 的路径前面要加 hdfs://，因为 Cluster Mode 下，core-site.xml 中的 defaultFS 设置不起作用；
- Client 提交成功后就会退出，而不是等待 Application 结束后才退出。

📖 cluster deploy mode 的还有专门的 Driver 日志，位于 Driver 节点 Spark 目录的 work 目录下，会创建 Driver 开头的目录，例如：driver-20180815020432-0015，在这个下面有 stderr 和 stdout 两个日志文件。

（2）Spark 程序在 Standalone 上的运行过程（cluster deploy mode）

cluster deploy mode 下，Spark 程序在 Standalone 的运行过程如图 2-11 所示。

1）Client 初始化，内部启动 Client 模块，并向 Master 注册 Driver 模块，并等待 Driver 信息，待后续 Driver 模块正常运行，Client 退出；

2）Master 接收请求，分配一个 Worker，并通知此 Worker 运行 Driver 模块，Driver 向 Master 发送 Application 请求；

3）Master 接收请求，分配 Worker，并通知这些 Worker 启动 Executor；

4）Executor 向 Driver 注册，Driver 向 Executor 发送 Task，Executor 执行 Task，并反馈执行状态，Driver 再根据 Executor 的当前情况，继续发送 Task，直到整个 Job 完成。

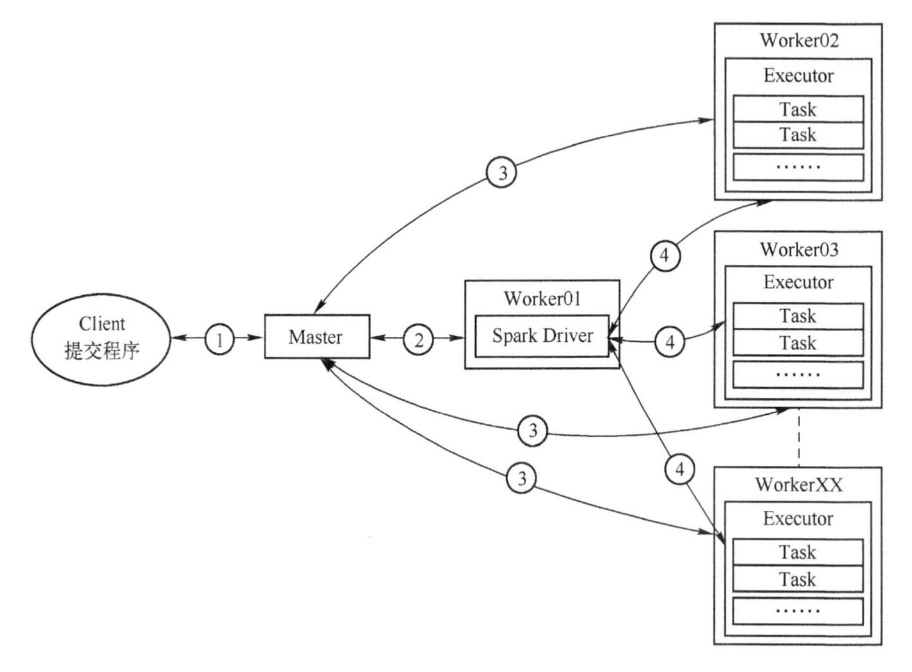

图 2-11　Spark 程序在 Standalone 上的运行过程（cluster deploy mode）

3．Spark on Standalone 的日志

Spark 程序运行时，其日志在排查问题时非常重要。其中，Standalone 的日志分为两类：框架日志和应用日志。

框架日志是指 Master 和 Worker 的日志，Master 日志位于 Master 的 Spark 目录下的 logs 目录下，文件名为：spark-user-org.apache.spark.deploy.master.Master-1-scaladev.out；Worker 位于每个 Worker 节点的 Spark 目录下的 logs 目录下，文件名为：spark-user-org.apache.spark.deploy.worker.Worker-1-scaladev.out。

应用日志是指每个 Spark 程序运行的日志，因为一个 Spark 程序可能会启动多个 Executor，每个 Executor 都会有一个日志文件，位于 Executor 所在的 Worker 节点的 Spark 目录的 work 目录下，每个 Spark 运行会分配一个 ID，运行时在控制台会打印该 ID 的值，如下所示。

```
Connected to Spark cluster with app ID app-20180810024758-0001
```

列出 woker 目录下的内容，命令如下。

```
[user@scaladev spark-2.3.0-bin-hadoop2.7]$ ls work/
```

显示内容如下，在 Worker 下，每个 ID 会有一个目录。

```
app-20180810023731-0000    app-20180810024758-0001
```

列出下面路径的内容，命令如下。

```
[user@scaladev spark-2.3.0-bin-hadoop2.7]$ ls work/app-20180810024758-0001/0/
```

显示内容如下，可见每个 Executor 的日志在该目录下。

```
spark-examples_2.11-2.3.0.jar    stderr    stdout
```

📖 应用日志是分散在 Worker 节点上的，Executor 在哪个 Worker 节点上运行，日志就在此 Worker 节点上。

此外，如果使用 cluster 部署模式，在 Client 的 Spark 目录 work 目录下，还会有对应的 driver 日志。

2.5 Spark 程序在 spark-shell 上运行

前面介绍了 Spark 程序运行的两种方式：Local 运行和分布式运行。但不管是哪种方式，它们都是通过 spark-submit 来提交和运行的。

本节介绍另一种 Spark 程序的执行方式，即使用 spark-shell 来执行 Spark 程序。

spark-shell 可以通过交互的方式来解释执行 Spark 代码。Spark-shell 既可以 Local 方式执行 Spark 代码，也可以连接到集群管理器，如 Standalone、Yarn 和 Mesos 等以分布式方式运行，具体由 spark-shell 后面的参数决定。

1. 确定运行方式和运行模式

spark-shell 是以 Local 运行还是在 Yarn 或 Standalone 上运行，由--master 后面的参数决定，具体参数如表 2-2 所示，如果不指定，默认是 local。

表 2-2 spark-shell 运行方式和运行模式配置表

参数	说明
spark://host:port	在 Stadanlone 上运行，host 为 Master 的主机名或 IP
mesos://host:port	在 mesos 上运行
yarn	在 Yarn 上运行
k8s://https://host:port	在 k8s 上运行
local	本地运行

执行下面的命令，spark-shell 会连接到 Master，以 Standalone 模式执行程序。

```
[user@scaladev spark-2.3.0-bin-hadoop2.7]$ spark-shell --master spark://scaladev:7077
```

📖 本节后续的示例都将基于 Standalone 模式。

2．设置日志级别

spark-shell 启动后，系统部分界面如下所示。

```
Using Scala version 2.11.8 (Java HotSpot(TM) 64-Bit Server VM, Java 1.8.0_162)
Type in expressions to have them evaluated.
Type :help for more information.
scala>
```

spark-shell 启动后，会自动创建 SparkContext 对象，并将该对象引用赋值给 sc，因此，在 spark-shell 中可直接使用 sc。

📖 一个 SparkContext 对象表示一个 Spark Application。Spark 程序目前不支持多个 SparkContext 对象同时存在，因此，一个 Spark 程序运行时，任何时候只能有一个 Spark Application;

📖 SparkContext 对象是 Spark 功能入口：它提供了创建 RDD 的接口，也提供了对此次 Application 配置的接口。每个 Spark 程序都要创建一个 SparkContext 对象。

scala>后面可以输入 Spark 代码，回车后，便执行此行代码。

spark-shell 默认的日志级别为 WARN，可以使用代码来设置日志级别为 INFO。

```
scala> sc.setLogLevel("DEBUG")
```

📖 Spark 的日志级别有 ALL、DEBUG、ERROR、FATAL、TRACE、WARN、INFO 和 OFF，可以根据需要设置。

3．执行代码

在 spark-shell 中，输入下面的代码（创建一个 List）。

```
scala> val numList = List(1, 2, 3, 4, 5)
```

代码执行结果如下。

```
numList: List[Int] = List(1, 2, 3, 4, 5)
```

将该 List 转换为 RDD，并划分为 5 个 Partition。

```
scala> val numRdd = sc.parallelize(numList, numList.length)
```

对每个 Partition 进行 map 操作，map 中的匿名函数体决定具体操作。

```
val rs = numRdd.map(n=>{println("num " + n + " hello spark!");Thread.sleep(n*2000);(n, n*100)})
```

📖 按〈Enter〉键后，numRdd.map 并不会立即将 numRdd 中的每个元素送入 map 的匿名函数（n=>{println("num " + n + " hello spark!");Thread.sleep(n*2000);(n, n*100)}）进行处理，这是因为 RDD 的 map 操作属于 Transformation（所谓 Transformation 就是将一个数据集（本地数据集、Hadoop 所支持的文件、RDD）转换为另一个 RDD 的操作），Transformation 是延迟执行的，只有等遇到 RDD 或者子 RDD 的 Action 操作时，才会触发其真正执行，这个后面还会详细解释。

调用 collect 收集 rs 结果，collect 是 Action 操作，回车后，将会触发前面的 map 真正执行。

```
rs.collect().foreach(println)
```

可以看到执行进度，最后看到 Driver 端收集的结果如下，则说明执行成功。

```
(1,100)
(2,200)
(3,300)
(4,400)
(5,500)
```

📖 关于 RDD、Partition、map 操作等概念在后续章节会有详细介绍，此处仅执行相应操作即可。

4．保存

输入下面的命令，可以将之前输入的代码保存到文件 HelloSpark.session 中，HelloSpark.session 名字可以改，根据需要自定义，如果前面不加路径，则保存在启动 spark-shell 的当前目录下，也可以自己加路径。

```
scala> :save HelloSpark.session
```

后续，如果重新启动了 spark-shell，可以使用下面的命令加载 HelloSpark.session，执行之前的所有代码。

```
scala> :load HelloSpark.session
```

5．Web UI 查看

执行后，可以通过 Web UI 方式登录 http://scaladev:4040 查看代码执行情况。

6．快捷键

spark-shell 常用的快捷键包括〈Tab〉键补全，上下光标键遍历历史命令等。

7．内建命令

spark-shell 支持多个内建命令，可以使用:help 查看所有的内建命令。以下是两个内建命令举例。

1）查看内建命令及帮助；

```
scala> :help
```

2）退出 spark-shell；

```
scala> :q
```

2.6 使用 Web UI 监控 Spark 程序运行

Spark 程序运行时，会创建 SparkContext 对象，一个 SparkContext 对象对应一个 Spark Application。同时，每个 SparkContext 对象对应一个 Web UI，用来显示该 Spark Application 运行时的相关信息，包括以下信息。

- Spark Job 信息；
- Spark Job 的 Stage 和 Task 信息；
- Spark 环境信息，包括运行时信息，Spark 属性和系统属性等；
- 运行的 Executor 信息。

> 📖 有关 Spark Job、Stage、Task 等概念，在这里只需要明白在 Web UI 哪里查看这些参数即可。至于如何理解这些概念，请参考 4.2 节中的详细解释。

上述信息是调试、评估 Spark 程序的重要依据，因此 Web UI 非常重要。下面介绍 Web UI 的基本使用，示例步骤如下。

（1）运行 spark-shell

```
[user@scaladev ~]$ spark-shell --master spark://scaladev:7077
```

访问 Spark Web UI 前，要先运行 Spark 程序，因为只有在创建了 SparkContext 对象后，才会启动对应的 Web UI。spark-shell 是一个特殊的 Spark 程序，它会创建一个 SparkContext，并将对象引用赋值给 sc。

（2）访问 spark-shell 对应的 Web UI

在浏览器中输入 http://192.168.0.226:4040，其中 192.168.0.226 是 Driver 节点的 IP，4040 是 Web UI 的监听端口，Web UI 的起始端口是 4040，如果同时有多个 Spark Application 运行，则 Web UI 的端口从 4040、4041 依次编号。

Web UI 的显示界面如图 2-12 所示，有 5 个显示项，分别是 Jobs、Stages、Storage、Enviroment 和 Executors。默认显示的是 Jobs 页面，由于目前还没有 Spark Job 运行，因此页面显示是空白的。

图 2-12　Spark Web UI 界面

（3）运行一个 Spark Job

每个 Spark Application 都会有若干 Spark Job，通过以下方式可以运行一个 Spark Job。

在 spark-shell 中输入下面的代码，该代码将一个数组转换成 RDD，并且对 RDD 的每个元素加一，最后将结果拉取到 Driver 端。

```
scala> sc.makeRDD(Array(1,2,3,3,5)).map(x=>x+1).collect
```

上面的代码中，collect 是一个 Action，它将触发一个 Spark Job 运行。

（4）在 Web UI 中查看 Spark Job 信息

单击图 2-12 中 Jobs 项，可以看到刚完成的 Spark Job 信息，如图 2-13 所示，新增了一项 Completed Jobs(1)，下面列表中的信息则是刚完成的 Spark Job 信息，包括 Job Id，表示 Job 的编号；Description 用来描述触发 Job 的 Action；Submitted 表示 Spark Job 的提交时刻；Duration 表示 Spark Job 的执行所花费的时间；Stages：Succeeded/Total 表示该 Job 中已经成功的 Stages 数和总的 Stages 数等。

图 2-13　Spark 已完成 Job 的界面图

Jobs 页面中，除了显示已完成的 Job 信息，还会显示正在运行的 Job 和运行失败的 Job 信息。

（5）在 Web UI 中查看 Spark Job 的 DAG 图

单击图 2-13 中的 collect at <console>:25 链接，可以看到该 Spark Job 的详细信息，包括该 Spark Job 的 DAG 图，如图 2-14 所示。该 DAG 包含一个 Stage：Stage0。

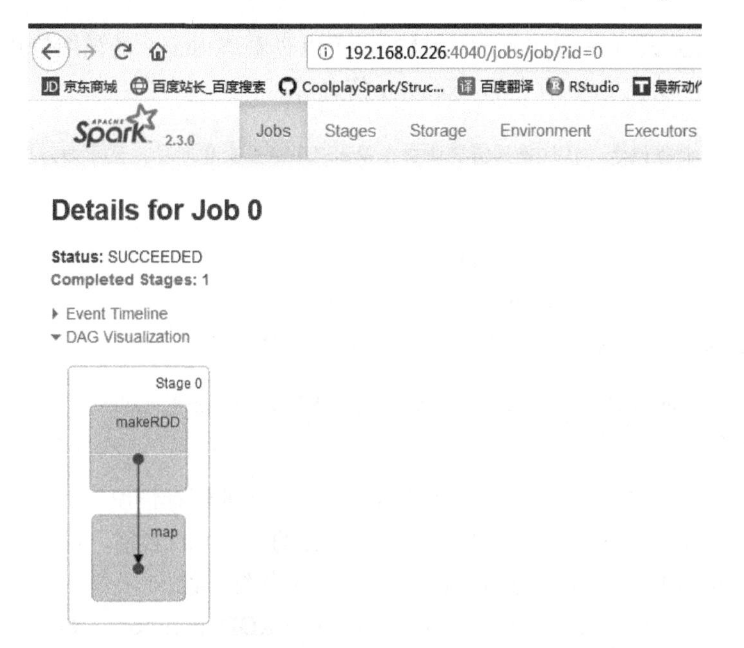

图 2-14　Spark Job 的 DAG 图

📖 有关 DAG 和 Stage 等概念，在这里只需要明白在 Web UI 哪里查看即可。至于如何理解这些概念，请参考 4.2 节中的详细解释。

（6）在 Web UI 中查看 Spark Job 的 Stages 信息

一个 Spark Job 由若干 Stages 组成。单击 Web UI 主页上的 Stages 项，可以看到所有 Spark Job 的 Stage，包括正在运行的 Stage、已经完成的 Stage 和失败的 Stage，如图 2-15 所示。

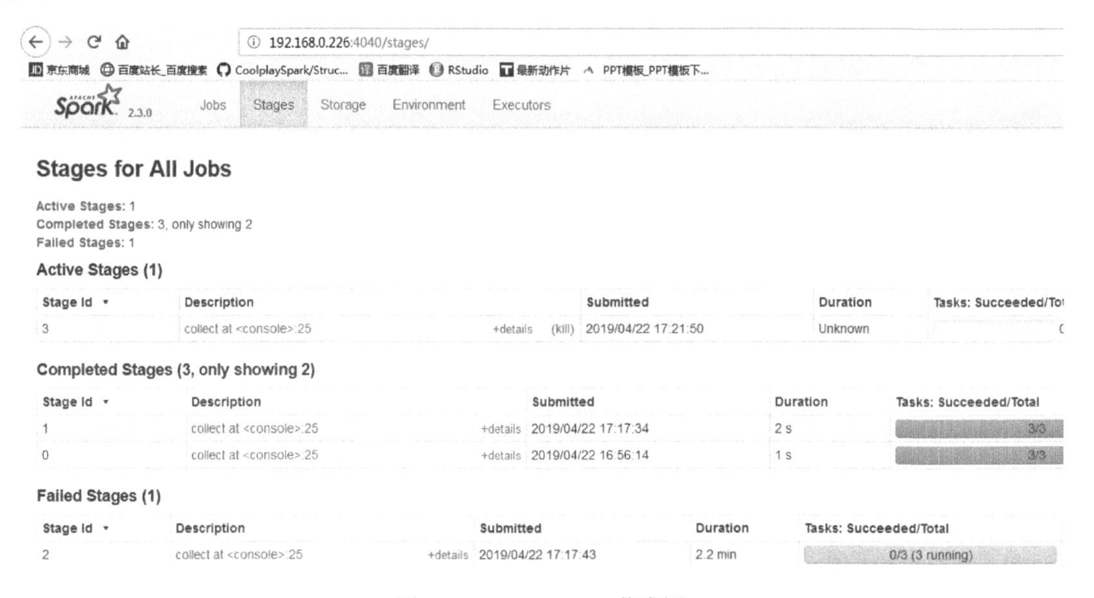

图 2-15　Spark Stages 信息图

单击每个 Stage 的 Description 中的链接，可以查看该 Stage 的详细信息，包括该 Stage 对应的 Task 信息，以及 Task 所在的 Executor 信息等。

📖 有关 Stage、Task 等概念，在这里只需要明白在 Web UI 哪里查看即可。至于如何理解这些概念，请参考 4.2 节中的详细解释。

（7）在 Web UI 中查看 Storage 信息

Storage 选项用来查看 Spark Job 中缓存的 RDD 信息。

首先在 spark-shell 中执行下面的代码，缓存 numRDD。

```
scala> val numRDD = sc.makeRDD(Array(1,2,3,3,5)).map(x=>x+1).cache
scala> numRDD.collect
```

单击图 2-12 中的 Storage 选项，可以看到 numRDD 的缓存情况，如图 2-16 所示。其中 ID 表示缓存的 RDD 的编号；RDD Name 表示缓存的 RDD 的名字，它是以 RDD 类型命名的，如 MapPartitionRDD；Storage Level 表示 RDD 的缓存级别，本例中 RDD 缓存在内存中，并且只有 1 个副本；Cached Partition 表示缓存的 RDD Partition 个数，本例中该 RDD 缓存的 Partition 有 3 个；Fraction Cached 表示缓存率，本例中的缓存率为 100%，表示全部都缓存完毕。

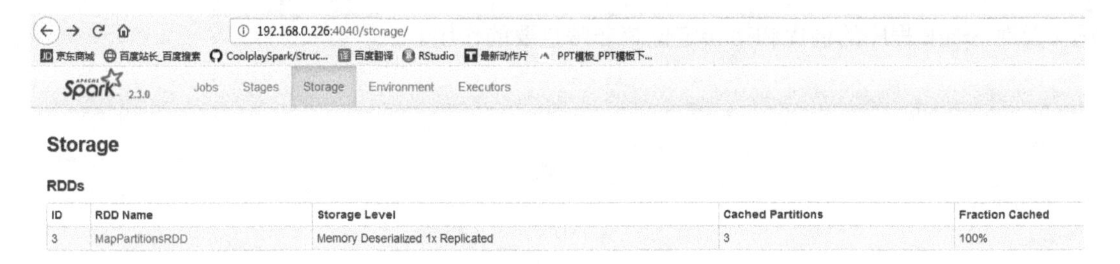

Storage

RDDs

ID	RDD Name	Storage Level	Cached Partitions	Fraction Cached
3	MapPartitionsRDD	Memory Deserialized 1x Replicated	3	100%

图 2-16　Spark Storage 信息图

将反复使用的 RDD 缓存起来，可以减少 RDD 的重复计算次数，降低计算开销。但是 RDD 缓存需要占用内存或磁盘资源，因此需谨慎使用。Web UI 中的 Storage 信息可以帮助了解 Spark 程序运行过程中、RDD 缓存情况和资源占用情况，单击 RDD Name 列中的链接，还可以查看更加详细的信息。这些信息对于在 Spark 程序性能调优和程序调试时非常有用。

（8）在 Web UI 中查看 Enviroment 信息

单击图 2-17 中的 Enviroment 选项可以查看 Spark 环境信息。具体信息描述如下。

- 运行时信息（Runtime Information）：Java 的版本，Java 的 Home 目录，Scala 版本；
- Spark 属性（Spark Properties）：Spark Application 的 ID，Spark Application 的名字和 Spark Application 的相关配置等；
- 系统属性，主要是 JVM 相关的设置；
- ClassPath 为路径信息。

192.168.0.226:4040/environment/

京东商城 百度站长_百度搜索 CoolplaySpark/Struc... 百度翻译 RStudio 最新动作片 PPT模板_PPT模板下...

Spark 2.3.0　Jobs　Stages　Storage　Environment　Executors

Environment

Runtime Information

Name	Value
Java Version	1.8.0_162 (Oracle Corporation)
Java Home	/home/user/jdk1.8.0_162/jre
Scala Version	version 2.11.8

Spark Properties

Name	Value
spark.app.id	app-20190422201758-0009
spark.app.name	Spark shell
spark.driver.host	scaladev
spark.driver.port	53409
spark.executor.id	driver
spark.home	*********(redacted)

图 2-17　Spark Environment 信息图

（9）在 Web UI 中查看 Executors 信息

单击图 2-12 中的 Executors 选项，可以查看此次 Spark Application 的 Executors 信息。如图 2-18 所示，可以查看每个 Executor 所在的节点 IP，Executor 当前状态，Executor 的资源占用情况（内存、磁盘和 CPU 核），以及每个 Executor 的执行情况，如已经完成的 Task 数、失败的 Task 数等。这些统计数据对充分了解执行此次 Spark Application 的物理集群情况，及对 Spark 程序的调优和错误定位有非常重要的作用。

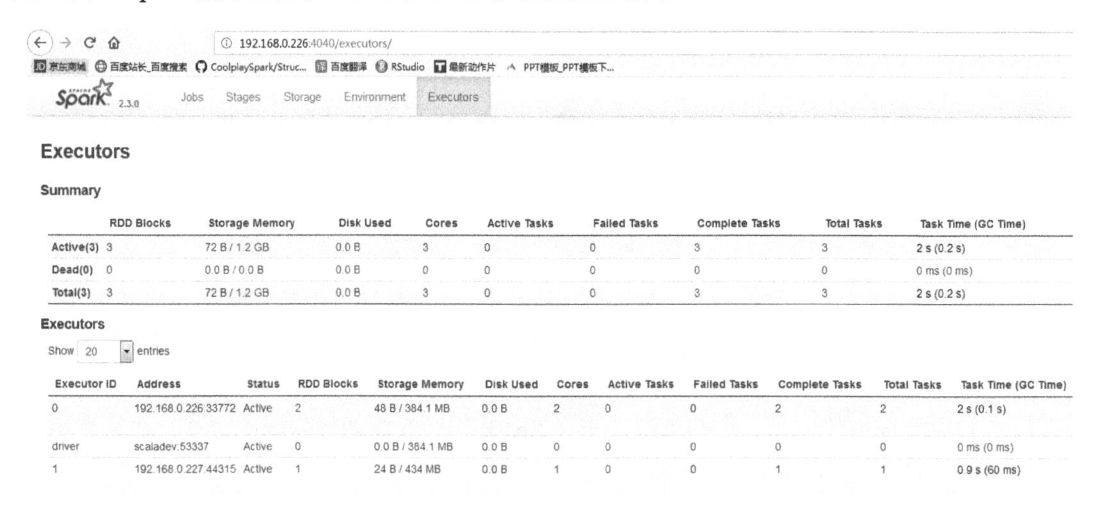

Executors

Summary

	RDD Blocks	Storage Memory	Disk Used	Cores	Active Tasks	Failed Tasks	Complete Tasks	Total Tasks	Task Time (GC Time)
Active(3)	3	72 B / 1.2 GB	0.0 B	3	0	0	3	3	2 s (0.2 s)
Dead(0)	0	0.0 B / 0.0 B	0.0 B	0	0	0	0	0	0 ms (0 ms)
Total(3)	3	72 B / 1.2 GB	0.0 B	3	0	0	3	3	2 s (0.2 s)

Executors

Show 20 entries

Executor ID	Address	Status	RDD Blocks	Storage Memory	Disk Used	Cores	Active Tasks	Failed Tasks	Complete Tasks	Total Tasks	Task Time (GC Time)
0	192.168.0.226:33772	Active	2	48 B / 384.1 MB	0.0 B	2	0	0	2	2	2 s (0.1 s)
driver	scaladev:53337	Active	0	0.0 B / 384.1 MB	0.0 B	0	0	0	0	0	0 ms (0 ms)
1	192.168.0.227:44315	Active	1	24 B / 434 MB	0.0 B	1	0	0	1	1	0.9 s (60 ms)

图 2-18　Spark Executors 信息图

2.7　扩展集群节点

1．扩展说明

至此，构建了以下最简 Spark 大数据处理环境。

- 最简的 HDFS：1 个 NameNode 和 1 个 DataNode；
- 最简的 Yarn：1 个 ResourceManager 和 1 个 NodeManager；
- 最简的 Spark：1 个 Master 和 1 个 Worker。它们都位于虚拟机 scala_dev 上。

在实际生产环境中，以上集群会有多个节点，因此，有必要掌握集群节点扩展的方法。

2．扩展的顺序和思路

要扩展上述系统，首先要增加物理节点，因为新增的 DataNode、NodeManager、Worker 要在新增节点上运行。本书使用虚拟机代替物理节点，因此，扩展的第一步就是新增虚拟机。

具体的扩展步骤如下。

1）创建一个新的虚拟机 vm01、最简安装、配置网络能够和 scala_dev 互相 Ping 通；

2）复制 scala_dev 中 JDK、Scala 基础环境到 vm01，复制 scaladev 中/etc/profile 等配置文件到 vm01，构建和 scala_dev 一样的基础环境；

3）复制 scala_dev 的 Hadoop 到 vm01，配置，在 vm01 上配置 DataNode，加入 HDFS，并验证；

4）在 vm01 上配置 NodeManager，加入 Yarn 并验证；

5）复制 scala_dev 的 Spark 到 vm01，在 vm01 上配置 Spark，增加新的 Spark Worker 并验证。

本节“扩展集群节点”属于实践内容，因为后续章节会用到本节成果，所以本实践必须完成。请参考本书配套资料《Spark 大数据编程实践教程》中的“实践 4：扩展集群节点”

完成本节任务。

3. 扩展阅读：基于 Docker 扩展集群

使用 VMware 来构建 Hadoop/Spark 集群简单方便，但存在以下问题。

- 每个虚拟机都要一个独立的镜像文件，10 个节点就要 10 个 vmdk 文件，占用磁盘空间和集群规模成正比；
- VMware 由于实现机制的原因，自身开销也不小；
- 每个虚拟机都需要维护。

以上问题，导致使用 VMware 无法构建大规模的 Hadoop/Spark 集群。例如，在一台机器上构建一个 10 节点的 Hadoop/Spark 集群，对于 VMware 这种方式来说是非常麻烦的，而且即便构建起来，运行速度也会很慢，平时维护工作也很麻烦。

基于此，我们结合自身在实际生产环境中的使用经验，使用当前最热门最新的 Docker 容器技术，再加上 Hadoop 构建和 Linux Shell 编程技术，实现了“一键部署：基于 Docker 的 Hadoop 集群”，开发了配套的高清视频课程（获取该课程资源请参考 1.6.5 中的表 1-2）。

本课程以基于 Docker 的 Hadoop 集群的构建为例，讲解一键部署的基于 Docker 的集群构建技术。基于本课程所学习到的技术，可以非常轻松地构建基于 Docker 的 Spark 集群等。

和 VMware 方式相比，基于本课程的技术构建出的 Hadoop/Spark 集群具有以下特点。

（1）占用硬盘空间小

不管集群有多大，只需要 1 个镜像。即便是 1000 个节点的 Hadoop/Spark 集群，也只需要 1 个镜像，VMware 则需要 1000 个镜像。

（2）开销小

Docker 共用 Host 操作系统，自身开销非常小，一台普通笔记本，可以轻松运行 10 节点以上的 Hadoop/Spark 集群，从而完成更高要求的实验。如果使用 VMware，则硬件虚拟和 Guest 操作系统都有很大的开销，一台普通笔记本运行 10 节点的 Hadoop/Spark 集群则会非常困难。

（3）运维方便

只要一个命令，就可以部署和启动任意节点的 Hadoop/Spark 集群，所有的配置只需要在 1 个镜像上修改，并在所有节点上生效，不管集群规模多大，运维的工作量都是基本固定的。VMware 则需要针对 Hadoop/Spark 集群中的每个节点进行维护，集群规模越大，维护工作量越大。

重要：本课程是 Docker + Hadoop + Linux shell 编程等多项热门和实用技术的综合应用，来源于实际需求，学了立马就能用得上。

2.8 练习

1）Spark 程序运行时的架构有哪些角色？

2）Spark 的 Client，Driver 和 Executor 是不是一直存在的？

3）HDFS 的架构有哪些角色？

4）YARN 的架构有哪些角色？

5）请在新的虚拟机节点上构建新的 HDFS、YARN 和 Spark 环境。

6）以本地方式（Local）运行 Spark 的 WordCount 示例程序，并查看相关日志。

7）以 client 和 cluster 两种部署模式，实现 WordCount 示例程序的 Spark on Yarn 运行。

8）以 client 和 cluster 两种部署模式，实现 WordCount 示例程序的 Spark on Standalone 运行。

9）扩展一个 HDFS 节点，扩展一个 Yarn 节点，扩展一个 Spark Standalone 节点，并重新运行练习 8 中的程序。

第 3 章　开发第一个 Spark 程序

上一章构建了 Spark 的运行环境，介绍了如何提交、运行 Spark 程序。本章将进一步深入学习 Spark 程序开发的基本技能，具体将解决以下几个问题：

- Spark 程序开发的通用步骤？
- 如何构建 Scala 程序的开发和运行环境？
- Spark 开发工具链？
- 如何构建最简的 Spark 开发环境？
- 如何在命令行下对 Spark 程序进行打包和提交？
- 如何使用 IDEA 来开编辑、编译、打包 Spark 程序？
- 如何使用 IDEA 远程提交 Spark 程序？

通过本章的学习，大家能够对编写 Spark 程序，包括代码编辑、编译、打包、运行的整个过程有一个直观的认识；对一个 Spark 程序在 Spark 集群上是如何提交和运行的有一个清晰的概念。

3.1　在命令行模式下开发 Spark 程序

本节在命令行模式下开发第一个 Spark 程序，目的有两个：掌握 Spark 程序从代码编写到提交运行的整个过程；了解 Spark 开发工具链，即最简 Spark 开发环境的组成。

3.1.1　构建 Scala 程序编译环境

本书采用 Spark 的原生语言 Scala 来编写 Spark 程序。因此，使用 Scala 编写的 Spark 程序，在本质上也是一个 Scala 程序。

要将 Scala 代码转换成可以运行的 Scala 程序，首先要构建 Scala 的编译环境。本节将介绍 Scala 编译环境的构建，以及如何在命令行下开发一个最简单的 Scala 程序，为后续开发 Spark 程序打下基础。

1．构建 Scala 编译环境

Scala 程序从编写代码到最后运行包括以下几个步骤：编写代码、编译（打包）、运行。其中，编译是一个非常重要的环节，它实现了由源码到可执行代码（可以被 JVM 解释执行的字节码）的转换。

整个 Scala 程序开发过程中各阶段的任务、工具、输入、输出如图 3-1 所示，虚线框所指的就是编译阶段，其输入文件是 Scala 源码文件（文件后缀名为.scala），所使用的工具是 Scala 编译器 scalac，输出文件是 JVM 字节码（文件后缀名为.class）。

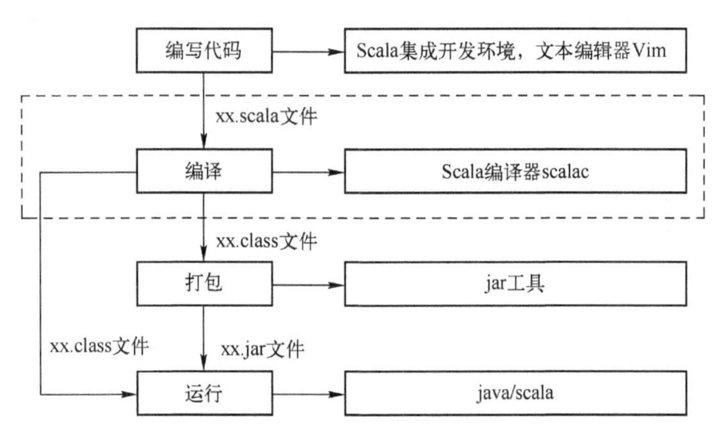

图 3-1 Scala 程序开发过程图

scalac 编译器在 Linux 环境下运行。为了使用 scalac，要先安装 Linux。如果 Host 是 Windows 的话，可以采用虚拟机配置 Linux 环境。因此，Scala 的编译环境如图 3-2 所示。

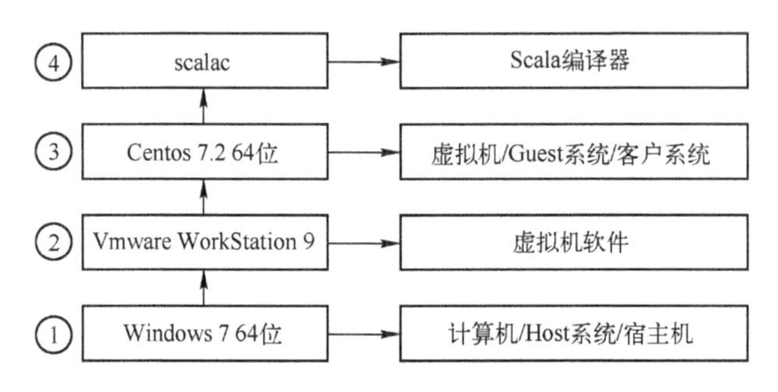

图 3-2 Scala 编译环境图

根据图 3-2 所示，整个编译环境可分为 4 个层次，每个层次的软件和版本要求说明如下。

- 第一层为 Host 系统，也就是物理机器上安装的操作系统，版本为 Windows 7 64 位，如果是 Windows 7 32 位，建议换成 64 位系统；
- 第二层为虚拟机软件，这里采用的是 VMware WorkStation 9。不建议更低版本的 VMware WorkStation，因为低版本的 VMware WorkStation 创建出来的虚拟机性能受限；
- 第三层为 Guest 系统，即安装在虚拟机上的操作系统，所选的 Linux 发行版为 CentOS 7.2（CentOS 7 系列都是 64 位的），为了避免不必要的麻烦，这里统一发行版和版本号（不管第一、二层的软件和版本是否一致，到第三层统一即可）；
- 第四层为 Scala 编译器 scalac，它包含在 Scala 包中，scalac 运行需要 Java 的运行时环境 JRE，编译程序时需要 Java 开发库，这些都包含在 JDK 中，具体版本在具体实践环节会给出。

📖 为了避免不必要的麻烦，建议读者将自己的 Scala 编译环境中软件及版本号保持和本书中的版本完全一致。

本节“构建 Scala 程序编译环境”属于实践内容，因为后续章节会用到本节成果，所以

本实践必须完成。请参考本书配套资料《Spark 大数据编程实践教程》中的“实践 5：构建 Scala 程序编译环境”完成本节任务。

本书还提供了虚拟机 VMware 和 Linux 的高清免费入门视频，地址获取途径参见 1.6.4 节内容。

2．Scala 程序的编写、构建与运行

本节将展示从零开始编写 Scala 代码，到运行 Scala 程序的全过程，整个过程将剔除一切非必需的环节和工具，如 Scala IDE 集成开发环境和 Scala 构建工具 sbt 等，只使用构建 Scala 程序最基本的工具和命令，目的是使得大家明白：什么才是 Scala 程序编写过程中，最基础的东西。

本节“编写、构建与运行 Scala 程序”属于实践内容，因为后续章节会用到本节成果，所以本实践必须完成。请参考本书配套资料《Spark 大数据编程实践教程》中的“实践 6：编写、构建与运行 Scala 程序”完成本节任务。

3.1.2 使用 Vim 编写 Spark 程序

Vim 是一个字符界面下的文本编辑器，几乎所有的 Linux 发行版都会自带 Vim。

1．示例概述

本节使用 Vim 编写第一个 Spark 程序——HelloSpark。

HelloSpark 实现了 5 个并行 Task，每个 Task 会打印编号，等待规定的时间后返回一个二元组，Driver 端收集所有 Task 的返回值，并打印输出。

2．示例代码

代码文件名：HelloSpark.scala。

代码路径：/home/user/prog/examples/03/src/examples/vim/spark/HelloSpark.scala。

具体代码如下。

```
 1 package examples.vim.spark
 2 import org.apache.spark.{SparkConf, SparkContext}
 3 object HelloSpark {
 4
 5   def main(args: Array[String]):Unit={
 6
 7     val conf = new SparkConf()
 8     conf.setAppName("HelloSpark")
 9     val sc = new SparkContext(conf)
10     val numList = List(1, 2, 3, 4, 5)
11     val numRdd = sc.parallelize(numList, numList.length)
12     val rs = numRdd.map(n=>{println("num " + n + " hello spark!");Thread.sleep(n*2000);(n, n*100)})
13     rs.collect().foreach(println)
14     sc.stop()
15   }
16 }
```

说明：

- Spark 程序的参数可以在 spark-submit 中通过参数指定，也可以在 SparkConf 中设定；
- SparkContext 对象表示一个 Spark Application，必须要创建；
- Spark 提供了一种特殊的数据结构 RDD 用于并行处理；
- Spark 程序退出前，要调用 sc.stop 来结束此次 Spark 任务。

📖 后续还会对每行代码详细解释，在此不需要细究。

3.1.3 使用命令编译、打包 Spark 程序

本节将 HelloSpark.scala 编译成 class 文件，并将其打成 jar 包。具体步骤如下。

1. 编译

编译命令如下。

```
[user@scaladev prog]$ cd ~/prog/examples/
[user@scaladev examples]$ mkdir bin/
[user@scaladev bin]$ pwd
/home/user/prog/examples/bin
[user@scaladev bin]$ scalac -cp /home/user/spark-2.3.0-bin-hadoop2.7/jars/scala-library-2.11.8.jar:/home/
user/spark-2.3.0-bin-hadoop2.7/jars/* ../03/src/examples/vim/spark/HelloSpark.scala
```

其中：

- 编译器命令是 scalac，Spark 代码也是 Scala 代码，编译器是一样的；
- -cp 后面跟编译时所需的 jar 包路径，共两个：第一个是 scala-library-2.11.8.jar，这个是编译任何 Scala 程序都需要的库，Spark 程序也是 Scala 程序，同样需要这个包。这里选择的 scala-library-2.11.8.jar 是 Spark 自带的，编译和运行时选择同一个 jar 包。当然，在 Scala 安装路径下，也有一个 scala-library.jar，也可以选择它；第二个路径是 Spark 自身所带的 jar 包，它位于 Spark 安装目录的 jars 目录，可以用*通配符表示此目录下的所有文件；
- 路径和路径之间使用冒号隔开；
- 第一个路径也可以写成：～/spark-2.3.0-bin-hadoop2.7/jars/scala-library-2.11.8.jar，即用波浪号表示当前用户的 home 目录，但是第二个路径不能写成～/spark-2.3.0-bin-hadoop2.7/jars/*，否则编译会报错。

编译完毕后，编译器会在当前路径下自动创建路径：examples/vim/spark，这个路径就是根据 HelloSpark.scala 中 Package 信息：examples.vim.spark 自动生成的，编译好的文件 HelloSpark.class 就在此路径下。

列出 spark 目录下内容的命令如下。

```
[user@scaladev bin]$ ls examples/vim/spark/
```

Spark 目录的内容显示如下。

```
HelloSpark$$anonfun$1.class  HelloSpark$$anonfun$main$1.class  HelloSpark.class  HelloSpark$.class
```

总结：编译 Spark 代码和编译 Scala 代码唯一区别在于：编译 Spark 代码要加上 Spark 所提供的 jar 包，因为 Spark 程序代码要用到这个 jar 包所提供的类。

2．打包

下面将编译好的 class 文件打成一个 jar 包，之后就可以通过 spark-submit 提交 jar 包运行了，打包命令如下。

```
[user@scaladev bin]$ jar cvf examples.jar  -C  .  examples/
```

其中：

- 打包命令是 jar；
- cvf 是 jar 的选项，c 表示 create，创建 jar 包，v 表示显示打包过程信息，f 指定要创建的 jar 包名字，即 examples.jar；
- -C 后面跟一个路径 path，它表示以该 path 作为打包的 work directory，也就是说，后面参数所指定的路径，如 examples，是从该 path 开始的；
- -C 后面有一个空格，然后有一个点“.”，这个点就是-C 后面的 path，点本身表示当前路径，因此，-C 和“.”组合起来表示：以当前路径作为打包的 work directory；
- 点后面有空格，接着是 examples/，它是一个相对路径，其绝对路径是 work directory/examples，即 path/examples，它表示对 examples 整个目录打包。

需要注意的是：

- exmaples 是 Package 的起始目录，也就是说，examples.jar 解压后，当前目录下就有 examples 目录，即使指定的是 examples 的子目录，例如“jar cvf examples.jar -C . examples/vim/spark/”，examples.jar 解压后，当前目录下还是 examples 目录；
- examples 路径要和 Package 信息一一对应，本例中 Package 是 examples.vim.spark，那么 examples 的路径信息就应该是 examples/vim/spark；
- jar 支持将多个目录打到一个 jar 包，对每个要打包的目录，仿照上面的例子，先用-C path 切换到 work directory（后面要有空格），再加上要打包的目录的相对路径即可。

有一个问题需要说明：为什么要采用-C+path+相对路径？而不是直接-C+路径的方式？这是因为：

- 如果使用-C+路径，jar 就会把-C 后面的路径整个打成一个 jar 包，如果把 examples 放到不同路径，打出的 jar 包的目录结构是不一样的，此时，jar 包的目录结构和 Package 就不一一对应了，调用 jar 包时，根据 Package 信息就会找不到对应的 Class；
- 使用-C+path+相对路径，无论 examples 在哪个路径下，打出的 jar 包都是一致的。

命令执行后，会在当前目录下生成 examples.jar。

```
[user@scaladev bin]$ ls
examples    examples.jar
```

3．验证

使用 jar xf 命令来解压打好的 jar 包，查看并验证打进 jar 包的内容。

创建 tmp 目录，复制 jar 包到 tmp 目录，并解压。

```
[user@scaladev bin]$ mkdir tmp
[user@scaladev bin]$ cp examples.jar tmp/
[user@scaladev bin]$ cd tmp/
[user@scaladev tmp]$ jar xf examples.jar
```

解压后，可以看到原来的 jar 包中有 3 个目录。

```
[user@scaladev tmp]$ ls
examples    examples.jar    META-INF
```

第一个目录是 examples，列出 examples 下的内容，命令如下。

```
[user@scaladev tmp]$ ls example/vim/spark/
```

examples 的内容如下，它保存了编译后的 HelloSpark.class 文件，由此可知打包是成功的。

```
HelloSpark$$anonfun$1.class    HelloSpark$$anonfun$main$1.class    HelloSpark.class    HelloSpark$.class
```

第二个目录是 META-INF，它里面有个 MANIFEST.MF 文件，用来指定 jar 包的 Main Class，以及此 jar 所依赖的其他 jar 包。此处该文件是空的。因此，需要在运行 jar 包时指定 Main Class。

3.1.4 运行 Spark 程序

本节将上一节打好的 jar 包 examples.jar，提交到 Standalone 和 Yarn 上，以 client 模式运行。

1．提交 examples.jar 到 Standalone 运行（client deploy mode）

确保 scaladev 和 vm01 上的 Standalone 已经启动，其中 scaladev 上运行 Master 和 Worker，vm01 上运行 Worker。

运行命令如下。

```
[user@scaladev bin]$ spark-submit --master spark://scaladev:7077 --class examples.vim.spark.
HelloSpark ./examples.jar
```

对代码的说明如下。

- 如果不指定--deploy-mode，则默认是 client mode；
- --master spark://scaladev:7077，指定 Spark 程序提交到 Standalone 集群上执行，scaladev 为 Master 的主机名，7077 是 Master 的监听端口；
- --class examples.vim.spark.HelloSpark，指定该 jar 包的 Main Class 为 examples.vim.spark.HelloSpark；
- ./examples.jar 是一个相对路径，表示当前目录下的 examples.jar 文件。

程序运行完毕后，如果能够看到下面的输出结果则说明运行成功。具体的运行过程后续会专门分析。

```
(1,100)
(2,200)
```

```
(3,300)
(4,400)
(5,500)
```

2．提交到 Yarn 运行（client deploy mode）

关闭 Standalone，启动 Yarn，其中 scaladev 上运行 ResourceManager 和 NodeManager，vm01 上运行 NodeManager；启动 HDFS，其中 scaladev 上运行 NameNode 和 DataNode，vm01 上运行 DataNode。

运行命令如下。

```
[user@scaladev bin]$ spark-submit --master yarn    --class examples.vim.spark.HelloSpark ./examples.jar
```

对代码的说明如下。

- Yarn 运行时，需要使用 HDFS 作为公共存储，因此 HDFS 也要运行，否则会报错；
- Yarn 的运行命令和前面 Standalone 命令的区别在于：--master yarn，指定 Yarn。

同样的，程序运行完毕后会有下面的输出结果。

```
(1,100)
(2,200)
(3,300)
(4,400)
(5,500)
```

3.1.5 使用 java 命令运行 Spark 程序

使用 java 命令也可以运行 Spark 程序，不仅能以 Local 方式运行，还能提交到集群上分布式运行。分布式运行的示例命令如下。

```
[user@scaladev bin]$ pwd
/home/user/prog/examples/bin
[user@scaladev bin]$ java -Dspark.master=spark://scaladev:7077 -Dspark.jars=/home/user/prog/examples/bin/examples.jar -Dspark.app.name=HelloSpark -classpath /home/user/scala-2.11.12/lib/scala-library.jar:/home/user/spark-2.3.0-bin-hadoop2.7/jars/*:/home/user/prog/examples/bin/examples.jar examples.vim.spark.HelloSpark
```

参数说明如下：

- -Dspark.master=spark://scaladev:7077，指定 Spark 连接的集群管理器信息；
- -Dspark.jars=/home/user/prog/examples/bin/examples.jar，指定 Spark 程序的 Jar 包路径，Spark 程序启动后，会将此路径下的 Jar 包发送到 Executor 所在的节点，当 Executor 中的 Task 执行时，会在此 Jar 包中加载 Task 对应的 Class；
- -Dspark.app.name=HelloSpark，指定 Spark Application 名字，如果该信息在 Spark 程序代码中已经指定，则此处不需要再指定；
- -classpath,/home/user/scala-2.11.12/lib/scala-library.jar:/home/user/spark-2.3.0-bin-hadoop2.7/jars/*:/home/user/prog/examples/bin/examples.jar，用于指定 java 程序运行所需的 Jar 包路径；

📖 在-Dspark.jars 和-classpath 的后面，都出现了相同的参数值："/home/user/prog/examples/bin/examples.jar"，虽然参数值一样，但它们的使用者和作用是不一样的，其中，-classpath 是给 java 命令用的，用来加载和运行 Spark 程序；-Dspark.jars 是给 Spark 程序用的，是 Spark 程序运行以后用的。

- examples.vim.spark.HelloSpark 用来指定 java 程序的 Mainclass。

结论： 由上面的 java 运行命令，可以清晰地看出，Spark 程序本质上就是一个 Java 程序，只是在运行时传入了 Spark 程序相关的配置。至于 Spark 程序的分布式运行等特性，都是在这个 Java 程序运行后由 Spark 框架部分自动初始化完成的，但它本质上就是一个 Java 程序。

3.1.6 Spark 程序编译、运行、部署的关键点

Spark 程序在各环节中的关键点总结如下。

1）Spark 代码的编辑和 Scala 代码编辑一样，可以使用普通的文本编辑器。像 Eclipse、IDEA 等 IDE 可以给代码编辑带来方便，但并不是编辑 Spark 代码所必需的；

2）Spark 代码的编译和 Scala 代码编译差别不大，只需要在编译时增加 Spark 安装目录下 jars 目录下的 jar 包即可，在编译 Spark 代码的节点上需要部署 Spark；

3）Spark 程序在 Standalone 上运行时，需要每个节点部署 Spark，因为集群中，有一个节点要运行 Master，其他的节点要运行 Worker，都需要 Spark 运行环境；

4）Spark 在 Yarn 上运行时，只需要在提交程序的节点上部署 Spark，因为要用到 Spark 的运行环境；其他节点不需要部署 Spark，Executor 可以在这些节点上直接运行，即使这个 Yarn 集群有 1000 个节点也是一样；

5）JDK 是每个节点都需要的，因为，这些程序从本质上讲都是 Java 程序，最终的运行需要 JVM 支持；

6）Hadoop 也是每个节点都需要的，因为 HDFS 要部署到每个节点，如果使用 Yarn 的话，也需要部署到每个节点；

7）Scala 安装包，只在编译 Spark 代码所在的节点需要，因为要用到 scalac 命令，其他节点不需要，Spark 程序的运行不需要 Scala 安装包；

8）Spark 安装包，在编译 Spark 程序和提交 Spark 程序的节点上是需要的，在运行 Standalone 的节点上是需要的；

9）要搞清楚各个安装包的作用，但在实际部署时，为了便于管理，建议每个节点的软件部署一致，不用根据角色做严格区分。

3.2 使用 IDEA 开发 Spark 程序

IDEA 的全称是 IntelliJ IDEA，是一款非常高效和优秀的集成开发环境。IDEA 支持 Java、Scala 等多种语言。在所有支持 Scala 的集成开发环境中，IDEA 对 Scala 的支持最好，因此，本书采用 IDEA 作为 Scala 的集成开发环境，在 IDEA 中，使用 Scala 编写 Spark 程序。

本节对 IDEA 的安装和基本使用、使用 IDEA 开发 Scala 程序、编辑 Spark 代码、编译和打包 Spark 程序，以及远程提交 Spark 程序的进行详细说明。

IDEA 的主界面如图 3-3 所示，主要分为菜单工具栏、Project 信息栏、代码栏和调试输出信息栏等几个部分，具体使用后面会详细说明。

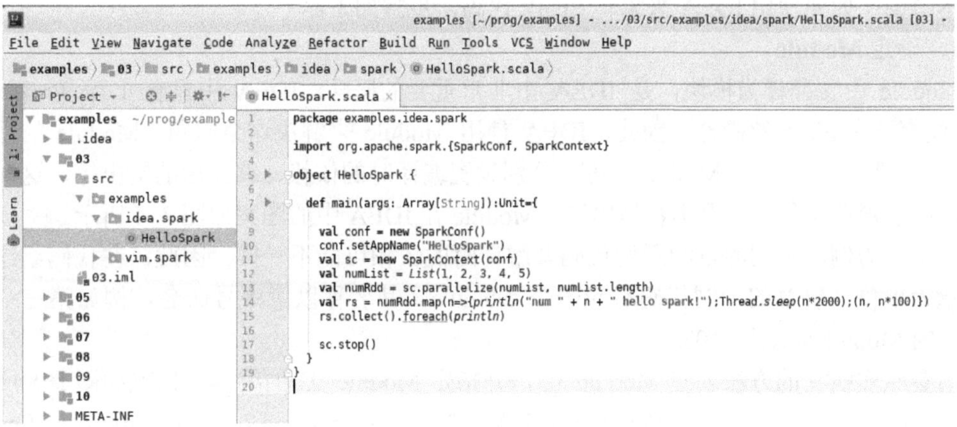

图 3-3　IDEA 主界面

3.2.1　IDEA 安装和基本使用

本节介绍 IDEA 及其依赖的安装方法。因为 IDEA 是图形界面，它在 Linux 下有很多的依赖，因此，本节除了安装 IDEA 本身外，还将安装 IDEA 的依赖。IDEA 安装后，本节还将介绍 IDEA 开发 Scala 程序的基本方法，这些都将为我们后续使用 IDEA 开发 Spark 程序打下基础。

1．轻量级图形桌面 Xfce 安装

IDEA 是图形界面，需要在 scala_dev（CentOS 7）的图形界面上工作。因此，本小节介绍如何使得 scala_dev 支持图形显示，并安装一个轻量级桌面 Xfce。

本节“安装轻量级图形桌面 Xfce”属于实践内容，因为后续章节会用到本节成果，所以本实践必须完成。请参考本书配套资料《Spark 大数据编程实践教程》中的“实践 7：安装轻量级图形桌面 Xfce”完成本节任务。

2．IDEA 安装

Scala 程序开发的 IDE 主要有两个，一个是 Eclipse，另一个则是 IDEA（IntelliJ IDEA），它们都是以插件的形式（即在这两个 IDE 上，安装支持 Scala 开发的插件）来支持 Scala 开发，其中 IDEA 是目前公认的对 Scala 支持度最好的 IDE。

本节“安装 IDEA 和 Scala 插件”属于实践内容，因为后续章节会用到本节成果，所以本实践必须完成。请参考本书配套资料《Spark 大数据编程实践教程》中的“实践 8：安装 IDEA 和 Scala 插件”完成本节任务。

3．IDEA 开发 Scala 程序

本节介绍如何使用 IDEA 开发 Scala 应用程序。

本节介绍如何使用 IDEA 开发 Scala 应用程序。本节属于实践内容，因为后续章节会用到本节成果，所以本实践必须完成。请参考本书配套资料《Spark 大数据编程实践教程》中的“实践 9：使用 IDEA 开发一个最简单的 Scala 程序”完成本节任务。

3.2.2 使用 IDEA 编辑 Spark 代码

本节说明如何使用 IDEA 来编辑 Spark 代码，步骤如下。

1．确定 Module

Module 中文翻译为模块，是 IDEA 中非常重要的概念。IDEA 中只有 1 个 Project（项目），没有子 Project 的概念，因此，IDEA 使用 Module 来解决这个问题。Module 的功能和子 Project 类似，不同的 Module，可以分别设置编译时的依赖、编译后的输出等，这样互相隔离，便于管理和分工，也不容易出错。Module 在 IDEA 中的图案如图 3-4 所示。

以本书为例，不同的章的示例代码其编译时的依赖可能不一样。因此，在代码组织上可以以章为单位，每章的示例代码对应一个 Module，其名称以章序号命名，例如第三章的示例代码的 Module 名就是“03”。

请参照实践 9 的方法创建 Module 03，并指定 Module 03 的编译时依赖如图 3-5 所示，其中，scala-sdk 为 Scala 安装包中带的 scala-sdk-2.11.12；Jars and one more file 对应 Spark 安装目录下 jars 下的所有 jar 包。

Module 03 创建好后，会有对应的存储目录，其路径是：/home/user/prog/examples/03，因此本例中，“03”既是 Module 名，又是目录名。

▼ 03

图 3-4　Module 图标

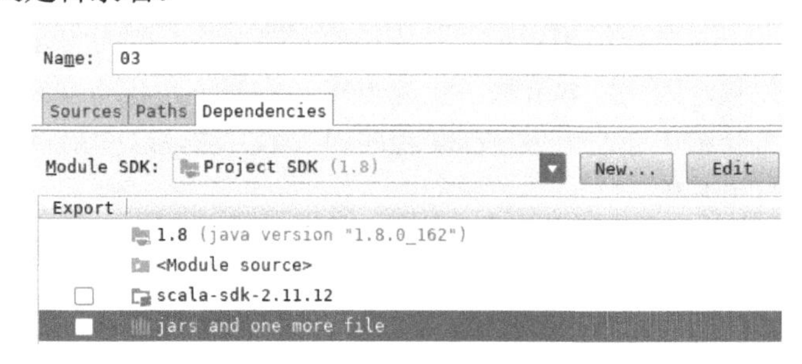

图 3-5　Spark 程序编译依赖

2．确定代码的 Package

Package 是 Scala（Java）中的重要概念，用来描述代码的层次关系。Package 使用点（.）来连接代码的各个层次，例如 examples.idea.spark 中，examples、idea、spark 分别表示代码的一个层次，它们之间使用（.）进行连接。代码的 Package 还应包含代码的特征信息。例如，从 Package 名 examples.idea.spark 就可以看出该 Package 中代码表示示例（examples），而且是用 IDEA（idea）开发的，示例代码是 Spark 程序（spark）。

📖 有关 Package 的更多说明，请参考本书配套资源《零基础快速入门 Scala》3.1.1 节中内容。

在 IDEA Module 03 图标下，单击 src 图标，然后单击鼠标右键，在菜单中选择 New->Package，然后输入 Package 的名称 examples.idea.spark，可以看到在 src 图标下，出现三个图标，如图 3-6 所示，第一个图标是 examples，这是因为 Package examples.idea.spark 和 Package examples.vim.spark 在同一个 Module（Module 03）下，这两个 Package 的公共部分是 examples，所以把 examples 提取出来共用；第二个图标则是 idea.spark，这是因为 Package examples.idea.spark 的 examples 提取后的剩余部分，它和上一级的 examples 组成了完整的 Package examples.idea.spark；第三个图标是 vim.spark，这是我们在实践 9 中所创建的

Package，它和上一级的 examples 组成了完整的 Package examples.vim.spark。

3．创建示例源码文件

本示例代码文件名为：HelloSpark.scala。在 IDEA 中选择图标 idea.spark，单击鼠标右键，在菜单中选择 New->Scala Class，会弹出一个“Create New Scala Class”的对话框，如图 3-7 所示，在 Kind 下拉菜单中选择 Object，在 Name 文本框中输入 HelloSpark。

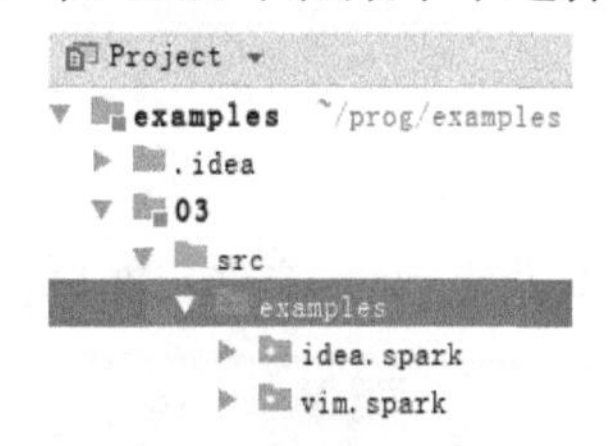

图 3-6 示例程序的 Package 图标

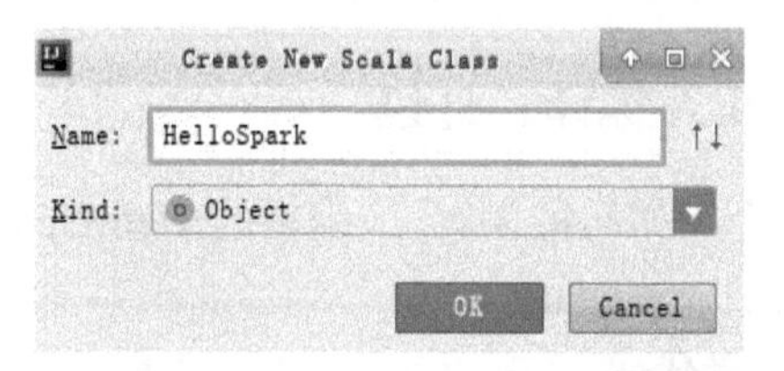

图 3-7 Scala Class 创建界面

单击“OK”按钮后，IDEA 会根据 Package 信息自动创建源码文件 HelloSpark.scala，存储到/home/user/prog/examples/03/src 下，对应的路径如下列代码所示。可以看到，src 下的存储路径 examples/idea/spark/是和 Package 信息 examples.idea.spark 一一对应的。

```
[user@scaladev src]$ ls examples/idea/spark/
HelloSpark.scala
```

4．代码组织说明

Package 和 Scala Object 创建后的代码组织架构如图 3-8 所示。

如图 3-8 所示，03 既是章节代码目录，又是一个 Module。在该 Module 下，有两个 Package：examples.idea.spark 和 examples.vim.spark，它们前面的 examples 是公共的，因此，就把它抽出来。idea.spark 下面有个 HelloSpark，它是 Scala Object，完整的 Package 信息是 examples.idea.spark.HelloSpark，vim.spark 下面的 HelloSpark 同样如此，完整的 Package 信息是 examples.vim.spark.HelloSpark，尽管两个 Object 名字相同，但它们的 Package 不同，因此不会冲突，而且它们处在不同的目录下，也容易区分。

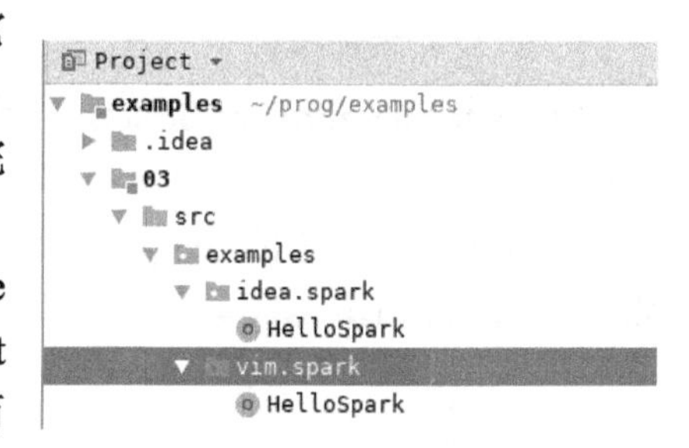

图 3-8 代码组织架构图

5．编辑代码

双击 examples.idea.spark 下的 HelloSpark，输入下面的代码内容。

```
1 package examples.idea.spark
2 import org.apache.spark.{SparkConf, SparkContext}
3 object HelloSpark {
4
5    def main(args: Array[String]):Unit={
6
7        val conf = new SparkConf()
8        conf.setAppName("HelloSpark")
9        val sc = new SparkContext(conf)
10       val numList = List(1, 2, 3, 4, 5)
```

```
11        val numRdd = sc.parallelize(numList, numList.length)
12        val rs = numRdd.map(n=>{println("num " + n + " hello spark!");Thread.sleep(n*2000);(n, n*100)})
13        rs.collect().foreach(println)
14        sc.stop()
15    }
16 }
```

3.2.3 IDEA 编译、打包

本节介绍如何将 3.2.2 节编辑的 HelloSpark.scala 文件编译成 class 文件，然后将 class 文件打包成 example.jar。

1．编译代码

如图 3-9 所示，可以选择 Build Module ‘03’命令来编译 03 模块下的代码。

Build Run Tools VCS Window Help
Build Project
Build Module '03'

图 3-9　Module 编译菜单

编译后，会在 Project 的根目录 examples/out/production/03 下按照 Package 路径生成 class 文件。

列出 spark 目录下的文件，命令如下。

```
[user@scaladev examples]$ ls out/production/03/examples/idea/spark/
```

spark 下的文件显示如下。

```
HelloSpark$$anonfun$1.class   HelloSpark$$anonfun$main$1.class   HelloSpark.class   HelloSpark$.class
```

2．打包（不加依赖）

1）单击 File->Project Struct，在弹出的 Project Struct 界面中，选择 Artifacts，如图 3-10 所示；

2）将 Module 03 的 compile output 添加到 examples.jar 包中，双击“’03’ compile output”项，如图 3-11 所示；

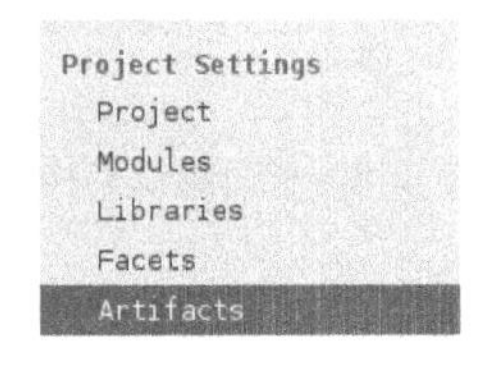

图 3-10　Artifacts 选项界面

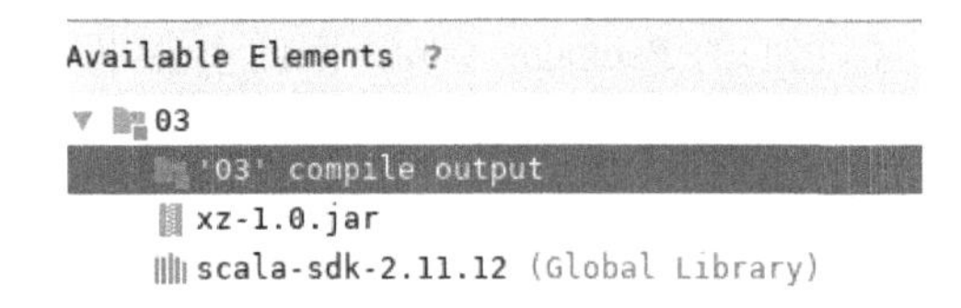

图 3-11　内容添加前的界面

添加后的 examples.jar 内容界面如图 3-12 所示。

3）单击 OK 按钮，然后单击 Build->Build Artifacts，生成 jar 包菜单，如图 3-13 所示；

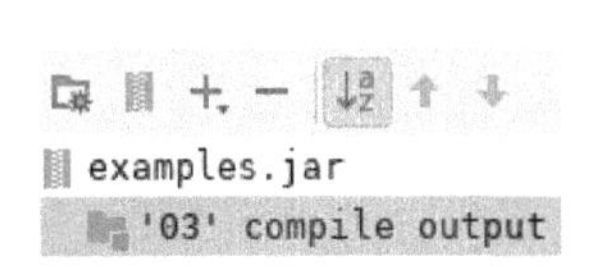

图 3-12　内容添加后的界面

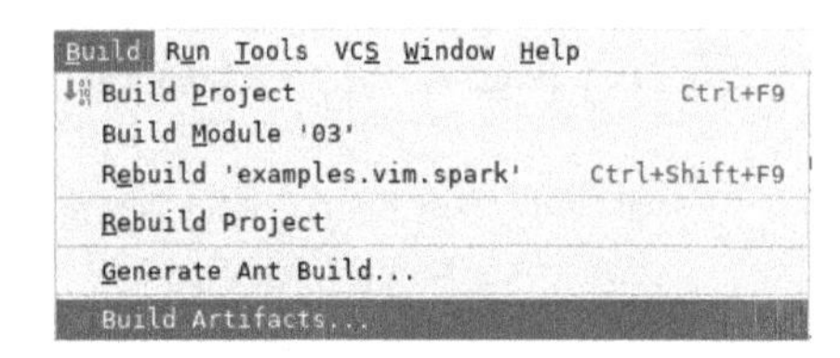

图 3-13　内容添加后的界面

4）在图 3-14 中，选中 examples，单击 Rebuild，生成 jar 包；

Rebuild 结束后，会在 Project 的根目录 examples/out/artifacts/examples 生成对应的 jar 包，如下所示。

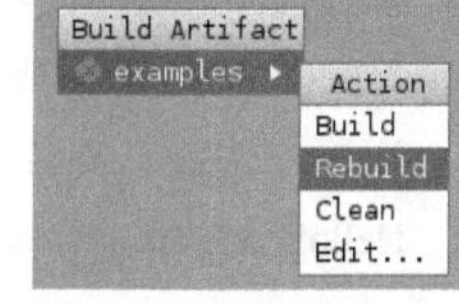

图 3-14 jar 包操作菜单

```
[user@scaladev examples]$ ls out/artifacts/examples/examples.jar
out/artifacts/examples/examples.jar
```

5）解压新生成的 jar 包。

```
[user@scaladev tmp]$ jar xf examples.jar
```

可以看到对应的 class 文件都被成功打包进去了。

```
[user@scaladev tmp]$ ls
examples    examples.jar
[user@scaladev tmp]$ ls examples/idea/spark/
HelloSpark$$anonfun$1.class    HelloSpark$$anonfun$main$1.class    HelloSpark.class    HelloSpark$.class
```

3.2.4 IDEA 远程提交 Spark 程序

下面介绍在 IDEA 中远程提交 Spark 程序到 Standalone 运行，这样，Spark 程序从编辑、编译、打包、运行、调试都可以在 IDEA 中完成，不需要切换，非常方便。而且运行、调试环境一致，都是 Standalone 模式下，可以避免环境不一致带来的问题。具体步骤如下。

1）单击 Run->Edit Configurations，新建 Application Configuration，名字为 HelloSpark StandaloneExp，参数配置如图 3-15 所示；

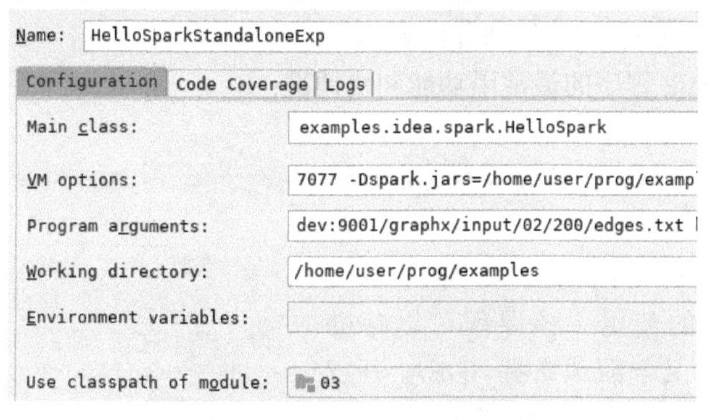

图 3-15 运行参数配置界面

2）修改 Configuration 中的 VM ops；

VM options 的配置如图 3-16 所示，其中：

- -Dspark.master 用来配置此程序要连接到 Standalone 的 Master，地址为 spark://scaladev:7077。如果改成-Dspark.master=local，就是 local 运行；
- -Dspark.jars 用来配置在 Driver 和 Executor 中所都要用到的 jar 包。

VM options:	-Dspark.master=spark://scaladev:7077 -Dspark.jars=/home/user/prog/examples/out/artifacts/examples/examples.jar

图 3-16 VM options 配置

📖 spark.jars 的属性也可以在 HelloSpark.scala 代码中通过调用 conf.setJars 函数指定，但这样做会把 jar 包路径“写死”在代码中，而且在使用 spark-submit 提交程序时，这行代码是不需要的，因此，写入代码这种方法很不灵活。因此，采用将“jar 包路径”作为 VM options 参数的方法来解决，这样，HelloSpark.scala 代码不做任何修改，既能兼容 spark-submit 提交，又可以在 IDEA 中提交，非常方便。

3）运行程序。

单击 Run，IDEA 会将 examples.jar 提交到 Spark 集群，以 Standalone 模式运行。运行时的输出会在 IDEA 中显示，如图 3-17 所示。

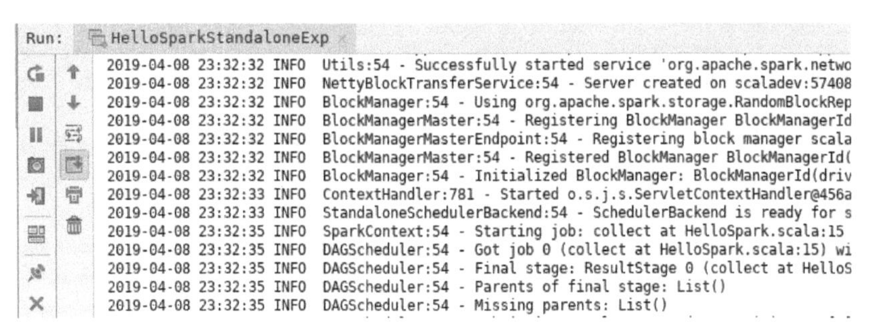

图 3-17　IDEA 远程提交 Spark 程序输出结果图

📖 当代码修改后，一定要重新编译、打包，才能运行，否则运行的还是原来的程序。

扩展阅读：[企业级] IDEA+Spark 快速入门实战

对 IDEA 的掌握直接关系到后续 Spark 程序开发的熟练度和效率。笔者在此总结了自身多年 Spark 开发使用 IDEA 的经验，开发了专门针对 Spark 的 IDEA 高清视频课程《[企业级] IDEA+Spark 快速入门实战》，课程部分内容如下：

- IDEA 开发 Spark 程序的最常用功能和快捷键；
- IDEA 调试 Spark 程序；
- IDEA+Module + Maven 开发大型 Spark 程序；
- IDEA 编译 Spark 源码。

课程内容覆盖 Spark 开发初级、中级和高级的各个阶段 IDEA 的使用。该课程可以帮助 Spark 学习者快速而又全面地掌握 IDEA 开发 Spark 程序的技能。本课程在国内最专业的 IT 在线教育平台 51CTO 学院长期排名大数据（Spark）课程的年销量的第一名，受到学习者的一致好评，如图 3-18 所示。

图 3-18　51CTO 大数据（Spark）课程年销量排名

3.3　练习

1）从零开始编写 Spark 程序直到运行，需要哪几个必需步骤？

2）IDEA 在 Spark 开发中是否是必需的？

3）Spark 程序可以提交到哪些集群管理器上运行？

4）如果不想在每个节点上部署 Spark，又想要在这些节点上运行 Spark 程序，有什么办法

5）运行 Spark 程序时，Scala 安装包是否需要部署到每个节点？

6）在命令行下编写 Spark 程序，要求如下。

a．Package 为 examples.vim.spark.MyFirstSpark；

b．Main Class 为 MyFirstSpark；

c．在 Main 函数中，参考 3.1.2 节 HelloSpark.scala 示例代码，将 List(1,2,3,4,5)转换成 RDD，并使用 Map Transformation，对 RDD 的每个元素乘以 2，并在 map 处理中，输出转换后的值；

d．编译、打包成 examples.jar，使用 spark-submit 提交到 Standalone 上运行；

e．查看每个 map 的输出值，为什么它们不是在控制台上输出？

7）在 IDEA 下编写 Spark 程序，要求如下：

a．Package 为 examples.idea.spark.MyFirstSpark；

b．Main Class 为 MyFirstSpark；

c．在 Main 函数中，参考 3.1.2 节 HelloSpark.scala 示例代码，将 List(1,2,3,4,5)转换成 RDD，并使用 Map Transformation，对 RDD 的每个元素乘以 2，并在 map 处理中，输出转换后的值；

d．使用 IDEA 编译、打包成 examples.jar，提交到 Standalone 上运行；

e．查看每个 map 的输出值，为什么它们不是在控制台上输出？

第 4 章　深入理解 Spark 程序代码

前面介绍了如何编辑 Spark 代码、运行 Spark 程序，并不涉及 Spark 代码中内容。本章将深入介绍 Spark 程序代码结构，解释 Spark 代码中的核心概念，详细说明 Spark 程序代码执行过程，具体将解决以下几个问题。

- Spark 程序代码的结构是怎样的？
- 什么是 RDD？
- 什么是 Application？如何启动一个 Application？
- 什么是 Job？它和 Application 有什么关系和区别？
- DAG 是什么？
- Stage 是什么？它是如何划分的？
- Task 是什么？
- Spark 程序代码的执行过程是怎样的？

学习完本章，再结合前面的基础，将对 Spark 程序从代码编写、代码结构、编译、打包、提交到程序代码的执行，有更清晰的认识，特别是对 Spark 程序代码的执行和普通程序代码的执行的区别会有更深的理解。这些对于后续编写高质量的 Spark 代码有非常重要的作用。

4.1　Spark 程序代码结构

要编写 Spark 程序代码，首先掌握 Spark 程序代码的结构。示例代码还是 HelloSpark.scala，为了方便，此处再次列出其代码。

1．示例代码内容

```
1 package examples.idea.spark
2
3 import org.apache.spark.{SparkConf, SparkContext}
4
5 object HelloSpark {
6
7     def main(args: Array[String]):Unit={
8
9         val conf = new SparkConf()
10        conf.setAppName("HelloSpark")
11        val sc = new SparkContext(conf)
12        val numList = List(1, 2, 3, 4, 5)
```

```
13        val numRdd = sc.parallelize(numList, numList.length)
14        val rs = numRdd.map(n=>{println("num " + n + " hello spark!");Thread.sleep(n*2000);(n, n*100)})
15        rs.collect().foreach(println)
16        sc.stop()
17    }
18 }
```

2．Spark 代码的组成

不管多复杂的 Spark 程序代码都可以分为 4 个部分：package 声明、import 声明、object、main 方法及实现。

HelloSpark.scala 同样可分为这 4 个部分。

- package 声明：第 1 行；
- import 声明：第 2 行；
- object：第 5 行到第 18 行；
- main 方法及实现：第 7 行到第 17 行。

3．Spark 代码 main 部分的组成

Spark 代码在 main 内部又可以分为 4 个部分。

1）Spark 配置，即 SparkConf 部分，包括 SparkConf 对象的创建、具体设置等，在这里是指第 9～10 行，任何一个 Spark 程序必须要配置如下两个部分。

- Application Name：Spark Application 必须要有 Application Name，有多种指定方法，如第 6 行代码就实现了 Application Name 的指定；也可以在 spark-submit 中用—name HelloSpark 指定；还可以在 spark-submit 中使用--conf "spark.app.name=HelloSpark"指定；可以在 Java 运行参数中或 IDEA 的 VM 参数中使用-Dspark.app.name=HelloSpark 来指定；

📖 使用 spark-submit 提交 Spark 程序，如果不指定 Application Name，则 spark-submit 会生成默认的 Application Name。因此，如果不需要指定特定的 Application Name，则使用 spark-sbumit 提交 Spark 程序时，可以不指定 Application Name，但这并不意味着 Spark 程序没有 Application Name。

- 运行方式：即以 Local 方式运行，还是在 Standalone、Yarn 或 Mesos 上运行，这个可以在代码中使用 conf.setMaster("spark://scaladev:7077")或者 conf.set("spark.master", "spark://ideadev:7077")来设置；可以在 spark-submit 中使用-master spark://ideadev:7077 或者--conf "spark.master=spark://scaladev:7077"来设置（如果--conf 有多个属性，可以用空格隔开）；也可以在 Java 运行参数中或 IDEA 的 VM 参数中使用-Dspark.master=spark://scaladev:7077 来指定。

2）创建 SparkContext，对应第 11 行代码，意味着 Spark Application 的开始。每个 Spark 程序都必须创建该对象，通过 sc 引出 RDD，这是 Spark 同普通 Scala 程序不一样的地方；

3）逻辑实现，对应第 12～15 行代码，即利用 SparkContext 对象实现具体的逻辑，并行处理的代码部分；

4）SparkContext 关闭，对应第 16 行代码，当此次 Application 结束，要调用 sc.stop 来关闭 SparkContext，释放资源。

4. 总结

综上所述，不管 Spark 代码多复杂，都可以按照上面的方法进行划分，其中 main 函数内部的第 2 部分和第 4 部分是固定的，需要自己做工作的是第 1 部分（配置）和第 3 部分（逻辑实现）。

4.2 Spark 程序代码的核心概念

上节介绍了 Spark 程序代码的结构，本节进一步深入介绍 Spark 程序代码的核心概念，包括 RDD、Application、Job、DAG、Stage 和 Task。

4.2.1 RDD

RDD（Resilient Distributed Datasets，弹性分布式数据集）是 Spark 所实现的一种特殊的数据结构，它表示一组不可更改的、分区的、可并行操作的数据集合。

可以把 RDD 看作是一个大的数组（集合），数组中的元素是分布存储在集群中不同节点上的，数组元素的值不可以被修改，按照一定的规则将数组中的元素划分到不同的子集，每个子集就是一个分区（Partition），不同的分区可以分布到不同的节点上进行处理，这样，RDD 的数据就实现了并行处理。

📖 因为 RDD 的数据是分布存储在各个节点上的，因此我们在 Spark 程序代码中无法像访问数组一样来直接访问 RDD 中的数据，而是要将 RDD 的数据从各个存储节点拉取到 Driver 端，才能访问到 RDD 的数据。

RDD 中有两类最重要的操作：Transformation 和 Action。

Transformation：将 RDD 进行变换，输出一个新的 RDD，例如 map 操作。Transformation 的操作不会立即执行，例如 numRDD.map(x=>x+1)，map 是 Transformation，当代码执行到这一行时，并不会立即将 numRDD 中的元素进行 x=>x+1 操作，而是要等到后续的 Action 触发，才会真正执行。

Action：将 RDD 转换为可以在 Driver 端（main 函数代码）访问的结果的操作。Action 操作会调用启动 Spark Job 的函数，从而触发 RDD 的 Transformation 真正执行。例如代码 numRDD.map(x=>x+1).collect()中，collect 就是一个 Action，当它执行时，会触发前面的 Transformation，即 map 中的 x=>x+1 执行。

4.2.2 Application

Application 对应一个 Spark 程序的运行，即 Spark Standalone 监控界面上所看到的 Applications，如图 4-1 所示。

Completed Applications (1)

Application ID	Name	Cores	Memory per Executor
app-20190221094934-0000	HelloSpark	3	1024.0 MB

图 4-1 Application Web 界面图

运行下面的代码，会创建一个 SparkContext，还会启动一个 Application，在 Web 界面上就可以看到一个新的 Application。

```
val sc = new SparkContext(conf)
```

调用 sc.stop()，就会停止该 Application。

需要注意的是：

Spark 目前支持在 1 个 JVM 上运行 1 个 SparkContext 实例，也就是说，Spark 程序运行后，任何时刻只有 1 个 SparkContext 实例（即一个 Application）。

当然，Spark 是支持 SparkContext 的多次创建和关闭的，只要确保任何时刻只有 1 个 SparkContext 实例即可。例如，创建一个 SparkContext，处理数据后，关闭刚才创建的 SparkContext。然后，再创建一个 SparkContext 开始新的数据处理，处理完毕后，再关闭该 SparkContext。这样会有两个 Application，但它们是串行的，并没有同时存在。

如果在第一个 SparkContext stop 之前创建第二个 SparkContext，则会报下面的错误，并退出。

```
exception in thread "main" org.apache.spark.SparkException: Only one SparkContext may be running in this JVM (see SPARK-2243). To ignore this error, set spark.driver.allowMultipleContexts = true. The currently running SparkContext was created at:
```

如果将 spark.driver.allowMultipleContexts 设置为 true，创建第二个 SparkContext 时，不会报异常，但会出现警告，而且后面的运行也会报错。

目前 Spark 不支持多个 SparkContext 实例，即使设置了 spark.driver. allowMultiple Contexts=true 也不行。短期内 Spark 是不会支持多个 SparkContext 的。

4.2.3 Job

1. Job 的概念

RDD 的 Action 加上 Action 所触发的所有操作（包括 RDD 创建操作和 Transformation 操作）之和，统称为一个 Job。

2. Job 示例

例如，创建一个 RDD。

```
val numRDD = sc.makeRDD(Array(1,3,3,5,7,9))
```

在 numRDD 上进行 Transformation，生成 newRDD。

```
val newRDD = numRDD.map(n=>n+1).filter(n=>n>4)
```

使用 Action 操作 collect，会触发前面 makeRDD 和 Transformations，makeRDD 用来将本地数据转换成 RDD，Transformations 包括一个 map 操作和一个 filter 操作，用于 RDD 数据转换。

```
newRDD.collect.foreach(println)
```

Spark Application 会启动 Job，并按照 Job 启动的顺序从 0 开始对 Job 进行编号，本例 Job 的编号为 4，说明在此 Job 运行之前，该 Spark Application 已经运行了 4 个 Job，具体内容如下所示。

```
INFO    SparkContext:54 - Starting job: collect at <console>:26
INFO    DAGScheduler:54 - Got job 4 (collect at <console>:26) with 3 output partitions
```

因此，此 Job 包括 numRDD 的 makeRDD+map+filter+collect。当此 Action 结束时，会显示 Job 结束。

```
INFO    DAGScheduler:54 - Job 4 finished: collect at <console>:26, took 0.117616 s
```

3．总结

- Job 是 Spark Application 中的概念，在一个 Spark Application 中，Job 会按照启动顺序，从 0 开始编号；
- 本质上，一个 Job 的执行是因为调用了 runJob 函数，在 Action 函数中通常会调用一次 runJob 从而启动一个 Job。但是，有的 Action 也可能会调用 runJob 函数多次启动多个 Job，如 take 函数。因此，一个 Spark 程序中到底有多少个 Job，只取决于 runJob 被调用了多少次，和 RDD 个数、Action 被调用次数没有直接对应的关系；
- 一个 Job 中可能会涉及多个 RDD；
- 一个 Job 可能会被划分为多个 Stage，每个 Stage 可能会有多个 Task。

4.2.4 DAG

1．DAG 基本概念

DAG 是英文 Directed Acyclic Graph 的缩写，中文翻译是“有向无环图”。DAG 图是计算机科学、图论和数学中的概念，它表示一个没有回路的有限有向图。也就是说，该图的顶点数和边数是有限的，同时，从该图的任何一个顶点出发，都无法回到自身。一个典型的 DAG 图如图 4-2 所示。

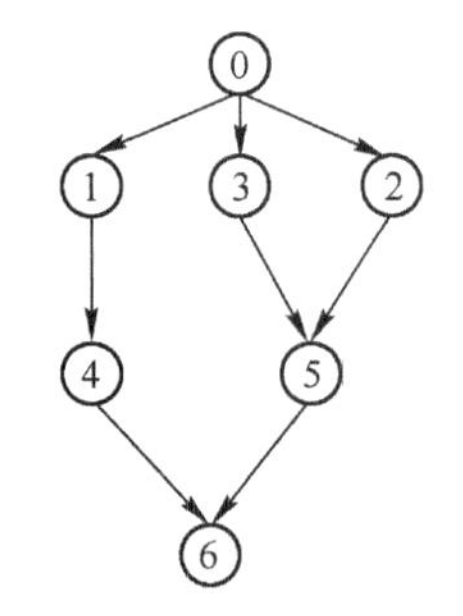

图 4-2　DAG 示意图

2．DAG 和 Spark Job

一个 Spark Job 由一系列操作（主要是 Transformation 操作，可能还有 RDD 创建操作）和一个 Action 组成。Transformation 有特定的执行顺序，有些 Transformation 可以并行的，有的 Transformation 则需要先完成，有的 Transformation 需要等待其他 Transformation 完成后才能开始，有些 Transformation 可以合并到一个 Executor 上顺序完成。但不管怎样，每个 Transformation 只会执行一次，因此，这些 Transformation 之间的关系正好可以使用 DAG 图来描述。

Spark Web UI 可以显示每个 Spark Job 对应的 DAG 图，一个典型的 Spark Job 的 DAG 图如图 4-3 所示。其中 DAG 图的点（大的实线矩形）表示 Stage（下面会详细解释 Stage），Stage 内部的实线矩形表示 Transformation 或 RDD 创建操作，有向边表示 Stage 间的依赖关系。

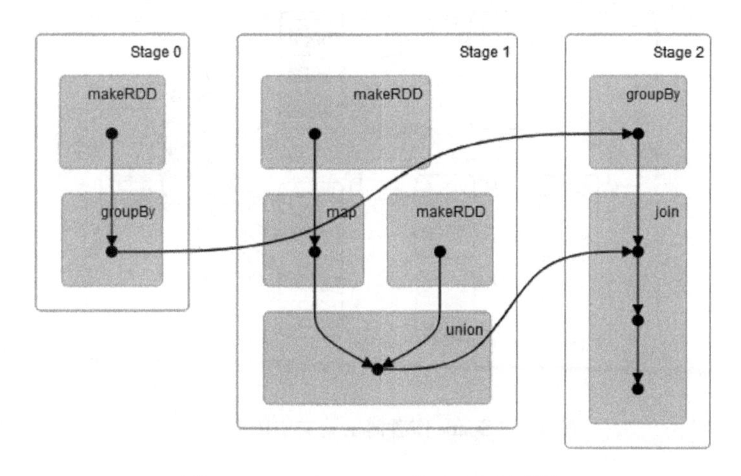

图 4-3　Spark Web UI 的 DAG 示意图

3．DAG 节点

DAG 的每个节点被称为 Stage，Stage 表示一组可以管道化（Pipeline）的操作的集合，这个操作可能是 RDD 创建操作，也可能是 Transformation 操作。

所谓管道化是指将多个操作合并到一个 Executor 上执行。例如，下面的代码中有 4 个操作，makeRDD 是 RDD 创建操作，map 和 filter 是 Transformation，collect 是 Action。

```
sc.makeRDD(Array(1,3,3,5,7,9)).map(n=>n+1).filter(n=>n>4).collect
```

Spark 程序调用 makeRDD 创建 RDD 后，RDD 的每个 Partition 数据经过 map 处理后，可以直接送到 filter，不需要等待其他 Partition 的数据。

因此，可以将 makeRDD、map 和 filter 合并到一起，在一个 Executor 上执行。Spark 程序调用 makeRDD 计算并得到对应分区的数据后，再调用 map 处理分区数据，最后调用 filter 处理 map 的输出。

这样 map 的输出就不需要跨 Executor 传递给另一个 Executor 的 filter 了，而是直接内存传递，可以大幅降低网络开销和系统开销。至于哪些操作可以管道化及 Stage 如何划分，后面还会详述。

综上所述 makeRDD、map 和 filter 就是一组可以管道化的操作的集合，是一个 Stage，也是 DAG 图上的一个节点。

4．DAG 有向边

DAG 的有向边表示 Stage 之间的依赖关系，这个依赖关系决定了 Stage 的执行顺序。图 4-3 中，Stage2 依赖于 Stage0 和 Stage1，必须要等到 Stage0 和 Stage1 都执行完，才能开始执行 Stage2，而 Stage0 和 Stage1 之间没有依赖关系，因此 Stage0 和 Stage1 可以并行。

📖 Spark 作者博士论文《An Architecture for Fast and General Data Procession Large Clusters》中给出的 DAG 图和 Spark Web UI 显示的 DAG 图，有点出入：前者 DAG 上的点（虚线矩形）表示 Stage，Stage 内部实线矩形表示 RDD，有向边表示 Transformation，如图 4-4 所示。

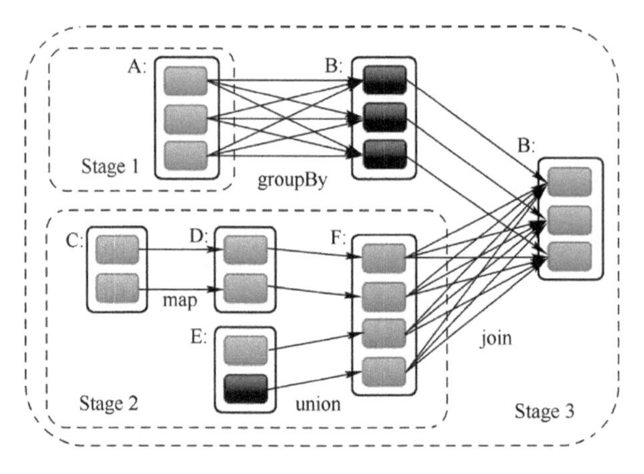

图 4-4　Spark 作者博士论文中的 DAG 图

如无特殊声明，本书中的 DAG 指的是后者，即 Spark Web UI 的 DAG 可视化图，以此和实际使用的 Spark 框架保持一致。

4.2.5　Stage

1．Stage 定义

Stage 是一组可以管道化的操作的集合。这个操作主要是 Transformation，也可包含 RDD 的创建操作。Stage 是 DAG 中一个节点，节点间的有向边表示 Stage 的执行顺序，又由于 Stage 的执行是朝一个方向进行，不可能有 Stage 返回形成环路，因此，正好对应有向无环图。

对于每个 Stage 来说，都至少有一个输入 RDD，也可能有多个输入 RDD，图 4-3 所示的 Stage1 中就有两个输入 RDD。

2．Stage 类型

Stage 可分为以下两类。

- ResultStage，它是包含最后 Action 的 Stage；
- ShuffleMapStage，它是 DAG 的中间 Stage，发生在 Shuffle 操作之前，为 Shuffle 操作准备数据，当此 Stage 执行完毕，会保存计算结果（如果从 MapReduce 的角度看，这就是 map 的结果），供下一个 Stage Shuffle 使用（reduce）。

📖 关于操作管道化、Stage 划分等细节，后面会有详述和大量示例；

📖 Stage 执行时，RDD 的每个 Partition 会分配到一个 Executor 来处理，Executor 会启动一个线程执行 Stage 的逻辑，并处理对应的 Partition，把这个线程称之为 Task，多个 Task 同时处理，就实现了 RDD 的并行处理；

📖 因此，对于一个 Stage 来说，在执行时可能会有多个 Task，每个 Task 的执行逻辑是一样的，但是处理的数据不一样，是不同的 Partition。

3．DAG & Stage 示例

下面看一个 Spark 代码形成 DAG 的示例，在 spark-shell 中输入下面的命令，该命令实现了两个 RDD 的求交集（intersection）

（1）示例代码

```
sc.setLogLevel("INFO")
val numRDD01 = sc.makeRDD(Array(1, 3, 3, 7, 9)).filter(x=>x!=7)
val numRDD02 = sc.makeRDD(Array(2, 4, 6, 7, 7, 9),2).map(x=>x+1)
val rsRDD = numRDD01.intersection(numRDD02)
rsRDD.collect.foreach(println)
```

（2）DAG & Stage 分析

当代码执行到 rsRDD.collect 时，会触发 Spark Job，其 DAG 如图 4-5 所示。

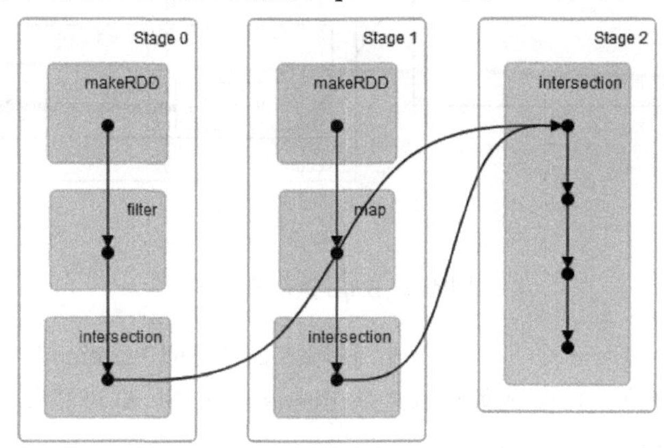

图 4-5　RDD 求交集的 DAG 图

访问 http://scaladev:4040，单击 Jobs，单击对应的“collect at <console>:26”，再单击 DAG Visualization，可以看到以上代码的 DAG 图有 3 个 Stage，从该图中可以了解以下信息。

- Stage 的执行顺序：Stage2 必须等待 Stage0 和 Stage1 执行完毕，Stage0 和 Stage1 可以并行；
- Stage 是管道化操作的集合，如 Stage0 就包含 3 个操作，分别是 makeRDD、filter 和 intersection 的部分逻辑，其中，makeRDD 是创建操作，filter 和 intersection 是 Transformation，这 3 个操作合并在一个 Task，在一个 Executor 上执行，前一个操作的输出可以直接作为下一个操作的输入，这样做可以减少开销，提升性能。

在 Stage0、Stage1 和 Stage2 中都有一个 intersection，这是因为 intersection 的实现中包含了多个其他的 Transformations，如 map、cogroup 和 filter 等，这些 Transformations，有的在 Stage0/Stage1 中执行，有的则在 Stage2 中，因为它们都属于 intersection，为了显示方便，就统一显示成 intersection 了。

4．Stage 执行过程

本节以 Stage0 为例说明 Stage 的执行过程，特别是 Stage 中 Task 的启动、执行步骤，具体如图 4-6 所示。

1）Stage0 的输入 RDD 是 makeRDD 所创建的 RDD，在此命名为 tmpRDD，类型是 ParallelCollectionRDD，tmpRDD 会保存 Array(1,3,3,7,9)的引用（注意是引用），用于后续访问数据，并提供了 getPartitions 方法来划分 Partition 的范围，同时还提供了 compute 方法用于计算 Partition 中的数据。tmpRDD 对象是在 Driver 端的，其 Partition 分布在各个节点。Partition 数为 3，这是因为 makeRDD 没有指定分区数，使用的是默认值；

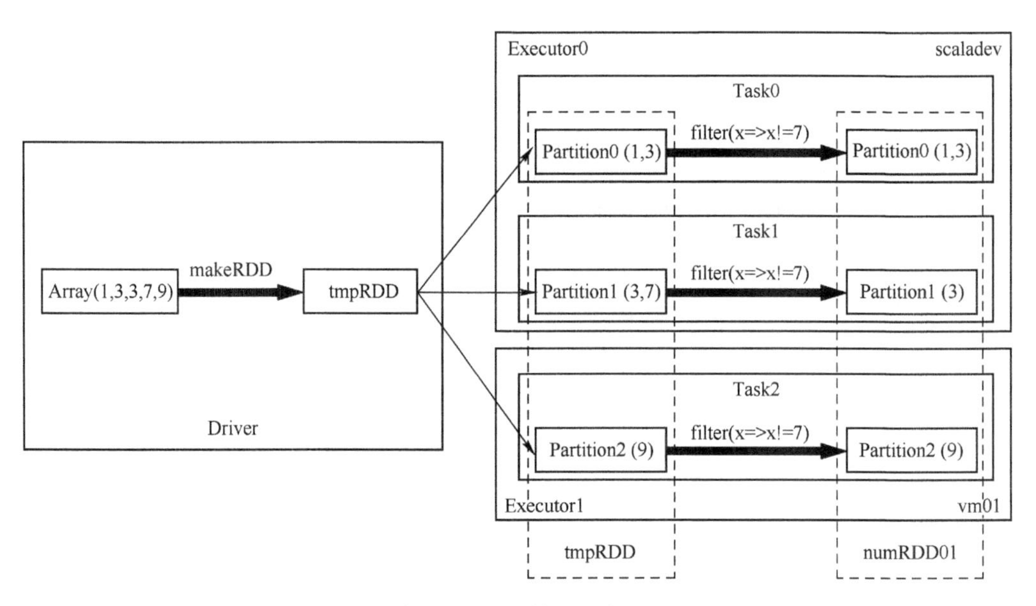

图 4-6　Stage 执行示意图

2）3 个 Partiton 对应 3 个 Task，Task0 的输入数据对应 Partition0，Task1 的输入数据对应 Partition1，以此类推，Task 的处理方法是 filter(x=>x!=7)，即过滤所有的 7，Task 准备好后，将提交到空闲的 Executor 来执行；

3）如有空闲的 Executor，Driver 端则将串行化好的 Task 处理方法发送到 Executor，启动一个线程用来执行该 Task，调用 RDD 的 compute 方法向上溯源，一直到最上层的 RDD，计算出该 Task 在 tmpRDD 上对应 Partition 的数据，再递归返回，最后调用 filter(x=>x!=7)，得到最终结果；

4）每个 Task 执行完任务后，生成新的 Partition（输出 Partition 和输入 Partition 仍在一个 Executor 上），所有新 Partition 构成新的 RDD，即 numRDD01。

需要说明的是，像 tmpRDD、numRDD01 这些 RDD，如果不进行缓存操作的话，它们只是存在于 rsRDD.collect.foreach(println)所触发的计算过程中，也就是说：

- val numRDD01 = sc.makeRDD(Array(1, 3, 3, 7, 9)).filter(x=>x!=7)这条代码执行后，numRDD01 的各个 Partition 中并没有内容，因为 Transformation 是延迟执行的，此时还没有 Action 来触发 Spark Job；
- rsRDD.collect 会触发 numRDD01 和 numRDD02 的计算，但是它们并不会被缓存，也就是说，rsRDD.collect 计算出结果后再访问 numRDD01 时，还是要重新计算 numRDD01。

如果按照传统方法，例如使用 C、Java 来编写程序，上述两个步骤任意一个执行后，中间变量 numRDD01 就会保存计算结果，可直接访问，不需要重新计算。当然，如果对 numRDD01 调用 cache 函数后，当第一次 numRDD01 被计算后，其结果就会缓存起来，此时，访问 numRDD01 就不需要重复计算了。

5．Stage 划分依据

DAG 的关键是 Stage 的划分：决定哪些 Transformation 在一个 Stage，而哪些 Transformation

又在另一个 Stage。说到底，就是对 Transformation 进行分组。

那么 Stage 到底是如何划分的呢？依据是宽依赖/窄依赖。

6．宽依赖和窄依赖的定义

假设 A、B 都是 RDD，其中 A.transform=B，B 是 A 的子 RDD，A 是 B 的父 RDD，基于此，宽依赖和窄依赖的定义如下。

- 窄依赖（Narrow Dependency）：子 RDD（B）的 Partition 只由父 RDD（A）的一个（或少数）Partition 计算而来，同时称该 Transformation 为窄依赖操作；
- 宽依赖：子 RDD 的 Partition 由父 RDD 中所有的 Partition 计算而来，同时称该 Transformation 为宽依赖操作。

7．宽依赖和窄依赖示例

窄依赖示例：A.map(func)=B，B 中每个 Partition 的数据都是由 A 对应 Partition 中的数据调用 func 的结果，这是典型的窄依赖，map 就是窄依赖操作；

宽依赖示例：A.groupByKey(func)=B，B 中每个 Partition 的数据，都有可能来自 A 中每个 Partition，因此，这是典型的宽依赖，groupByKey 就是宽依赖操作。

那么，Stage 的划分是从调用 Action 的 RDD 向上溯源，如果当前 Transformation 是窄依赖，则将其 Transformation 加入到当前 Stage；如果是宽依赖，则以此为界新建一个 Stage。

8．Stage 划分示例

下面通过具体示例来说明 Stage 划分过程。

```
sc.makeRDD(Array(1, 3, 3, 5, 7)).map(x=>(x,x)).groupByKey.collect
```

上述示例代码对应的 DAG 图如图 4-7 所示，Stage 划分时，从 groupByKey 开始，groupByKey 是宽依赖操作，因此，groupByKey 单独放一个 Stage，如 Stage1，再新开一个 Stage，如 Stage0，继续向上，map 是窄依赖操作，放入 Stage0，makeRDD 也是窄依赖操作，也放入 Stage0。

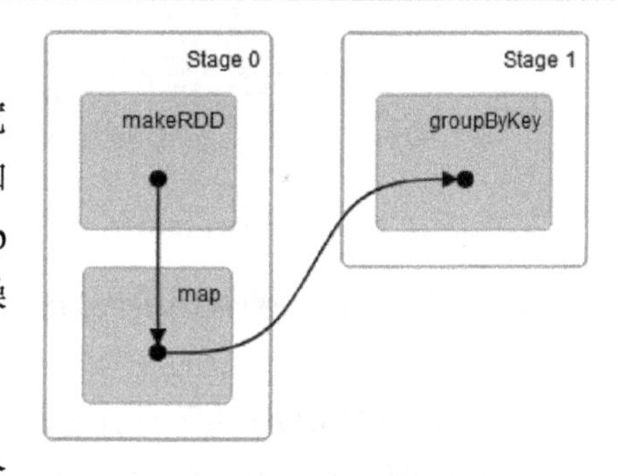

图 4-7　groupByKey 示例的 DAG 图

9．Stage 划分常见问题

（1）为什么下面示例中的 map 和 filter 会在同一个 Stage？

```
val numRDD = sc.makeRDD(Array(1,3,3,7,9)).map(x=>x+2).filter(x=>x<8)
```

使用 collect 触发前面的操作。

```
numRDD.collect.foreach(println)
```

答：这是因为 map 输出的 Partition 完全可以作为 filter 的输入，filter 不需要其他的 Partition 作为输入，因此，filter 可以和 map 在同一个 Executor 上，把 map 的输入作为总的输入，将 map 和 filter 作为管道上的两个处理环节依次处理，map 和 filter 的数据交换通过内存，而不是网络或磁盘，这样会大大提高效率。

在 Web UI 页面中，单击 Stage0，如图 4-8 所示，可以看到 Stage 内部 RDD 的类型转换过程，makeRDD 的输出是 ParallelCollectionRDD 类型，它将作为 map 的输入，map 的输出是 MapParititionsRDD，它将作为 filter 的输入，filter 的输出是 MapPartitionsRDD。

（2）什么样的情况下，两个相邻的 Transformation 会在不同的 Stage 中

答：如果后一个 Transformation 是宽依赖操作，那么，它和前一个 Transformation 不在同一个 Task，这也是由 Stage 的划分规则决定的，示例代码如下。

```
val numRDD = sc.makeRDD(Array(1,3,3,7,9)).map(x=>x+2).filter(x=>x<8).repartition(2)
```

查看示例代码对应的 DAG 图，如图 4-9 所示，filter 和 repartition 在不同的 Stage 之中（Stage0 和 Stage1），也即在不同的 Task 中，这就是因为 repartition 是一个宽依赖操作。

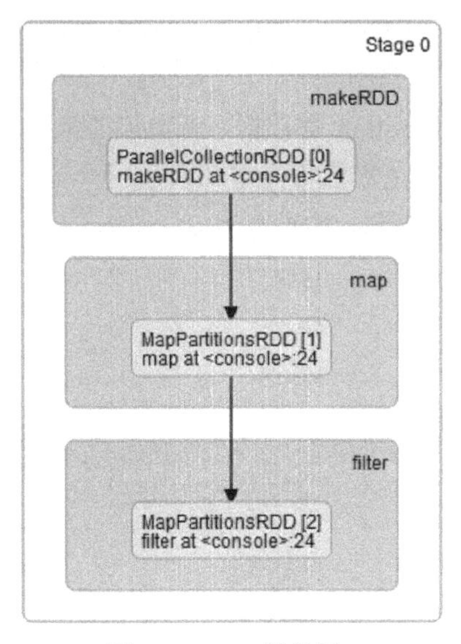

图 4-8　RDD 转换图

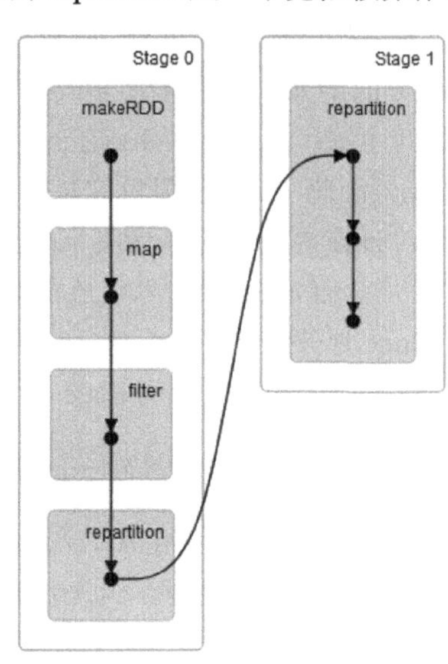

图 4-9　Transformation 的 DAG 图

（3）问题 2 的示例代码中，为什么 repartition 是宽依赖操作

答：因为 filter 输出的 RDD 有三个 Partition，而 repartition 的输出是两个 Partition，repartition 依赖父 RDD 的所有分区，因此 repartition 是宽依赖操作。

（4）问题 2 的示例代码中，除了 Stage1，为什么在 Stage0 还有一个 repartition 操作

答：从 Web UI 页面上看，Stage0 的 Task 中有 Shuffle write 操作，如果只是执行到 filter 的话，是没有 Shuffle 的，这说明 Stage0 中执行了 repartition 的部分操作。

4.2.6　Task

1．Task 说明

Task 是 Stage 的一个执行单元，它被 Spark 提交到 Executor 上执行，Task 的处理逻辑是该 Stage 的 Transformation 集合，Task 的输入数据是该 Stage 的输入 RDD 中的一个 Partition。

2．Task 示例

输入下面的代码，创建一个 RDD，它由 Array 转换而来，历经 map 和 filter 两次 Transformations。

```
val numRDD = sc.makeRDD(Array(1,3,3,7,9)).map(x=>x+2).filter(x=>x<8)
```

调用 collect 触发前面的操作。

```
numRDD.collect.foreach(println)
```

如图 4-10 所示，Task 的处理逻辑是一样的，都是 map+filter。

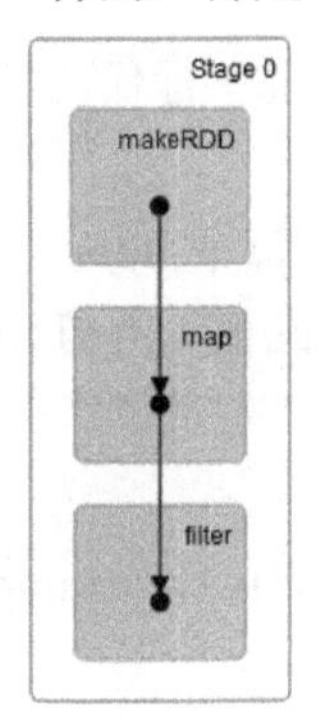

图 4-10　Task 示例的 DAG 图

Stage0 中 Task 的个数由 makeRDD 所创建的 RDD 的 Partition 个数决定，Task 的处理逻辑是一样的，都是 map+ filter，处理的数据对应不同的分区。

📖 一个 Stage 包含一组 Task，Stage 内所有 Task 的处理逻辑都是一样的，Task 的个数由 Stage 的输入 RDD 的 Partition 数决定。

4.2.7 Application、Job、Stage 和 Task 的并行粒度和并行条件

Application、Job、Stage 和 Task 是粒度不同的执行单元，它们的并行粒度和并行条件总结如表 4-1 所示。

表 4-1　并行粒度和并行条件表

名称	粒度	并行条件	说明
Application	一个运行的 Spark 程序，可能对应多个 DAG 图	1）不同的 Spark 程序产生的 Application 2）集群资源满足并行条件	Application：Spark 程序运行时，从创建 SparkContext，到关闭 SparkContext 的这一段程序，都属于同一个 Application 集群资源是指 CPU 和内存，每个 Spark 程序运行时，都会占用一定的集群资源
Job	Spark 程序内的一个 Spark Job，对应一个完整的 DAG 图。	1）集群资源满足并行条件 2）Job 的启动是并行的	Job：RDD 的 Action，加上 Action 所触发的所有操作之和，统称为一个 Job 一个 Application 可能会有多个 Job
Stage	Spark Job 内的一个执行单元，对应 DAG 图上的一个节点。	1）集群资源满足并行条件 2）Stage 间无依赖关系	Stage：Spark Job 内，一组可以管道化的操作的集合 一个 Job 内可能会有多个 Stage
Task	Stage 内部的一个处理单元，处理 Stage 输入 RDD 的某一个 Partition	1）集群资源满足并行条件 2）RDD 有多个 Partition	Task：Stage 内的一个处理单元，处理该 Stage 输入 RDD 的某个 Partition 一个 Stage 内可能会有多个 Task

4.3 Spark 程序代码执行过程

上节介绍了 Spark 程序代码的相关概念，包括 RDD、Application、Job、DAG、Stage 和

Task 等，这些概念和 Spark 程序代码的关系是怎样的？它们在 Spark 程序运行过程中分别对应什么呢？下面通过两个示例，从不同的侧重点介绍 Spark 程序代码的执行过程，从而将这些概念同 Spark 程序的运行串联起来。

1．示例一：Spark 程序代码执行过程中的 RDD 和 Task 机制

（1）示例说明

本节以 HelloSpark 为例，详细解释每一行代码及执行情况，侧重于 Spark 程序运行过程中所涉及的 RDD 和 Task。

HelloSpark 实现了 5 个并行 Task，每个 Task 会打印编号，等待规定的时间后，返回一个二元组，Driver 端收集所有 Task 的返回值，并打印输出。

（2）示例代码

代码文件名：HelloSpark.scala。

代码路径：/home/user/prog/examples/04/src/examples/vim/spark/HelloSpark.scala。

具体代码如下。

```
 1 package examples.vim.spark
 2 import org.apache.spark.{SparkConf, SparkContext}
 3 object HelloSpark {
 4
 5   def main(args: Array[String]):Unit={
 6
 7     val conf = new SparkConf()
 8     conf.setAppName("HelloSpark")
 9     val sc = new SparkContext(conf)
10     val numList = List(1, 2, 3, 4, 5)
11     val numRdd = sc.parallelize(numList, numList.length)
12     val rs = numRdd.map(n=>{println("num " + n + " hello spark!");Thread.sleep(n*2000);(n, n*100)})
13     rs.collect().foreach(println)
14     sc.stop()
15   }
16 }
```

（3）代码及执行说明

1）第 1 行，示例代码所在的 Package，为 examples.vim.spark，表示该代码是用 Vim 开发的 Spark 程序；

2）第 2 行，引入代码中所需 Class 的 Package 信息，需要列出完整的 Package 路径；

3）第 3 行～第 16 行，定义了一个 object HelloSpark 及其实现；

4）第 5 行，main 函数，程序入口；

5）第 7 行，创建 SparkConf 对象，它用于 Spark 程序的设置，包括程序名、连接方式、资源申请要求等；

6）第 8 行，设置 Spark 程序的名字，在 Spark 程序必须要有程序名（Application Name），它可以在代码中设置，也可以在 spark-submit 的参数中设置；

7）第 9 行，创建 SparkContext，它代表 Spark 程序，在 Spark 编程中， SparkContext 是必需的；

8）第 10 行，创建 numList，并赋初值；

9）第 11 行，将 numList 转换成 RDD，转换过程如图 4-11 所示；

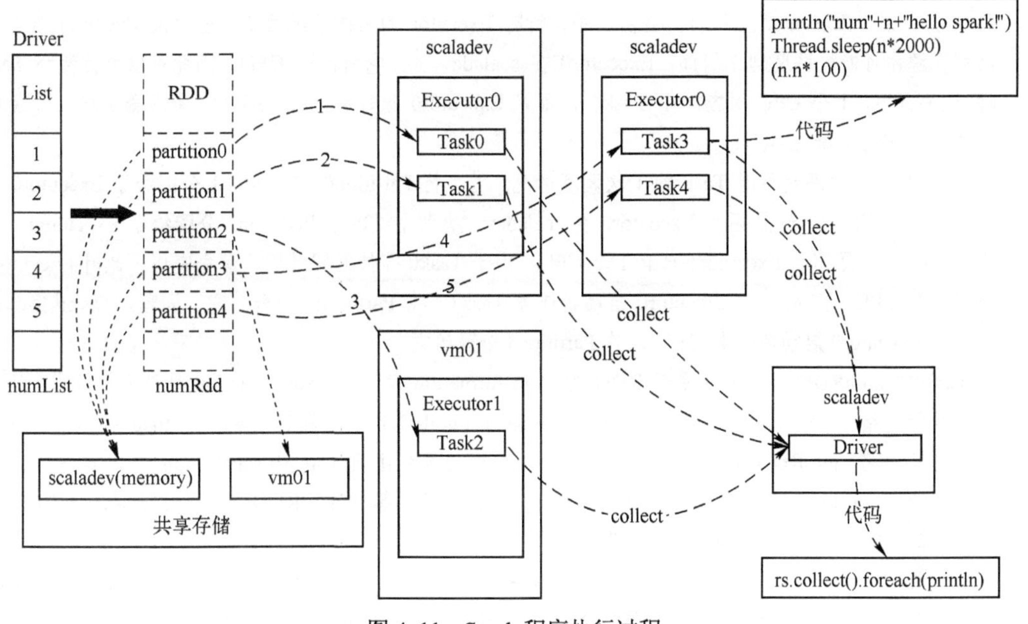

图 4-11　Spark 程序执行过程

- numRdd 的类型是 RDD[Int]，结构上，可以认为它和 Array[Int]是相似的，也是类型为 Int 的集合；
- RDD 是分布式的，可以跨节点存储，因此，它在物理上可以利用整个集群的内存，而在逻辑上又是一个整体，而数组只能在本机的内存中存储；
- RDD 可以根据规则（这个规则也可以自定义）划分为互不重叠若干部分，每个部分就称为一个分区（Partition），每个 Partition 交给一个 Task 来处理，Task 们会被提交到各个节点的 Executor 中执行，这样，就实现了并行处理；
- numRdd 并不会像 numList 一样，一旦创建，就分配内存（在 Driver 端）存储数据。numRdd 创建时，Spark 并不会在每个节点上分配内存，存储分区数据。而是等到 Task 执行，需要该分区数据时，分区所在的节点，才会从 Driver 端获取 numList 上对应的数据，而且计算完后也不保存。因此，RDD 更多的时候只是一个中间计算结果，每次访问它都要重新计算。当然，也可以将其缓存起来，这时的 RDD 就类似分布式数组，可以多次访问，无须重复计算；
- 本例中，numRdd 被分成 numList.length 个 Partition，一个元素对应一个 Partition，实际应用中，很可能是多个元素对应一个 Partition，这个要根据具体情况来定；
- 总之，此处只需要明白在 Spark 中常规的数据结构要转换成 RDD 才能分布式并行即可。RDD 是 Spark 的核心和基石，后续还会详细解释。

10）第 12 行，在 numRdd 上执行 map 操作，将 Partition 中的每个元素依次送入 map 中的匿名函数体中，即 Task3 所指向的代码，具体逻辑如下：

- 打印任务号和 hello spark；
- 休眠 n*2 秒，因为 Thread.sleep 休眠的单位是毫秒，2000 正好是 2 秒，因此 n*2000 就是休眠 n*2 秒；

● 返回（n, n*100）二元组。

每个 Task 最终会被提交到一个 Executor 上执行；

📖 Task 会在哪个 Executor 上执行，要由程序执行时 Executor 的具体情况而定，至少该 Executor 要有空闲的资源才可能被调度到。例如，Executor0 在 scaladev 上，它有两个 CPU，因此可以执行两个 Task（默认情况下，1 个 CPU 对应 1 个 Task），如果 Executor0 此时运行的 Task<2，就可能调度 1 个新的 Task 到此 Executor 上执行；

📖 图 4-11 展示了程序运行时 Task 的 1 次调度情况：首先将 Partition0、Partition1 分配给了 Executor0 上的 Task0 和 Task1，这是因为 Executor0 在 scaladev，有两个 CPU，Partition2 分配给了 Executor1，只有 1 个 Task，是因为 Executor1 只有 1 个 CPU，由于 Task0 等待时间最短，最先完成，此时 Executor0 空闲一个 CPU，因此，在 Executor0 启动新任务 Task3，将 Partition3 分配给它，同理，Task1 第二完成，在 Executor0 启动新任务 Task4，将 Partition4 分配给它。

📖 第 12 行中 numRDD.map 方法属于 RDD 的 Transformation 操作，Transformation 是延迟执行的，所谓延时执行是指：map 函数被调用后，并不会立即对 numRDD 中的每个元素进行 map 操作，也就是说，并不会将 numRDD 中的每个元素送入 map 中的匿名函数（n=>{println("num " + n + " hello spark!");Thread.sleep(n*2000);(n, n*100)}）进行处理，而是要等到 numRDD 自身，或者它的子 RDD 的 Action 操作时，才会触发其执行 map 操作。

📖 虽然 numRDD.map 是延时处理的，但并不是说先不执行第 12 行，实际上，第 12 行的 map 是立即执行的，会生成新的 RDD；但是，虽然这个 map 方法执行了，但它并没有将每个元素送入 map 的匿名函数进行处理，这个要待后续 Action 触发 Spark Job 时才会调用匿名函数处理，因此，延时处理是指匿名函数的延时处理。

11）第 13 行，打印 rs 的值，rs 的类型是 RDD[(Int, Int)]（这是因为每个 Task 返回的值是一个(Int, Int)二元组，所有 Task 的返回值构成 RDD[(Int, Int)]），RDD 的数据是分布存储在各节点上的，如果要访问，必须将数据从各节点拉到 Driver 端，这个拉的操作就是 collect。拉取过来后的数据就成了 Array[(Int, Int)]，再调用 foreach(println)依次打印；

📖 rs.collect 属于 RDD 的 Action 操作，它会启动一个 Spark Job，执行递归调用——根据依赖关系，从 rs 的父 RDD 向上溯源，直到某个 RDD 的值可以被计算出来，然后再反过来，按照生成关系向下执行这些 RDD 的 Transformation 操作（例如 numRDD.map，此时 numRDD 的每个元素会送入 map 的匿名函数，依次处理），最终计算出 RDD rs 的值，并保存在 Driver 端。

12）第 14 行，sc.stop()，停止此次 Job，程序结束。

（4）示例小结

● RDD 创建后，并没有立即分配内存和存储数据，只有 Task 执行时，需要该 Partition 数据时才会计算该 Partition 上的数据。而且计算之后也不保存，除非之前调用了 RDD 的缓存函数；
● RDD 在结构上和数组类似，但是它不能直接访问、不能被修改、分布存储在各个节点上；
● RDD 可以由 List 等数据结构转换而来，可以使用 collect 操作，将 RDD 拉取到 Driver 端处理；
● RDD 可以分为若干 Partition，每个 Partition 对应一个 Task，Task 并不一定会立即执行，只有当 Executor 上有空闲的 CPU 时，Spark 将 Task 调度到此 Executor，Task 才能执行；

- RDD 的 Transformation 是延迟执行的，RDD 的 Action 可以触发 Transformation 真正执行。

2．示例二：Spark 程序代码执行过程中的 Application、DAG、Stage 和 Task 机制

（1）示例代码说明

该示例首先对两个 RDD：numRDD01 和 numRDD02 求交集，得到结果 rsRDD，然后对 rsRDD 进行一系列处理。该示例代码的执行流程如图 4-12 所示。

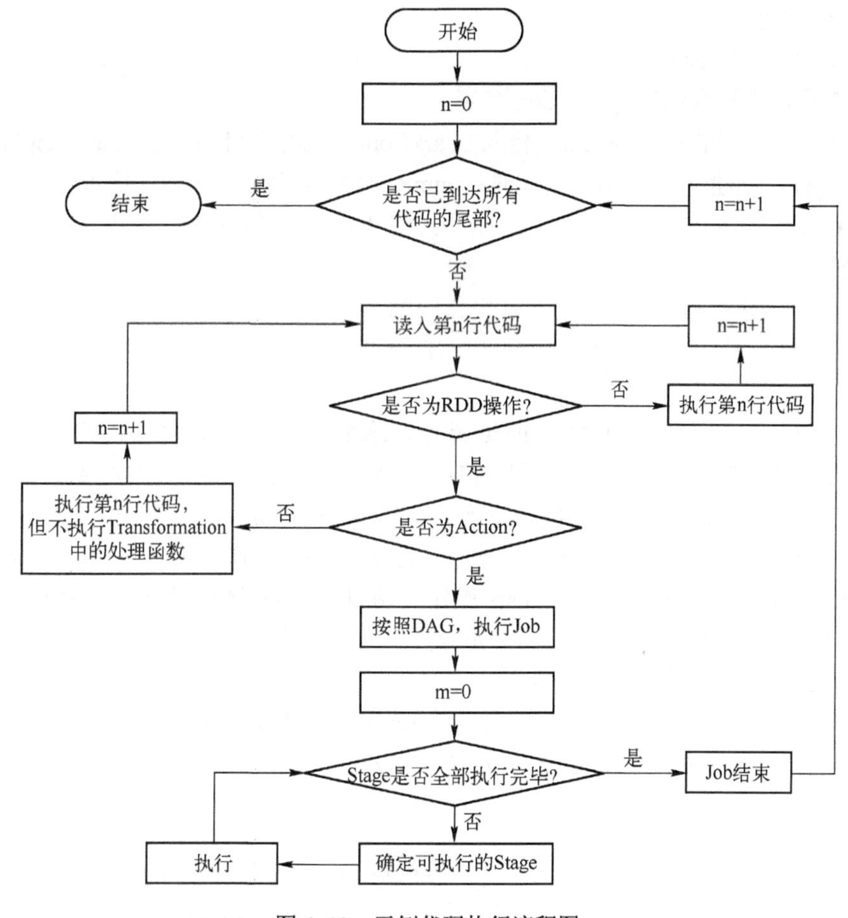

图 4-12　示例代码执行流程图

代码文件名为：SparkExeSeq.scala。

代码路径为：/home/user/prog/examples/04/src/examples/idea/spark。

示例代码如下。

```
1 val conf = new SparkConf()
2 conf.setAppName("SparkExeSeq")
3 val sc = new SparkContext(conf)
4
5 val numRDD01 = sc.makeRDD(Array(1, 3, 3, 7, 9)).filter(x=>x!=7)
6 val numRDD02 = sc.makeRDD(Array(2, 4, 6, 7, 7, 9),2).map(x=>x+1)
```

```
 7 val rsRDD = numRDD01.intersection(numRDD02)
 8 rsRDD.collect.foreach(println)
 9
10 numRDD01.map(x=>x*2)
11 rsRDD.reduce((p,c)=>p+c)
12 rsRDD.map(x=>x*2).collect.foreach(println)
13
14 sc.stop()
```

（2）代码说明

1）第 1 行，创建 SparkConf 对象；

2）第 2 行，设置 Spark Application 名字；

3）第 3 行，创建 SparkContext，传入 SparkConf，此时将启动一个 Spark Application；

4）第 5 行，创建 numRDD01，此时，numRDD01 会确定分区数，但不会分区，也不会在各个节点分配 Partition 并填充内容，更不会将 Partition 的内容送入 filter 中的匿名函数 x=>x!=7 进行处理；

5）第 6 行，创建 numRDD02，具体操作同第 5 行；

6）第 7 行，计算 numRDD01 和 numRDD02 的交集，得到 rsRDD，此处求交集的动作也不会立即执行；

7）第 8 行，对 rsRDD 进行 collect 操作，这是一个 Action 操作，将启动一个 Spark Job，名字为 Job0，然后将计算结果拉取到 Driver 端，后面会详述该 Job 对应的 DAG。

8）第 10 行，对 numRDD1 进行 map 操作，这是 Transformation 操作，延迟执行；

9）第 11 行，对 rsRDD 进行 reduce 操作，这是 Action 操作，将启动 Spark Job1；

10）第 12 行，对 rsRDD 进行 map 操作，调用 collect 将数据拉取到 Driver 端，并打印，collect 是 Action 操作，将启动 Spark Job2；

11）第 14 行，关闭此次 SparkContext。

（3）第 8 行示例代码 rsRDD.collect.foreach(println)的 DAG 说明

执行该行示例代码对应的 DAG 图如图 4-13 所示。

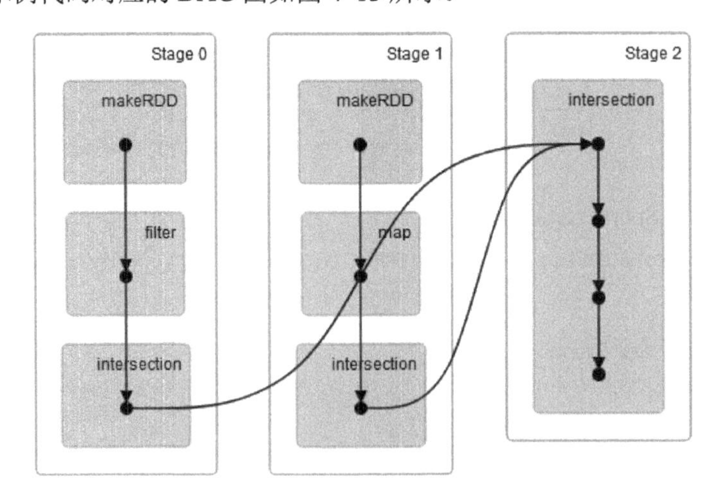

图 4-13　第 8 行示例代码对应的 DAG 图

1）Stage0 和 Stage1 互不依赖，可以同时提交，并行执行，Stage2 必须等待 Stage0 和 Stage1 执行完，才能执行；

2）Stage0 中的操作为第 5 行代码的 makeRDD 和 map，再加上第 7 行 intersection（求交集）的一部分实现；

```
5 val numRDD01 = sc.makeRDD(Array(1, 3, 3, 7, 9)).filter(x=>x!=7)
```

3）Stage1 中的操作为第 6 行代码的 makeRDD 和 map，再加上第 7 行 intersection（求交集）的一部分实现；

```
6 val numRDD02 = sc.makeRDD(Array(2, 4, 6, 7, 7, 9),2).map(x=>x+1)
```

4）Stage2 中的操作为第 7 行 intersection（求交集）的一部分实现。

```
7 val rsRDD = numRDD01.intersection(numRDD02)
```

Stage 划分过程如下。

1）Stage 的划分从第 8 行 rsRDD.collect 开始，向上溯源，这是第一个 Stage（即 Stage2），其类型是 ResultStage，由于 intersection 是宽依赖操作，因此把 intersection 加入该 Stage，该 Stage 在此结束；

2）因为 intersection 的输入有两个 RDD，因此分两条路，每条路向上走，对应一个 Stage；

3）第一个 Stage 对应 Stage0，它从第 5 行的 filter 开始，filter 是窄依赖操作，Stage0 继续向上，到 makeRDD 再向上，没有 RDD 了，Stage0 结束。因此，Stage0 中的操作包括 makeRDD+filter+intersection 的一部分。Stage0 是 ShuffleMapStage，它为 Stage2 准备数据，并且它的输出会保存；

4）第二个 Stage 对应 Stage1，它从第 6 行的 map 开始，map 是窄依赖，Stage1 继续向上，到 makeRDD 再向上，没有 RDD 了，Stage1 结束。因此，Stage1 中的操作包括 makeRDD+filter+intersection 的一部分。Stage1 也是 ShuffleMapStage，它为 Stage2 准备数据，并且它的输出会保存。

因此，以上 Spark Job 总共有 3 个 Stage。

- 🕮 ShuffleMapStage 中最后一个 Transformation 的输出会保存起来，用作 Shuffle 的输入。ShuffleMapStage 内部其他 Transformation 的输出，例如 makeRDD 的输出，它们也是 RDD，但结果不会保存；
- 🕮 DAG 划分 Stage 顺序是从 rsRDD（调用 Action 的 RDD）向上溯源的，而执行时则是倒过来；
- 🕮 Stage0 和 Stage1 可以并行，两个 Stage 结束后，执行 Stage2。

（4）第 11 行示例代码 rsRDD.reduce((p,c)=>p+c)的 DAG 说明

该示例代码的 DAG 图如图 4-14 所示，Stage3 和 Stage4 变灰，并标注 skipped，表示这两个 Stage 不需要执行。这是因为 Stage5 所需的两个输入是之前 Stage0 和 Stage1 的 ShuffleMapStage 的输出，它们在前一次 Action 中被计算并被保存下来，所以不需要重新计算，因此，是 skipped。

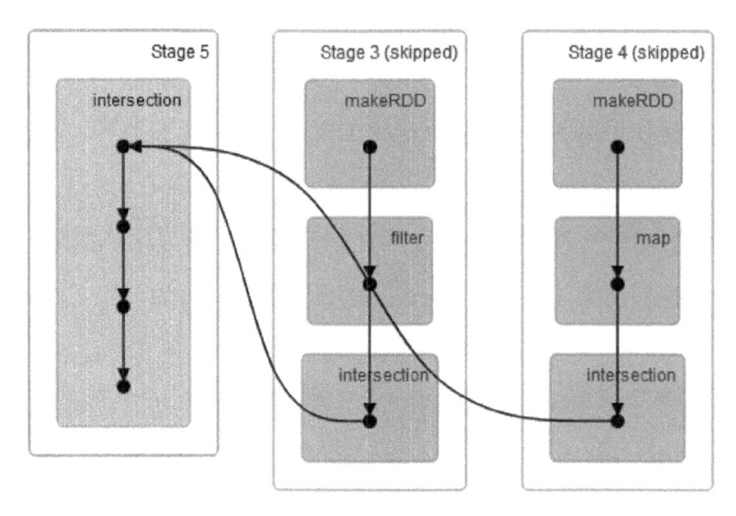

图 4-14　第 11 行代码对应的 DAG 图

（5）第 12 行示例代码 rsRDD.map(x=>x*2).collect.foreach(println)的 DAG 说明

如图 4-15 所示，Stage6 和 Stage7 也被标注 skipped，因为它们的输出已经被缓存起来了，不需要重新计算；

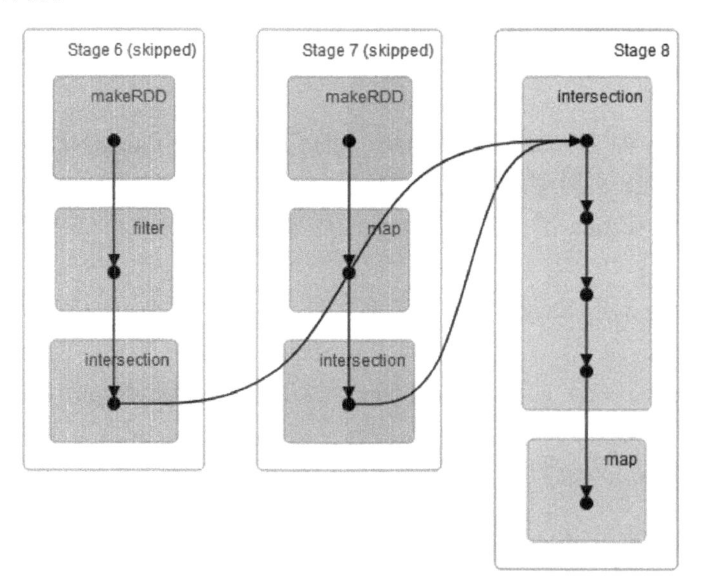

图 4-15　第 12 行示例代码对应的 DAG 图

（6）注意

1）第 10 行代码 numRDD01.map(x=>x*2)，一直到整个 Spark 程序结束也没有真正执行。这是因为，该行代码的输出是一个新的 RDD，名字为 B，B 在后续的代码中并没有对应的 Action 来触发，而第 11 行、第 12 行均有 Action，但是这些 Action 的 RDD 并不涉及 B，因此，也不会触发第 10 行真正执行；

2）第 8、11、12 行代码都用到了 rsData，生成 rsData 所需的 RDD 因为缓存在内存中，所以不需要重新计算，否则要向上溯源，找到所有的父系 RDD 重新计算，因此，在多次使用同一个 RDD 时，要特别注意；

3）在 Spark 程序中，Stage 是统一按顺序编号的。

4.4 练习

1）Spark Application 是指什么？它对应什么代码？

2）在一个 Spark 程序中，是否只能有 1 个 Spark Application？

3）DAG 是什么？

4）Stage 是什么？它是如何划分的？

5）Stage 中的 Transformation 操作是否一定会执行？

第5章　RDD编程

RDD是Spark的核心、灵魂和基石。本章重点介绍RDD的原理、机制，以及如何利用RDD的这些接口来开发高效的Spark程序具体内容如下。

- 如何创建RDD？
- 如何计算由一个或多个文件所组成的RDD的分区数？
- RDD中的元素和Partition是怎样的关系？
- RDD的map如何使用？它的应用场景是什么？如何在map中使用匹配？
- RDD的flatMap如何使用？它和map的区别是？它的应用场景是什么？
- RDD的mapPartitions使用与优化？
- 如何优化RDD的join，减少join过程中的Shuffle?
- RDD的union和intersection如何使用？ intersection如何优化？
- RDD的groupBy的使用？groupByKey和reduceByKey的使用和区别？
- RDD的aggregateByKey的使用和执行过程？
- RDD cogroup的使用？
- RDD的常见Action操作，如collect、reduce、fold、aggregate和foreachPartition的使用？
- 如何将RDD输出成Text文件或者Object文件，并读取它们构成RDD？
- 如何使用RDD的cache和checkpoint？

5.1　RDD核心概念

在此重温一下4.2.1节给出的RDD的核心概念。

1．RDD的定义

RDD是Spark所提供的一种特殊的数据结构，它表示一组不可更改的、分区的、可并行操作的数据集合。

2．RDD的重要操作

RDD有两类重要操作：Transformation和Action。Transformation用于RDD的转换，Action用于Driver端获得RDD的数据或计算结果。它们是RDD编程中使用最多的两类操作。

3．RDD的重要元素

分区（Partition）是RDD的重要组成元素。RDD可以看作是一个大的数组（集合），按照一定的规则将数组中的元素划分到不同的子集，每个子集就是一个分区（Partition）。不同的分区分布到不同的节点上处理，这样就实现了RDD数据并行处理。

总之，Transformation 和 Action 是 RDD 的重要操作，Partition 则是 RDD 的重要组成元素，本节将对它们详细介绍。

5.1.1 Transformation 的基本概念

1. Transformation 的概念及作用

所谓 Transformation，就是将 RDD 进行变换，得到一个新的 RDD。

map 操作就是一个典型的 Transformation 操作，如下所示。

```
1 val numRDD = sc.makeRDD(Array(1, 3, 3, 5, 7, 9))
2 val newRDD = numRDD.map(x=>x+1)
3 newRDD.collect.foreach(println)
```

代码说明如下。

1）第 1 行代码将 Array 转换为 RDD[Int]；

2）第 2 行代码对 numRDD 进行 map 操作（Transformation），得到 newRDD，newRDD 也是一个 RDD[Int]。

> 📖 map 操作会创建新的 RDD（newRDD），并将其对象引用赋值给 newRDD，但是 Spark 并不会立即将 numRDD 中的每个元素+1，而是要等到后面的 Action 操作，即（newRDD.collect.foreach(println)语句执行完，才会触发+1 操作。

2. Transformation 的特点——延迟执行

Transformation 并不立即执行，而是要等到 RDD 的 Spark Job 启动（通常由 Action 来触发）时才真正执行，这是 Transformation 最大的特点。

Transformation 延迟执行的特点可以带来如下好处。

（1）减少不需要的计算

常规的程序代码都是立即执行的，并不管当前代码的执行结果是否为后续代码所用。如果程序逻辑复杂，代码行数多，则很有可能会出现有的代码的计算结果在整个程序中并没有用到的情况。

大数据处理中，面对的往往都是海量数据，一行简单的代码、一个很小的操作，都可能会带来巨大的计算开销。如果是无用的计算，则浪费巨大。Transformation 并不立即执行，而是要等到后续对应 RDD 的 Action 来触发，因此，并不是所有的 Transformation 最终都会执行的，只有最后调用了 Action 的 Transformation 才会真正执行，如果该 RDD 没有最后调用 Action，则前面所有的 Transformation 都不会执行，这样就可以减少那些没有用到的计算结果所带来的计算量。

（2）提升数据处理效率

Stage 主要由一组相邻的 Transformations 组成，按照窄依赖原则组成数据处理管道（pipeline），作为一个 Task 的处理逻辑，数据直接在内存交换，非常高效。由于 Transformation 是延迟执行的，因此，等到该 RDD 调用 Action 时，可以得到从源 RDD 到目的 RDD 的 Transformation 调用链，基于此划分 Stage。

反之，如果 Transformation 是立即执行的，则无法形成数据处理管道，因为前一个

Transformation 的输出可能要通过网络传递到另一个节点，作为下一个 Transformation 的输入，这样会大大增加网络和计算开销。

5.1.2 Action 的基本概念

1．Action 的概念及作用

所谓 Action，是指将 RDD 转换为可以在 Driver 端（main 函数代码）访问的结果的操作。Action 操作会调用启动 Spark Job 的函数，从而触发 RDD 的 Transformation 操作得到执行。

例如，5.1.1 节示例代码的 collect 操作语句就是典型的 Action 操作，它触发了 RDD 的 Transformation 操作，并将 RDD 数据从各个 Executor 拉取到 Driver 端，转换成一个 Array。

此外，还有像 reduce、count 等都是常见的 Action 操作。

2．Action 操作示例说明

一个 Action 操作会触发 RDD 的 Transformation 操作，也会生成一个（或多个）新的 Spark Job，示例如下。

（1）在 spark-shell 中通过运行下面的代码创建一个 numRDD

```
val numRDD = sc.makeRDD(Array(1, 3, 3, 5, 7, 9))
```

上述命令执行后，在 spark-shell 中并没有启动 Job，在 http://scaladev:4040 的 Web 界面 Jobs 中，也没有看到对应的 Job。

（2）输入下面的命令，计算 numRDD 中元素的个数

```
numRDD.count
```

这是一个 Action 操作，在 spark-shell 中会启动一个 Job，如下所示。

```
INFO    SparkContext:54 - Starting job: count at <console>:26
INFO    DAGScheduler:54 - Got job 0 (count at <console>:26) with 3 output partitions
```

在 Spark Web UI 页面中，可以看到该 Job 的信息，如图 5-1 所示，Job 的 Id 为 0。

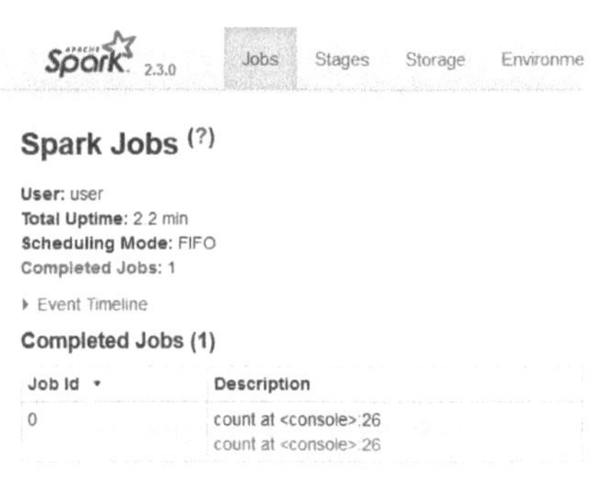

图 5-1　Spark Job 信息图

这说明，Action 操作会生成 Spark Job。一般情况下，一个 Action 对应一个 Job，但这不是绝对的，有的时候一个 Action 会触发多个 Job，如 take 操作。

5.1.3 Partition 的基本概念

RDD 可以看作是一个分布存储的数组（集合），这个数组可以按照一定的规则被划分为若干非空、不相交的子集，每个子集就是一个 Partition。

一个 Stage 包含一组 Task，Task 的个数由该 Stage 输入 RDD 的 Partition 数决定。一般情况下，该 Task 的输入数据就是 Task 所对应的 Partition，但在某些特殊情况下，可能会出现多个 Partition 合并作为一个 Task 的输入。

RDD 的数据范围划分、RDD 处理并行度和 RDD 数据处理中 Task 的传参等，都涉及 Partition，因此，Partition 是 RDD 中非常重要的元素。

5.2 创建 RDD

RDD 的创建有以下 3 种方式。

- 将 Driver 端的 collection 数据类型转换为 RDD；
- 将 HDFS、HBase 等数据存储系统中的数据转换为 RDD；
- 将其他的 RDD 转换为新的 RDD。

本节将说明第 1、2 种的使用方式，第 3 种方式将在 5.4 节中描述。

5.2.1 使用 parallelize/makeRDD 创建 RDD

将 Driver 端的 collection 数据类型转换为 RDD 对应的操作为 parallelize/makeRDD。

1．parallelize/makeRDD 接口说明

parallelize/makeRDD 可以将 collection 数据转换为 RDD，其中 makeRDD 是通过调用 parallelize 实现的，因此 makeRDD 即 parallelize，后续以 parallelize 为例进行说明。

parallelize 方法定义如下。

```
def parallelize[T](seq: Seq[T], numSlices: Int = defaultParallelism)(implicit arg0: ClassTag[T]): RDD[T]
```

自左向右接口描述如下。

1）[T]是 parallelize 的泛型，它由 seq 推断而出，seq 类型是 Seq[T]，seq 序列中每个元素的类型即为 T；

2）第一个参数是 seq，它将被转换成 RDD；

📖 参数 seq 的类型是 Seq[T]，Seq 是一个 Trait，表示一个序列，T 由此序列元素的类型推断而出；

📖 Seq 序列可以通过迭代器访问，它有一个长度属性，序列中的每个元素都有固定的位置，这个位置使用索引（Index）来表示，索引的值从 0 开始；

📖 常用的 Seq 序列有 scala.collection.immutable.List、scala.collection.immutable.Stream、scala.Array 和 scala.collection.mutable.ArrayBuffer 以及 Vector 等，传参时，可以传入这些类型的数据。

3）numSlices 用来指定新 RDD 的 Partition 数量，numSlices 可以不输入，其默认值为 defaultParallelism。如果不指定 numSlices，则 numSlices 的取值就是 defaultParallelism，如下面的代码所示；

```
sc.parallelize(Array(1,3,5,7,9))
```

📖 defaultParallelism 由属性 spark.default.parallelism 决定，如果设置了 spark.default.parallelism，则采用该值，如果没有设置，spark.default.parallelism 的值要分以下几种情况而定：

📖 a）如果是本地运行，它的值等于本机所有 cores 的数量；

📖 b）如果是 Mesos fine grained mode（细粒度模式），则它的值等于 8；

📖 c）如果是其他情况，则它的值是所有 Executor 所在节点的处理器的和，如果处理器的和小于 2，则取 2。

4）(implicit arg0: ClassTag[T])是第二组参数列表，使用了柯里化，T 由在第一组参数列表(seq: Seq[T], numSlices: Int = defaultParallelism)中的 seq 推断而来；

例如：下面的代码可以判断 T 为 Int。

```
sc.parallelize(Array(1,3,5,7,9))
```

下面的代码，可以判断 T 为 Char。

```
sc.parallelize(Array('1','3','5','7','9'))
```

📖 有些 parallelize 的代码需要在运行时使用泛型 T（例如创建 Array[T]），但是，T 的信息在编译后被擦除了，无法在运行时使用。因此，使用(implicit arg0: ClassTag[T])来解决这个问题；

📖 ClassTag[T]类型的数据可以保存被擦除的 T 类型信息，供代码在运行时使用。arg0 是 ClassTag[T]类型变量，同时它又是隐式参数。当 parallelize 的代码运行，需要用到 ClassTag[T]类型的数据时，就会找到 arg0。

上述 parallelize 也可以简化成下面的形式，如下所示。

```
def parallelize[T: ClassTag](seq: Seq[T],numSlices: Int = defaultParallelism): RDD[T]
```

该定义形式来源于 parallelize 的源码，和前面的 parallelize 定义是等价的。这种写法就比较清楚，[T: ClassTag]声明 T 是 ClassTag，这样可以确保运行时 parallelize 中的代码还可以访问 T，T 由 seq 中的元素类型推断而出，numSlices 是 Parttition 数，和前面的接口没有区别，parallelize 的返回值是 RDD[T]，元素类型为 T。

5）RDD[T]是返回值，它是一个 RDD，每个元素的类型为 T。

2．创建 RDD 的示例

1）将一个 Array 数组转换为 RDD，RDD 的 Partition 的数量为默认值；

```
val numRDD = sc.parallelize(Array(1,3,3,5,7))
```

2）将一个 List 转换为 RDD；

```
val numRDD = sc.parallelize(List(1,3,3,5,7))
```

3）将一个 Vector 转换为 RDD；

```
val numRDD = sc.parallelize(Vector(1,3,3,5,7))
```

4）指定 Partition 数量。

```
val numRDD = sc.parallelize(Array(1,3,3,5,7), 2)
```

3．注意事项

- 第二个参数 numSlices 的值应在 1～seq.length 之间，否则，运行时虽然不会报错，但会有空的 Partition；
- parallelize 是延迟执行的，在调用 RDD 的 getNumPartitions 或者 Action 操作之前，seq 的数据并没有填充到 Partition 之中，也就是说，如果 seq 发生了变化，RDD 的数据会是更新后的数据，示例代码如下；

```
val ar = Array(1,3,5,7,9)
val numRDD = sc.parallelize(ar, 2)
ar(0)=2
ar(3)=4
numRDD.collect.foreach(println)
```

解决办法为：传入不可修改（immutable）的数据类型，如 List；传入之前，复制 ar 数据为 arBk，将 arBr 传入 parallelize，并在程序代码中确保 arBk 不被使用。

- 参数 seq 位于 Driver 端内存，此外，在 sc.parallelize 产生的 ParallelCollectionRDD 中也保存了 seq 的数据，假设 seq 占用的内存为 100MB，则 Driver 端至少要 200MB 的内存，因此，seq 受限于 Driver 端内存的大小，不能存储大规模的数据。如果要处理更大的 collection 数据，Driver 端的内存将是瓶颈。

解决办法为将 collection 数据存储到 HDFS 上，由 HDFS 文件来生成 RDD。由于 HDFS 可以利用整个集群的存储空间，所以 RDD 也可以利用利用整个集群的内存和硬盘空间，Driver 端将不再是瓶颈。

5.2.2 使用 textFile 创建 RDD

将 HDFS、HBase 等系统中的数据转换为 RDD 有多个接口，其中 textFile 是最常用的，textFile 是 SparkContext 提供的接口，它可以从 HDFS、本地文件系统（要求此文件在所有节点上都存在）或者其他 Hadoop 支持的文件系统上（Cassandra、HBase、Amazon S3 等）读取文本文件，并将其转换为 RDD[String]，RDD 中的元素是 String 类型，代表文本文件中的一行数据，接口定义如下。

```
def textFile(path: String, minPartitions: Int = defaultMinPartitions): RDD[String]
```

📖 RDD 被创建时只是位于 Driver 端的一个对象，并没有包含数据，RDD 提供了一个 compute 函数用于获得该 RDD 所对应的数据，在 compute 函数未调用之前，RDD 是没有数据的，例如，执行 compute 操作之前，fileRDD 是没有 file:///etc/profile 的内容的，只有后续 fileRDD 的 Job 执行时，才会调用 fileRDD 的 compute，才会获取 file:///etc/profile 的内容；

📖 以本地文件（/etc/proflie）所创建的 RDD，在每个 Executor 所在的节点的本地文件系统上也要有 /etc/profile，否则，对此 RDD 执行操作时可能会访问不到此文件的内容。

1．path 参数

path 用来描述文件所在的路径，应用该参数时要注意的地方如下。

（1）path 开头部分表示文件系统协议

path 开头部分，即路径前缀，表示各种文件系统协议，例如：file:///表示本地文件系统，hdfs://表示 HDFS，这些前缀要加在路径前面，表示文件系统类型。

将文件读入本地文件系统的/etc/hosts，然后转换为 RDD，并在 Driver 端打印 hosts 信息，代码如下。

```
val fileRDD = sc.textFile("file:///etc/hosts")
fileRDD.collect.foreach(println)
```

将/etc/hosts 文件上传到 HDFS 的根目录/下，命令如下。

```
[user@scaladev hadoop-2.7.6]$ hdfs dfs -cp file:///etc/hosts /
```

读入 HDFS 的/hosts，转换为 RDD，并在 Driver 端打印 hosts 信息，代码如下。

```
val fileRDD = sc.textFile("hdfs://scaladev:9001/hosts")
```

如果不加前缀，path 会采用 core-site.xml 所设置的 fs.defaultFS 和 fs.default.name，把它们作为前缀。本书中，core-site.xml 中的 fs.defaultFS 和 fs.default.name 都设置成了 hdfs://scaladev:9001/，因此 hdfs://scaladev:9001/hosts 也可以直接写成/hosts，代码如下。

```
val fileRDD = sc.textFile("/hosts")
```

（2）path 表示整个目录

path 不仅可以表示单个文件的路径，也可以表示整个目录，textFile 会读取该目录下的所有文件，例如读取本地文件系统中 Hadoop 配置目录下的所有文件，代码如下。

```
val fileRDD = sc.textFile("file:///home/user/hadoop-2.7.6/etc/hadoop/*")
```

（3）path 使用通配符

path 还可以使用通配符，例如：读取本地文件系统中 Hadoop 配置目录下的所有 xml 文件，代码如下。

```
val fileRDD = sc.textFile("file:///home/user/hadoop-2.7.6/etc/hadoop/*.xml")
```

（4）path 表示本地文件系统

如果 path 表示本地文件系统，则 path 所表示的目录或文件要在每个节点的本地文件系统上存在，且完全相同。这是因为 Task 是在各个 Executor 执行的，当它们获取 Partition 数据读取文件时，读取的是 Executor 所在节点路径上的文件，因此，要求在每个 Executor 所在节点的相同路径下都要有和 Driver 端一样的文件。

具体实现方法为：1）可以每个节点都复制一份相同的目录或文件；2）使用网络文件系统，将此路径共享给所有节点，这样每个节点都会有一个相同的本地路径以及相同的文件。

2．minPartitions 参数

参数 minPartitions 用来指定 RDD 中 Partition 的个数。但是，最终 RDD 有多少个 Partition 是由多方面因素决定的，minPartitions 只是其中一个参考因素，后续会分析各种情况下 Partition 个数的计算方法。

5.2.3 其他 RDD 创建操作

除了 makeRDD/parallelize 和 textFile 这两个最常用的创建 RDD 的操作，SparkContext 还支持通过下列操作来创建 RDD。

1．wholeTextFiles

wholeTextFiles 从 HDFS 或本地文件系统上读取指定路径下的多个文本文件，RDD 中的记录是一个键值对(filename, content)，key：filename，是文件名，value：content，是该文件内容。

和 textFile 相比，wholeTextFiles 接口的特点和应用场景如下。

- wholeTextFiles 包含文件名信息，如果处理数据时需要文件名信息，就可以使用该接口，textFile 返回的 RDD 中只有各行数据，没有文件信息；
- wholeTextFiles 返回的 RDD 中，每条记录是整个文件的内容，如果要以文件为单位进行处理，就可以使用该接口。textFile 的 RDD 的每条记录是文件中的一行，且不知道它属于哪个文件，无法以文件为单位进行处理。

2．sequenceFiles

sequenceFiles 用来读入<Key,Value>键值对文件，并转换成 RDD，使用示例如下。

（1）示例 1：将 Array 转换成<Key,Value>键值对的 RDD，存储到/stu_sequence 路径下

```
val stuRDD = sc.makeRDD(Array((1001,"mike"), (1002,"tom"), (1003, "rose")))
stuRDD.saveAsSequenceFile("/stu_squence")
```

查看/stu_squence/，stuRDD 的内容存储在 part-00000、part-00001、part-00002。

```
[user@scaladev spark-2.3.0-bin-hadoop2.7]$ hdfs dfs -ls /stu_squence
Found 4 items
-rw-r--r--   3 user supergroup          0 2018-08-31 18:16 /stu_squence/_SUCCESS
-rw-r--r--   3 user supergroup        102 2018-08-31 18:16 /stu_squence/part-00000
-rw-r--r--   3 user supergroup        101 2018-08-31 18:16 /stu_squence/part-00001
-rw-r--r--   3 user supergroup        102 2018-08-31 18:16 /stu_squence/part-00002
```

（2）示例 2：使用 sequenceFile 读取/stu_squence 目录下的<Key,Value>键值对文件，并转换成 RDD，然后打印输出

```
val stuRDD = sc.sequenceFile[Int, String]("/stu_squence/")
stuRDD.collect.foreach(println)
```

代码说明如下：

1）第 1 行，使用 sequenceFile 读取/stu_squence 目录下的文件，[Int, String]指定 Key 的类型为 Int，Value 的类型为 String；

2）第 2 行，使用 collect 将 stuRDD 的数据拉取到 Driver 端，并打印输出。

输出结果如下：

```
(1001,mike)
(1002,tom)
(1003,rose)
```

5.3 RDD Partition

RDD 是 Spark 中的核心数据结构，而 RDD 又由若干 Partition 组成，因此 Partition 是核

心中的核心。本节将介绍 Partition 的基本使用和原理，包括 Partition 的基本操作、分区过程、Partition 和 Task 的关系，以及 RDD 中 Partition 的个数计算等内容。

5.3.1 Partition 的基本操作

1．获取 Partition 的数量

RDD 可以看作是一个分布存储的数组（集合），这个数组可以按照一定的规则，被划分为若干非空、不相交的子集，每个子集就是一个 Partition，子集的数量即 Partition 的数量。

Partition 的数量在确定 RDD 数据分布、RDD 并行度、Task 分配等方面有重要作用。RDD 提供了 getNumPartitions 操作来获得 Partition 个数，示例代码如下。

```
val numAr = Array(1, 3, 3, 5, 7 ,9)
val numRDD = sc.makeRDD(numAr)
numRDD.getNumPartitions
```

输出结果为：

```
res1: Int = 3
```

本示例的返回值是 3，这是因为没有在 makeRDD 中指定 Partition 个数，默认的分区数由 spark.default.parallelism 决定，由于 spark.default.parallelism 也没有指定，因此，在提交 Yarn 运行时，采用所有节点 core 的和，scaladev 上有两个 core，vm01 上有 1 个 core，其和为 3。

2．打印 RDD 每个 Partition 的内容

RDD 创建以后，可以通过 PrintPartition 打印出各个分区的信息，包括分区编号和分区内容。示例代码如下。

代码文件名：PrintPartition.scala。

代码路径：/home/user/prog/examples/05/src/examples/idea/spark。

代码如下。

```
 1 package examples.idea.spark
 2
 3 import org.apache.spark.{SparkConf, SparkContext}
 4
 5 object PrintPartition {
 6
 7   def main(args: Array[String]): Unit = {
 8     val conf = new SparkConf()
 9     conf.setAppName("PrintPartition")
10     val sc = new SparkContext(conf)
11     val numRDD = sc.makeRDD(Array(1, 3, 3, 5, 7, 9))
12     val data = numRDD.mapPartitionsWithIndex((id, iter) => {
13       import scala.collection.mutable.ArrayBuffer
14       val ar = new ArrayBuffer[(Int, Int)]()
15       while (iter.hasNext) {
```

```
16            ar += ((id, iter.next()))
17          }
18          ar.iterator
19        })
20
21        data.collect().foreach(println)
22        sc.stop()
23      }
24 }
```

关键代码说明如下。

1）第 11 行，将 Array(1,3,3,5,7,9)转换成 RDD；

2）第 12～19 行，遍历每个分区，将每个分区的数据组合成（分区号，数据值）这样的二元组，构成新的 RDD data；其中，第 12 行 mapPartitionsWithIndex 会传入每个 Partition 的索引 id，以及访问该 Partition 的迭代器 iter；第 13～18 行，通过 iter 访问 Partition 的每个元素，并将元素值和 id 构成一个二元组，构成新的 RDD data；

3）第 21 行，使用 collect 操作将 data 拉取到 Driver 端，按行打印二元组，第一个元素是 Partition id，第二个元素是该 Partition 中的一个元素值。

打印输出结果如下。

```
(0,1)
(0,3)
(1,3)
(1,5)
(2,7)
(2,9)
```

打印结果说明如下。

执行第 11 行代码时，由于没有指定分区数，所以采用的是默认值，打印结果是每行打印一个二元组（第一项为分区号，第二项为数值）；总共有 3 个分区，其中第 0 个分区有两个数值（1,3），第 1 个分区有两个数值（3,5），第 2 个分区有两个数值（7,9）。

📖 有的时候，上述代码运行的结果并不是 3 个分区而是两个分区，原因是统计 core 的数量时，可能 vm01 的 Executor 还没有被注册，所以 Spark 只统计了 scaladev 的 Executor 的 croe 的数量（其数量为 2）。

也可以在创建 RDD 时设置分区个数，如设置两个分区。代码如下所示。

```
val numRDD = sc.makeRDD(Array(1, 3, 3, 5, 7, 9),2)
```

之后的打印结果如下所示，第 0 个分区的元素是（1,3,3,3），第 1 个分区的元素是（5,7,9）。

```
(0,1)
(0,3)
(0,3)
```

```
(1,5)
(1,7)
(1,9)
```

5.3.2 Partition 的分区过程

在 RDD 创建时，它的 Partition 中是没有填充数据的，甚至都没有划分子集。那么，RDD 是何时划分子集，何时填充 Partition 数据的呢？这个涉及 RDD Partition 的分区过程。

下面分两种情况对 RDD Partition 的分区过程进行说明。

1．使用 parallelize/makeRDD 创建的 RDD 的分区过程

Spark 创建 RDD 时并不进行分区操作，只有当调用获取分区信息的操作，或者后续运行 Job 时才会进行分区操作。下面对调用 parallelize/makeRDD 创建 RDD 时的分区进行说明。

首先将本地 collection 数据转换成 RDD，示例代码如下。

```
val ar = Array(1,3,3,5,7,9)
val numRDD = sc.makeRDD(ar)
```

（1）分区过程说明

makeRDD 会确定 Partition 的数量，但是，不会划分子集（即 ar 中哪个范围的数据，属于哪个 Partition），也不会将保存的 ar 数据填充到各个 Partition 中；

只有当 Action 启动 Job，需要用到该 Partition 数据时，才会触发分区操作；

分区主要做两个工作：1）划分子集，假设 Partition 数量为 n，将 ar 划分为 n 个非空、不相交的子集，所有子集的并集等于 ar，每个子集对应一个 Partition；2）获取 ar 对应范围的数据，填充 Partition（复制后的数据在 Driver 端内存，并没有分布式存储）；

一旦分区后，每个 Partition 内部的数据也确定了，此后，不论 ar 再怎么变化，在 RDD 上也不会有体现。

（2）验证

下面对前面分区过程相关的描述进行验证。

1）修改 ar 中第 3 个元素的值为 6；

```
ar(2)=6
```

2）打印输出 RDD 的值；

```
numRDD.collect.foreach(println)
```

3）显示结果如下，第 3 个元素变成了 6，并不是之前的 3，说明 makeRDD 后，并没有将 ar 中的数据填充到 Partition 中；

```
1
3
6
5
7
```

```
9
```

解决办法：为了防止 ar 构成的 RDD 数据出现变化，可以将 ar 转换成一个不可变类型（如 List）的变量，然后将该变量转换成 RDD。

4）更新 ar 的第 3 个元素的值为 8，并再次打印输出 RDD 的值，其中第 3 个元素的值仍然为 6，不再变化。由此可知，一旦分区完成后，每个 Partition 内部的数据也确定了，ar 的变化不再在 RDD 上体现。

```
1
3
6
5
7
9
```

2．使用 textFile 创建 RDD 的分区过程

下面通过示例对使用 textFile 创建 RDD 的分区过程进行说明。示例步骤和说明如下。

1）调用 sc.textFile 创建一个 RDD[String]，RDD 的每个元素是 String，代表/hosts 文件中的一行，textFile 不会做分区的工作；

```
scala> val fileRDD = sc.textFile("/hosts")
```

2）当获取分区信息或者后续 Job 运行时会进行划分子集操作，但不会像 collection 所转换的 RDD 那样来填充 Partition；

3）执行下面的命令获取分区信息，得到的结果是 2；

```
scala> fileRDD.getNumPartitions
```

4）修改/hosts 中的内容（不改变文件长度），第 1 行的 localhost 用 a 替换，第 3 行的 scaladev 用 b 替换；

```
127.0.0.1     aaaaaaaaa localhost.localdomain localhost4 localhost4.localdomain4
::1           localhost localhost.localdomain localhost6 localhost6.localdomain6
192.168.0.226 bbbbbbbb
192.168.0.227 vm01
```

5）重新上传到 HDFS 的根目录下；

```
[user@scaladev hadoop-2.7.6]$hdfs dfs   -rm /hosts
[user@scaladev hadoop-2.7.6]$ hdfs dfs   -cp file:///tmp/hosts /
```

6）打印分区信息；

```
scala> fileRDD.collect.foreach(println)
```

7）打印结果是更新后的文件信息，如下所示。

```
127.0.0.1      aaaaaaaaa localhost.localdomain localhost4 localhost4.localdomain4
::1            localhost localhost.localdomain localhost6 localhost6.localdomain6
192.168.0.226 bbbbbbbb
192.168.0.227 vm01
```

结论：

- sc.textFile 所创建的 RDD，在 getNumPartitions（或者后续运行 Job）的时候，会确定 Partition 的逻辑划分，即确定该文件的偏移量范围，属于哪个 Partition，但是并不会读取和解析文件，及填充 Partition，因此，后续即使修改了文件内容（不改变文件长度），最终打印的也是更新后的内容；
- 如果先调用 getNumPartitions，然后减少源文件内容，再打印 RDD 内容会报错。这说明，getNumPartitions 会确定 Partition 的逻辑划分，当内容减少后，会导致原来的部分 Partition 读不到内容，从而报错（如果源文件内容增加，不会报错，因为，新文件范围大于原来 Partition 的范围）。

5.3.3 Partition 和 Task

RDD 由 Partition 组成，每个 Partition 对应一个 Task，Task 在 Executor 上执行，多个 Task 同时执行，从而实现 RDD 的并行处理。

1. Partition 和 Task 的关系

Partition 和 Task 是一对一的关系，一个 Partition 会启动一个 Task 任务，Partition 的数量等于 Task 数量。下面通过示例来说明 Task 和 Partition 的关系，操作步骤如下。

1）创建 RDD，并指定两个 Partition；

```
val ar = Array(1,3,3,5,7,9)
val numRDD = sc.makeRDD(ar, 2)
```

2）执行 Transformation 操作，numRDD 的每个元素加 1；

```
val newRDD = numRDD.map(n=>n+1)
```

3）执行 Action 操作，将 newRDD 数据拉取到 Driver 端；

```
newRDD.collect.foreach(println)
```

可以看到如下输出信息，启动了一个 Job，整个 Job 只有 1 个 Stage。

```
INFO  SparkContext:54 - Starting job: collect at <console>:26
INFO  DAGScheduler:54 - Got job 0 (collect at <console>:26) with 2 output partitions
```

4）该 Stage 提交了两个 Task，Task 数量和 Partition 数量一样。

```
TaskSchedulerImpl:54 - Adding task set 0.0 with 2 tasks
```

Task 中的处理函数是就是 map 中的匿名函数（n=>n+1），输入参数为 n，返回值是 n+1。

📖 一个 Partition 会启动一个 Task，但是该 Partition 不一定就是这个 Task 的输入数据，在特殊情况下，Partition A 和 Partition B 可能会合并成为 Task A 的输入，Task B 依然会运行，但没有输入数据。

2. Partition 数据传参

下面的示例将会说明 Partition 中的元素是如何传入 Task 的处理函数的，具体步骤如下。

（1）创建 RDD

将数组（1,3,3,5,7,9）转换为 RDD，并分成两个 Partiton。

```
val ar = Array(1,3,3,5,7,9)
val numRDD = sc.makeRDD(ar, 2)
```

（2）打印 numRDD 的 Partition 数据

使用 5.3.1 中定义的 PrintPartition，打印输出 numRDD 各个 Partition 情况如下。

```
(0,1)
(0,3)
(0,3)
(1,5)
(1,7)
(1,9)
```

可以看到，第一个 Partiton 中的元素是(1,3,3)，第二个 Partition 中的元素是(5,7,9)。

（3）对 RDD 进行 map 操作

对 RDD 进行 map 操作，并调用 collect 将数据拉取到 Driver 端，示例代码如下。

```
val newRDD = numRDD.map(n=>n+1)
newRDD.collect
```

输出结果如下。

```
res0: Array[Int] = Array(2, 4, 4, 6, 8, 10)
```

（4）示例代码的 Partition 数据传参过程

第一个 Partition 为(1,3,3)，Spark 程序将启动一个 Task，提交到 executor 1 上运行，Task 的 Transformation 操作是 map，输入的数据是(1,3,3)。因此，executor1 上的 Task 就相当于执行(1,3,3).map(n=>n+1)，map 会将(1,3,3)中的元素依次送入处理函数 n=>n+1，第一次传入 1，得到结果 2；第二次传入 3，得到结果 4；第三次传入 3，得到结果 4；匿名函数 n=>n+1 会调用 3 次，所有的返回结果组成新 RDD 的一个 Partition，里面的值是(2,4,4)；

第二个 Partition 为(5,7,9)，同样，Spark 程序启动一个 Task 并提交到 executor 0 上运行，处理逻辑和第一个 Partition 相同，匿名函数 n=>n+1 也会调用 3 次，返回结果组成新 RDD 的一个 Partition，里面的值是(6,8,10)。

（5）传参说明

Partition(1,3,3)或(5,7,9)中的值是一个个依次传入 map 的匿名处理函数的，之所以是一个个传入，这是由 RDD 的 Transformation，即 map 的特性所决定的。

如果将 map 换成 mapPartitions，那么传入 mapPartitions 处理函数的参数是整个 Partition，而不是 Partition 中一个个的元素了。

5.3.4 计算 Partition 的个数

5.3.1 节中介绍了使用 getNumPartitions 获取 RDD Partition 个数的方法，但没有说明 getNumPartitions 所得分区数的由来。有时候 getNumPartitions 得到的值和创建 RDD 时设置的 Partition 数并不一致，给 RDD 编程带来疑惑。

由于 Partition 的数量在 RDD 数据分布、RDD 并行度和 Task 分配等方面非常重要，而使用 textFile 操作创建的 RDD 的 Partition 个数的计算方法又是最难理解的。因此，本节对使用 textFile 操作创建的 RDD 的 Partition 个数的计算方法进行说明。在本节中，如果不做特殊说明，RDD 都是指使用 textFile 操作创建的 RDD。

1. Partition 个数的计算规则

（1）textFile 接口说明

在讲计算规则前，先回顾 textFile 接口定义。

```
def textFile(path: String, minPartitions: Int = defaultMinPartitions): RDD[String]
```

textFile 有两个参数：

- path，表示要读取的路径，可以是一个目录的路径，也可以是一个文件的路径；
- minPartitions，用来设置 textFile 返回的 RDD 的分区数。但是，textFile 返回的 RDD 到底有多少个分区是由多方面因素决定的，minPartitions 只是其中一个因素。

本节的目标就是要搞清楚 textFile 返回的 RDD 的分区数的计算方法。

（2）minPartitions 计算方法

minPartitions 可以设置，也可以不设置。minPartitions 如果在代码中设置了，则采用设置的值；minPartitions 如果没有设置，则会采用 defaultMinPartitions 的值，计算 defaultMinPartitions 的值的代码如下。

```
def defaultMinPartitions: Int = math.min(defaultParallelism, 2)
```

defaultParallelism 由属性 spark.default.parallelism 决定，如果指定了 spark.default.parallelism，则会采用指定值，如果没有指定，spark.default.parallelism 的值要分情况而定：如果是 local 运行，它的值等于本机所有 cores 的数量；如果是 Mesos fine grained mode（细粒度模式），则它的值等于 8；如果是其他，则 spark.default.parallelism 的值等于已注册 Executor 的 cores 和，如果 cores 和小于 2，则取 2。

📖 以本书的实验环境为例，没有指定 spark.default.parallelism，Spark 程序以 Standalone 模式运行，因此，spark.default.parallelism 的值等于已注册 Executor 的 cores 和，具体值可能是 2，也可能是 3；

📖 这是因为，已注册 Executor 的 cores 不一定等于所有 Executor 的 cores。Spark Job 运行后，Executor 依次注册上来，待到统计时，可能还有 Executor 没有注册上来，此时，已注册 Executor 的 cores 会小于最终所有 Executor 的 cores 数量；

📖 因此，defaultParallelism 的值可能是 2，也可能是 3，视 Spark 程序运行时 Executor 的注册情况而定。

（3）Partition 划分的总原则

Partition 划分的总原则是：最后的 Partition 的 Size 不能超过 HDFS 中 Block 的 Size（HDFS 中的 Block，默认大小是 128MB）。

如果根据 minPartitions 计算出来的 Partition 大小小于 Block 大小，就采用 minPartitions 的分区方案，否则就按照实际存储（Block）方案进行分区。

这样做的好处如下。

- 降低网络开销，Partition Size <= Block Size 时，计算所需的数据都在一个 Block 内，可以在 Block 所在的存储节点上直接计算，不需要联合多个 Block 同时计算，也就不需要通过网络传输数据到其他的节点上进行计算，实现了移动“计算”，而不是移动“数据”，将大大减少网络开销；
- 降低了实现难度，Partition Size <= Block Size 时，可以直接基于 Block 访问数据，不需要在 Block 上再加一层存储管理，降低了实现难度。

（4）Partition 数量的计算规则

textFile 返回的 RDD 的 Partitions 的数量由 Split 的数量决定。

Split 的划分规则如下。

1）不同的文件属于不同的 Split；

2）单个文件按照下面的式子来划分 Split；

```
long splitSize = Math.max(minSize, Math.min(goalSize, blockSize));
```

默认情况下，minSize=1，因此，上式可简化为如下形式。

```
long splitSize = Math.min(goalSize, blockSize);
```

其中：

- blockSize 为 HDFS 中 Block 的大小，默认是 128MB；
- goalSize=文件大小/minPartitions。

3）最后一块 split 可以溢出 10%。

（5）Partition 数计算公式

由 Partition 数的计算规则可以得到下面的 Partition 数计算公式。

```
Partition 数=(((10*文件大小+splitSize -1) / splitSize -1)+9)/10
```

其中：

- goalSize=文件大小/minPartitions；
- 如果 goalSize <= blockSize，splitSize=goalSize；
- 如果 goalSize > blockSize，splitSize=blockSize。

2．单个文件的 Partition 个数计算示例

（1）示例 1：查看并计算指定文件的 Partition 数量

本示例首先生成一个指定大小（53 字节）的文件 my_file，并上传到 HDFS，然后查看并计算该文件的 Partition 数量，并对比查看结果和计算结果。

1）生成指定大小（53 字节）的文件 my_file；

使用 dd 命令，在/tmp/目录下生成 my_file，大小为 53 字节。

```
[user@scaladev ~]$ dd if=/dev/zero of=/tmp/my_file bs=53 count=1
```

2）上传 my_file 到 HDFS；

```
[user@scaladev ~]$ hdfs dfs -cp file:///tmp/my_file /
```

3）将其转换为 RDD 并查看 Partition 数量；

```
val fileRDD = sc.textFile("/my_file")
fileRDD.getNumPartitions
```

4）输出结果为 2。

```
res0: Int = 2
```

计算方法如下。

- minPartitions 没有指定，取默认值 defaultMinPartitions，defaultMinPartitions=math.min(defaultParallelism, 2)，defaultParallelism 的值是 3，从而 defaultMinPartitions 等于 2，即 minPartitions 等于 2；
- minPartitions 等于 2 => goalSize=fileSize/minPartitions=53/2=26；
- goalSize < blockSize => splitSize=goalSize=26；
- Partition 数=(((10*文件大小+splitSize−1)/splitSize−1)+9)/10=(((10*53+26−1)/26−1)+9)/10=2。

（2）示例 2：指定 Partition 数量等于 3，查看并计算指定文件的 Partition 数量

同样的，以 HDFS 的根目录下/my_file 文件为例，指定 Partition 数为 3，代码如下。

```
val fileRDD = sc.textFile("/my_file", 3)
fileRDD.getNumPartitions
```

返回值是 4。

```
res3: Int = 4
```

计算方法如下。

- minPartitions=3 => goalSize=fileSize/minPartitions=53/3=17。
- goalSize < blockSize => splitSize=goalSize=17。
- Partition 数=(((10*文件大小+splitSize−1) / splitSize−1)+9)/10=(((10×53+17−1) / 17−1)+9)/10=4。

（3）示例 3：指定 Partition 数量等于 20，计算指定文件的 Partition 数量

同样的，以 HDFS 的根目录下/my_file 文件为例，指定 Partition 数量为 20，代码如下。

```
val fileRDD = sc.textFile("/my_file", 20)
fileRDD.getNumPartitions
```

返回值是 27。

```
res4: Int = 27
```

Partition 数计算方法如下。

- minPartitions=20 => goalSize=fileSize/minPartitions=53/20=2。
- goalSize < blockSize => splitSize=goalSize=2。
- Partition 数=(((10*文件大小+splitSize−1) / splitSize−1)+9)/10=(((10*53+2−1) / 2−1) + 9)/10=27。

3．多个文件 RDD 的 Partition 数量的计算

当 textFile 读取指定路径下的所有文件时，返回 RDD 的 Partition 数量的计算代码如下。

```
for(f <- fileList){
  partitionNum += (((10*f 文件大小+splitSize -1) / splitSize -1)+9)/10
}
```

代码说明如下。

- fileList 是 textFile 读取目录下的所有文件列表；
- partitionNum 是总的分区数，初始值是 0；
- f 代表文件列表中的单个文件；
- goalSize 为总的文件大小/minPartitions，注意：这里是所有文件的大小，不是单个文件的大小；
- blockSize 是文件的 Block 的大小；
- splitSize = min(goalSize, blockSize)。

5.3.5 Partition 的综合应用

RDD 的一个 Partition 启动一个 Task，那么该 Task 启动后，对应的 Partition 一定是它的输入数据吗？使用 textFile 得到的 RDD[String]中，元素和 Partition，Partition 和 Task 传参之间有什么关系？

下面通过一个 RDD Partition 的综合应用示例来回答上述问题，以此加深对 Partition 个数的计算、Partition 数据传参、Partition 和 Task 关系的理解。

1．操作步骤

1）首先准备一个文件，名字为 my_file，内容如下；

```
# Generated by NetworkManager
nameserver 192.168.0.1
```

该文件的大小为 53 字节，将其上传到 HDFS 的根目录下。上传前，需要先删除 HDFS 上原有的 my_file 文件。

2）使用 textFile 将 my_file 转换成 RDD，并指定 minPartitions=3；

```
val fileRDD = sc.textFile("hdfs://scaladev:9001/input/profile", 3)
```

3）根据前面的计算方法可以计算出 Partition 数为 4，过程如下；

- minPartitions=3 => goalSize=fileSize/minPartitions=53/3=17；

- goalSize < blockSize => splitSize=goalSize=17；
- Partition 数=(((10*文件大小+splitSize−1) / splitSize−1)+9)/10=(((10*53+17−1) / 17−1)+9)/10=4。

Partition 的编号从 0～3，对应的大小分别是（17,17,17,2），具体内容如图 5-2 所示。

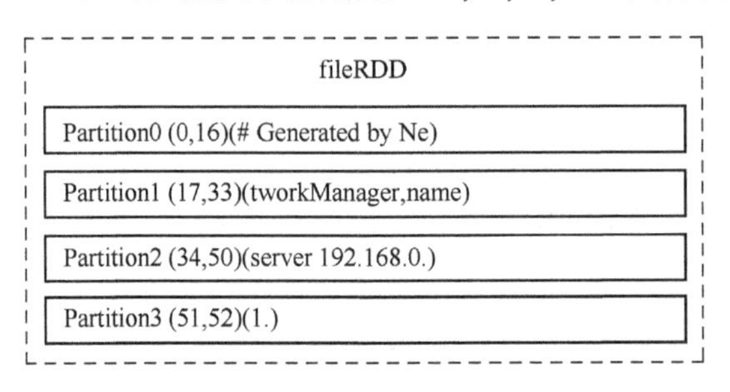

图 5-2　RDD 内容划分图

如上图所示，矩形方框代表一个 Partition，方框内分别是 Partition 编号+Partition 数据的起始位置、Partition 数据的结束位置+Partition 所对应的内容，例如 Partition0(0,16)(# Generated by Ne)，表示 Partition 编号为 0，Partition 数据的起始位置为 0，结束位置为 16，总共有 16-0+1=17 个字节的数据，数据内容为“# Generated by Ne”。

由上可知，文本文件中，Partition 并没有以行为单位进行划分，那在实际计算中，是 Partition 如何划分的呢？

4）在 Executor 上打印每个 Partition 的值，代码如下。

```
1 val fileRDD = sc.textFile("hdfs://scaladev:9001/input/profile", 3)
2 val newRDD = fileRDD.mapPartitionsWithIndex((id, iter)=>{
3    val ar = new ArrayBuffer[String]()
4    while(iter.hasNext){
5       ar += iter.next()
6    }
7    println("********************id " + id)
8
9    var i=0
10   for(i <- 0 until ar.size){
11      println("********************id " + id + " num " + i + " " + ar(i))
12   }
13   ar.iterator
14 })
15 println(newRDD.count())
```

代码说明如下。

第 1 行，创建 fileRDD，指定 minPartitions=3，但不会采用 3，而会采用实际计算出来的 Partition 数=4；

第 2 行，对 fileRDD 进行 mapPartitionsWithIndex 操作，mapPartitionsWithIndex 实现的是 Partition 的 map 操作，它以 Partition 为单位，传给 mapPartitionsWithIndex 的匿名函数进

行处理，然后返回一个新的 Partition。本例中，(id, iter)就是匿名函数的输入参数，id 代表 Partition 的编号（从 0 开始编号），iter 是 Partition 的迭代器；

第 3～12 行，是 mapPartitionsWithIndex 的匿名处理函数，fileRDD 的每个 Partition 都会送入此匿名函数进行处理，具体逻辑是，使用一个 ArrayBuffer ar 存储 Partition 中的每个元素的信息，以及打印 id 和 Partition 信息，这个打印操作是在 Executor 上进行的（因为 Task 是在 Executor 上执行的）；

第 13 行，返回 ar.iterator，作为 mapPartitionsWithIndex 所产生的新的 RDD 的迭代器；

第 15 行，打印 newRDD.count()，这是一个 Action，将启动一个 Job，并触发执行第 1～14 行中的延迟操作。

2．示例输出结果分析

1）Executor1 上的打印结果如下；

```
2018-08-30 23:02:53 INFO    Executor:54 - Starting executor ID 1 on host 192.168.0.227
2018-08-30 23:02:56 INFO    Executor:54 - Running task 0.0 in stage 0.0 (TID 0)
2018-08-30 23:02:57 INFO    HadoopRDD:54 - Input split: hdfs://scaladev:9001/input/profile:0+17
*******************id 0
*******************id 0 num 0 # Generated by NetworkManager
2018-08-30 23:03:00 INFO    Executor:54 - Finished task 0.0 in stage 0.0 (TID 0). 875 bytes result sent to driver
2018-08-30 23:03:00 INFO    Executor:54 - Running task 3.0 in stage 0.0 (TID 3)
2018-08-30 23:03:01 INFO    HadoopRDD:54 - Input split: hdfs://scaladev:9001/input/profile:51+2
*******************id 3
2018-08-30 23:03:01 INFO    Executor:54 - Finished task 3.0 in stage 0.0 (TID 3). 832 bytes result sent to driver
```

2）Executor0 上的打印结果如下；

```
2018-08-30 23:02:58 INFO    Executor:54 - Starting executor ID 0 on host 192.168.0.226
2018-08-30 23:02:58 INFO    Executor:54 - Running task 1.0 in stage 0.0 (TID 1)
2018-08-30 23:02:58 INFO    Executor:54 - Running task 2.0 in stage 0.0 (TID 2)
2018-08-30 23:03:00 INFO    HadoopRDD:54 - Input split: hdfs://scaladev:9001/input/profile:17+17
2018-08-30 23:03:00 INFO    HadoopRDD:54 - Input split: hdfs://scaladev:9001/input/profile:34+17
*******************id 1
*******************id 2
*******************id 1 num 0 nameserver 192.168.0.1
2018-08-30 23:03:03 INFO    Executor:54 - Finished task 1.0 in stage 0.0 (TID 1). 918 bytes result sent to driver
2018-08-30 23:03:03 INFO    Executor:54 - Finished task 2.0 in stage 0.0 (TID 2). 832 bytes result sent to driver
```

3）上述输出中，id 0 代表 Partition0，id1 代表 Partition1，以此类推。可以看到，只有 Partition0 和 Partition1 有数据并打印，Partition2 和 Partition3 没有数据，也没有打印，如下所示。

```
*******************id 0 num 0 # Generated by NetworkManager
*******************id 1 num 0 nameserver 192.168.0.1
*******************id 2
*******************id 3
```

问题一：Partition2 和 Partition3 为什么没有打印数据？它们输入数据哪去了？

问题二：Partition0 和 Partition1 输出的数据超出了 Partition 的划分范围，这是为什么？

原因分析：以上两个问题，可以用一个原因解释，那就是 Partition 归 Partition，fileRDD 中的元素是以行为单位的，传参时不能再分割。再看 profile 的内容，只有两行，却分成了 4 个 Partition，每个 Partition 都没有完整的一行。

```
# Generated by NetworkManager
nameserver 192.168.0.1
```

Task0 执行时，对应的数据是 Partition0，按照 Partition0 的范围，它只有 17 个字节的数据，如下所示，这不是完整的一行，因此会继续读入，直到此行结束。

```
# Generated by Ne
```

因此，Partition0 输出的结果如下所示。

```
********************id 0 num 0 # Generated by NetworkManager
```

Task1 执行时，对应的数据是 Partition1，Partition1 的范围从第 18 个字节开始，长度为 17 个字节，如下所示。

```
2018-08-30 23:03:00 INFO    HadoopRDD:54 - Input split: hdfs://scaladev:9001/input/profile:17+17
```

对应的字符串如下，其中 Manager 后面有一个换行符，占 1 个字节。

```
tworkManager
name
```

第一行在 Partition0 中已经读取，因此，从第二行开始，读取整个第二行，作为 Task1 的输入。

```
nameserver 192.168.0.1
```

Task2 和 Task3 尽管有对应的 Partition，但由于对应 Partition 中的数据已作为 Task1 的输入，读取完毕，因此，这两个 Task 尽管执行了，但是由于没有输入数据，所以属于空任务。

3．示例说明

- Partition 的划分是根据 Splits 来的；
- Partition 和 Task 是一对一的关系，一个 Partition 就一定会启动一个 Task，即便 Task 上没有输入数据，也会执行该 Task；
- Task 执行时，具体传入的数据是一个一个的整行，具体算法是，从 Partition 的第一个字节开始扫描，如果扫描到一行的开始，则将此行作为 RDD 的一个元素，如果 Partition 没有结束，则继续扫描，执行相同的逻辑，直到 Partition 结束，最后将扫描得到的元素组成一个新的 Partition，用于此次 Task 的传参；
- Partition 的划分不能太细，否则会造成 Task2 和 Task3 这样的空任务，浪费资源；
- 如果文本文件中的某行数据特别大（跨多个 Block 存储），处理时，这一行的数据会送到一个 Task 中处理，从而导致这个 Task 的负载就会很大，而其他的 Task 负载较轻，同时，并行度又不高，因此要注意这种情况，可以先对这样的行进行预处理，使得数据均匀分布，再进一步处理。

5.4 Transformation 操作

本节介绍 RDD 中最基础和使用最为频繁的 Transformation 操作，包括：map、flatMap、mapPartitions、join、union、intersection、groupBy、groupByKey、reduceByKey、aggregateByKey 和 cogroup。将结合基本功能和多个示例来帮助大家快速掌握 RDD Transformation 操作。

5.4.1 map 操作

1．map 操作的功能及定义

map 是使用最频繁的 Transformation 操作之一，定义如下。

```
def map[U](f: (T) ⇒ U)(implicit arg0: ClassTag[U]): RDD[U]
```

map 的功能是将 RDD 中的每条记录送入 f 函数进行处理，得到一个类型 U 的新记录，所有新记录组成一个新的 RDD。map 的定义说明如下。

1）[U]是指泛型，它由 f 的返回值推断而出；

2）f: (T)⇒U 是 map 的输入参数，f 是一个匿名函数，是 map 处理函数。f 的输入参数类型是 T，返回值类型是 U，在程序运行时，传入 f 的是 RDD 中的一条条记录；

3）(implicit arg0: ClassTag[U])是 map 的第二个参数列表，这里利用了 Scala 的柯里化特性，arg0 的类型是 ClassTag[U]，ClassTag[U]表示在运行时保存泛型 U 的信息，如果在 map 中，有运行时访问 U 的需求时（例如创建 U 类型的数组，Array[U]），可以使用 arg0。map 源码中还有一个更简洁的写法（如下所示），其中[U: ClassTag]表明运行时保存泛型 U 的信息。在实际使用 map 的时候不需要用到这个参数，清楚其原理即可；

```
def map[U: ClassTag](f: T => U): RDD[U]
```

4）返回值为 RDD[U]，说明 RDD 中每条记录的类型为 U，U 是通过 f 的返回值推断出来的。

2．map 的特性

- map 是一对一的操作，传入一条记录，必定要返回一条记录，map 前后 RDD 的记录数是相等的；
- 作为 Transformation 操作，map 是延迟处理的；
- map 中匿名函数的传参传入的是 RDD 的一条记录，这条记录的划分对于各个 RDD 都是不一样的，例如，textFile 返回的 RDD[String]，它的记录是文件中的一行数据，而 wholeTextFiles 返回的 RDD[(String, String)]，它的记录是(文件名,文件内容)；
- map 传入的记录可能是空的。

3．map 的应用场景

- 将 RDD 中的记录转换成一个新的记录，用于数据初始化、数据转换等；

- 对 RDD 中的记录做标记，转换成<Key, Value>键值对，便于后续进一步处理。

4．map 操作使用示例

（1）示例 1：定义 map 的处理函数，并传参

1）示例说明如下。

本例的 map 处理函数是 myToString，它实现了 Int 类型的变量转换为 String 类型的功能。myToString 将作为参数传入 map。

2）示例代码如下。

myToString 的定义如下所示，它有 1 个参数，类型是 Int，返回值类型是 String，其函数形式符合 map 输入参数的要求。

```
def myToString(num: Int) = {num.toString()}
```

将 myToString 作为 map 的参数传入，代码如下。

```
1 val numRDD = sc.makeRDD(Array(1,3,3,5,7,9))
2 val newRDD = numRDD.map(myToString)
3 val strArray = newRDD.collect()
4 strArray.foreach(println)
```

输出结果如下。

```
1
3
3
5
7
9
```

3）代码说明如下。

- 第 1 行，将一个 Array 转换为 RDD；
- 第 2 行，对 numRDD 进行 map 操作，传入的处理函数是 toString，传入 toString 中的参数是 numRDD 中的记录，即 Array 中的每个元素；
- 第 3 行，调用 newRDD.collect，启动 Job，触发 map 操作，即将 numRDD 中的记录依次传入 toString 进行处理，处理后的结果将被拉取到 Driver 端，构成一个 Array[String]；
- 第 4 行，打印 strArray 中每个元素的值。

4）示例总结如下。

- 本例中定义了一个完整的 map 处理函数，后续更复杂的 map 处理逻辑也可以参照此框架在 toString 函数体中扩展；
- toString 中，返回值的类型是 String，这个决定了 map 后 RDD 记录的类型，这个类型是可以自定义的。

（2）示例 2：简化的 map 处理函数

如果处理函数的逻辑不复杂，可以将处理逻辑直接写入 map 中。简化的 map 处理函数

包括以下三种方式。

1）简化方式 1，不单独定义处理函数，而是直接在 map 中定义，示例如下；

```
val newRDD = numRDD.map((n)=>n.toString)
```

2）简化方式 2，如果只有 1 个参数，可以去除 n 两边的括号。

```
val newRDD = numRDD.map(n=>n.toString)
```

3）简化方式 3，如果只有 1 个参数，可以用_表示 f 的输入参数，从而省去变量 n。

```
val newRDD = numRDD.map(_.toString)
```

（3）示例 3：map case 的使用

1）map case 说明。map 中可以利用 Scala 的 case 语句进行模式匹配；

2）map case 示例。有一个<学号，姓名>的 RDD，每个元素要求有两项，第一项是“学号”，第二项是“姓名”。但有的元素不合要求，如(1003)。要求将不符合要求的元素统一标记为(0,error)，便于后续进一步处理，示例代码如下所示；

```
1 val stuRDD = sc.makeRDD(Array((1001, "tom"),(1002, "mike"),(1003)))
2 val newRDD = stuRDD.map(n=>{
3     n match {
4         case (id, name) => (id, name)
5         case _ => (0, "error")
6     }
7 })
```

3）打印输出。

```
newRDD.collect.foreach(println)
```

输出的结果如下，可以看到，(1003)被修改成(0,error)；

```
(1001,tom)
(1002,mike)
(0,error)
```

4）代码说明。

- 第 1 行，创建 stuRDD，它的每个记录是<学号，姓名>的形式，但有个别的数据不符合要求，如(1003)；
- 第 2 行，在 map 中使用 match case 判断每个记录是否为(id, name)这样的二元组，如果是，则抽取值，赋给 id 和 name，并返回(id,name)二元组；如果不是，则返回(0, “error”)。

上述 case 语句还可以进一步简化为：

```
val newRDD = numRDD.map{case (id, name) => (id, name);case _ => (0, "error")}
```

（4）示例 4：map 打标记用于计数

map 可以用来给 RDD 中的每个记录打上标记，用于后续进一步处理。

给下面的每个单词（"Hello", "To", "context", "master", "Hello"）加上一个计数标记，代码如下：

```
val strRDD = sc.makeRDD(Array("Hello", "To", "context", "master", "Hello"))
val markRDD = strRDD.map(n=>(n,1))
```

markRDD 输出的内容如下。

```
(Hello,1)
(To,1)
(context,1)
(master,1)
(Hello,1)
```

接下来，使用 reduceByKey 将相同的单词组成一个列表，然后，把它们的计数依次相加，就得到该单词出现的次数，代码如下。其中，(p,c) 指 markRDD 中的元素，它是一个二元组，p 指二元组的第一项，c 是第二项。

```
val countRDD = markRDD.reduceByKey((p,c)=>p+c)
countRDD.collect.foreach(println)
```

（5）示例 5：map 打标记用于分类

1）示例代码。将所有首字母相同的单词（"Hello", "To", "context", "master", "Hello", "change"）分成一类，代码如下所示；

```
1 val strRDD = sc.makeRDD(Array("Hello", "To", "context", "master", "Hello", "change"))
2 val markRDD = strRDD.map(str=>(str(0), str))
3 val countRDD = markRDD.groupByKey()
4 countRDD.collect.foreach(x=>println(x._1, x._2.mkString(":")))
```

输出结果如下，可以看到，所有首字母相同的单词被分成了一类，并使用“：”作为分隔。

```
(T,To)
(H,Hello:Hello)
(c,change:context)
(m,master)
```

2）代码说明如下。

- 第 1 行，创建 strRDD；
- 第 2 行，str 是 strRDD 中的一个记录，即一个单词，str(0)取该单词的第一个字母，将它作为 Key，str 单词本身作为 Value，组成<Key, Value>对；
- 第 3 行，groupByKey 将首字母相同单词聚集在一起，构成一个 RDD[(Char, Iterable[String])]，然后将其拉取到 Driver 端打印；

- 第 4 行，将 countRDD 拉取到 Driver 端打印，x 表示传入的每一个待打印的元素，其类型是：(Char, Iterable[String])，这是一个二元组，第一个元素 Char，表示首字母，第二个元素 Iterable[String]，表示首字母相同的单词，使用 x._2.mkString(":")，可以将 Iterable[String]中每个元素组成一个 String，并使用":"作为分隔。

5.4.2 flatMap 操作

1．flatMap 功能及定义说明

flatMap 可以将 RDD 的一个元素转换为多个元素（也可以是 0 个元素），转换后的所有元素组成新的 RDD。flatMAP 的功能示意如图 5-3 所示。

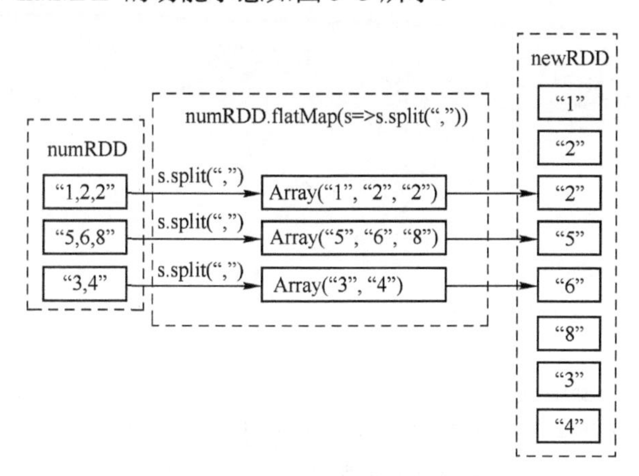

图 5-3　flatMap 的功能示意图

flatMap 的定义如下：它将 RDD 的每个元素传入 f 函数进行处理，f 会返回 0 个或者多个新元素，最后所有的新元素组成新的 RDD。

```
def flatMap[U](f: (T) ⇒ TraversableOnce[U])(implicit arg0: ClassTag[U]): RDD[U]
```

函数定义说明如下。

- [U]由匿名函数的返回值推断而来；
- f: (T) ⇒ TraversableOnce[U]是 flatMap 的匿名处理函数，输入参数类型是 T，调用时，RDD 的每个元素会传入 f，返回值是 TraversableOnce[U]，TraversableOnce 是一个可遍历的接口，只要实现了这个接口的类都可以作为返回值类型；
- (implicit arg0: ClassTag[U])是第二个参数列表，用于在运行时使用 U 类型，在实际使用中，不需要太关注；
- RDD[U]是返回值。

2．flatMap 使用示例

（1）示例说明

定义一个 String 数组，数组中的每个字符串由数字组成，数字间用逗号做分隔，要求使用 flatMap 解析出字符串中的数字，将所有的数字组成一个数组。

（2）示例代码

```
1 val numRDD = sc.makeRDD(Array("1,2,2", "5,6,8", "3,4"))
```

```
2 val newRDD = numRDD.flatMap(s=>s.split(","))
3 newRDD.collect().foreach(println)
```

（3）代码说明

1）第 1 行，构建 RDD；

2）第 2 行，编写 flatMap 的匿名函数 s=>s.split(“,”)，s 是 numRDD 中的元素，s.split(“,”)即将 s 以逗号进行分割，返回结果类型是 Array[String]，存储的是分割后的每个字符（数字），最后所有 split 返回的 Array[String]合并在一起，构成一个大的集合，形成 RDD [String]。

3）第 3 行，打印结果。

（4）输出结果

```
1
2
2
5
6
8
3
4
```

3．flatMap 和 map 的区别

numRDD 的每个元素经过 s.split(“,”)后，都会得到一个 String 数组，数组中的每个元素就是解析出来的数组，最后，所有的 String 数组中的元素构成 newRDD。

而 map 就不一样，如果将 flatMap 用 map 替代，则 newRDD 中的每个元素会是一个 String 数组，这个数组就是 s.split 所返回的结果，如图 5-4 所示。

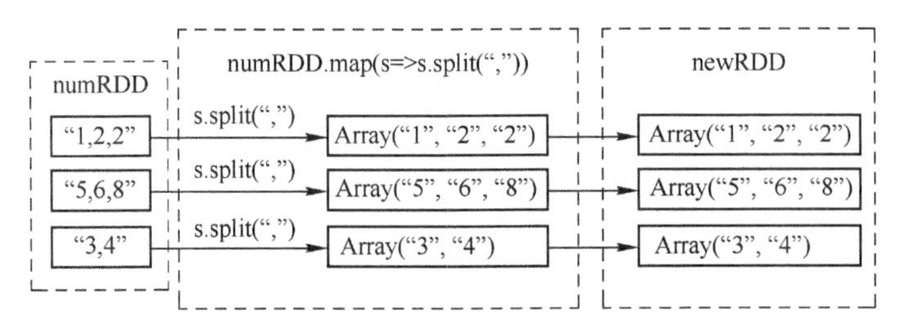

图 5-4　Map 操作示意图

图 5-4 对应示例代码如下所示。

```
val newRDD = numRDD.map(s=>s.split(","))
newRDD.collect().foreach(x=>println(x.mkString(" ")))
```

输出结果如下。

```
1 2 2
5 6 8
3 4
```

5.4.3 mapPartitions 操作

1．mapPartitions 功能及定义

（1）mapPartitions 使用背景

Task 在执行 map 或 flatMap 操作时，会将 Partition 中的 RDD 元素一个个地送入匿名函数进行处理，如果该 Partition 有 100 个元素，就要调用该匿名函数 100 次。匿名函数的每次调用都会有系统开销，如果 Partition 中的元素特别多，可以考虑使用 mapPartitions 操作，它会将整个 Partition 直接传入匿名处理函数，每个 Task 只需调用匿名函数一次，在匿名函数内部处理整个 Partition 数据，从而减少系统开销。

（2）mapPartitions 定义

mapPartition 的定义如下，它将整个 Partition 的迭代器送入匿名处理函数 f，f 通过迭代器访问 Partition 的所有数据并进行处理，返回结果的迭代器，所有 Task 执行完后，将返回的所有迭代器的值打散，构成一个大的 RDD[U]（和 flatMap 类似），作为 mapPartition 的返回值。

```
def mapPartitions[U](f: (Iterator[T]) ⇒ Iterator[U], preservesPartitioning: Boolean = false)(implicit arg0: ClassTag[U]): RDD[U]
```

（3）定义说明

- [U]是泛型，U 由匿名函数的返回结果中迭代器元素的类型推断而出；
- f: (Iterator[T]) ⇒ Iterator[U]是传入 mapPartitions 的匿名处理函数，f 的输入参数类型 Iterator[T]，它提供了一个迭代器来访问传入的 Partition 数据（元素类型是 T），f 的返回结果也是一个迭代器 Iterator[U]，每个元素的类型是 U。f 是 mapPartition 中最重要的部分；
- preservesPartitioning: Boolean = false，是否保存父 RDD 的 partitioner，默认值是 false，采用默认值即可，Spark 不建议将其赋值为 true；
- (implicit arg0: ClassTag[U])是第二个参数列表，在实际使用中不需要用到，所以不需要关注；
- 返回值 RDD[U]。

2．mapPartitions 使用示例

（1）示例说明

本示例介绍如何使用 mapPartitions 对 Partition 数据进行处理，过滤掉数据中的 3 和 5，并输出结果进行验证。

（2）示例代码

示例代码如下所示。

```
1 val numRDD = sc.makeRDD(Array(1, 3, 3, 5, 7, 9), 2)
2 val newRDD = numRDD.mapPartitions(partitionIter=>{
3     val str = partitionIter.mkString
4     println("str " + str)
5     val newStr = str.filter(c=>c!='3'&&c!='5')
```

```
6   newStr.iterator
7 })
8
9 newRDD.collect.foreach(println)
```

（3）代码说明

1）第一行，创建两个 Parttition 的 RDD;

2）第 3～8 行，每个 Partition 的迭代器都会被送入匿名函数进行处理，匿名函数内部通过迭代器将 Partition 中的每个元素（Int 类型）连接成一个 String str，然后过滤 str 中 3 和 5，并返回处理后的结果的迭代器；

3）第 9 行，打印并验证。

（4）输出结果

```
1
7
9
```

（5）示例总结

- numRDD 有两个 Partition，整个程序执行过程中，匿名函数只被调用两次，每次传入一个 Partition。如果采用 flatMap/map，则匿名函数会被调用 6 次；
- 匿名函数返回的迭代器的元素类型可以改变，如本例中，partitionIter 中元素类型是 Int，newStr.iterator 元素类型是 Char；
- 匿名函数返回结果中元素个数可以变，例如第一个 Partition 是（1,3,3），过滤后是(1)，个数发生了改变；
- 所有返回的结果会被打散组成新的 RDD，例如，第一个 Partition 是（1,3,3），返回结果是(1)，第二个 Partition 是（5,7,9），返回结果是(7,9)，最终的 RDD 是（1,5,7,9），而不是((1),(5,7,9))。

3．mapPartitions 优化

（1）优化分析

一般情况下，mapPartitions 的匿名函数（f: (Iterator[T]) ⇒ Iterator[U]）为了返回 Iterotor，会先创建新的对象（如上例中 newStr）来保存 partitionIter 所遍历的值，然后再返回该对象的 Iterator（newStr.iterator），如果 Partition 中的元素非常多，这种做法会大大增加内存开销和系统时间。

（2）优化示例代码

可以创建一个新类 NewIter 来扩展现有迭代器，在 NewIter 中，只提供数据的访问方式，但并不保存数据，这样就不涉及新内存的申请，可以降低内存开销并节约程序运行时间，示例代码如下。

```
1 class NewIter(iter: Iterator[Int]) extends Iterator[Option[Char]] {
2   def hasNext: Boolean = {iter.hasNext}
3   def next = {
4       val c = iter.next()
```

```
    5         if((c!=3)&&(c!=5)) Option((c+48).toChar) else None
    6     }
    7 }
```

（3）代码说明

1）第 1 行，定义一个新的 Class NewIter，NewIter 的构造函数传参是 iter: Iterator[Int]，NewIter 扩展了 Iterator，因此，NewIter 的对象可以赋值给 Iterator 变量，NewIter 元素类型是 Option[Char]，Option[Char]表示 NewIter 可能是 Char 类型，也可能是 None，即什么类型都不是；

2）第 2 行，复写（override）了 Iterator 的 hasNext 方法；

3）第 3~6 行，复写 Iterator 的 next 方法，首先调用 iter.next()获取 iter 元素的值 c，然后对 c 进行判断，如果 c 既不等于 3，也不等于 5，则将 c 转换成 Char 返回，c+48 计算的是转换后的 ASCII 码值，48 代表的是字符'0'的值；如果 c 等于 3 或者等于 5，则返回 None。

在整个 NewIter 实现中，只提供了新 Iterator 访问元素的方法，并没有创建新的对象（申请新的内存）来保存 iter 中元素的值。

（4）调用 NewIter 的示例代码

上述内容是 NewIter 的定义和实现，下面说明如何使用 NewIter，调用代码如下。

```
1 val numRDD = sc.makeRDD(Array(1, 3, 3, 5, 7, 9), 2)
2 val newRDD = numRDD.mapPartitions(partitionIter => new NewIter(partitionIter)).filter
(_.isDefined)
3 newRDD.collect.foreach(c=>println(c.get))
```

（5）调用代码说明

1）第 1 行，创建 numRDD；

2）第 2 行，直接传入 Partition partitionIter 创建 NewIter 即可，因为返回的值里可能有 None，使用 isDefined 进行过滤，最终遍历所有 Iterator 的元素构成新的 RDD newRDD；

3）第 3 行，将 newRDD 拉取到 Driver 端，使用 c.get 来获取 Option 类型的值，并打印输出结果。

（6）输出结果

```
1
7
9
```

5.4.4 join 操作

1．join 功能及定义

（1）join 功能

Join 用于两个<Key,Value>键值对型 RDD 间的连接操作。

（2）join 接口定义

join 的接口有多个定义方式，下面列出最简单的一个接口定义。

```
def join[W](other: RDD[(K, W)]): RDD[(K, (V, W))]
```

将源 RDD 称为 this，this 的元素类型是(K,V)二元组；other 元素类型是(K,W)二元组。

（3）join 的过程

遍历 this 中的每个元素，将它的 Key 同 other 中元素的 Key 相匹配，如果两者相同，则将两个元素的 Value 组成新的二元组，再加上原来的 Key，构成(K,(V,W))这样的二元组。

2. join 使用示例 1

（1）示例代码

典型的示例代码如下。

```
1 val stuRDD = sc.makeRDD(Array((1001, "Mike"), (1002, "Tom"), (1003, "Jim"), (1004, "Rose")))
2 val mathRDD = sc.makeRDD(Array((1001, 80), (1002, 98), (1003, 65), (1004, 85)))
3 val scoreRDD = stuRDD.join(mathRDD)
4 scoreRDD.collect.foreach(println)
```

（2）输出结果

```
(1002,(Tom,98))
(1003,(Jim,65))
(1001,(Mike,80))
(1004,(Rose,85))
```

（3）代码说明

1）第 1 行，stuRDD 是学生信息的 RDD，(1001, "Mike")中 1001 表示学号，它是唯一的，"Mike" 表示学生姓名；

2）第 2 行，mathRDD 是数学成绩，(1001, 80)中 1001 是学号，80 是成绩；

3）第 3 行，使用 join 操作，将 stuRDD 和 scoreRDD 中 Key 相同的元素连接起来，得到每个学生的数学成绩信息：学号、姓名、成绩；

4）第 4 行，打印输出。

3. join 使用示例 2

（1）示例代码

join 时，this 和 other 中每个 Key 相同的元素会组合，它们是多对多的关系。

示例如下，创建 thisRDD 和 otherRDD，它们的 Key 是有重复的。

```
val thisRDD = sc.makeRDD(Array(("A", 1), ("A", 3), ("B", 2), ("B", 4), ("C", 6)))
val otherRDD = sc.makeRDD(Array(("A", 2), ("A", 8), ("B", 5)))
```

将两个 RDD 进行 join 操作，如下所示。

```
val rs = thisRDD.join(otherRDD)
rs.collect.foreach(println)
```

（2）输出结果

```
(B,(4,5))
```

```
(B,(2,5))
(A,(1,8))
(A,(1,2))
(A,(3,8))
(A,(3,2))
```

（3）结果分析

thisRDD 中第一个元素("A", 1)和 otherRDD 中的("A", 2)匹配，得到(A,(1,2))，和("A", 8)匹配，得到(A,(1,8))；thisRDD 中第二个元素("A", 3)和 otherRDD 中的("A", 2)匹配，得到(A,(3,2))，和("A", 8)匹配，得到(A,(3,8))；同样的道理，可以得到(B,(2,5))和(B,(4,5))；而 thisRDD 的("C", 6)在 otherRDD 中没有相同的 Key，因此没有匹配结果。

4．join 优化方法一：预处理

join 是两个 RDD 之间的连接，可能会导致 Shuffle 等开销大的操作，代价非常昂贵。因此，在 join 前应当进行预处理，减少参与 join 计算的数据。

（1）方法一：去除都两个 RDD 都不包含的 Key

```
1 val thisRDD = sc.makeRDD(Array(("A",1), ("A",3), ("B",2), ("B",4),("C",6)))
2 val otherRDD = sc.makeRDD(Array(("A",2),("A",8),("B",5)))
3 val keys = thisRDD.keys.intersection(otherRDD.keys).collect
4 val newThisRDD = thisRDD.filter(e=>keys.contains(e._1))
5 val newOtherRDD = otherRDD.filter(e=>keys.contains(e._1))
6 val rs = newThisRDD.join(newOtherRDD)
```

（2）方法二：将过滤条件放在 join 前

例如，thisRDD 和 otherRDD 进行 join，得到所有数字大于等于 2 的键值对。

```
1 val thisRDD = sc.makeRDD(Array(("A",1), ("A",3), ("B",2), ("B",4),("C",6)))
2 val otherRDD = sc.makeRDD(Array(("A",2),("A",8),("B",5)))
```

常规的优化方法如下。

```
val rs = thisRDD.join(otherRDD).filter(n=>(n._2._1>=2)&&(n._2._2>=2))
```

上述办法是先 join 得到所有结果再 filter。其实，像所有数字小于 2 的键值对是不需要参加 join 的，因此，先 filter 再 join，可以有效减少参与 join 的数据，而且效率更高，具体代码如下。

```
val rs = thisRDD.filter(n=>n._2>=2).join(otherRDD.filter(n=>n._2>=2))
```

5．join 优化方法二：partitionBy 重新分区

（1）示例代码

join 过程中，通常会导致 Shuffle 操作，示例代码如下。

```
1 val thisRDD = sc.makeRDD(Array(("A",1), ("A",3), ("B",2), ("B",4),("C",6))).cache
2 thisRDD.count
3 val otherRDD = sc.makeRDD(Array(("A",2),("A",8),("B",5))).cache
4 otherRDD.count
```

```
5 val rs = thisRDD.join(otherRDD)
6 rs.collect.foreach(println)
```

（2）代码说明

1）第 1～4 行，先计算 thisRDD 和 otherRDD 的值，并缓存在内存中。这样做的目的是，后续进行 join 操作时，不需要向前计算 thisRDD 和 otherRDD，这样，所有的数据都只和 join 有关，便于观察；

2）第 5 行，对 thisRDD 和 otherRDD 进行 join 操作；

3）第 6 行，打印 join 结果。

（3）运行分析

运行此示例代码的 Spark 的 Web UI 页面如图 5-5 所示，Stage2 和 Stage3 分别是之前计算出来的 thisRDD 和 otherRDD，它们因为被缓存起来了，所以无须再计算。因为前面 thisRDD.count 和 otherRDD.count 分别触发了一个 Job，它们占用了编号 0、1，因此 Stage 的编号从 2 开始，此外，Job 的编号也是从 2 开始。

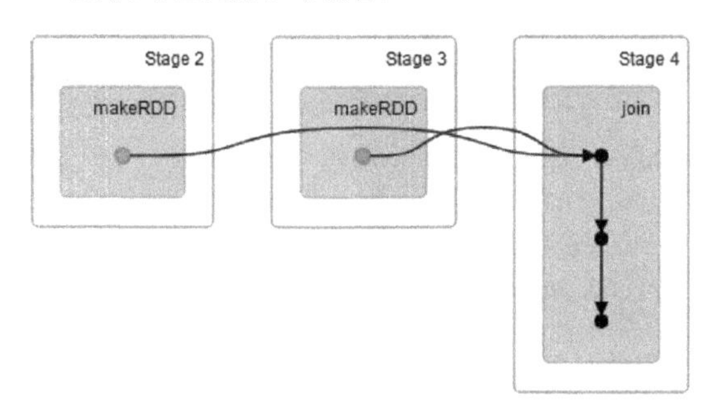

图 5-5　常规 join 的 DAG 图

Stage4 则是对 thisRDD 和 other 进行 join 操作，可以看到，Shuffle 的开销如图 5-6 所示，这个就是 join 操作的 Shuffle 开销。

Shuffle Read	Shuffle Write
984.0 B	
	615.0 B
	369.0 B

图 5-6　常规 join 的 Shuffle 开销

（4）优化思路

优化思路：对 thisRDD 和 otherRDD 使用 partitionBy 重新分区，两者使用的分区器都是 HashPartitioner，分区个数都是 3。

（5）优化代码

优化代码如下。

```
import org.apache.spark.HashPartitioner
val thisRDD = sc.makeRDD(Array(("A",1), ("A",3), ("B",2), ("B",4),("C",6))).partitionBy(new Hash
Partitioner(3)).cache
thisRDD.count
val otherRDD = sc.makeRDD(Array(("A",2),("A",8),("B",5))).partitionBy(new HashPartitioner(3)).cache
otherRDD.count
val rs = thisRDD.join(otherRDD)
rs.collect.foreach(println)
```

（6）运行输出

运行程序后，Stage5 和 Stage4 是 skipped，如图 5-7 所示，这是因为 Stage4 对应的是 thisRDD，它已经 cache 在内存中了，不需要重新计算，直接使用即可，Stage5 对应的 otherRDD 也是同理。

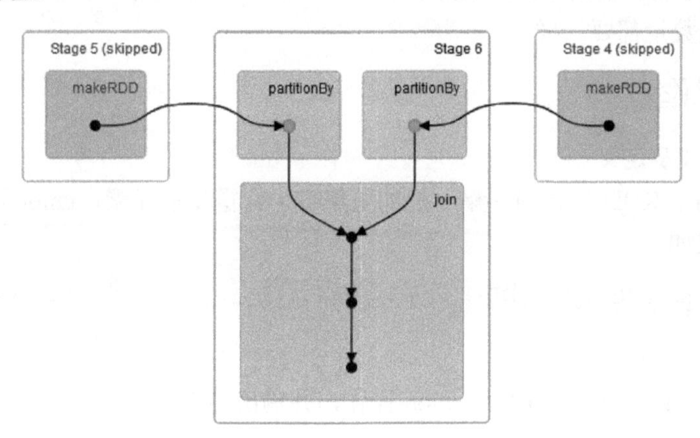

图 5-7　优化后 join 的 DAG 图

（7）结果分析

优化后，join 的 Shuffle 没有开销，如图 5-8 所示。这是因为 thisRDD 和 otherRDD 使用了相同的 Partitioner (HashPartitioner)对 Key 进行分区，而且分区数量也相同，这样，thisRDD 和 otherRDD 中相同的 Key 的分区号是一样的。而 join 就是对相同的 Key 进行匹配，因此，可以把 thisRDD 和 otherRDD 中编号相同的分区放到一个 Task 进行 join 操作，如图 5-9 所示，就可以得到最终的结果，而不需要依次将 thisRDD 的一个分区同 otherRDD 整个分区进行匹配（这样会导致 Shuffle），这就是 join 时 Shuffle 的开销为 0 的原因。

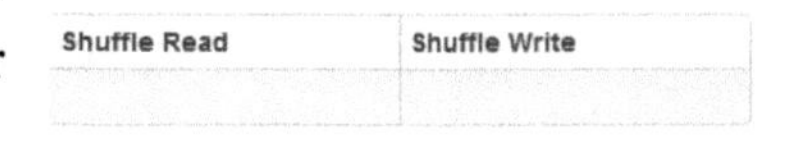

Shuffle Read	Shuffle Write

图 5-8　优化后 join 的 Shuffle 开销

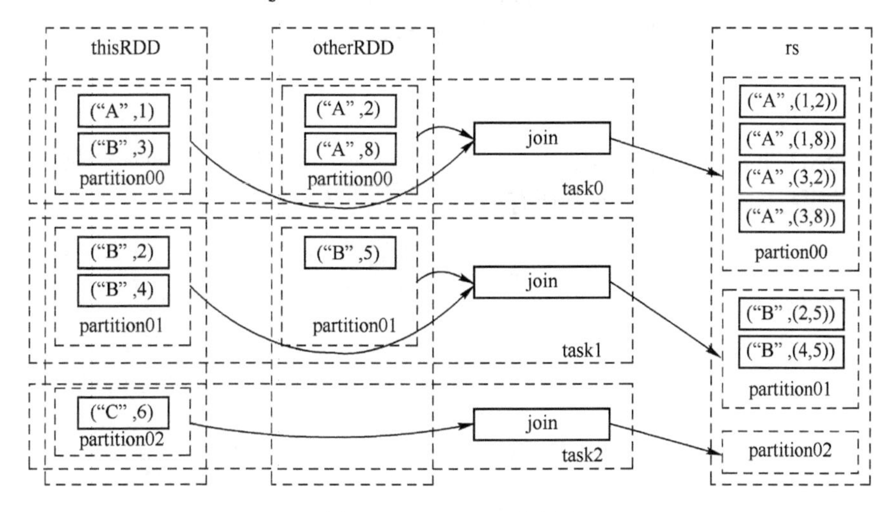

图 5-9　RDD Join 过程图

当然，thisRDD 在 partitionBy(new HashPartitioner(3))时是有 Shuffle 开销的，但仅此一次，一旦 cache 后，后续的 join 操作就没有 Shuffle 开销了，otherRDD 同样如此。

结论：join 操作时，可以通过 Web UI 界面来观察其 Shuffle 开销，如果开销很大，可以使用 partitionBy 在 join 前对 RDD 重新分区，以降低 Shuffle 开销，注意两个 RDD 所采用的 Partitioner 和分区数量都要一样。

5.4.5 union 操作

1．union 功能及定义

union 返回两个 RDD 集合的并集，但如果集合中有重复的元素，union 不会去重。

union 的定义如下。

```
def union(other: RDD[T]): RDD[T]
```

2．union 使用示例

下面的示例实现了两个 RDD 的 union 操作，并输出结果。

（1）示例代码

```
1 val numRDD01 = sc.makeRDD(Array(1,3,3,5,7))
2 val numRDD02 = sc.makeRDD(Array(2,4,5,3,5))
3 val rsRDD = numRDD01.union(numRDD02)
4 rsRDD.collect.foreach(println)
```

（2）代码说明

1）第 1、2 行，创建了两个 RDD，它们元素类型相同（不同元素类型的 RDD 不能 union），其中，numRDD01 中有两个 3，numRDD02 中有两个 5，numRDD01 和 numRDD02 有公共元素 3 和 5；

2）第 3 行，进行 union 操作，得到 rsRDD；

3）第 4 行，对 rsRDD 进行 collect 操作，拉取数据到 Driver 端并打印。

（3）运行结果

运行后 DAG 图如图 5-10 所示。

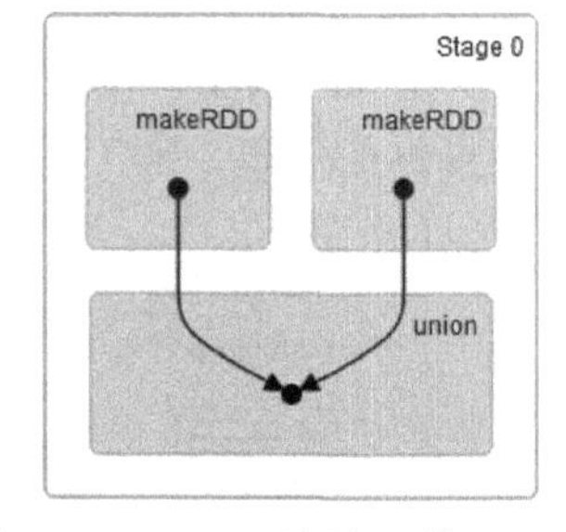

图 5-10　union 示例代码的 DAG 图

第 4 行结果打印如下，可以看到所有公共、重复的数据都在。

```
1
3
3
5
7
2
4
5
3
5
```

（4）示例总结

- 进行 union 操作的两个 RDD 元素类型要相同；
- union 操作就是简单的合并两个 RDD 集合，不会去重；
- 如果需要去重，则先去重再 union，效率更高；
- union 操作不会导致 shuffle；
- ++操作作用等同 union（++操作定义如下）；

```
def ++(other: RDD[T]): RDD[T]
```

5.4.6 intersection 操作

1．intersection 功能、定义和基本使用

（1）intersection 功能

intersection 返回两个 RDD 的交集，并且去重。

（2）intersection 定义

intersection 定义如下。

```
def intersection(other: RDD[T]): RDD[T]
```

假设 this 是调用 intersection 的 RDD，other 是输入参数，this 和 other 的元素类型都是 T，intersection 将计算 this 和 other 的交集。

此外，intersection 还有以下两种定义方式用来设置分区数量以及 Partitioner。

```
def intersection(other: RDD[T], numPartitions: Int): RDD[T]
def intersection(other: RDD[T], partitioner: Partitioner)(implicit ord: Ordering[T] = null): RDD[T]
```

（3）intersection 示例

intersection 示例代码如下。

```
val numRDD01 = sc.makeRDD(Array(1,3,3,5,7))
val numRDD02 = sc.makeRDD(Array(2,4,5,3,5))
val rsRDD = numRDD01.intersection(numRDD02)
```

打印结果如下。

```
3
5
```

可以看到，最终的结果去重了。

intersection 操作是有 Shuffle 的，上面示例的 Shuffle 开销如图 5-11 所示。

2．intersection 优化

（1）intersection 优化思路

前面介绍了 join 降低 Shuffle 开销的优化方法。而 intersection 的功能也可以使用 join 的该优化方法达到降低 intersection 的 Shuffle 开销的目的。

（2）intersection 优化示例代码 Part1

先创建两个 RDD numRDD01 和 numRDD02，并使用相同的 Partitioner HashPartitioner，将这两个 RDD 分成 3 个 Partition，然后再进行 intersection。

创建 RDD numRDD01，并使用 HashPartitioner，将其分为 3 个区，代码如下。

```
1 import org.apache.spark.HashPartitioner
2 val numRDD01 = sc.makeRDD(Array(1,3,3,5,7)).map(n=>(n,1)).partitionBy(new HashPartitioner
(3)).cache
3 numRDD01.count
```

代码说明如下。

1）第 1 行，引入 HashPartitioner 所在的 Package，用于后面的分区；

2）第 2 行，创建 numRDD01，将其转换为<Key,Value>键值对，并使用 HashPartitioner 将其分为 3 个 Partition，并缓存；

3）第 3 行，使用 count 触发计算 numRDD01。

程序执行后，Shuffle 开销如图 5-12 所示。

Shuffle Read	Shuffle Write
1086.0 B	
	486.0 B
	600.0 B

图 5-11　intersection 示例代码的 Shuffle 开销

Shuffle Read	Shuffle Write
188.0 B	
	188.0 B

图 5-12　示例代码 Part1 的 Shuffle 开销

（3）intersection 优化示例代码 Part2

创建 RDD numRDD02，并使用 HashPartitioner 将其分为 3 个区，代码如下。

```
1 val numRDD02 = sc.makeRDD(Array(2,4,5,3,5)).map(n=>(n,1)).partitionBy(new HashPartitioner (3)).cache
2 numRDD02.count
```

代码说明。

1）第 1 行，创建 numRDD02，将其转换为<Key,Value>键值对，并使用 HashPartitioner 将其分为 3 个 Partition 并缓存；

2）第 2 行，使用 count 触发计算 numRDD02。

程序执行后，Shuffle 开销如图 5-13 所示。

（4）intersection 优化示例代码 Part3

至此，numRDD01 和 numRDD02 都创建好了，下面利用 join 实现 intersection 的功能，代码如下。

```
1 val rsRDD = numRDD01.join(numRDD02).keys.distinct
2 rsRDD.collect.foreach(println)
```

代码说明

1）第 1 行，对 numRDD01 和 numRDD02 进行 join 操作，取其 keys 并去重，达到 intersection 同样的效果；

2）第 2 行，打印输出结果。

（5）程序执行结果

程序执行后，Shuffle 开销如图 5-14 所示。

Shuffle Read	Shuffle Write
230.0 B	
	230.0 B

图 5-13　示例代码 Part2 的 Shuffle 开销

Shuffle Read	Shuffle Write
90.0 B	
	90.0 B

图 5-14　示例代码 Part3 的 Shuffle 开销

结果对比：总的 Shuffle 开销为 188+230+90=508Byte，相对前面的 486+600=1086Byte，减少了一半的 Shuffle 开销。

5.4.7　groupBy 操作

1．groupBy 操作的功能及定义

（1）groupBy 定义

groupBy 对 RDD 集合数据进行分组，定义如下。

```
def groupBy[K](f: (T) ⇒ K)(implicit kt: ClassTag[K]): RDD[(K, Iterable[T])]
```

（2）groupBy 定义说明

- [K]是泛型，它由匿名函数的返回值类型推断而出，是 RDD 分组标识（即 Key）的类型；
- f: (T) ⇒ K 为匿名函数，groupBy 会将 RDD 中的每个元素（类型为 T）送入 f 函数进行计算，f 的返回值类型是 K，f 的返回值将作为分组标识，相同的返回值会分到同一组；
- (implicit kt: ClassTag[K])这是第二个参数列表，用来在运行时保存泛型 K 的信息，在实际使用中不需要关注；
- 返回值类型是 RDD[(K, Iterable[T])]，RDD 中的元素是<Key, Value>键值对；其中 Key 就是 f 的返回值，其类型是 K，Value 由所有 f 返回值相同的 RDD 元素所组成的迭代器。

2．groupBy 使用示例

groupBy 的使用示例如下，该示例实现了 RDD 元素按照奇偶性进行分组。

```
val numRDD = sc.makeRDD(Array(1,3,2,6,7,10)).groupBy(n=>n%2)
numRDD0.collect.foreach(n=>println("group " + n._1 + " value " + n._2.mkString(" ")))
```

结果如下，所有的偶数在 group 0，这是因为 n%2=0；所有的奇数在 group 1，这是因为 n%2=1。

```
group 0 value 10 2 6
group 1 value 1 3 7
```

此外，groupBy 提供了下面两个定义方式用来设置分区数和 Partitioner。

```
def groupBy[K](f: (T) ⇒ K, numPartitions: Int)(implicit kt: ClassTag[K]): RDD[(K, Iterable[T])]
```

```
def groupBy[K](f: (T) ⇒ K, p: Partitioner)(implicit kt: ClassTag[K], ord: Ordering[K] = null): RDD[(K, Iterable[T])]
```

5.4.8 groupByKey 操作

1．groupByKey 操作的功能及定义

groupByKey 用于对 RDD 中<Key,Value>键值对元素进行分组，定义如下。

```
def groupByKey(): RDD[(K, Iterable[V])]
```

groupByKey 没有输入参数，它会将 RDD 中 Key 相同的元素构成一个集合，并提供一个迭代器 Iterable[V]供外部访问。

此外，groupByKey 提供了下面两个接口用来控制分区。

```
def groupByKey(numPartitions: Int): RDD[(K, Iterable[V])]
def groupByKey(partitioner: Partitioner): RDD[(K, Iterable[V])]
```

2．groupByKey 示例

该示例实现了<Key,Value>类型的 RDD 元素按照 Key 进行分组，代码如下。

```
val thisRDD = sc.makeRDD(Array(("A", 1), ("A", 3), ("B", 2), ("B", 4), ("C", 6), ("B", 6)))
val newRDD = thisRDD.groupByKey
newRDD.collect.foreach(n=>println("key " + n._1 + "    value " + n._2.mkString(" ")))
```

打印结果如下。

```
key B    value 2 4 6
key C    value 6
key A    value 1 3
```

需要说明的是：

- groupByKey 必须在内存保存所有的<Key, ValueList>，如果数据量巨大，可能会导致 OOM（Out of Memory）错误；
- 如果分组的目的只是对分组后的元素进行处理，得到处理结果，例如求同组元素的和或者平均值等，这种情况下，建议使用 reduceByKey 或者 aggregateByKey，它们可以直接计算结果；
- groupByKey 和 groupBy 一样有 Shuffle 开销，要谨慎使用。如果 thisRDD 在一开始就使用 HashPartitioner 分好区，后续的 groupByKey 等操作是没有 Shuffle 开销的，示例代码如下。

```
val thisRDD = sc.makeRDD(Array(("A", 1), ("A", 3), ("B", 2), ("B", 4), ("C", 6), ("B", 6))).partitionBy(new HashPartitioner(3)).cache
thisRDD.count
val newRDD = thisRDD.groupByKey
newRDD.collect.foreach(n=>println("key " + n._1 + "    value " + n._2.mkString(" ")))
```

5.4.9 reduceByKey 操作

1．reduceByKey 操作的功能及定义

reduceByKey 会对 RDD 中<Key,Value>键值对元素中 Key 相同的元素进行合并处理，reduceByKey 的定义如下。

```
def reduceByKey(func: (V, V) ⇒ V): RDD[(K, V)]
```

其中：func: (V, V) ⇒ V 是合并处理函数，RDD 会将 Key 相同的元素依次调用 func 进行处理，同时将处理后的结果也作为 func 的第一个参数调用 func 进行处理。

此外，reduceByKey 提供了以下两种定义方式用来控制分区。

```
def reduceByKey(func: (V, V) ⇒ V, numPartitions: Int): RDD[(K, V)]
def reduceByKey(partitioner: Partitioner, func: (V, V) ⇒ V): RDD[(K, V)]
```

2．reduceByKey 示例

（1）示例说明

该示例创建名为 thisRDD 的 RDD，其元素为二元组，第一个元素是 Char 类型，表示 Key，第二个元素是 Int 类型，表示 Value；然后使用 reduceByKey，对所有 Key 相同的 Value 求和，并对 Value 进行拼接，并输出每个 Task 的拼接结果。

（2）示例代码

```
1 val thisRDD = sc.makeRDD(Array(("B", 1), ("B", 31), ("B", 2), ("B", 4), ("C", 6), ("B", 8), ("B", 9)), 2)
2 val newRDD = thisRDD.reduceByKey((pre,cur)=>{println("pre " + pre + " cur " + cur); pre+cur})
3 newRDD.collect.foreach(println)
```

（3）代码说明

1）第 1 行，创建一个名为 thisRDD 的<Key,Value>键值对类型的 RDD，分为两个 Partition，分区情况如下；

```
(0,(B,1))
(0,(B,31))
(0,(B,2))
(1,(B,4))
(1,(C,6))
(1,(B,8))
(1,(B,9))
```

2）第 2 行，调用 reduceByKey 对 thisRDD 中相同的 Key 的元素求和：pre+cur，在计算之前，打印传入的 pre 和 cur 数据，pre 和 cur 就是 func: (V, V)中的两个类型为 V 的参数，输出结果如下所示；

在 Task0.0 上的结果。

```
pre 1 cur 31
pre 32 cur 2
```

```
pre 34 cur 21
```

在 Task1.0 上的结果。

```
pre 4 cur 8
pre 12 cur 9
```

根据结果打印情况，可以得到各个 Task 上 reduceByKey 的执行情况，如图 5-15 所示。

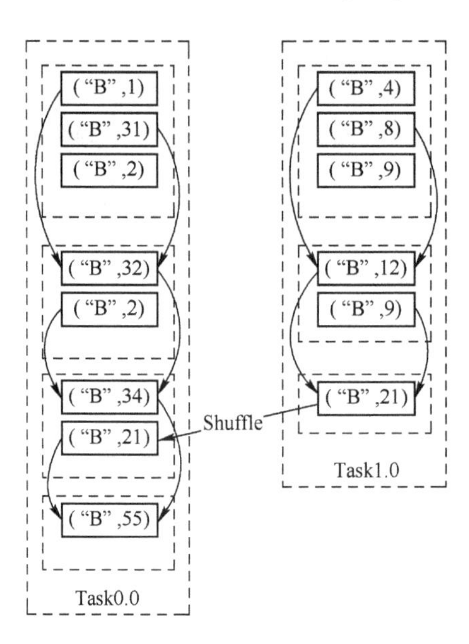

图 5-15　reduceByKey 示意图

（4）分析

Task0.0 上的分析。

- 第一次调用 func(1,31)，其中 1 对应元素("B", 1)，2 对应元素 ("B", 31)；
- 第二次调用 func(32, 2)，其中 32 是上次调用 func 的结果，2 对应元素("B",2)，说明，func 的第一个参数可能是 Key 所对应的元素，也可能是 func 返回的结果；
- 第三次调用 func(34,21)，其中 34 是上次调用 func 的结果，21 是 Task1.0 上 func 返回的结果（由于 34 和 21 不在同一个 Task，因此，21 是 Shuffle 过来的）。

Task1.0 上的分析。

- 第一次调用 func(4,8)，4 对应元素 ("B", 4)，8 对应元素 ("B", 8)；
- 第二次调用 func(12,9)，12 是上次调用 func 返回的结果，9 对应元素 ("B", 9)。

（5）结论

- reduceByKey 会在 Partition 内部对相同 Key 的元素进行 func 调用（称为内部归并），归并之后，每个 Partition 内不再有重复的 Key，每个 Key 对应一个归并处理结果，这种机制和 MapReduce 的 combiner 机制类似。与 groupBy 以及 groupByKey 相比，这种机制不需要 Shuffle RDD 中的所有元素，只需要 Shuffle 归并后的结果，因此可以节省 Shuffle 的开销；

- Partition 内部归并后，相同的 Key 会 Shuffle 到同一个 Partition，然后继续归并，直至该 Key 的所有元素都被归并完毕，此时，Key 以及最终归并的结果作为结果 RDD 的一个元素；
- func 的两个输入参数以及返回结果类型必须都是一样的；
- func 处理的过程，实际上就是“计算、取代”不断循环的过程：

假设 Key 对应的元素为：A1,A2,A3,A4,A5,A6,A7,A8,A9，func 的计算过程可以描述为。

计算 func(A1, A2)=B1；用 B1 取代 A1、A2，序列是：B1,A3,A4,A5,A6,A7,A8,A9；计算 func(B1, A3)=B2；用 B2 取代 B1 和 A3，序列是：B2,A4,A5,A6,A7,A8,A9；重复，直至序列为 0。

计算过程中，序列事先被划分成了若干部分（Partition），每个部分都有一个 func 来计算（实现了并行），每个部分的计算结果再用 func 进行归并。

5.4.10 aggregateByKey 操作

1．aggregateByKey 操作的功能和定义

（1）aggregateByKey 背景

reduceByKey 可以对<Key,Value>键值对元素进行归并，但不能改变归并后的数据类型，这个是由下面的匿名函数决定的。

```
func: (V, V) ⇒ V
```

因此，如果归并后的结果类型和 RDD 元素类型不同时，就不能用 reduceByKey 了，这时，可以使用 aggregateByKey。

（2）aggregateByKey 操作的定义

aggregateByKey 定义如下。

```
def aggregateByKey[U](zeroValue: U)(seqOp: (U, V) ⇒ U, combOp: (U, U) ⇒ U)(implicit arg0: ClassTag[U]): RDD[(K, U)]
```

（3）定义说明

- [U]是泛型，它由第一个参数列表中的 zeroValue 类型推断而出；
- zeroValue: U 是第一个参数列表中的参数，它是归并的初始值；
- seqOp: (U, V)⇒U 是第二个参数列表中的匿名函数，seqOp 用来对一个 Partition 中相同 Key 的数据依次处理，它有两个参数，第一个参数是前一次 seqOp 处理的结果（初始值是 zeroValue），第二个参数是遍历到此的当前数据，seqOp 返回结果类型是 U，和初始值 zeroValue 的类型是一样的；
- combOp: (U, U)⇒U 是第二个参数，它也是一个匿名函数，当每个 Partition 使用 seqOp 处理完毕后，通过 Shuffle 将各个 Parition 内相同 Key 的元素聚合到一起，使用 combOp 进行处理，得到该 Key 对应的最终结果，类型为(K,U)，K 为 Key 的类型，所有结果构成 RDD；
- implicit arg0: ClassTag[U]用于运行时保存泛型 U 的信息，实际使用中用不到，不需要太关注。

2．aggregateByKey 示例

（1）示例说明

本示例将下面的 RDD 中 Key 相同的元素的 Value 组合在一起构成一个字符串，Value 之间用空格隔开。

（2）示例代码

```
1 val thisRDD = sc.makeRDD(Array(("B", 1), ("B", 31), ("B", 2), ("B", 4), ("C", 6), ("B", 8), ("B", 9)), 2)
2 val newRDD = thisRDD.aggregateByKey("")((rs,e)=>rs+" "+e,(pre,cur)=>pre+" "+cur)
3 newRDD.collect.foreach(println)
```

（3）示例代码说明

1）第 1 行，创建<Key,Value>类型的 RDD；

2）第 2 行，使用 aggregateByKey 实现字符串组合，说明如下。

- zeroValue 的类型是 String，RDD 元素数据类型是 Int，zeroValue 的值是””；
- seqOp 的定义是(rs,e)=>rs+" "+e，其中 rs 是上次 seqOp 的结果，String 类型，其初始值是 zeroValue，e 是当前元素的数据，Int 类型，rs 和 e 的类型是不一样的。seqOp 将当前元素转换为字符串，然后和 rs 进行拼接；
- combOp 的定义是(pre,cur)=>pre+" "+cur，其中 pre 是某个 Partition 中 seqOp 最终的值，cur 也是某个 Partition 中 seqOp 最终的值，pre 和 cur 对应的 Key 相同，combOp 实现了这些值的拼接，中间用空格隔开。

（4）示例结果

```
(B, 4 8 9   1 31 2)
(C, 6)
```

（5）示例运行过程

1）创建 RDD。第 1 行代码，创建 thisRDD，分为两个 Partition，分区情况如下；

```
(0,(B,1))
(0,(B,31))
(0,(B,2))
(1,(B,4))
(1,(C,6))
(1,(B,8))
(1,(B,9))
```

2）Partition0 的执行过程如下；

- 第一次调用，seqOP(“”,1)=>”1”。如果 zeroValue 是其他值，例如“kkk”，此处就是 seqOP(“kkk”, 1)=>”kkk 1”；
- 第二次调用，seqOP(“1”,31)=>”1 31”；
- 第三次调用，seqOP(“1 31”, “2”)=>”1 31 2”；
- 然后将(“B”, “1 31 2”)Shuffle 到 Task1.0。

3）Partition1 执行过程如下。

- 第一次调用，seqOP("", 4)=>"4"；如果 zeroValue 是其他值，例如"kkk"，此处就是 seqOP("kkk", 4)=>"kkk 4"；
- 第二次调用，seqOP("4",8)=>"4 8"；
- 第三次调用，seqOP("4 8", 9)="4 8 9"；
- 调用 combOp("4 8 9", "1 31 2")=>"4 8 9 1 31 2"=>("B", "4 8 9 1 31 2")；
- 同样的，对于("C",6)只有 1 个=>seqOP("",6)=>"6"=>("C","6")。

（6）Shuffle 开销

aggregateByKey 的 Shuffle 开销如图 5-16 所示。

（7）使用 groupByKey 实现 aggregateByKey

上述 aggregateByKey 示例也可以采用 groupByKey 来实现，代码如下。

```
val newRDD = thisRDD.groupByKey.map(e=>{val key=e._1; val iter=e._2; var str=""; iter.foreach
(s=>str+=(s+" ")); (key, str)})
```

如图 5-17 所示，采用 groupByKey 的 Shuffle 开销为 168Byte，大于 aggregateByKey 的 159Byte。

Shuffle Read	Shuffle Write
159.0 B	
	159.0 B

图 5-16　aggregateByKey 的 Shuffle 开销

Shuffle Read	Shuffle Write
168.0 B	
	168.0 B

图 5-17　groupByKey 的 Shuffle 开销

5.4.11　cogroup 操作

1．cogroup 操作的功能和定义

cogroup 以 Key 为依据合并多个（2、3、4，最多支持 4 个）<Key,Value>键值对类型的 RDD。以合并 2 个 RDD 的 cogroup 为例，cogroup 的定义如下。

```
def cogroup[W](other: RDD[(K, W)]): RDD[(K, (Iterable[V], Iterable[W]))]
```

- other 是待组合的 RDD，其元素类型是(K,W)，假设是 thisRDD 调用 cogroup，则 thisRDD 元素类型是(K,V)；
- RDD[(K, (Iterable[V], Iterable[W]))]是返回值类型，其 RDD 元素类型是：(K, (Iterable[V], Iterable[W]))，其中 K 是 Key 的类型，Iterable[V]用来访问 thisRDD 中该 Key 所对应的数据，Iterable[W]用来访问 other 中该 Key 所对应的数据。

2．cogroup 示例

（1）示例说明

该示例首先创建 thisRDD，元素类型是(String, Int)，然后创建 otherRDD，元素类型是(String, String)，两个 RDD 的 Key 类型都是 String，Value 类型一个是 Int，另一个是 String。然后使用 cogroup 合并 thisRDD 和 otherRDD。

（2）示例代码

```
val thisRDD = sc.makeRDD(Array(("A",1), ("A",3), ("B",2), ("B",4),("C",6)))
```

```
val otherRDD = sc.makeRDD(Array(("A","hello"),("A","world"),("B","glad")))
val coRDD = thisRDD.cogroup(otherRDD)
```

（3）运行结果

```
(B,(CompactBuffer(4, 2),CompactBuffer(glad)))
(C,(CompactBuffer(6),CompactBuffer()))
(A,(CompactBuffer(1, 3),CompactBuffer(world, hello)))
```

（4）结果分析

运行结果如上所示，Cogroup 会将 thisRDD、otherRDD 中 Key 相同的元素合并在一起，然后分别提供 Iterable 接口来访问 thisRDD 和 otherRDD 的数据。例如，Key=B 时，cogroup 会把 thisRDD 中 Key=B 的元素合并在一起(4,2)，把 otherRDD 中 Key=B 的元素合并在一起(glad)，然后把这两个结果再合并成一个二元组((4,2),(glad))，并分别提供一个 Iterable 接口供外界访问。

📖 尽管 otherRDD 中没有 Key=C 的元素，但 cogroup 同样会构成二元组，并提供一个 Iterable 接口来访问 otherRDD 中 Key=C 的元素。

5.5 Action 操作

本节介绍 RDD 中最基础和使用最为频繁的 Action 操作，包括：collect、reduce、fold、aggregate、foreachPartition、saveAsTextFile 和 saveAsObjectFile。将结合基本功能和多个示例来帮助大家快速掌握 RDD Action 操作。

5.5.1 collect 操作

collect 操作将 RDD 数据拉取到 Driver 端，并转换为 Array 数组，其定义如下。

```
def collect(): Array[T]
```

同 Transformation 操作不一样的是，Action 的返回值不是 RDD，而是可以在 Driver 端直接访问的常规数据类型，此处，collect 返回的就是 Array[T]，数组元素类型是 T，和 RDD 元素类型一致，RDD 中的元素和 Array 中的元素是一一对应的。

collect 使用示例如下，先创建 RDD[Int] numRDD，然后调用 numRDD 的 collect 操作将 numRDD 中的数据拉取到 Driver 端，存储在 Int 数组中，如下 res2 所示。

```
scala> val numRDD = sc.makeRDD(Array(1,3,3,5,8))
numRDD: org.apache.spark.rdd.RDD[Int] = ParallelCollectionRDD[1] at makeRDD at <console>:24
scala> numRDD.collect
res2: Array[Int] = Array(1, 3, 3, 5, 8)
```

5.5.2 reduce 操作

（1）reduce 的定义

reduce 用于 RDD 元素进行归并，定义如下。

```
def reduce(f: (T, T) ⇒ T): T
```

- f: (T, T)⇒T 是归并处理函数，它用于 RDD 元素中元素的归并，f 只需要满足有两个类型为 T 的参数，且返回值类型为 T 即可。
- 至于 f 函数的内部逻辑是怎样的，这个由 f 函数的实现者决定。通常，如果参数是整型，f 通常是对这两个参数求和；如果参数是字符串，f 通常是对这两个参数的字符串进行拼接；如果参数是集合，f 通常是对这两个集合求并集。总之这个由实现者决定，只要最后返回值的类型和参数相同即可。

（2）f 函数的处理过程

假设 RDD 的元素为：A1,A2,A3,A4,A5,A6,A7,A8,A9，分成了两个 Partition，Partition0 的元素是（A1,A2,A3,A4,A5），Partition1 对应（A6,A7,A8,A9）。

Partition0 的计算过程如下。

1）计算 f(A1, A2)=B1，其中 A1、A2、B1 值的类型都相同；

2）用 B1 取代 A1、A2，序列为：B1,A3,A4,A5；

3）计算 f(B1, A3)=B2，用 B2 取代 B1 和 A3，序列为：B2,A4,A5；

4）计算 f(B2, A4)=B3，用 B3 取代 B2 和 A4，序列为：B3,A5；

5）计算 f(B3, A5)=B4。

Partition1 的计算过程同 Partition0，两个 Partition 的计算是可以并行的。

1）先计算 f(A6,A7)=B5，用 B5 替换 A6 和 A7，序列为：B5,A8,A9；

2）计算 f(B5,A8)=B6，用 B6 替换 B5 和 A8，序列为：B6,A9；

Partition 计算完后，将结果拉取到 Driver 端，组成一个序列，再按照上面的规则进行 f 归并，得到最终的结果，f(B4,B6)=B7。

（3）reduce 示例代码

```
val numRDD = sc.makeRDD(Array(1,3,3,5,7))
numRDD.reduce((pre,cur)=>pre+cur)
```

运行结果如下。

```
res1: Int = 19
```

其中(pre,cur)=>pre+cur 是归并处理匿名函数 f，pre 是 f 的第一个参数，cur 是 f 的第二个参数，f 的处理逻辑是求和：pre+cur，其结果和两个输入参数的类型相同。

5.5.3 fold 操作

1．fold 功能及定义

fold 用于将 RDD 元素进行归并，它加了一个 zeroValue 用来赋初始值，其定义如下。

```
def fold(zeroValue: T)(op: (T, T) ⇒ T): T
```

要注意的是，zeroValue 在每个 Partition 内部计算时都会用上，Partition 内部计算完毕后，计算各 Partition 总的结果时，还会用到 zeroValue 作为初始值。

2．fold 使用示例

（1）示例 1：fold 的基本使用

该示例实现带初始值的 RDD 的归并处理，其中初始值 zeroValue 赋值为 10，代码如下所示。

```
val numRDD = sc.makeRDD(Array(1,3,3,5,7))
numRDD.fold(10)((pre,cur)=>pre+cur)
```

打印 numRDD 的 Partition 个数，代码如下所示。

```
scala> numRDD.getNumPartitions
res3: Int = 3
```

输出结果如下。

```
res2: Int = 59
```

结果分析：因为有 3 个 Partition，每个 Partition 内部归并时，用到了一次 zeroValue，共 3 次，即 3×10=30，最后 3 个 Partition 归并又用到了一次 zeroValue，因此，总共 4 次，合计 4×10=40，此外 numRDD 元素和为：1+3+3+5+7=19，因此，fold 最终的值为 40+19=59。

（2）示例 2：1 个 Partition 的 RDD 的 fold 操作

该示例实现了带初始值的、只有 1 个 Partition 的 RDD 的元素的归并处理，其中初始值 zeroValue 赋值为 10，代码如下所示。

```
val numRDD = sc.makeRDD(Array(1,3,3,5,7),1)
numRDD.glom.collect
res30: Array[Array[Int]] = Array(Array(1, 3, 3, 5, 7))
```

使用 fold 进行计算（zeroValue=10）。

```
numRDD.fold(10)((pre,cur)=>pre+cur)
```

得到的结果是 39。

```
res28: Int = 39
```

计算过程是：首先，numRDD 只有 1 个 Partition，Partition 内部的归并计算结果为：10+1+3+3+5+7=29。

虽然只有 1 个 Partition，Partition 间还是要计算，所以结果为：10+29=39。

（3）示例 3：两个 Partition 的 RDD 的 fold 操作

该示例实现了带初始值的有两个 Partition 的 RDD 的元素的归并处理，其中初始值 zeroValue 赋值为 10，代码如下所示。

```
val numRDD = sc.makeRDD(Array(1,3,3,5,7),2)
numRDD.glom.collect
res31: Array[Array[Int]] = Array(Array(1, 3), Array(3, 5, 7))
```

使用 fold 进行计算（zeroValue=10）。

```
numRDD.fold(10)((pre,cur)=>pre+cur)
```

```
res32: Int = 49
```

得到的结果是 49。

计算过程是：本例有两个 Partition，Partition 内部的归并结果为：10+1+3=14，10+3+5+7=25。两个 Partition 的再进行归并，结果为：10+14+25=49。

5.5.4 aggregate 操作

1．aggregate 操作的功能及定义

aggregate 的功能和 fold 类似，它也用于 RDD 元素的归并处理，不同的是，fold 归并后的结果和 RDD 元素类型一样，而 aggregate 归并后的结果类型可以和 RDD 元素类型不一样。

aggregate 定义如下。

```
def aggregate[U](zeroValue: U)(seqOp: (U, T) ⇒ U, combOp: (U, U) ⇒ U)(implicit arg0: ClassTag[U]): U
```

该定义的描述如下。

- [U]是泛型，它由参数 zeroValue: U 推断而出；
- zeroValue 是 seqOp、combOp 第一次调用时的初始值，每个 Task 都会调用 seqOp，因此都会传入 zeroValue 作为初始值；
- seqOp: (U, T) ⇒ U，seqOp 用于 Partition 归并操作，它是一个函数，第一次调用 seqOp 时，第一个参数的值是 zeroValue；再次调用时，第一个参数的值是 seqOp 前一次调用的结果；第二个参数是 Partition 内当前遍历到的元素值，最后，Partition 内部所有元素都遍历完后，返回一个总的值；
- combOp: (U, U) ⇒ U 用来归并每个 Partition 的结果，第一次调用 combOp 时，第一个参数的值是 zeroValue，后续第一个参数的值是 combOp 前一次调用的结果，第二个参数是遍历到的当前 Partition 结果值，待所有 Partition 结果都遍历一遍，返回总的值。

2．aggregate 示例

（1）示例说明

该示例将 RDD[Int]转换为字符串进行拼接，字符串的初始值为“Hello”。

（2）示例代码

```
val numRDD = sc.makeRDD(Array(1,3,3,5,7),1)
numRDD.aggregate("Hello ")((pre,cur)=>pre+" "+cur, (rs, e)=>rs+" "+e)
```

（3）运行结果

运行结果如下，可以看到最终的结果是 String 类型，RDD 元素是 Int 类型，两者可以不一样。

```
res6: String = Hello   Hello   1 3 3 5 7
```

（4）问题：运行结果中为什么会有两个 Hello

第一个 Hello 是 Partition 内部归并时加的，第二个 Hello 是 Partition 间结果合并加上的。

（5）扩展分区

如果分区数不同，结果也会不同，如，将上面的 numRDD 分两个 Partition，代码如下所示。

```
val numRDD = sc.makeRDD(Array(1,3,3,5,7),2)
numRDD.aggregate("Hello ")((pre,cur)=>pre+" "+cur, (rs, e)=>rs+" "+e)
```

运行结果如下。

```
res1: String = Hello   Hello   3 5 7 Hello   1 3
```

结果分析如下：

- 第一个 Partition 归并结果是：Hello　3 5 7。
- 第二个 Partition 归并结果是：Hello　1 3。
- Partition 间结果合并：Hello + “ ” + Hello　3 5 7 + Hello　1 3。

使用 aggregate 时，要特别注意 zeroValue 使用的频率。

5.5.5　foreachPartition 操作

1．foreachPartition 操作的功能及定义

foreachPartition 用于遍历和处理 RDD 中的每个元素，而且它是以 Partiton 为单位来调用处理函数的，同以元素为单位调用处理函数的方法相比，foreachPartition 可以有效降低处理函数的调用频率，从而降低系统开销。

foreachPartition 的定义如下所示，可以看到，处理函数 f: (Iterator[T]) ⇒ Unit 中，f 的参数是一个迭代器类型 Iterator[T]，它传入的是 Partition 元素的迭代器，同 foreach 一样，且没有返回值。

```
def foreachPartition(f: (Iterator[T]) ⇒ Unit): Unit
```

2．foreachPartition 的示例

本示例用来遍历每个 Partition 的元素，并将其拼接输出。

（1）示例代码

```
val numRDD = sc.makeRDD(Array(1,3,3,5,7),2)
numRDD.foreachPartition(iter=>println(iter.mkString(" ")))
```

（2）代码说明

1）第 1 行，创建一个 RDD，分为两个 Partition；

2）第 2 行，遍历每个 Partition，将 Partition 中的元素组成一个字符串，元素间使用空格隔开。

（3）运行结果

在 Executor 的日志中可以看到输出结果。

```
1 3
3 5 7
```

5.5.6 saveAsTextFile 操作

1．saveAsTextFile 操作的功能及定义

saveAsTextFile 可以将 RDD 存储为指定目录下的文本文件。

saveAsTextFile 的定义如下，path 为文本文件的存储路径。

```
saveAsTextFile(path: String): Unit
```

- 📖 path 要指定为 HDFS 上的路径，而不要指定本地路径，如果存储到本地，则每个 Partition 会输出到 Task 所在的 Executor 上，不会在 Driver 端；
- 📖 为保险起见，path 开头部分可以加上路径前缀，例如：hdfs://表示 HDFS，如果不加，path 会采用 core-site.xml 所设置的 fs.defaultFS 和 fs.default.name，把它们作为前缀；
- 📖 path 会自动创建，不需要提前创建好，即使 path 中有多级目录，例如/out/out，也会自动创建，如果提前创建好，反而会报错；

2．saveAsTextFile 操作示例

该示例将 numRDD 中的元素存储为 TextFile，并保存在指定的路径下，示例代码如下。

```
val numRDD = sc.makeRDD(Array(1,3,3,5,7),2)
numRDD.saveAsTextFile("/out/")
```

示例代码执行后，将在 hdfs://scaladev:9001/out 目录下生成：part-00000 和 part-00001 两个文件，文件命名规则是 part-编号，如 part-00000、part-00001 等。每个文件对应一个 Partition 的内容。如果 Partition 内容为空，也会输出一个空文件。RDD 中的元素会转换成 String，每个元素占一行，例如 Partition0 中的数据是(1,3)，对应文件 part-00000 的内容如下。

```
1
3
```

5.5.7 saveAsObjectFile 操作

1．saveAsObjectFile 操作的功能及定义

saveAsObjectFile 可以将 RDD 存储为一个 SequenceFile。

saveAsObjectFile 的定义如下所示，path 为 SequenceFile 存储路径。

```
def saveAsObjectFile(path: String): Unit
```

2．saveAsObjectFile 操作示例

（1）示例 1：将 RDD 存储为 SequenceFile

本示例将 numRDD 存储为 SequenceFile，保存的路径为 hdfs://scaladev:9001/out 目录，示例代码如下所示。

```
val numRDD = sc.makeRDD(Array(1,3,3,5,7),2)
numRDD.saveAsObjectFile("/out/")
```

📖 path 以及 Partition 的存储机制和 saveAsTextFile 一致。

（2）示例 2：读取 SequenceFile，转换成 RDD

本示例使用 sc.objectFile 接口读取 SequenceFile，恢复 RDD，示例代码如下。

📖 objectFile 后面要加上泛型[Int]，否则无法解析。

```
val newRDD = sc.objectFile[Int]("/out/")
```

输出结果，glom 可以将 RDD 的每个 Partition 转换成一个 Array。

```
newRDD.glom.collect
```

结果如下。

```
res18: Array[Array[Int]] = Array(Array(1, 3), Array(3, 5, 7))
```

5.6 RDD 的 cache/persist 和 checkpoint 操作

5.6.1 cache/persist 和 checkpoint 概述

前两节介绍了 RDD 的 Transformations 和 Actions 操作。本节介绍另外两个 RDD 的重要操作：cache/persist 和 checkpoint。

1．cache/persist 功能及应用场景

（1）cache/persist 功能

cache/persist 可以缓存 RDD，具体的存储位置可以是内存、磁盘，或者两者的结合，这样，当 RDD 再次被使用时，可以直接使用缓存值，不需要重新计算，从而提升效率。

（2）cache/persist 应用场景

cache/persist 主要用于 RDD 多次重复使用的场景下，提升程序运行效率，特别是当 Spark 集群内存足够大时，使用 cache/persist 将 RDD 缓存在内存中，当再次访问 RDD 时，可以直接从内存读取，避免重新计算 RDD。

2．cache/persist 的问题

RDD 调用 cache/persist 后，再次访问，仍可能重新计算该 RDD，原因有以下两点。

1）cache/persist 缓存 RDD 时，依赖的是 Spark 自身的存储机制，每个 RDD 被分割成若干 Block，存储到 Executor 上的 Blockmanager 上。由于资源有限，有时 Block 也会被移出，此时，虽然 RDD 被 cache/persist，但由于 Block 的缺失，当再次使用时，也要重新计算；

2）更极端的情况，有时计算负载过重，Executor 频繁崩溃或退出，导致 Block 不可用，此时，即使 RDD 调用了 cache/persist，也会导致重新计算 RDD。而 RDD 的重新计算又会进一步加大计算负载，从而陷入无限循环，导致程序无法进行下去。

如果 RDD 调用了 cache/persist 后，仍然会频繁地重新计算该 RDD，则可以考虑对该 RDD 进行 checkpoint。

3. checkpoint 功能及应用场景

（1）checkpoint 功能

checkpoint 可以将 RDD 序列化成文件，存储到 HDFS，当使用此 RDD 时，可以直接从 HDFS 读取恢复，而不需要重新计算。HDFS 默认有 3 个副本，并且有自动恢复机制，相对 Spark 自身的存储机制来说，可用性更高。HDFS 将实现了文件的持久化存储，不会像 Spark 的 Blockmanager 那样，因资源不够，而移除 Block。

（2）checkpoint 应用场景

checkpoint 主要用于：降低 RDD cache/persist 后的重新计算次数，确保整个 Spark 程序能正常进行，而不是耗费在 RDD 的重新计算上。

5.6.2 cache/persist 使用注意事项

1. RDD 重复计算

使用 RDD 时，如果一个 RDD 被多次使用，一定要注意其重复计算的问题，简单的方法是，运行 Spark 程序时，在 Spark Web UI 中查看每个 Job 对应的 DAG 图，看看这些 DAG 图中，Stage 之间起始部分是否有重复的，如果有，则看看这些重复的部分是否对应同一个 RDD，如果是，则说明该 RDD 重复计算了，可以考虑对其 cache/persist。

如果 RDD 使用了 cache，则会在 DAG 图中出现一个绿色的圆圈，如图 5-18 中 filter 下面的圆圈所示。

2. RDD 存储方式

RDD 除了调用 cache 存储在内存中，其实还可以调用 persist 指定其他存储方式：如纯内存、内存+磁盘、磁盘。具体由 numRDD.persist(StorageLevel.xxxxx)中的 xxxxx（存储级别）来决定，xxxxx 的值取图 5-19 中的值。

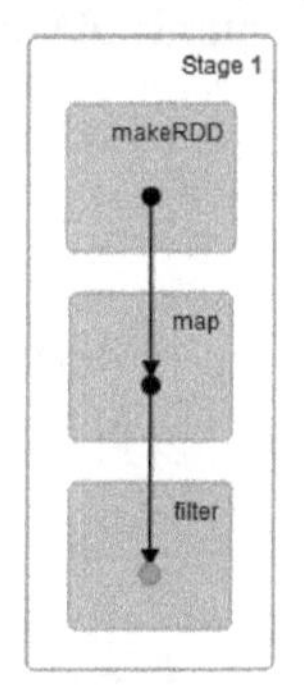

图 5-18　使用 cache 后的 DAG 图

```
val NONE = new StorageLevel( useDisk = fa
val DISK_ONLY = new StorageLevel( useDisk
val DISK_ONLY_2 = new StorageLevel( useDi
val MEMORY_ONLY = new StorageLevel( useDi
val MEMORY_ONLY_2 = new StorageLevel( use
val MEMORY_ONLY_SER = new StorageLevel( u
val MEMORY_ONLY_SER_2 = new StorageLevel(
val MEMORY_AND_DISK = new StorageLevel( u
val MEMORY_AND_DISK_2 = new StorageLevel(
val MEMORY_AND_DISK_SER = new StorageLevel
val MEMORY_AND_DISK_SER_2 = new StorageLev
val OFF_HEAP = new StorageLevel( useDisk
```

图 5-19　RDD 的存储级别

3. 及时释放资源

RDD persist 之后并不是永久存储的，如果 RDD 的 Partition 很少被使用，或者内存资源紧张时，对应的 Partition 会被移除，因此，对于 persist 的 RDD，如果后续不再使用，则可以调用 unpersist 来释放资源。

4. 考虑使用 checkpoint 的场景

有的情况下，即使 RDD persist 了，但由于 RDD 所在的 Executor 不可用，也会导致 RDD 不可用。此时，可以使用 Checkpoint 将其存储到 HDFS 上，这样在需要 RDD 的情况下，也可以直接通过 HDFS 获得。

5.6.3 cache/persist 操作

本节先通过一个 RDD 多次使用的示例演示 RDD 每次使用时都要重新计算的特性。然后介绍 RDD cache/persist 的示例，对比两者开销上的差异。

1．示例 1：RDD 多次使用

（1）示例说明

该示例会创建一个 RDD，并且两次打印输出 RDD 的值，以此观察每次访问 RDD 时，是否需要重新计算该 RDD。

（2）示例代码

```
1 val numRDD = sc.makeRDD(Array(1,3,3,7,9)).map(x=>x+2).filter(x=>{Thread.sleep(10000);x<8})
2 numRDD.collect.foreach(println)
3 numRDD.collect.foreach(println)
```

（3）代码执行情况及说明

1）第 1 行，创建 numRDD，它由 Array(1,3,3,7,9)转换而来，历经 map 和 filter 两个 Transformation 操作，在 filter 中，先休眠 10 秒再处理，其目的是为了观察和确认 filter 是否真正执行；

2）第 2 行，调用 numRDD 的 collect，并打印输出结果，这将触发第 1 行的 Transformation；

3）第 3 行，代码和第 2 行一模一样，可以看到同样等待了 10 秒左右代码才执行完，这说明 numRDD 重新计算了。

numRDD 在第 2 行就已经计算了，为什么第 3 行又重复计算？这是因为 numRDD 在默认情况下并不会做持久化存储，也就是说，第 2 行代码虽然得到了 numRDD 的结果，但仅用于该阶段的处理，numRDD 的计算结果并不会保存下来。

2．示例 2：RDD cache/persist 使用

（1）示例说明

该示例将调用将 RDD 缓存到内存，这样第 3 行代码执行 collect 操作时，计算出来的 numRDD 就会被缓存起来，第 4 行代码再次执行 collect 操作时就可以直接利用缓存的结果，无须重新计算 numRDD 了。

（2）示例代码

```
1 val numRDD = sc.makeRDD(Array(1,3,3,7,9)).map(x=>x+2).filter(x=>{Thread.sleep(10000);x<8})
2 numRDD.cache()
3 numRDD.collect.foreach(println)
4 numRDD.collect.foreach(println)
```

（3）测试结果

运行第 4 行代码，可以立即输出下面的结果，没有等待时间。

```
3
5
5
```

5.6.4 checkpoint 操作

checkpoint 可以将 RDD 序列化，存储成 HDFS 上的文件。checkpoint 使用前，要先设置 checkpoint 的存储路径，后续执行 checkpoint 操作时，就会将 RDD 的序列化文件存储到该路径。

1．RDD checkpoint 示例说明

该示例介绍如何对 RDD 进行 checkpoint，同时通过两次访问此 RDD 进行前后对比。

2．示例代码

```
1 sc.setCheckpointDir("/checkpoint")
2 val numRDD = sc.makeRDD(Array(1,3,5,5,7))
3 val numRDD01 = numRDD.map(_+1).filter(_>2)
4 numRDD01.checkpoint
5 numRDD01.collect.foreach(println)
6 numRDD01.collect.foreach(println)
```

3．代码说明

1）第 1 行，设置 checkpoint 的路径，这个路径必须是 HDFS 的路径，要注意检查 core-site.xml 中 fs.defaultFS 和 fs.default.name 是否设置了 HDFS 文件系统的前缀，如 hdfs://scaladev:9001/，如果没有，则要在参数中加前缀；

2）第 2 行，将 Array[Int]转换成 RDD，并赋值给 numRDD；

3）第 3 行，对 numRDD 进行 map 和 filter 操作，并赋值给 numRDD01；

4）第 4 行，将 numRDD01 标记为 checkpoint，此行代码执行后，会在/checkpoint 目录下创建一个目录（如下所示），但是该目录下没有内容，要待后面第一次计算 numRDD01 时，才会生成 checkpoint 文件；

```
/checkpoint/f1e3b12e-f8a1-46b2-a64d-539b0f1d1f98
```

5）第 5 行，将 numRDD01 的内容拉到 Driver 端并打印，collect 是 Action 操作，因此，第 5 行代码会触发 numRDD01 的第一次计算，DAG 如图 5-20 所示。

> numRDD01 第一次被计算后，会触发 checkpoint 操作（前提是前面调用了 numRDD01.checkpoint），如果 numRDD01 没有 cache，此时 numRDD01 还会被重新计算一次，用于 checkpoint，这样 numRDD01 一共计算了两次。因此，建议对 numRDD01 进行 cache，这样 numRDD01 只会被计算一次。

第 5 行代码执行完后，会在/checkpoint/f1e3b12e-f8a1-46b2-a64d-539b0f1d1f98/rdd-2 目录下生成 3 个 part 开头的文件，这就是 RDD 序列化之后的文件，如下所示；

```
/checkpoint/f1e3b12e-f8a1-46b2-a64d-539b0f1d1f98/rdd-2/part-00000
/checkpoint/f1e3b12e-f8a1-46b2-a64d-539b0f1d1f98/rdd-2/part-00001
/checkpoint/f1e3b12e-f8a1-46b2-a64d-539b0f1d1f98/rdd-2/part-00002
```

6）第 6 行，第二次访问 numRDD01 再次执行 collect 操作，DAG 如图 5-21 所示，此次调用 Spark 程序会直接通过 checkpoint 恢复 numRDD01 的值，不需要重新计算 numRDD01。

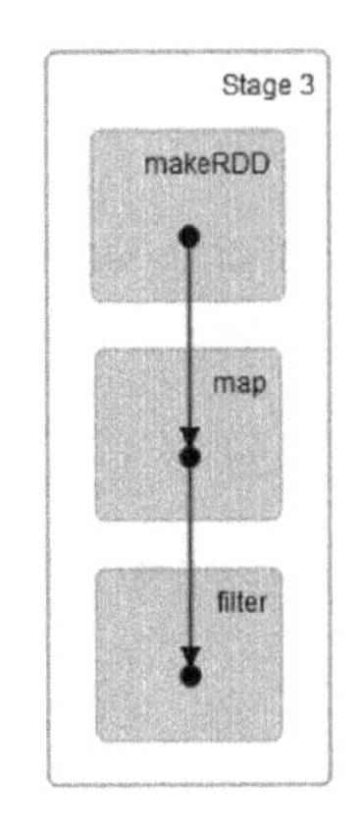

图 5-20　第 5 行示例代码对应的 DAG 图

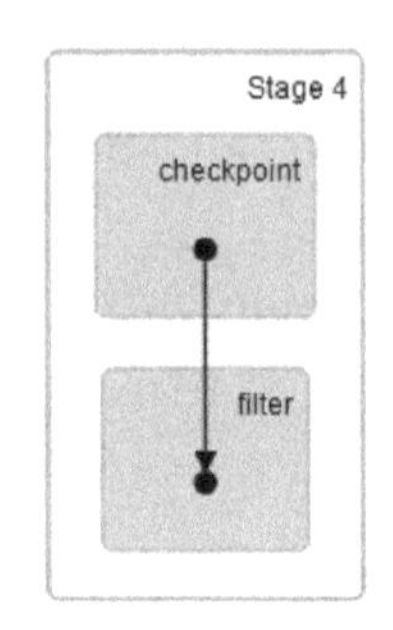

图 5-21　第 6 行示例代码对应的 DAG 图

5.7　练习

1）RDD 的创建有哪几种方式？

2）使用 textFile 读取一个文本文件创建 RDD，其 Partition 数是如何计算的？

3）采用 5.3.5 节中所创建的 my_file，运行下面的代码并说明为何 Partition 的个数是 4。

```
val fileRDD = sc.textFile("/my_file", 3)
fileRDD.getNumPartitions
```

4）RDD 操作可以分为哪几种？它们各自的特点是什么？

5）RDD 的 map 操作的应用场景有哪些？

6）RDD 的一个 Partition 会对应几个 Task？该 Task 的处理数据是否为该 Partition 的数据吗？

7）RDD 的 map 和 faltMap 有什么区别？

8）如何对 RDD 的 join 进行优化，减少 Shuffle？

9）如何对 RDD 的 intersection 进行优化，减少 Shuffle？

10）在 IDEA 下编写 Spark 程序，要求如下：

a．Package 为 examples.idea.spark.MinNum；

b．Main Class 为 MinNum；

c．在 Main 函数中，将 Array(1,2,3,4,5)转换成 RDD，并使用 reduce 或 fold Transformation，求 RDD 中的最小值；

d．使用 IDEA 编译、打包成 examples.jar，提交到 Standalone 上运行；

11）将 Array(1,2,3,4,5)转换成 RDD，并使用 aggregate 将 RDD 中的元素拼接起来。

12）RDD 创建时，其 Partition 内是否有内容？当 RDD 调用 Action 计算后，其 RDD 的内容是否能访问？

13）创建 RDD numRDD 后，分别执行代码一和代码二，它们有什么区别？

numRDD 创建代码：

```
val numRDD = sc.makeRDD(Array(1, 3, 3, 5, 7, 9),2)
```

代码一：

```
numRDD.foreach(println)
```

代码二：

```
numRDD.collect.foreach(println)
```

第 6 章　Spark SQL 结构化数据处理

Spark SQL 是 Spark 中的一个重要模块，用来处理结构化数据。所谓结构化数据，就是一张二维表，由行和列组成，每行的结构都相同。Spark SQL 使用 Dataset/DataFrame 来表示结构化数据，并提供两种方式来操作结构化数据。

- 方式一：使用 Dataset/DataFrame 的 API 操作；
- 方式二：使用 SQL 操作。

第一种方式可以更细粒度、更灵活地处理结构化数据。第二种方式则兼容传统的结构化数据处理方式。数据科学家、数据分析师以及数据库管理人员等可以基于 Spark SQL 直接使用 SQL 语言分析和处理大数据。

本章将介绍 Dataset/DataFrame 的基本概念、区别和应用场景，Dataset/DataFrame 的常用 API，以及在 Spark SQL 中如何使用 SQL 处理结构化数据。具体包括以下内容。

- Spark SQL 是如何处理各种数据的？
- Dataset 和 DataFrame 分别解决了什么问题？
- Spark SQL 对 SQL 标准的支持度怎样？
- 如何在 spark-shell 和代码中使用 DataFrame/Dataset？
- Dataset/DataFrame 同各种数据源之间的转换方法？
- Dataset/DataFrame 常用 API 的使用？
- 如何在 Spark SQL 中使用 SQL 来处理结构化数据？

6.1　Spark SQL 的核心概念

本节介绍 Spark SQL 中的重要概念，如结构化数据/非结构化数据，DataFrame 和 Dataset 的概念和区别，Persistent Table 和 SQL 等。

6.1.1　结构化数据和非结构化数据

1．结构化数据

结构化数据是一张二维表，由行和列组成，每行的结构都相同，列又称字段。图 6-1 就是一张学生信息二维表，它是一个 3×2 的二维表，有 3 行和 2 列，每行有 2 个字段，字段名分别是 id 和 name。

id	name
1001	Mike
1002	Tom
1003	Rose

图 6-1　学生信息二维表

Spark SQL 中的结构化数据包括两类数据：

- 表数据/真实数据：指二维表内的行数据，如图 6-1 中的“1001 Mike”，“1002 Tom”和“1003 Rose”；
- Schema 数据：指描述二维表结构的数据，包含两种数据：列名和列数据类型。如图 6-1 中的列名 id 和 name，以及 id 的类型 Int，和 name 的类型 String。

Spark SQL 使用 Dataset/DataFrame 来表示结构化数据，在 Dataset/DataFrame 中专门提供了一个 printSchema 操作来打印 Schema。有了 Schema，用户就可以在 SQL 中直接使用列名来描述列。SQL 工具则可以通过 Schema 信息和 DataFrame 操作该列名所对应的列数据。基于 Dataset/DataFrame 可以很方便地支持 SQL 操作。

2. 非结构化数据

非结构化数据分以下两种情况。

- 数据自身没有 Schema，无法描述数据的结构。如 RDD 表示图 6-1 的数据，可以写成 RDD[(Int, String)]，RDD 元素类型是一个二元组，二元组的第一项是 Int，表示 id 的类型，第二项是 String，表示 name 的类型。但是，由于 RDD 二元组的每一项都没有名字，缺少 Schema 描述列信息，因此，RDD 无法支持 SQL 操作。
- 数据自身有结构，但它的结构不是二维表的结构。例如，视频文件有自己的结构，但它不是二维表的结构，因此无法进行行列操作，也就无法支持 SQL 操作了。

总之，非结构化数据无法支持 SQL 操作。

6.1.2 DataFrame

1. DataFrame 出现背景

DataFrame 出现之前，Spark 使用 RDD 来处理数据。RDD 没有 Schema，是典型的非结构化数据。例如，学生信息可以用 RDD[(Int, String)]来表示，但是没有列名，无法将它抽象成一张二维表，也就没有办法使用 SQL。如果要对用 RDD 表示的学生信息进行查询，每种操作都需要 RDD 编程来实现，非常费时费力。

2. DataFrame 解决方案

为此，Spark 提出了一种新的数据结构 DataFrame。和 RDD 类似，DataFrame 所表示的数据也是分布式存储的，不可更改，可并行处理。

和 RDD 不同的是，DataFrame 包含了 Schema 数据，用来描述列名和列数据类型。因此，DataFrame 可以抽象成一张二维表，表的基本单位是行，每行的结构是一样的，即有相同的列，每列都有名字和类型信息。使用 DataFrame 的 printSchema 操作可以打印出该 DataFrame 所有列的列名和列数据类型。

基于以上特性，Spark SQL 可以很方便地在 DataFrame 上增加 SQL 的支持。实际使用中，需要将 DataFrame 转换成一个视图，在这个视图上执行 SQL 操作非常方便。

Spark SQL 支持将多种数据源转换成 DataFrame，如 Seq 类型数据、RDD、CSV、JSON、ORC、Parquet、Avro、JDBC 连接的数据库和 Hive 表等。

DataFrame 还提供了和 RDD 类似的 Transformation 操作和 Action 操作，用于并行处理。

此外，DataFrame 还自带优化器 Catalyst，将 SQL 查询操作或者 DataFrame 的操作转换为优化后的 RDD 操作，所有这些都在后台自动完成，大大降低了对使用者的要求，数据处理的效率能得到保证。

DataFrame 解决了结构化数据的表示和处理问题，既可以使用 SQL 来操作 DataFrame，又可以使用 DataFrame 的 API 来操作 DataFrame。

📖 在 Spark 1.3 之前，DataFrame 叫做 SchemaRDD，它是直接从 RDD 继承过来的；Spark 1.3 之后，SchemaRDD 改名为 DataFrame，不再从 RDD 继承，其实现全部重写。但是 DataFrame 仍然提供很多的类 RDD 接口，并且 DataFrame 和 RDD 可以互换。

6.1.3 Dataset

1．Dataset 出现背景

如果使用 SQL 操作 DataFrame，可根据 Schema 中的列信息在 SQL 语句中直接使用列名。但是，使用 DataFrame 的 API 操作时，由于 DataFrame 中元素（即每行）类型是 Row，所以 Row 到底分了多少个字段、每个字段的名称等信息都无法直接获得，需要开发者自行编程来解析；此外，在编译阶段，编译器也无法检查 DataFrame 中各个字段的类型的正确性。

为了解决上述问题，Spark 对 DataFrame 进行扩展，提出了 Dataset。

Dataset 中每个元素（行）的类型不局限于 Row，而是自定义类，类中的成员变量分别对应一个字段，在处理过程中，可以直接通过成员变量名来访问这些字段。当字段写错或者类型不匹配时，在编译阶段就能检查出来。

因此，对于 Dataset 来说，既有 Schema 信息支持 SQL 操作；同时，Dataset 的每个元素又可以采用自定义数据类型，使用 Dataset 的 API 时，Dataset 每个元素的成员变量可以直接访问，而且编译时还能查错。

📖 Dataset 是在 Spark 1.6 之后才新增加的接口；

📖 对于 Scala 版本的 API 来说，从 Spark 2.0 开始，去除了之前 DataFrame 的实现，将 DataFrame 统一成 Dataset[Row]，DataFrame 不再有独立地实现代码，而是作为特殊的一类 Dataset，由 Dataset 来实现，这样，不论是从语义上还是实现上，都更加简化和统一。

Dataset 的 API 和 RDD 一样，也分为 Transformation 操作和 Action 操作。

Transformation 操作用于产生新的 Dataset，常见的 Transformation 操作包括 map、filter、select 等。

Action 操作则用来触发计算并返回结果。而 Action 操作则包括 count、show 以及向文件系统写入数据。DataSet 的 Transformation 操作也是延迟执行的，要有 Action 操作触发才会执行。

Dataset 还提供了一个 Encoder，用于 Dataset 表视图和 JVM 对象之间的转换。例如，对于 Dataset[Stu]（Stu 是 Dataset 中自定义的元素类型），Encoder 在运行时会告诉 Spark 将 Stu 对象序列化成二进制的结构，这个二进制结构通常会占用更少的内存，同时对它进行了优化，使得数据处理更高效。如果要理解这个二进制结构，可以调用 schema 函数将其转换打印成表格。

2．DataFrame/Dataset 发展历程

为了更好地了解 DataFrame 和 Dataset，表 6-1 列出了两者的发展历程。

表 6-1 DataFrame 和 Dataset 发展历程表

编 号	时 间 段	说 明
1	Spark 1.3 之前	DataFrame 不存在，只有 SchemaRDD，Spark 1.3 之后，将 SchemaRDD 改名为 DataFrame。
2	Spark 1.3～Spark 1.6 之间（包括 Spark 1.3，不包括 Spark 1.6）	只有 DataFrame，没有 Dataset
3	Spark 1.6～Spark 2.0 之间（包括 Spark 1.6，不包括 Spark 2.0）	引入 Dataset，DataFrame 和 Dataset 是各自独立实现的
4	Spark 2.0～至今（包括 Spark 2.0）	去除了 DataFrame 的独立实现，将 DataFrame 作为一种特殊的 Dataset，DataFrame 实际上是 Dataset[Row] 的别名，至此，DataFrame 和 Dataset 的语义和实现完成统一。

📖 后续所涉及的 DataFrame 和 Dataset 都是指 Spark 2.0 之后的版本。

3．DataFrame/Dataset 发展前景

Dataset/DataFrame 发展非常迅速，而且越来越重要。从 Spark 的规划来看，上层的用户接口会逐步统一到 Dataset/DataFrame。以 Spark 2.3 为例，在 Spark SQL、Spark Streaming、Structured Streaming、SparkR、Graphx 和 MLLib 中都有 DataFrame 接口。因此，开发者将越来越多地同 DataFrame 打交道。

📖 RDD 会逐渐退居幕后，但绝不是被取代的关系，因为所有 Dataset/DataFrame 的操作最后都会转换成 RDD 操作，因此，对开发者来说，掌握 Dataset/DataFrame 和 RDD 都是十分重要的。

6.1.4 Persistent Table 和 Data Warehouse

1．Persistent Table 定义

Persistent Table 翻译为持久表。DataFrame/Dataset 在文件系统上存储的持久化数据被称为一张 Persistent Table。

2．Persistent Table 功能

- Persistent Table 实现了 DataFrame/Dataset 的持久化存储。DataFrame/Dataset 不是持久化的，Spark 程序一重启就没有了。Persistent Table 则不同，即使 Spark 程序重启，Persistent Table 依然存在于文件系统。
- Persistent Table 简化了 DataFrame/Dataset 的创建工作。从其他数据源创建 DataFrame/Dataset 时，要对数据源做一系列的处理工作，如数据解析和转换等，有时还要加入 Schema 信息后，才能创建对应的 DataFrame/Dataset。而 Persistent Table 本身就是由 DataFrame/Dataset 转换而来的，直接加载 Persistent Table 就可以创建 DataFrame/Dataset。
- 在 Persistent Table 上可直接使用 SQL 操作，而 DataFrame/Dataset 还需要转视图后才能使用 SQL 操作。

3．Persistent Table 分类

Persistent Table 有两种：Hive 表和 Built-in data source 表。

（1）Hive 表

在 Spark SQL 出现之前，Hive 是应用范围非常广泛的数据仓库软件。Hive 支持创建多个数据库，数据库下的表就称为 Hive 表。Hive 表有多种文件格式，Spark SQL 支持其中的部分格式，包括 TextFile、SequenceFile、RCFile、ORC、Parquet 和 Avro，如果 Hive 数据仓库中已有的 Hive 表是这些格式的话，Spark SQL 就可以直接操作这些 Hive 表，这样就实现了对 Hive 数据仓库的兼容。

（2）Built-in data source 表

Built-in data source 翻译成内置数据源，指不需要借助第三方 Package，Spark 自身就能解析和存储的数据源，具体包括 Text、CSV、JSON、JDBC、ORC 和 Parquet 等。Built-in data source 表则是基于以上数据源所创建的 Persistent Table。

Built-in data source 表中，Parquet 和 ORC 是和 Hive 兼容的，Hive 可以对这两种格式的表进行操作，其他的则不行。

📖 非内置数据源（如 Avro）需要借助第三方的 Package 才能被处理。但是，随着 Spark 版本的不断迭代，Spark 的内置数据源也不断增多，例如 Spark 2.3 中，Avro 还不是内置数据源，但是 Spark 2.4 中，Avro 已经成为内置数据源。

4．Data Warehouse

Data Warehouse 中文翻译是数据仓库。和传统的数据库相比，Spark SQL 的数据源种类更多、更复杂、数据规模更大。而且 Spark SQL 主要用于数据分析和挖掘，传统数据库则用于数据管理和事务处理。因此，把 Spark SQL 这种数据组织形式称为数据仓库（Data Warehouse）。

Spark SQL 支持在数据仓库下创建数据库，数据库下再创建 Persistent Table。用户可以按照主题创建数据库，然后在对应数据库下创建 Persistent Table。

6.1.5 SQL

1．SQL 简介

SQL 是 Structured Query Language 的缩写，是用户操作关系型数据库的标准语言。随着数据应用领域的进一步拓展，不只数据库支持 SQL，其他领域如数据仓库也可以使用 SQL。

2．SQL 标准发展史

1986 年，ANSI（美国国家标准学会）和 ISO（国际标准化组织）标准组正式采用了“Database Language SQL”语言定义标准，称为 ANSI SQL-86。后续在此基础上，于 1989、1992、1996、1999、2003、2006、2008、2011 年分别发布了新的修订版本，目前最新的版本是 2016。而 ANSI SQL-92 又称为 ANSI SQL。

3．Spark SQL 所支持的 SQL 标准

Spark 版本越高，其 Spark SQL 对 SQL 标准的支持度就越高。

Spark 2.0 的 Spark SQL 所支持的 SQL 兼容 ANSI-SQL 和 Hive QL（Hive QL 是 Hive 所支持的 SQL 语法，它结合了 Hive 大数据处理的特性，和传统的 SQL 标准语法有一些不同，简称 HQL），同时，Spark 还大大改进了对 SQL-2003 的支持。

Spark 2.0 的 Spark SQL 可以运行完整的 99 个 TPC-DS 查询。TPC-DS 包括 99 个与 SQL-99 标准兼容的 SQL 查询，它是大数据处理和数据挖掘方面的权威测试。

4．如何在 Spark SQL 中使用 SQL

在 Spark SQL 中使用 SQL 有以下两种方式。

1）直接在 spark-sql 中输入 SQL 进行操作，spark-sql 是 Spark 提供的一个交互工具，运行后，可以接收和解析用户输入的 SQL，并显示 SQL 的执行结果；

2）在编程语言中嵌入 SQL，例如本书使用 Scala 作为 Spark 的编程语言，因此可以在 Scala 中嵌入 SQL。

6.1.6 SparkSession

SparkSession 是 Spark 中的一个重要的类（Class），它是 Spark 功能的入口。在 Spark 2.0 以后的版本中，如果要使用 DataFrame/Dataset，就要先创建 SparkSession 对象。

1．SparkSession 出现的背景

Spark 2.0 以前的版本，Spark 有多个功能入口。例如，要创建 RDD，需要使用 SparkContext；要处理 Hive 表，需要使用 HiveContext；要处理 Spark 内置的结构化数据，需要使用 SQLContext；要处理流数据，需要使用 StreamingContext。用户不仅需要记住各种不同的入口，而且容易造成混乱并出错。

Spark 2.0 之后的版本使用 SparkSession 统一了 Spark 的功能入口。使用 SparkSession 对象可以创建 RDD；使用 SparkSession 对象也可以创建 Dataset/DataFrame 来统一处理 Hive 表、Spark 内置的结构化数据和流数据。

因此，编写 Spark 代码时，可以统一从创建 SparkSession 对象开始，Spark 的代码结构和编码方式得到了统一，这样使用方便且不容易出错。

2．SparkSession 的作用

Spark SQL 可以使用 SparkSession 对象创建 RDD；Spark SQL 可以使用 SparkSession 对象将各种数据源转换成 Dataset/DataFrame；Spark SQL 还可以使用 SparkSession 对象来执行 SQL 语句，操作结构化数据；Spark 2.0 中的 SparkSession 还内置对 Hive 的支持，如使用 HiveQL 语法来编写查询语言，读取 Hive 表数据等。因此，在使用这些 Hive 相关的功能时，不需要安装 Hive，使用 SparkSession 对象就可以直接操作。

6.2 Spark SQL 数据处理概述

6.2.1 Spark SQL 数据处理环境

Spark SQL 是 Spark 的内置模块，不需要额外安装。Spark SQL 数据处理环境如图 6-2 所示，自上向下分为 Spark SQL 使用者、Spark SQL 运行环境和数据源三个层次。

1．Spark SQL 使用者

Spark SQL 使用者指使用 Spark SQL 完成结构化数据处理的工具、命令或程序。在 Spark SQL 中有以下 3 种使用者。

- spark-sql：spark-sql 是 Spark 内置的交互工具，它可以连接到 Spark 集群，用户可以在 spark-sql 上直接输入 SQL 语句来处理结构化数据；
- spark-shell 也是 Spark 内置的交互工具，它可以连接到 Spark 集群，用户在 spark-shell

上可以使用 Scala 语言调用 Dataset/DataFrame 的 API 来处理结构化数据，也可以在 Scala 语言中嵌入 SQL 语句来处理结构化数据；

- Spark 应用程序，是指自己编写的 Spark 程序，可以使用 Scala 语言编写 Spark 程序，调用 Dataset/DataFrame 的 API 来处理结构化数据，也可以在代码中嵌入 SQL 语句来处理结构化数据。

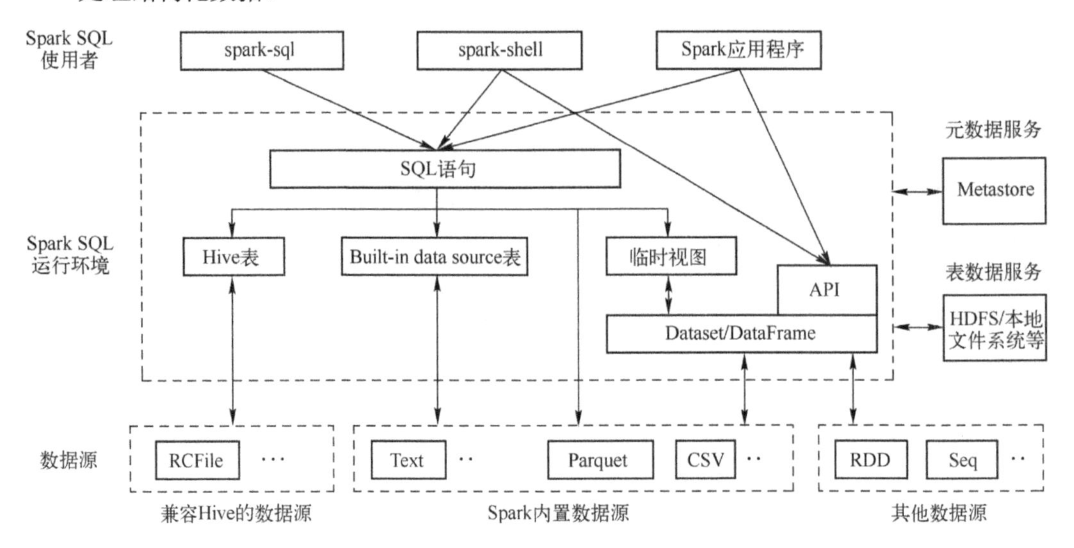

图 6-2　Spark SQL 数据处理示意图

2. Spark SQL 运行环境

Spark SQL 的运行环境包括 3 个部分：Spark SQL 模块、元数据服务和表数据服务。具体描述如下。

（1）Spark SQL 模块

Spark 利用 Spark SQL 模块处理结构化数据，它是 Spark 的内置模块，Spark 的安装 Package 中就包含了它。

（2）元数据服务

Spark SQL 数据仓库支持构建数据库，每个数据库可以创建多张表。对于 Spark SQL 数据仓库而言，它包含下面两类数据。

元数据：存有数据库名、数据库属性、表的 Schema 等信息的数据。

📖 6.1.1 节中，讲到结构化数据也包含两种数据：表数据和 Schema 数据，这是针对表而言的。结构化数据中的表数据和 Spark SQL 数据仓库的表数据都是指二维表的实际内容；结构化数据中的 Schema 数据则属于 Spark SQL 数据仓库的元数据的一部分。

表数据：数据库表内每行的内容。

例如，Spark SQL 中创建了一个数据库 studb，并创建了 1 张表 stu_info，插入了 3 行数据，如图 6-3 所示。

id	name
1001	Mike
1002	Tom
1003	Rose

图 6-3　学生信息表 stu_info

则数据库 studb 的数据分类如下。

1）元数据：数据库名 studb，表名 stu_info，表 stu_info 的列

名 id，id 列数据类型 Int，列名 name，name 列数据类型 String，这些数据都是元数据；

2）表数据：表 stu_info 内的行内容：1001 Mike，1002 Tom 和 1003 Rose，这些内容都是表数据。

📖 Spark SQL 使用的元数据和 Hive 是兼容的，Spark SQL 和 Hive 可以互相读取对方创建的数据库名和表名。但是，Spark SQL 和 Hive 不一定能读出对方所写入的表数据，这是因为对于有的表数据格式，Spark SQL 和 Hive 不一定完全兼容。

当 Spark SQL/Hive 操作元数据时（如创建数据库），Spark SQL/Hive 会同元数据服务（元数据服务有多种实现，统称为 Metastore）模块交互，元数据服务模块再同底层数据库进行交互，将数据写入底层数据库，或者从底层数据库读出数据。

📖 元数据服务模块并不负责元数据存储的实现，有了元数据服务模块，Spark SQL/Hive 同元数据交互的接口可以统一，不管底层用什么数据库，版本如何变化，都可以由元数据服务模块去做适配，上层接口可以始终保持不变。反之，没有元数据服务模块，只要底层有一点变化，上层程序就要修改代码，重新编译，非常麻烦。

📖 元数据存储在专门的数据库中，和表数据是分开存储的。

（3）表数据服务

Spark SQL 使用表数据服务实现表数据的存储和访问，此服务一般由 HDFS 或本地文件系统提供。

3．数据源

数据源是指 Spark SQL 所处理的结构化数据的来源。

📖 元数据是统一存储在数据库的，此处的数据源是指表数据的来源。

Spark SQL 支持多种数据源，如图 6-2 所示，数据源可以分为 3 类。

- 兼容 Hive 的数据源：指 Spark SQL 和 Hive 都可以读取的表数据的来源，即图 6-2 中 Hive 表的数据来源，包括多种格式的文件：TextFile、SequenceFile、RCFile、Avro、Parquet 和 ORC 等；
- Spark 内置数据源：是指 Spark SQL 不需要依赖第三方库，自身就支持的数据源，和 Hive 不一定兼容，包括 Text、CSV、JSON、Parquet 和 ORC 等格式的文件，还包括支持 JDBC 连接的数据库等；
- 其他数据源：主要指来源于内存的数据源，如 RDD、Seq 数据等。

6.2.2 Spark SQL 处理结构化数据

Spark SQL 模块为上层使用者提供了通过 SQL 或通过 Dataset/DataFrame 的 API 两种方式来处理结构化数据。

1．方式一：SQL

在 Spark SQL 中，使用 SQL 可以操作 4 类对象：Hive 表、Built-in data source 表、临时视图和 Spark 内置数据源文件（如图 6-2 所示）。

Hive 表和 Built-in data source 表都是 Persistent Table。Hive 表用于兼容 Hive 数据仓库；

Built-in data source 表则是 Spark 内置数据源表；临时视图由 Dataset/DataFrame 创建而来，可以看作是一张临时表，程序结束后，这张表也就不存在了；Spark 内置数据源文件是指存储为 Spark 内置数据源格式的文件，包括 Text、CSV、JSON、Parquet 和 ORC 等格式的文件。

如图 6-2 所示，spark-sql、spark-shell 和 Spark 程序都可以使用 SQL，其中，在 spark-sql 中是直接输入 SQL，spark-shell 和 Spark 程序则是在代码（Scala）中嵌入 SQL。

2．方式二：Dataset/DataFrame 的 API

Dataset/DataFrame 是 Spark SQL 的核心数据结构，它们用来表示二维表。

Dataset/DataFrame 提供了很多和 RDD 类似的 API 来处理这个二维表。和 SQL 相比，Dataset/DataFrame 的 API 可以更细粒度、更灵活地处理结构化数据，但是，编码工作量也更大。有关 Dataset/DataFrame 的概念和 API 使用，后面还会详细介绍。

如图 6-2 所示，spark-shell 和 Spark 程序都可以使用 Dataset/DataFrame 的 API。

Spark SQL 的使用者既可以将 Dataset/DataFrame 转换成临时视图，然后使用 SQL 来处理，也可以在代码中直接调用 Dataset/DataFrame 的 API 来处理。因此，Dataset/DataFrame 在 Spark SQL 的结构化数据处理通路中非常重要，Dataset/DataFrame 是 Spark SQL 的核心数据结构。

6.2.3 Spark SQL 处理不同数据源的数据

不同的数据源，其 Spark SQL 的数据处理方法可能不一样。按照数据源的分类 Spark SQL 数据处理方法可分为三类。

- 兼容 Hive 的数据源：该数据源对应 Hive 表，可以使用 SQL 对 Hive 表直接处理，或者将 Hive 表转换成 DataFrame/Dataset 进行处理；
- Spark 内置数据源：如果该数据源对应 Built-in data source 表，可以使用 SQL 直接对该表操作，或者将该表转换成 DataFrame/Dataset 进行处理；如果该数据源是文件，可以使用 SQL 直接处理，也可以将数据源转换成 DataFrame/Dataset 处理，或者将数据源转换成 Built-in data source 表，使用 SQL 操作该表；如果该数据源是数据库，则可以将数据源转换成 DataFrame/Dataset 处理，或者将数据源转换成 Built-in data source 表，使用 SQL 操作该表；
- 其他数据源：将它们转换成 DataFrame/Dataset 进行处理。

6.3 构建 Spark SQL 运行环境

本章介绍 Spark SQL 的两种运行环境：最简 Spark SQL 运行环境和兼容 Hive 的 Spark SQL 运行环境。最简 Spark SQL 运行环境即现有的 Spark+HDFS 集群环境，不需要安装新的 Package，也不需要做配置。兼容 Hive 的 Spark SQL 运行环境则需要安装 Hive 并对 Spark 进行配置。本章分别介绍两种环境的特点和部署方法。本书后续章节的实验环境将采用“兼容 Hive 的 Spark SQL 运行环境”。

6.3.1 Spark SQL 运行环境概述

6.2.1 节中介绍了 Spark SQL 的运行环境，包括 3 个部分：Spark SQL 模块、表数据服务和元数据服务，如图 6-4 所示。

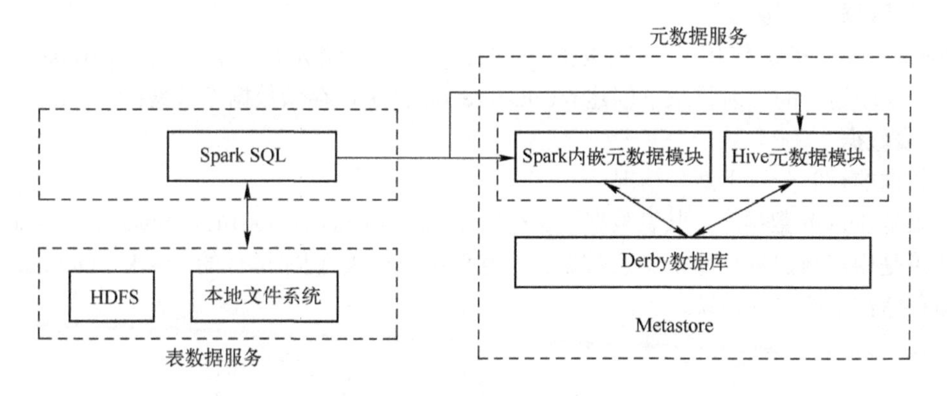

图 6-4　Spark SQL 运行环境表

其中，Spark SQL 模块是 Spark 的内置模块，安装了 Spark，Spark SQL 也就安装好了；

表数据服务用来实现表数据的存储和访问，Spark SQL 通常使用 HDFS 来存储表数据；

元数据服务则用来实现元数据的存储和访问，当 Spark SQL 操作元数据时（如创建数据库），Spark SQL 会同元数据服务模块交互，元数据服务模块再同底层数据库进行交互，将数据写入底层数据库，或者从底层数据库读出数据，如图 6-4 所示。

📖 元数据服务模块并不负责元数据存储的实现，而是依托底层数据库来实现，Spark SQL/Hive 默认的底层数据库是 Derby，Derby 数据库可以内嵌在程序中，这样不需要单独安装 Derby 数据库管理软件，就可以直接操作数据库。

Metastore 是元数据服务模块的统称，有以下两种实现。

- Spark 内嵌元数据模块，它是 Spark SQL 实现的一部分，无须额外安装，同时 Spark 还实现了 Derby 数据库的访问；最简情况下，只需要安装好 Spark，Spark SQL 就可以使用了。
- Hive 元数据服务，元数据服务由 Hive 来提供，需要预先安装 Hive，Hive 安装好后，要配置 Spark SQL 使用 Hive 元数据服务，最后运行 hive 命令，通过参数指定启动 Hive 元数据服务。

6.3.2　构建最简的 Spark SQL 运行环境

“最简的 Spark SQL 运行环境”如图 6-5 所示。在虚拟机 scaladev 和 vm01 上部署了 Spark-2.3.0，Spark SQL 就包含在 Spark-2.3.0 中，Spark SQL 默认采用“Spark 内嵌元数据模块”，也是包含在 Spark-2.3.0 中。因此，不需要额外安装 Package，只需要配置 Spark 集群采用 Standalone 运行模式即可，不需要针对 Spark SQL 做专门的配置；同时还在虚拟机 scaladev 和 vm01 上部署了 Hadoop-2.7.6 用来构建 HDFS，因为 Spark SQL 采用 HDFS 作为存储系统。

📖 最简环境其实就是 2.7 节中扩展了节点的 Spark 集群和 HDFS 集群，在这个环境中可直接使用 Spark SQL，并不需要针对 Spark SQL 做特殊配置。

Spark SQL 采用“Spark 内嵌元数据模块”，其元数据和表数据的存储说明如下。

1．元数据

Spark SQL 默认使用“本地数据库 Derby”来存储元数据，会在 spark-shell/spark-sql/Spark 程序运行的当前目录下创建 meatastore_db 目录，存储数据库数据；

2．表数据

表数据的存储分以下两种情况。

如果是 default 数据库，其表数据默认存储在 hdfs://scaladev:9001/user/hive/warehouse/下；

如果是用户自建数据库，其表数据默认存储在 Spark 程序运行的 spark-warehouse 目录下，即存储在本地文件系统之上。

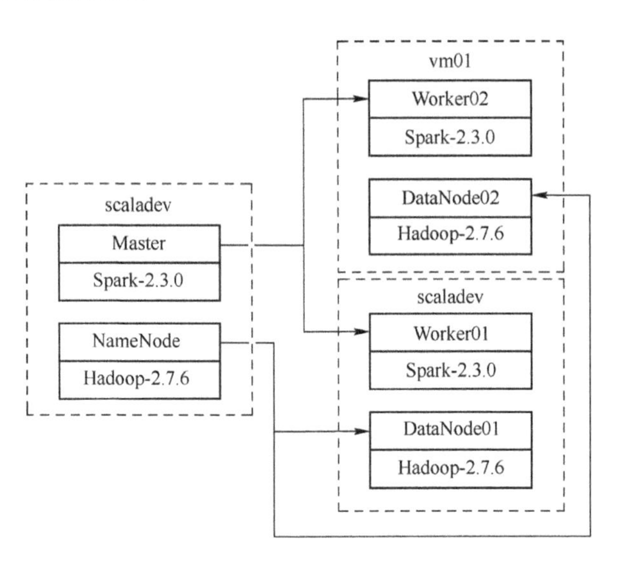

图 6-5　最简的 Spark SQL 运行环境部署图

注意：由于用户自建数据库的表数据是存储在本地的，这样可能会导致分布式查询时其他节点上的 executor 访问不到表数据而报错。因此，对于最简的 Spark SQL 运行环境，在使用的时候要指定表数据的存储路径为 HDFS 上的路径，由于 Spark SQL 有 3 种使用者：spark-shell、spark-sql 和 Spark 程序，下面分别说明它们的使用方法。

> 📖 spark-shell 和 spark-sql 都是 Spark 交互工具，spark-shell 解释并执行用户输入的 Scala 代码，spark-sql 解释并执行用户输入的 SQL。Spark 程序则是指用户编写的 Spark 程序。

1）spark-shell 的使用如下所示，使用 spark.sql.warehouse.dir 指定用户自建数据库的表数据存储在 hdfs://scaladev:9001/user/hive/my_warehouse/上；

```
$spark-shell --driver-java-options "-Dspark.sql.warehouse.dir=hdfs://scaladev:9001/user/hive/my_warehouse/"
--master spark://scaladev:7077
```

2）spark-sql 的使用如下所示，使用参数和 spark-shell 一样；

```
$spark-sql --driver-java-options "-Dspark.sql.warehouse.dir=hdfs://scaladev:9001/user/hive/my_warehouse/"
--master spark://scaladev:7077
```

3）如果是 Spark 程序，则可以在 spark-submit 后加入--driver-java-options "-Dspark.sql.warehouse.dir=hdfs://scaladev:9001/user/hive/my_warehouse/"即可。

特别注意：

在“最简的 Spark SQL 运行环境”中，在 spark-shell/spark-sql 中创建表会报错，示例如下。

```
scala> spark.sql("CREATE TABLE math_scores(id Int, score Int)")
```

执行后，会输出以下报错信息，这是因为 Spark SQL 内置的元数据写入功能的兼容性还存在一定问题。这个问题需要通过构建兼容 Hive 的 Spark SQL 运行环境来解决。

```
Column 'IS_REWRITE_ENABLED'   cannot accept a NULL value
```

6.3.3 构建兼容 Hive 的 Spark SQL 运行环境

1．使用“Hive 元数据服务”的背景

“最简的 Spark SQL 运行环境”存在以下两个问题。

（1）问题一：Derby 连接冲突

“最简的 Spark SQL 运行环境”采用“Spark 内嵌元数据模块”，Derby 内置在 Spark 程序的进程中，Derby 只支持一个连接。此时，再运行一个 Hive 客户端，Hive 客户端也会内置一个 Derby，也要占用一个连接，所以就会发生冲突。

因此，在最简的 Spark SQL 运行环境中，如果 spark-sql 和 Hive 客户端要对同一个数据仓库操作，只能两者交替使用，例如先运行 spark-sql，操作完后，退出 spark-sql，再运行 Hive 客户端进行操作，但是这样非常麻烦。

（2）问题二：创建数据库表报错

在“最简的 Spark SQL 运行环境”中，由于兼容性问题，创建数据库表会报错。

以上两个问题都是因为 Spark SQL 采用“Spark 内嵌元数据模块”而导致的。如果 Spark SQL 使用“Hive 元数据服务”则可以有效解决以上两个问题，原因如下。

如果 Spark SQL 和 Hive 都采用“Hive 元数据服务”，该服务单独作为一个进程，在该进程内启动 Derby 对外提供服务。spark-sql 和 Hive 客户端不再内置 Derby，而是通过和“Hive 元数据服务”打交道实现元数据存储。由于 Derby 只在 Hive 元数据服务中，不会发生冲突，而 spark-sql 和 Hive 可同时运行，对同一个数据仓库进行操作，如图 6-6 所示，把使用“Hive 元数据服务”的 Spark SQL 运行环境称之为：“兼容 Hive 的 Spark SQL 运行环境”。

如果 Spark SQL 采用“Hive 元数据服务”，元数据的写入将通过“Hive 元数据服务”来完成，它是元数据写入的原生模块，没有问题。

2．应用场景

“兼容 Hive 的 Spark SQL 运行环境”应用场景如图 6-6 所示，Spark SQL 和 Hive 都通过“Hive 元数据服务”实现元数据的存储和访问，Hive 元数据服务再同 Derby 数据库交互。

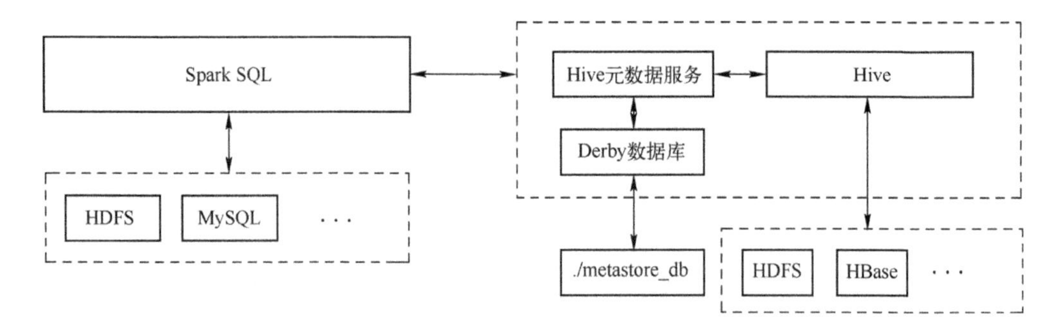

图 6-6　兼容 Hive 的 Spark SQL 应用场景

📖 Derby 数据库位于/home/user/metastore_db 目录下，“Hive 元数据服务”必须在 metastore_db 的父目录（/home/user/）下启动。

和最简环境相比，兼容 Hive 的 Spark SQL 运行环境具有以下优点。

- 支持 spark-sql、spark-shell、Spark 程序和 Hive 客户端同时运行，访问同一个数据仓库；
- spark-sql、spark-shell、Spark 程序和 Hive 客户端可以在不同的节点上运行，不需要都运行在 Derby 数据库节点。

3．兼容 Hive 的 Spark SQL 部署图

上述应用场景的部署图如图 6-7 所示。在虚拟机 scaladev 和 vm01 上部署 Spark-2.3.0，Spark SQL 包含在 Spark-2.3.0 中；“Hive 元数据服务”包含在 Hive-2.3.3 中；在 scaladev 上安装 Hive，并配置 scaladev 上的 Spark 采用“Hive 元数据服务”；在虚拟机 scaladev 和 vm01 上部署 Hadoop-2.7.6 用来构建 HDFS，Spark SQL 采用 HDFS 作为存储系统。

4．构建步骤

“兼容 Hive 的 Spark SQL 运行环境”的构建操作在 2.7 节所构建的 Spark 大数据处理环境上展开，构建步骤如下。

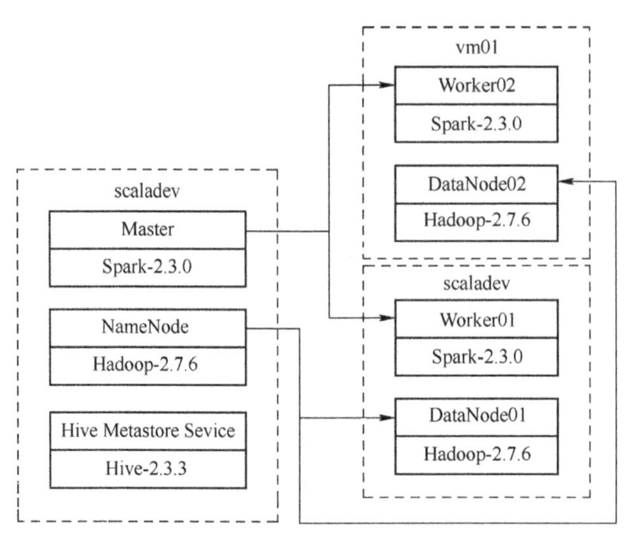

图 6-7　兼容 Hive 的 Spark SQL 运行环境部署图

（1）安装 Hive

本小节需要在虚拟机 scaladev 上安装 Hive。本节属于实践内容，因为后续章节会用到本节成果，所以本实践必须完成。请参考本书配套资料《Spark 大数据编程实践教程》中的“实践 10：Hive 的安装与基本使用”完成本节任务。

（2）配置 Spark 使用“Hive 元数据服务”

以下配置都在 scaladev 上进行，步骤如下。

1）将 Hive 的 hive-site.xml 文件复制到 Spark 的配置目录，命令如下。

```
[user@scaladev ~]$ cp apache-hive-2.3.3-bin/conf/hive-site.xml spark-2.3.0-bin-hadoop2.7/conf/
```

2）编辑 Spark 的 hive-site.xml，配置 Spark 使用“Hive 元数据服务”。

```
[user@scaladev ~]$ vi spark-2.3.0-bin-hadoop2.7/conf/hive-site.xml
```

将 hive.metastore.uris 设置成“thrift://scaladev:9083”，如下所示；

```
<name>hive.metastore.uris</name>
<value>thrift://scaladev:9083</value>
```

scaladev:9083 表示“Hive 元数据服务”的主机名是 scaladev，端口是 9083。

在 hive-site.xml 末尾添加以下代码；

```
<property>
    <name>system:java.io.tmpdir</name>
    <value>/home/user/hivetmp</value>
</property>
```

确认元数据存储使用 Derby 数据库；

```
<name>javax.jdo.option.ConnectionURL</name>
<value>jdbc:derby:;databaseName=metastore_db;create=true</value>
```

确认表数据存储路径；

```
<name>hive.metastore.warehouse.dir</name>
<value>/user/hive/warehouse</value>
```

3）修改 HDFS 的 core-site.xml。

```
[user@scaladev ~]$ vi /home/user/hadoop-2.7.6/etc/hadoop/core-site.xml
```

修改 fs.defaultFS 的值为：hdfs://scaladev:9001/，如下所示。

```
<name>fs.defaultFS</name>
<value>hdfs://scaladev:9001/</value>
```

修改 fs.default.name 的值为：hdfs://scaladev:9001/，如下所示。

```
<name>fs.default.name</name>
<value>hdfs://scaladev:9001/</value>
```

（3）启动“Hive 元数据服务”

下面的操作都在 scaladev 上进行，具体如下。

1）初始化 Derby 数据库，命令如下：

```
[user@scaladev ~]$ schematool -dbType derby –initSchema
```

📖 如果不做初始化工作，后面 hive 元数据服务启动时，会报下面的错误。
MetaException(message:Version information not found in metastore

📖 schematool 会在当前工作目录下（本书是/home/user），创建 metastore_db，并初始化数据库。后续运行 hive 命令、运行 spark-shell、spark-sql 以及提交 Spark 程序，都要和 Schematool 在同一目录（/home/user），否则，会找不到数据库 metastore_db。

2）启动“Hive 元数据服务”，命令如下：

```
[user@scaladev ~]$ hive --service metastore
```

3）查看端口，如果能看到 9083，则说明“Hive 元数据服务”启动成功。

```
[user@scaladev ~]$ ss -an | grep 9083
```

5．Spark SQL 的数据存储

在“兼容 Hive 的 Spark SQL 运行环境”下，Spark SQL 的元数据和表数据的存储说明如下。

（1）元数据

“Hive 元数据服务”模块使用“本地数据库 Derby”来存储元数据，会在启动 Hive 元数据服务的当前目录（/home/user）下创建 meatastore_db 目录，存储数据库数据；

（2）表数据

默认情况下，表数据的存储分以下两种情况。

1）default 数据库的表数据，默认存储在 hdfs://scaladev:9001/user/hive/warehouse/目录下，例如表 stu_default 数据的存储路径就是 hdfs://scaladev:9001/user/hive/warehouse/stu_default；

2）用户自建数据库的表数据，默认存储在 hdfs://scaladev:9001/user/hive/warehouse/自建数据库/目录下，如 spark_sql_my 数据库下的表 stu_my 就存储在 hdfs://scaladev:9001/user/hive/warehouse/spark_sql_my.db/stu_my。

6．使用说明

下面对 spark-shell、spark-sql 和 Spark 程序使用 Spark SQL 分别说明。

spark-shell 的使用命令如下所示，和正常连接 Spark 集群没有区别。

```
$spark-shell --master spark://scaladev:7077
```

spark-sql 的使用命令如下所示，和正常连接 Spark 集群没有区别。

```
$spark-sql --master spark://scaladev:7077
```

如果是 Spark 程序，使用 spark-submit 正常提交运行即可。

📖 如果要指定自建数据库的表数据的存储路径，可通过 spark.sql.warehouse.dir 来指定，具体参考 6.2.2 节中的用法。

6.4 DataFrame/Dataset 快速上手

DataFrame/Dataset 是 Spark SQL 的核心数据结构，本节将以具体的示例来介绍 DataFrame/Dataset 的使用，包括在 Spark 程序代码/spark-shell 中使用 DataFrame/Dataset；直接调用 DataFrame/Dataset 的 API 处理结构化数据；使用 SQL 处理结构化数据；DataFrame/Dataset 使用上的区别；DataFrame 行解析方法；DataFrame/Dataset 转换等知识点。

📖 本节的操作环境为“兼容 Hive 的 Spark SQL 运行环境”，请先启动 Hive 元数据服务。

6.4.1 DataFrame/Dataset 使用概述

DataFrame/Dataset 的使用流程如图 6-8 所示，自左向右，描述如下。

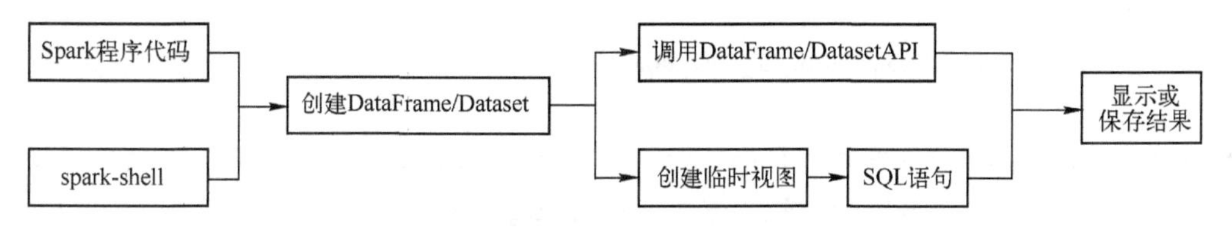

图 6-8　Spark SQL 数据处理示意图

首先，使用 Spark 程序代码或者 spark-shell 将待处理的数据转换成 DataFrame/Dataset；

然后，对 DataFrame/Dataset 进行处理，有以下两种处理方式。

- 第一种，直接调用 DataFrame/Dataset 的 API 进行处理；
- 第二种，使用 SQL。先在 DataFrame/Dataset 上创建临时视图，然后使用 SQL 处理临时视图。

最后，处理输出结果，通常是显示或者保存结果。

下面以示例形式介绍如何在 spark-shell 和 Spark 程序代码中使用 DataFrame/Dataset。

6.4.2 在 spark-shell 中使用 DataFrame/Dataset

本节以示例的形式介绍 spark-shell 中 DataFrame/Dataset 的基本使用，包括以下内容。

- 创建 DataFrame/Dataset；
- 使用 DataFrame/Dataset 的 API 处理结构化数据；
- 基于 DataFrame/Dataset，使用 SQL 处理结构化数据。

1．在 spark-shell 中使用 DataFrame

（1）示例 1：创建 DataFrame

本示例使用 spark-shell 将学生信息的 RDD 数据转换成 DataFrame，步骤如下。

1）创建 stuRDD。

名为 stuRDD 的 RDD 元素是一个二元组，以(1001, "mike")为例，1001 表示学号，"mike"是学员姓名，示例代码如下所示。

```
val stuRDD=sc.makeRDD(Array((1001, "mike"), (1002, "tom"), (1003, "rose")))
```

2）创建 DataFrame 的 Schema。

Schema 用来描述 DataFrame 的表结构，包括列名、列类型等信息。它也是一个 Class，创建代码如下。

```
case class Stu(id:Int, name:String)
```

📖 case class 也用来声明一个类，不需要使用 new 语句来创建 case class 声明的类的对象，例如 val stu = Stu(1001, “mike”)，就创建了一个 Stu 类。

3）创建 DataFrame stuDF。

使用 RDD 的 toDF 操作可以将 RDD 转换成 DataFrame。stuDF 可以看作是一张二维表，有两列，第一列的列名是 id，类型是 Int，第二列的列名是 name，类型是 String。代码如下所示。

```
val stuDF=stuRDD.map(s=>Stu(s._1, s._2)).toDF
```

📖 也可以不使用 map，直接调用 stuRDD.toDF，此时，DataFrame 会根据元组中元素的个数分成两列，第一列的列名是_1，类型是 Int，第二列的列名是_2，类型是 String;

📖 如果 RDD 中的元素不是元组，而是基本数据类型，则会分成 1 列，列名是 value（固定的），列的类型就是 RDD 元素的数据类型，如 val df = sc.makeRDD(Array(1, 2, 3)).toDF，df 就只有 1 列，列名是 value，类型是 Int。

4）打印 stuDF 的 Schema 信息。

```
stuDF.printSchema
```

输出内容如下，包括每列的列名和类型。这样，在 SQL 操作时，就可以直接指定列名了。

```
|-- id: integer (nullable = false)
|-- name: string (nullable = true)
```

（2）示例 2：使用 DataFrame API 操作结构化数据

DataFrame 创建好后，就意味着结构化数据和 DataFrame 之间建立了连接，操作 DataFrame 就是操作结构化数据。本示例介绍使用 DataFrame 的 API 来操作结构化数据的方法。

1）示例说明。本示例调用 DataFrame 的 select 操作获取二维表的 id 列和 name 列的数据，并打印；

2）示例代码。在 spark-shell 中运行下面的代码；

```
stuDF.select("id","name").show
```

📖 DataFrame 可以直接用列名来引用列，而 RDD 则没有这个功能。

3）代码说明。Select 是 DataFrame 的 API，类似 SQL 中的 select 操作，它是一个 Transformation，后面的 show 是 Action，将触发前面的计算；

4）运行代码。按下〈Enter〉键后运行代码，Spark Web UI 界面如图 6-9 所示。可以看到启动了两个 Job，这说明 DataFrame 的 select 操作会转换成一系列的 Spark Job，最终还是会转换为 RDD 的操作。运行后，显示结果如图 6-10 所示。

Job Id ▾	Description
1	show at <console>:26 show at <console>:26
0	show at <console>:26 show at <console>:26

图 6-9　DataFrame select 操作的 Job 信息图

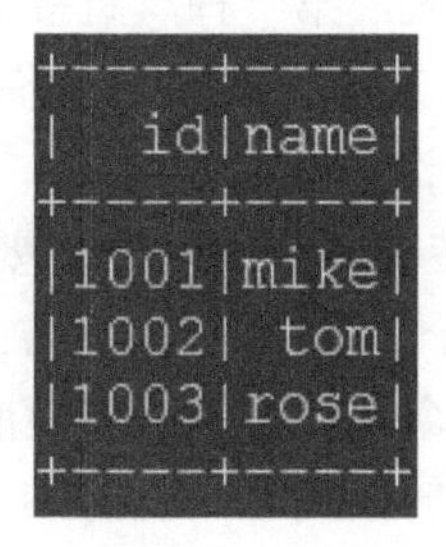

id	name
1001	mike
1002	tom
1003	rose

图 6-10　DataFrame select 操作的运行结果图

（3）示例 3：基于 DataFrame，使用 SQL 操作结构化数据

Spark SQL 支持使用 SQL 操作 DataFrame 所表示的二维表。在具体使用上，要先将 DataFrame 转换成一张临时视图，然后使用 SQL 操作临时视图。示例如下。

1）示例说明。本示例将演示如何使用 SQL 来查询 stuDF 这个 DataFrame 所表示的二维表中 id 列和 name 列的数据；

2）示例代码。在 spark-shell 中运行下面的代码；

```
1 stuDF.createOrReplaceTempView("stu_info")
2 val rs = spark.sql("SELECT id,name FROM stu_info")
3 scala> rs.show
```

3）代码说明；

- 第 1 行，调用 stuDF 的 createOrReplaceTempView 来创建一个临时视图，名字为 stu_info，在它上面可以执行 SQL 操作；

📖 视图可以认为是一张逻辑上的表，它的形式和表一样，内容来源于一张或多张表，物理上并不一定有这样一张表和其完全对应。

- 第 2 行，调用 spark.sql 来执行 SQL 操作，spark 是在运行 spark-shell 时自动初始化的一个 SparkSession 变量，spark-shell 启动成功后，会提示“Spark session available as 'spark'”，即 Spark session 初始化成功。SQL 语句“SELECT id,name FROM stu_info”将会在临时视图 stu_info 中选取 id 和 name 两列的内容，将结果保存在 rs 中，rs 也是一个 DataFrame；
- 第 3 行，调用 show 打印 rs 的值。

4）运行代码。按〈Enter〉键后，同样启动两个 Job，这说明，虽然使用的是不同的方法，一个是 DataFrame 的 API，一个是 SQL 查询，但它们的目标是一样的，都是查询表中 id

列和 name 列数据。其底层实现都是通过 Spark SQL 的引擎来完成的，都转换成了一个个的 Spark Job，进一步细化成 RDD 的 Transformations 和 Actions。计算完毕后，返回结果 rs 是一个 DataFrame，如图 6-11 所示。

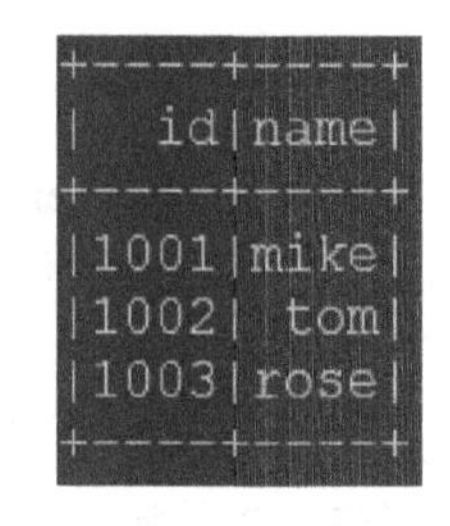

id	name
1001	mike
1002	tom
1003	rose

图 6-11　使用 SQL 查询 DataFrame 临时视图的结果图

（4）DataFrame 使用总结

- RDD 数据先要转换成 DataFrame，然后再操作，有两种操作方式，第一种，直接调用 DataFrame 的接口进行操作；第二种，构建一个临时视图，在这个视图上使用 SQL 查询；
- RDD 转 DataFrame 时，要先准备好 Schema，也就是各个字段的名称、类型，可以采用 case class 声明类的方式实现，类的构造函数中传入的参数名、类型，就是各个字段的的名字和类型。转换前，以 RDD 中的元素为参数构建 case class 声明的类，然后再将其转换成 DataFrame；
- 调用 DataFrame 的 createOrReplaceTempView 可以创建临时视图，以它为对象，可以执行 SQL 语句，SQL 返回的结果类型也是 DataFrame；
- 无论是使用 SQL 查询，还是 DataFrame 接口，在底层都是由 Spark SQL 的引擎完成，最终转换成了一系列的 Spark RDD 操作；
- DataFrame 是 Spark SQL 的核心，无论是使用哪种方式来操作，都离不开 DataFrame。

2．在 spark-shell 中使用 Dataset

本节以示例的形式介绍 spark-shell 中 Dataset 的基本使用，包括：

- 创建 Dataset；
- 使用 Dataset 的 API 操作结构化数据；
- 使用 SQL 在 Dataset 上操作结构化数据。

（1）示例 1：创建 Dataset

1）示例说明。本示例将 RDD 学生数据转换成 Dataset，RDD 学生数据中每个元素的类型是二元组，二元组的第一项是学号，类型是 Int，第二项是姓名，类型是 String；

2）示例代码。在 spark-shell 中运行下面的代码，具体如下。

- 先创建 stuRDD；

```
val stuRDD=sc.makeRDD(Array((1001, "mike"), (1002, "tom"), (1003, "rose")))
```

- 创建 Dataset 的 Schema；

```
case class Stu(id:Int, name:String)
```

- 创建 Dataset（调用 toDS 将 RDD 转成 Dataset）；

```
val stuDS=stuRDD.map(s=>Stu(s._1, s._2)).toDS
```

- 打印 Dataset 的 Schema 信息；

```
scala> stuDS.printSchema
```

● 输出 Dataset 所表示的二维表的列名和列类型。

```
|-- id: integer (nullable = false)
|-- name: string (nullable = true)
```

（2）示例 2：使用 Dataset 的 API 操作结构化数据

本示例使用 Dataset 的 select API 得到二维表的 id 列和 name 列数据，最后调用 show 打印这些数据，代码如下所示。

```
stuDS.select("id","name").show
```

（3）示例 3：使用 SQL 在 Dataset 上操作结构化数据

本示例在 stuDS 所表示的二维表上创建一个临时视图 stu_info，然后，使用 SQL 查询 stu_info 的 id 列和 name 列，得到结果存储在 rs 中，代码如下所示。

```
stuDS.createOrReplaceTempView("stu_info")
val rs = spark.sql("SELECT id,name FROM stu_info")
```

返回的结果 rs 是一个 DataFrame，调用 show 操作显示结果。

```
scala> rs.show
```

结果如图 6-12 所示。

图 6-12　使用 SQL 查询 Dataset 临时视图的结果图

6.4.3　在代码中使用 DataFrame/Dataset

1．示例说明

本节以示例形式介绍如何在代码中使用 DataFrame/Dataset 进行编程。该示例将创建学生信息 RDD，将其转换成 DataFrame/Dataset；调用 DataFrame/Dataset 的 select API 和使用 SQL 获取 DataFrame/Dataset 所表示的二维表中的列数据，并打印。

2．示例代码

代码文件名：DataFrameExp.scala。

代码路径：/home/user/prog/examples/06/src/examples/idea/spark/。

具体代码如下。

```
1 package examples.idea.spark
2 import org.apache.spark.sql.SparkSession
3
4 object DataFrameExp {
5
6   case class Stu(id:Int, name:String)
7   def main(args: Array[String])={
8
9     val ss = SparkSession.builder().appName("DataFrameExp").getOrCreate()
10    val stuRDD = ss.sparkContext.makeRDD(Array((1001, "mike"),(1002, "tom"),(1003,"rose")))
11    import ss.implicits._
```

```
12        val stuDF = stuRDD.map(s=>Stu(s._1, s._2)).toDF()
13        println("******************1********************")
14        stuDF.select("id", "name").show()
15        stuDF.createOrReplaceTempView("stu_info_df")
16        println("******************2********************")
17        ss.sql("SELECT id,name FROM stu_info_df").show()
18
19        println("******************3********************")
20        val stuDS = stuRDD.map(s=>Stu(s._1, s._2)).toDS()
21        stuDS.select("id", "name").show()
22        stuDS.createOrReplaceTempView("stu_info_ds")
23        println("******************4********************")
24        ss.sql("SELECT id,name FROM stu_info_ds").show()
25
26        ss.stop()
27    }
28 }
```

3．代码说明

1）第 1 行，声明 DataFrameExp 所在的 package；

2）第 2 行，引入 SparkSession 所在的 package；

3）第 4～28 行，object DataFrameExp 的函数实现体；

4）第 6 行，使用 case class 声明 Stu。后续将创建 RDD[Stu]，将其转换为 DataFrame 和 Dataset；case class 声明的类，在创建对象时，不需要加 new，如第 12 行所示，直接用 Stu(s._1, s._2)即可；Stu 的声明必须在 main 函数外，否则，第 12 行会报错，找不到 DF 方法；

5）第 7 行，main 函数的入口；

6）第 9 行，创建 SparkSession，赋值给 ss。getOrCreate 首先判断是否有现成的 SparkSession，如果有就返回该现成的 SparkSession，如果没有，就再检查本地是否有一个有效的全局 SparkSession，如果有，就返回该全局 SparkSession，如果没有，就按照前面的配置创建一个新的 SparkSession（Application 名为“DataFrameExp”），并将其作为默认的全局 SparkSession；

7）第 10 行，创建 RDD[(Int,String)]。SparkConf 也可以在 SparkSession.builder 之后调用 conf 方法，作为参数传入；

8）第 11 行，引入 ss.implicits._。这是为了后续 RDD 转 DataFrame 和 Dataset 时做隐式转换，ss 是前面创建的 SparkSession 的引用；

9）第 12 行，使用 map 将 RDD[(Int,String)]转换为 RDD[Stu]。创建 Stu 时，直接使用 Stu(s._1, s._2)创建，不需要使用 new 语句来创建，然后调用 RDD.toDF 转换成 DataFrame；

10）第 13 行，打印分隔符；

11）第 14 行，调用 stuDF.select 来获取列的集合。select 的返回值类型是 DataFrame，DataFrame.show 以表格的方式显示数据集的前 20 行，如果一个单元的字符串超过 20 个字符，超出的部分就会被截断；

12）第 15 行，调用 createOrReplaceTempView，创建名字为 stu_info_df 的临时视图。视

图是一张逻辑上（物理上并不存在）的表，在这张表上可以执行 SQL 语句；

13）第 17 行，调用 ss.sql，在 stu_info_df 上执行 SQL 语句，ss.sql 返回 DataFrame，然后调用 show 显示表格；

14）第 20 行，使用 map 将 RDD[(Int,String)]转换为 RDD[Stu]，创建 Stu 时，直接使用 Stu(s._1, s._2)，不需要 new，然后调用 RDD.toDS 转换成 Dataset；

15）第 21 行，调用 stuDS.select 获取列的集合，方法同 DataFrame；

16）第 22 行，创建临时视图 stu_info_ds，方法同 DataFrame；

17）第 24 行，在临时视图上执行 SQL 语句，并显示执行结果。

6.4.4 DataFrame/Dataset 使用上的区别

从上面的操作来看，DataFrame 的操作和 Dataset 的操作是一样的，那么，DataFrame 和 Dataset 的关系到底是怎样的？它们又有什么区别？使用时应注意什么？

1．DataFrame 和 Dataset 的区别

从实现上看，DataFrame 等于 Dataset[Row]，Row 是没有结构的，Row 里面到底分几个字段是无法直接获得的。DataFrame 的每个元素（每个元素代表一行数据）类型都是 Row，至于每个元素里的字段，要写代码去解析获得。

如果将 Row 替换成其他自定义的类型，如 Stu，就成了 Dataset[Stu]，此时 Dataset 中元素（一行）类型就是 Stu，因为 Stu 中有两个成员变量，id 和 name，很自然，这一行就有两个字段，id 和 name，在访问 Dataset 的元素时，不需要解析，通过成员变量可以直接访问每个字段。

以上是 DataFrame 和 Dataset 的在理论上的区别，具体的可以看下面的示例。

示例：使用 6.4.3 节中创建的 DataFrame stuDF/Dataset stuDS，对元素的 id 加 1，构成一个新的 DataFrame/Dataset。

stuDS 是 Dataset，它在 map 时，输入元素（s）可以直接引用其类成员变量，如 id 和 name，代码如下。

```
val rs = stuDS.map(s=>Stu(s.id+1, s.name))
```

stuDF 类型是 DataFrame，它在 map 时，输入元素（s）是 Row 类型，无法直接引用其成员变量（id 和 name），如果引用了就会报错。

```
val rs = stuDF.map(s=>Stu(s.id+1, s.name))
```

报错内容如下。

```
<console>:25: error: value id is not a member of org.apache.spark.sql.Row
```

原因分析：DataFrame 相当于 Dataset[Row]，Row 是没有结构的，要自己解析，而 Dataset[Stu]，Stu 是有结构的，id 和 name 都是 Stu 的成员变量。

2．DataFrame 和 Dataset 使用时的注意事项

在 DataFrame 和 Dataset 的使用上，要注意以下几点。

- DataFrame 是 Dataset[Row]的别名，因此，DataFrame 的接口和 Dataset 是完全一样的；

- 如果是自己编写程序，尽可能使用 Dataset[自定义类]，和 Dataset[Row]相比，这样更方便、灵活，而且不容易出错；
- DataFrame 的使用，要掌握 Row 的解析，因为，在和第三方程序、SparkR 等模块交互时，会用到 DataFrame，下一节会讲解如何对 Row 进行解析。

6.4.5 DataFrame 行解析方法

DataFrame/Dataset 的每个元素就是二维表中的一行。Dataset 每个元素的成员变量就对应行数据中的一个字段。而 DataFrame 中每个元素类型是 Row，无法像 Dataset 直接访问类成员变量。那么对于 DataFrame 中行数据，该如何解析得到每个字段的值呢？这就涉及 DataFrame 元素的行解析方法。具体有 3 种方法，说明如下。

（1）方法一：使用 case 匹配

```
import org.apache.spark.sql.Row
val rs = stuDF.map{case Row(id:Int,name:String)=>Stu(id+1, name)}
```

上面的代码可以实现 Row 中字段的解析，但是，无法验证语义（逻辑上）的正确性，例如，写成下面的代码，编译是没有问题的，但是执行后，结果是错误的，因为 name 本来是要按 String 解析的，现在按 Int 解析，导致 stuDF 中的元素都不符合要求，最终结果错误。

如果使用 Dataset 就不会有上述问题，因为每个字段可以直接访问，一旦写错，编译时就会报错。

```
val rs = stuDF.map{case Row(id:Int,name:Int)=>Stu(id+1, name.toString)}
```

（2）方法二：使用 getAS 来解析 Row

```
import org.apache.spark.sql.Row
val rs = stuDF.map(s=>Stu(s.getAS[Int](“id”)+1,s.getAS[String](“name”)))
```

s.getAS[Int](“id”)可以解析 Row 中的 id 字段，这是建立在[Int]和“id”都正确的情况下，如果有错误，例如写成 s.getAS[String](“id”)，编译阶段是不会报错的，因此，这种方法也是无法检查 DataFrame 中 Row 解析的语法错误的。

（3）方法三：使用 as 将 DataFrame 转换成 Dataet

```
scala> val rs = stuDF.as[Stu].map(s=>Stu(s.id+1, s.name))
```

总结：方法三不需要每个字段去匹配或提取，非常方便，而且不容易出错。建议使用第三种方法。

6.4.6 DataFrame 和 Dataset 转换

1．DataFrame 转 Dataset

调用 DataFrame 的 as 操作可以将 DataFrame 转换成自定义类型的 Dataset。

下面的示例代码将 DataFrame 转换成 Dataset[Stu]，在 as 后面要传入 Schema Class 的名称。

```
scala> val newDS = stuDF.as[Stu]
```

2．Dataset 转 DataFrame

调用 Dataset 的 toDF 操作可以将 Dataset 转换成 DataFrame。

下面的示例代码将 Dataset[Stu]转换成 DataFrame，具体如下。

```
scala> val newDF = stuDS.toDF
```

6.5 DataFrame/Dataset 与数据源的转换

在使用 DataFrame/Dataset 处理结构化数据时，第一个步骤就是要将数据源转换成 DataFrame/Dataset，这就涉及数据源到 DataFrame/Dataset 的转换；而当 DataFrame/Dataset 做输出或持久化操作时，就涉及 DataFrame/Dataset 到数据源的转换。

因此，DataFrame/Dataset 与数据源之间的转换是 Spark SQL 中的一个重点。由于数据源种类多，情况复杂，因此，DataFrame/Dataset 与数据源之间的转换又是 Spark SQL 中的一个难点。本节将详细介绍 DataFrame/Dataset 与数据源之间的转换方法和注意事项。

6.5.1 DataFrame/Dataset 与数据源的转换关系和方法概述

由于 Spark SQL 支持的数据源种类非常多，不同的数据源其转换方法不一样，有的数据源还有多种转换方法。因此，本节对 DataFrame/Dataset 与数据源之间的转换方法做概要描述，接下来再介绍具体的转换操作。

1．数据源转 DataFrame/Dataset

总的来说，数据源到 DataFrame/Dataset 的转换，是按照数据源=>DataFrame=>Dataset 的顺序进行的。其中 DataFrame=>Dataset 的转换比较简单，就是一个 as 调用。而数据源=>DataFrame 的转换则较为复杂，图 6-13 列出了各类数据源到 DataFrame 的转换关系和方法。

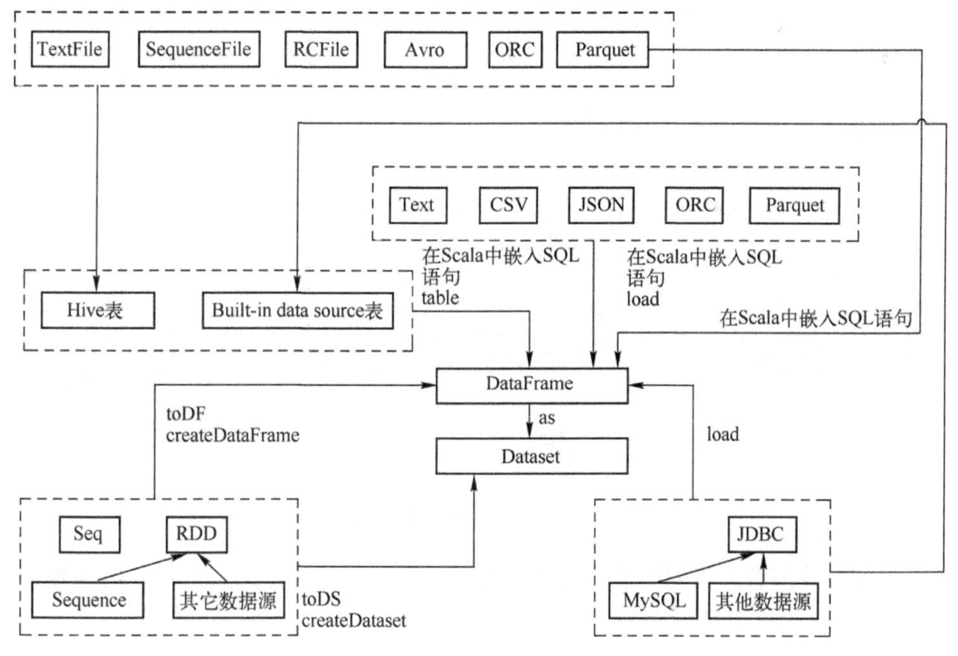

图 6-13　数据源到 DataFrame/Dataset 的转换图

表 6-2 按照数据源分类列出了各类转换方法，处理具体数据时，只需要确定数据属于哪种数据源，查表就可以得到对应的转换方法。

2．DataFrame/Dataset 转数据源

DataFrame/Dataset 到数据源的转换方法如图 6-14 所示。数据源的分类不同，其转换方法也有差异。

表 6-2　数据源到 DataFrame/Dataset 的转换表

数据源	分类	存储格式/实现方式	转换对象	转换方法
兼容 Hive 的数据源	Hive 表	TextFile、SequenceFile、RCFile、Avro、ORC、Parquet	DataFrame	在 Scala 中嵌入 SQL
				调用 SparkSession 对象的 table 操作
Spark 内置数据源	Built-in data source 表	Text、CSV、JSON、ORC、Parquet 和 JDBC 连接		在 Scala 中嵌入 SQL
				调用 SparkSession 对象的 table 操作
	Spark 内置格式文件	Text、CSV、JSON、ORC、Parquet		在 Scala 中嵌入 SQL
				调用 load 操作
	JDBC 连接	支持 JDBC 连接的数据库，如 MySQL 等		调用 load 操作
其他数据源	无	RDD、Seq 等		调用 RDD 或 Seq 对象的 toDF 操作
				调用 SparkSession 对象的 createDataFrame 操作
			Dataset	调用 RDD 或 Seq 对象的 toDS 操作
				调用 SparkSession 对象的 createDataset 操作

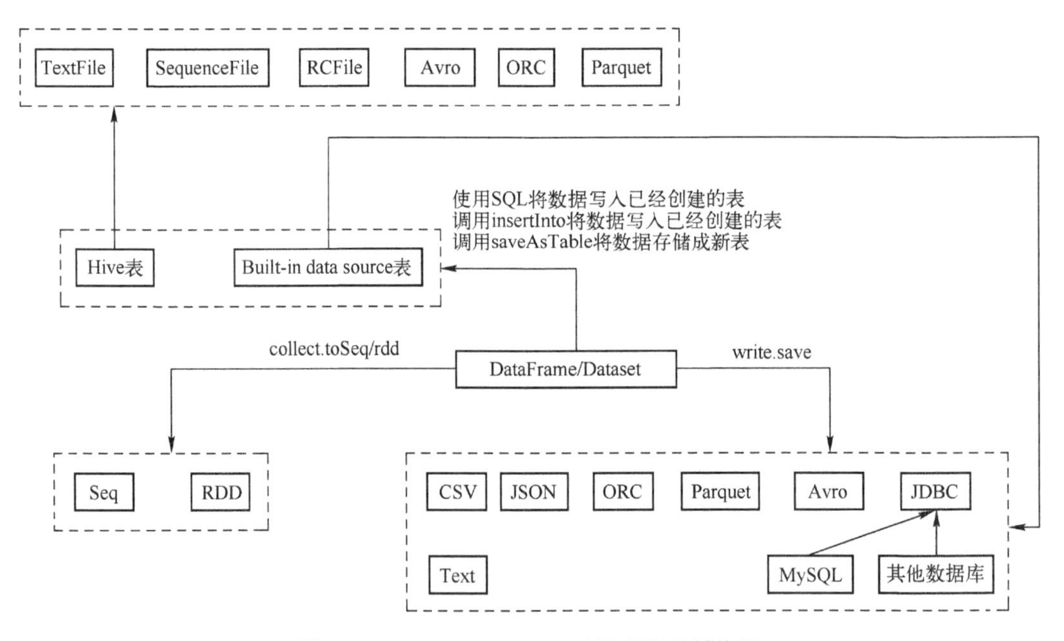

图 6-14　DataFrame/Dataset 到数据源的转换图

表 6-3 按照数据源分类列出了各类转换方法，处理具体数据时，只需要确定数据属于哪种数据源，查表就可以得到对应的转换方法。

表 6-3　DataFrame/Dataset 到数据源的转换表

数据源	分类	存储格式/实现方式	转换方法
兼容 Hive 的数据源	Hive 表	TextFile、SequenceFile、RCFile、Avro、ORC、Parquet	使用 SQL 来 select DataFrame/Dataset 的临时视图，将 select 得到的数据写入已经创建的表
			调用 DataFrame/Dataset 对象的 insertInto 操作，写入已经创建的表
			调用 DataFrame/Dataset 对象的 saveAsTable，将数据存储成新表
Spark 内置数据源	Built-in data source 表	Text、CSV、JSON、ORC、Parquet 和 JDBC 连接	使用 SQL 来 select DataFrame/Dataset 的临时视图，将 select 得到的数据写入已经创建的表
			调用 DataFrame/Dataset 对象的 insertInto 操作，写入已经创建的表
			调用 DataFrame/Dataset 的 saveAsTable，将数据存储成新表
	Spark 内置格式文件	Text、CSV、JSON、ORC、Parquet	调用 DataFrame/Dataset 的 write.save 操作，写入已经存在的文件，或者存储为新文件
	JDBC 连接	支持 JDBC 连接的数据库，如 MySQL 等	调用 DataFrame/Dataset 的 write.save 操作，写入已经存在的数据库表，或者存储为新的数据库表
其他数据源	无	RDD	调用 DataFrame/Dataset 的 rdd，得到 RDD 数据
		Seq	调用 DataFrame/Dataset 的 collect.toSeq，得到 Seq 数据

6.5.2　DataFrame/Dataset 与 Seq 的转换

1．Seq 与 DataFrame 的转换

本节通过两个示例说明 Seq 同 DataFrame 之间的转换。

（1）示例 1：Seq 转 DataFrame

示例说明：首先声明元素类型为 Stu，包含 id 和 name 两个成员；然后创建元素类型为 Stu 的 Seq 对象，并调用 toDF 将 Seq 转换成 DataFrame；最后，打印 DataFrame 信息。

示例代码如下所示。

```
1 case class Stu(id:Int, name:String)
2 val stuDF = Seq(Stu(1001, "mike"), Stu(1002, "tom"), Stu(1003, "rose")).toDF
3 stuDF.show()
```

代码说明如下。

1）第 1 行，使用 case 声明 Class Stu，Stu 有两个成员，id 表示学号，name 表示名字；

2）第 2 行，创建 Seq 对象，填入多个 Stu 对象，并调用 Seq 对象的 toDF 将 Seq 转换成 DataFrame，并赋值给 stuDF；

3）第 3 行，打印 DataFrame stuDF 的值。

4）代码运行结果如下所示。

```
+----+----+
|  id|name|
+----+----+
|1001|mike|
|1002| tom|
|1003|rose|
+----+----+
```

（2）示例 2：DataFrame 转 Seq

示例说明：Seq 是 Driver 端的数据结构，因此，先使用 stuDF.collect 操作将数据拉取到 Driver 端，由于的 stuDF.collect 类型是 Array，因此，要调用 toSeq 将其转换成 Seq。

示例代码如下。

```
val data = stuDF.collect.toSeq
```

如果能看到下面的输出结果，则说明转换成功。

```
data: Seq[org.apache.spark.sql.Row] = WrappedArray([1001,mike], [1002,tom], [1003,rose])
```

对 DataFrame 进行 collect 后，将其转换成 Seq[Row]，data 的每个元素是 Row，Row 中的 id 和 name 无法直接访问，可以使用下面的方法进行解析。

```
scala> data(0).getAs[Int]("id")
scala> data(0).getAs[String]("name")
```

📖 getAs 中列名、列的类型都不能错，如果错了，虽然编译时不会报错，但运行的时候会报错。

2．Seq 与 Dataset 的转换

本节以两个示例说明 Seq 同 Dataset 之间的转换。

（1）示例 1：Seq 转 Dataset

示例代码如下。

```
1 case class Stu(id:Int, name:String)
2 val stuDS = Seq(Stu(1001, "mike"), Stu(1002, "tom"), Stu(1003, "rose")).toDS
3 stuDS.show()
```

代码说明如下。

1）第 2 行，创建 Seq 对象，填入多个 Stu 对象，并调用 Seq 对象的 toDS 将 Seq 转换成 Dataset，并赋值给 stuDS；

2）第 3 行，打印 Dataset stuDS 的值。

运行结果如下。

```
+----+----+
|  id|name|
+----+----+
|1001|mike|
|1002| tom|
|1003|rose|
+----+----+
```

📖 List 也有 toDS 方法，Array 没有 toDS 方法。

（2）示例 2：Dataset 转 Seq

示例说明：stuDS.collect 的类型是 Array，因此，还要调用 toSeq 将其转换成 Seq。

示例代码如下。

```
scala> val data=stuDS.collect.toSeq
```

如果能看到下面的输出结果，则说明转换成功。

```
data: Seq[Stu] = WrappedArray(Stu(1001,mike), Stu(1002,tom), Stu(1003,rose))
```

Seq 中的每个元素可以通过下标来访问，每个元素的类型是 Stu，可以直接访问成员变量 id 和 name，示例代码如下。

```
scala> data(0).id
res20: Int = 1001
scala> data(0).name
res21: String = mike
```

6.5.3 DataFrame/Dataset 与 RDD 的转换

本节以示例的形式介绍 RDD 同 DataFrame/Dataset 之间的转换。

在转换之前，先创建 RDD stuRDD，stuRDD 的每个元素类型是 Stu，示例代码如下。后续的示例中都会用到此处创建的 stuRDD。

```
scala>case class Stu(id:Int, name:String)
scala>val stuRDD = spark.sparkContext.makeRDD(Array((1001,"mike"),(1002,"tom"),(1003,"rose"))).
map(s=>Stu(s._1, s._2))
```

1．RDD 与 DataFrame 的转换

（1）示例 1：RDD 转 DataFrame

RDD 转 DataFrame 有两种方法。

方法一：调用 toDF 创建 DataFrame。

```
scala> val stuDF = stuRDD.toDF
stuDF: org.apache.spark.sql.DataFrame = [id: int, name: string]
```

方法二：调用 spark.createDataFrame 创建 DataFrame。

```
scala> val stuDF = spark.createDataFrame(stuRDD)
stuDF: org.apache.spark.sql.DataFrame = [id: int, name: string]
```

（2）示例 2：DataFrame 转 RDD

访问 DataFrame 的 rdd 成员，可以得到该 DataFrame 所对应的 RDD。

```
scala> val stuRDD = stuDF.rdd
stuRDD: org.apache.spark.rdd.RDD[org.apache.spark.sql.Row] = MapPartitionsRDD[13] at rdd at
<console>:25
```

📖 DataFrame 转成 RDD 后，RDD 中的每个元素类型都是 Row，Row 中的结构是看不到的，需要另外编写代码解析。

2．RDD 与 Dataset 的转换

（1）示例 1：RDD 转 Dataset

RDD 转 Dataset 有两种方法。

方法一：调用 RDD 的 toDS 方法创建 Dataset。

```
scala> val stuDS = stuRDD.toDS
stuDS: org.apache.spark.sql.Dataset[Stu] = [id: int, name: string]
```

方法二，调用 spark.createDataset 创建 Dataset。

```
scala> val stuDS = spark.createDataset(stuRDD)
stuDS: org.apache.spark.sql.Dataset[Stu] = [id: int, name: string]
```

（2）示例 2：Dataset 转 RDD

访问 Dataset 的 rdd 成员，可以得到该 Dataset 所对应的 RDD。

```
scala> val stuRDD = stuDS.rdd
stuRDD: org.apache.spark.rdd.RDD[Stu] = MapPartitionsRDD[2] at toJavaRDD at <console>:25
stuDF: org.apache.spark.sql.DataFrame = [id: int, name: string]
```

📖 Dataset 转成 RDD 后，RDD 的每个元素类型是 Stu，Stu 中每个成员变量可以直接访问。

6.5.4 DataFrame/Dataset 文件与 Sequence 文件的转换

Sequence 文件用来存储二进制的形式的<Key,Value>键值对，它是 Hadoop 文件系统所支持的一种文件，Sequence 文件的特性如下。

- 在结构上进行了优化，可以实现小文件的高效存储和处理；
- 支持数据压缩，可以有效利用空间；
- <Key,Value>键值对中的 Key 和 Value 可以是现有的 Writeable 对象，或者是实现了 Writeable 接口的自定义对象。

SparkSession 并没有提供直接的接口来实现 Sequence 文件和 DataFrame/Dataset 之间的转换，因此，可以使用 RDD 作为它们转换的桥梁，由于这些内容在前面的章节已有，在此不再赘述，仅给出参考的章节如下。

- Sequence 文件与 RDD 的转换请参考第 5 章 5.2.3 节内容；
- RDD 与 DataFrame/Dataset 的转换请参考本章 6.5.3 节内容。

6.5.5 DataFrame/Dataset 与 CSV 文件的转换

CSV（Comma-Separated Values，逗号分隔值）。文件是一个文本文件，它的每行数据内部以逗号（也可以是其他符号做分隔符）进行分隔，虽然 CSV 是文本文件，但文本的字符集并没有指定，7-bitASCII 是最基本的通用编码。

下面以示例来说明 CSV 与 DataFrame/Dataset 的转换。

1．CSV 文件与 DataFrame 的转换

首先生成一个 CSV 文件，具体方法是，先创建 DataFrame，然后将其存储成 CSV 文件，步骤如下。

（1）示例 1：DataFrame 转 CSV

1）先创建 DataFrame；

```
scala> case class Stu(id:Int, name:String)
scala> val stuDF = Seq(Stu(1001, "mike"), Stu(1002, "tom"), Stu(1003, "rose")).toDF
```

2）将 DataFrame 存储为 CSV 文件；

```
scala> stuDF.write.format("csv").save("/stu_csv")
```

说明：

- format("csv")用来指定 DataFrame 存储成文件的格式为 CSV；
- save("/stu_csv")用来指定 csv 文件的存储目录，这里/stu_csv 指的是 hdfs://scaladev:9001/stu_csv，如果前面不加/，stu_csv 则是指 hdfs://scaladev:9001/user/uesr/stu_csv，第一个 user 是 HDFS 的固定目录，第二个 user 是因为当前登录的用户名是 user；
- save("/stu_csv")会自动创建/stu_csv，如果/stu_csv 已经存在，则调用 save 时会报错。

3）代码运行后，查看/stu_csv 目录，命令行如下所示；

```
[user@scaladev ~]$ hdfs dfs -ls /stu_csv/
```

可以看到该路径下有 3 个 CSV 文件，如下所示。

```
part-00000-b672eadb-9ba2-4cd8-a893-93141a309e83-c000.csv
part-00001-b672eadb-9ba2-4cd8-a893-93141a309e83-c000.csv
part-00002-b672eadb-9ba2-4cd8-a893-93141a309e83-c000.csv
```

因为 RDD 分了 3 个 Partition，所以生成了 3 个 CSV 文件；因为没有指定 Partition，Partition 默认值取所有 CPU 内核数量的和，所以 Partition 数量正好是 3 个。

4）查看第一个 CSV 文件内容，命令行如下所示。

```
[user@scaladev ~]$ hdfs dfs -cat /stu_csv/part-00000-b672eadb-9ba2-4cd8-a893-93141a309e83-c000.csv
```

该 CSV 文件的内容如下所示。

```
1001,mike
```

说明：

- DataFrame 的一行对应 CSV 文件的一行，DataFrame 的每个字段在 CSV 中用逗号进行了分隔；
- CSV 文件中只有 DataFrame 的数据信息，没有 Schema 信息。

（2）示例 2：CSV 转 DataFrame

CSV 文件转 DataFrame 有三种方法。

方法一：使用 load 函数读取。

读取上一节创建的 CSV 文件，该文件位于 HDFS 的/stu_csv 目录下。

```
val stuDF = spark.read.format("csv").load("/stu_csv")
stuDF: org.apache.spark.sql.DataFrame = [_c0: string, _c1: string]
```

说明：

- format("csv")设置读取的文件格式为 CSV，除了 CSV 格式外，Spark SQL 还支持 JSON、ORC 等文件格式；
- load("/stu_csv")读取 hdfs://scaladev:9001/stu_csv 下的 CSV 文件，返回 DataFrame；
- 返回的类型是 DataFrame，但是没有字段名，即没有 schema 信息。

在读取的时候，加入 Schema 信息，代码如下所示。

```
scala> val stuDF = spark.read.format("csv").schema("id Int, name String").load("/stu_csv")
stuDF: org.apache.spark.sql.DataFrame = [id: int, name: string]
```

其中，schema("id Int, name String")用来加入 Schema 信息，描述的格式为：自左向右依次描述每个字段，字段间用逗号隔开，字段内部先描述字段名，然后描述字段数据类型，中间用空格隔开。

方法二：使用 csv 函数读取。

```
scala> val stuDF = spark.read.schema("id Int, name String").csv("/stu_csv")
stuDF: org.apache.spark.sql.DataFrame = [id: int, name: string]
```

方法三：嵌入 SQL 直接读取 CSV 文件。

读取命令如下，FROM 后面跟文件格式 CSV，FROM 和 CSV 之间有空格，CSV 后面是一个点（.）做分隔符，后面跟两个倒引号（``），倒引号中间是 CSV 文件的路径。

```
scala> val stuDF = spark.sql("SELECT * FROM CSV.`/stu_csv`")
```

由于 CSV 文件中没有 Schema 信息，因此，SELECT 语句中不能指定列名 id 或 name。

总结：方法一，将“文件格式”放到变量之中，作为参数传入 format 函数中，可以处理不同格式的文件；方法二，使用 CSV 函数，只能读取 CSV 文件，不能处理其他格式的文件；方法三，使用 SQL 语句读取 CSV 文件，返回结果 DataFrame 的列类型都是 String，可能和真实的数据类型不一定一致。因此，推荐使用第一种方式来处理 CSV 文件。

2．Dataset 转换为 CSV 文件

Dataset 转 CSV 文件的步骤如下。

1）先创建 Dataset；

```
scala>val stuDS = Seq(Stu(1001, "mike"), Stu(1002, "tom"), Stu(1003, "rose")).toDS
```

2）写入 CSV，方法同 DataFrame 一样；

```
scala> stuDS.write.format("csv").save("/stu_csv")
```

3）查看生成的 CSV 文件；

```
[user@scaladev ~]$ hdfs dfs -cat /stu_csv/*.csv
```

```
1001,mike
1002,tom
1003,rose
```

可以看到，CSV 中只有 Dataset 的数据信息，例如 1001,mike，但是看不出来这两个值是由 Stu 对象抽取而来的。

因此，即使不使用 Dataset[Stu]，使用一个二元组 Dataset[(Int, String)]，存储成 CSV 文件，其内容和上面也是一样的，示例代码如下。

```
scala> val stuDS = Seq((1001, "mike"), (1002, "tom"), (1003, "rose")).toDS
```

4）将 Dataset 存储成 CSV。

```
scala> stuDS.write.format("csv").save("/stu_csv")
```

注意存储前，先删除/stu_csv。

查看 CSV 内容的命令如下，可以看到 CSV 文件的内容和 Dataset 中的内容是一样的。

```
[user@scaladev ~]$ hdfs dfs -cat /stu_csv/*.csv
1001,mike
1002,tom
1003,rose
```

结论：Dataset 转换成 CSV 文件时，去除了 Schema 信息，也去除了 Dataset 中类的信息。

3．CSV 转换为 Dataset

CSV 转 Dataset 有两种方法。

方法一：直接读取 CSV 文件转换为 Dataset，示例代码如下。

```
scala> val stuDS = spark.read.format("csv").schema("id Int, name String").load("/stu_csv").as[Stu]
```

方法二：CSV 转 DataFrame，然后由 DataFrame 转换为 Dataset，示例代码如下。

```
val stuDS = spark.read.schema("id Int, name String").csv("/stu_csv").map(s=>Stu(s.getAs[Int]("id"), s.getAs[String]("name")))
```

需要说明的是：

- schema("id Int, name String")用于指定 CSV 文件的列信息，第 1 列为 id，类型是 Int，第 2 列为 name，类型是 String。此处一定要调用 Shema("id Int, name String")，否则调用 stuDS.show 时会报错："Field "id" does not exist"。如果 stuDS 的类型是 DataFrame，则不需要调用 schema("id Int, name String")，调用 stuDS.show 也不会报错；
- map(s=>Stu(s.getAs[Int]("id"), s.getAs[String]("name")))是将 Dataset[Row]转换成 Dataset[Stu]，其中 s 是 Row 类型，采用 getAs[Int]("id")得到字段 id 的值，s.getAs[String]("name")得到字段 name 的值。

本质上，DataFrame 就是 Dataset[Row]，因此，从 SparkSession 读取 CSV 返回 DataFrame，也就是返回 Dataset。

总之，第一种方法创建 Dataset 最简单，第二种方法通过 DataFrame 来转换，这样可以使我们更加清楚 DataFrame 和 Dataset 之间的关系和区别。

4．DataFrame/Dataset 的存储模式

如果不删除/stu_csv，直接保存 CSV 文件的话，系统运行会报错，这是由 DataFrame/Dataset 存储模式决定的。

DataFrame/Dataset 的存储有四种模式：

- "error" or "errorifexists"，如果文件已经存在，就报错，这是默认模式；
- "append"，将 DataFrame 内容追加到现有文件的尾部；
- "overwrite"，替换现有文件；
- "ignore"，如果文件已经存在，则什么都不做，退出。

下面通过示例介绍如何设置 DataFrame/Dataset 的存储模式。

如果想不删除/stu_csv，直接用新文件覆盖，可以调用 mode 函数，并传入"overwrite"，代码如下。

```
scala> stuDS.write.format("csv").mode("overwrite").save("/stu_csv")
```

如果要使用其他的模式，则直接替换 mode("overwrite")中的 overwrite 即可。

5．读取/写入带 header 信息的 CSV 文件

有的 CSV 文件带有 header 信息，所谓 header 是 CSV 文件的第一行为列名数据，例如，下面的 CSV 文件带有 header 信息，第 1 行的 id 表示第一列的名字为 id，name 表示第二列的名称为 name。

```
id,name
1001,mike
```

📖 header 带有列名信息，但是没有列的类型信息。

（1）示例 1：将 Dataset 存储为带有 header 的 CSV 文件

1）先创建 Dataset；

```
scala> val stuDS = Seq(Stu(1001, "mike"), Stu(1002, "tom"), Stu(1003, "rose")).toDS
```

2）写入 CSV，将列名写入 CSV 的第一行；

```
scala>stuDS.write.format("csv").option("header", "true").save("/stu_csv")
```

option("header", "true")会将列名写入 CSV 文件的第一行，如果有 3 个 CSV 文件，则每个 CSV 文件的第一行都会写入列名，列的名字就是 Stu 的字段名，列名之间用逗号隔开。如果是 DataFrame，因为 Row 是无结构的，所以列名就按_1，_2 依次编号。

3）查看 CSV 文件内容；

因为有 3 个 CSV 文件，每个 CSV 文件的第一行都是列名：id,name。

```
[user@scaladev ~]$ hdfs dfs -cat /stu_csv/*.csv
id,name
```

```
1001,mike
id,name
1002,tom
id,name
1003,rose
```

（2）示例 2：读取带有 header 的 CSV 文件，转换为 DataFrame 和 Dataset

1）将 CSV 文件转换成 DataFrame；

```
scala> val stuDF = spark.read.format("csv").option("header","true").load("/stu_csv")
stuDF: org.apache.spark.sql.DataFrame = [id: string, name: string]
```

📖 option("header","true")表示读取 header 信息，将第一行的各个元素解析成各列的名称。

2）将 CSV 文件转换成指定 Schema 信息的 DataFrame；

此时返回值的类型是 DataFrame，而且，此时的 id 并不是 Int 类型，而是 String 类型，这是因为 header 不带列的类型信息，导致 id 列的类型解析错误。因此，可以直接指定 Schema 信息，使程序按照指定的 Schema 信息解析各列的列名和数据类型。示例代码如下。

```
scala> val stuDF = spark.read.format("csv").schema("id Int, name String").option("header","true").load("/stu_csv")
stuDF: org.apache.spark.sql.DataFrame = [id: int, name: string]
```

由上述结果可知，调用 schema 函数，传递了 schema 信息("id Int, name String")后，id 被正确解析成了 Int 类型，而不是 String 类型。此外，虽然本例 CSV 文件的 header 并没有携带类型信息，但是 option("header","true")是必须要调用的，它将告诉 Spark 程序跳过 CSV 文件的 header 内容（CSV 文件的第一行数据）再读取数据，否则 CSV 的 header 内容将会被当成数据处理。

3）除了指定 schema 信息外，我们也可以调用 option("inferSchema", "true")，用来依据 CSV 文件中列的实际内容来推断列的类型，示例代码如下；

```
scala> val stuDF = spark.read.format("csv").option("header","true").option("inferSchema", "true").load("/stu_csv")
stuDF: org.apache.spark.sql.DataFrame = [id: int, name: string]
```

📖 列名、列类型是否被正确解析。

4）DataFrame 转换为 Dataset[Stu]。

可以使用 map 操作，将 DataFrame 直接转 Dataset 类型，示例代码如下。

```
scala> val stuDS = stuDF.map(s=>Stu(s.getAs[String]("id").toInt,s.getAs[String]("name")))
```

或者直接将 CSV 文件转换成 Dataset[Stu]。

```
scala> val stuDS = spark.read.format("csv").option("header","true").schema("id Int, name String").load("/
stu_csv").as[Stu]
```

对于带 header 信息的 CSV 文件，header 中的列名仅用来给 schema 中列的命名提供参考，在将 CSV 文件转 DataFrame/Dataset 时，可以使用 option("inferSchema", "true")根据 CSV

中各列的数据，解析 CSV 文件中各列的类型，如果解析还有问题，则可以使用 schema("id Int, name String")手工指定 schema 信息从而使各列的名称和类型得到正确解析。

6．在 CSV 文件上直接运行 SQL 语句

如果要执行 SQL 语句，按照常规的方法，要对 stuDF 创建临时视图，然后在视图上执行 SQL 语句。为了简化这一操作，Spark 支持在文件（CSV、JSON、ORC、Parquet）上直接执行 SQL 语句，示例代码如下。

```
scala> val sqlDF = spark.sql("SELECT * FROM CSV.`/stu_csv/`")
```

- SQL 语句"SELECT * FROM CSV.`/stu_csv/`"中，FROM CSV 指明文件格式为 CSV，后面跟一个点.，后面再跟 CSV 文件路径，路径两边用``括起来；
- 对应 CSV，SQL 只适合纯数据的文件，它会把 header 信息也当作数据进行处理。

6.5.6 DataFrame/Dataset 与 JSON 文件的转换

JSON(JavaScript Object Notation, JS 对象简谱)是一种轻量级的数据格式，JSON 文件是一个文本文件，和平台、编程语言都无关。JSON 文件格式的特点是简单、层次清晰，易于人阅读和编写，也易于机器进行解析和生成，网络传输效率高。

下面通过示例来说明 JSON 文件与 DataFrame/Dataset 的转换。

1．JSON 文件与 DataFrame 的转换

（1）示例 1：DataFrame 转 JSON

1）先创建 DataFrame；

```
scala> case class Stu(id:Int, name:String)
scala> val stuDF = Seq(Stu(1001, "mike"), Stu(1002, "tom"), Stu(1003, "rose")).toDF
```

2）将创建的 DataFrame 存储为 JSON 文件；

```
scala> stuDF.write.format("json").save("/stu_json")
```

3）查看生成的 JSON 文件；

```
[user@scaladev ~]$ hdfs dfs -ls /stu_json/
```

可以看到 3 个后缀名为 json 的文件。

```
part-00000-a9364da3-5b26-4bc0-8bfa-636baf46188c-c000.json
part-00001-a9364da3-5b26-4bc0-8bfa-636baf46188c-c000.json
part-00002-a9364da3-5b26-4bc0-8bfa-636baf46188c-c000.json
```

4）查看 JSON 文件内容。

```
[user@scaladev ~]$ hdfs dfs -cat /stu_json/*.json
{"id":1001,"name":"mike"}
{"id":1002,"name":"tom"}
```

```
{"id":1003,"name":"rose"}
```

可以看到：JSON 文件的内容比 CSV 多；JSON 中增加了列名信息。

（2）示例 2：JSON 转 DataFrame

1）直接读取 JSON 文件；

```
scala> val stuDF = spark.read.format("json").load("/stu_json")
stuDF: org.apache.spark.sql.DataFrame = [id: bigint, name: string]
```

可以看到，解析出了字段名 id 和 name，但 id 的类型解析为 bigint，不正确。

2）使用 option("inferSchema", "true")，来指定 Spark 程序根据 JSON 文件中的实际内容来解析各列的名称和类型，示例代码如下。执行结果显示，id 列的类型解析还是不正确，说明有时根据 JSON 文件的实际内容来解析列的类型也不一定准确，此时需要手动指定列的类型，在步骤 3 中会有详细说明；

```
scala> val stuDF = spark.read.format("json").option("inferSchema", "true").load("/stu_json")
stuDF: org.apache.spark.sql.DataFrame = [id: bigint, name: string]
```

3）调用 schema 函数，手动指定 JSON 文件中各列的名称和数据类型，代码如下，可以看到 JSON 文件中各列数据类型可以正确解析。

```
scala> val stuDF = spark.read.format("json").schema("id Int,name String").load("/stu_json")
stuDF: org.apache.spark.sql.DataFrame = [id: int, name: string]
```

2．JSON 文件与 Dataseet 的转换

（1）示例 1：JSON 转 Dataset

JSON 文件转 Dataset 有两种方法，如下所示。

方法一：直接读取 JSON 转换成 Dataset。

```
scala> val stuDS = spark.read.format("json").schema("id Int,name String").load("/stu_json").as[Stu]
```

方法二：将 JSON 文件先转换成 DataFrame，然后将 DataFrame 转换成 Dataset。示例代码如下，stuDF 是上节内容中读取 JSON 所得到的 DataFrame。

```
scala> val stuDS = stuDF.map(s=>Stu(s.getAs[Int]("id"), s.getAs[String]("name")))
stuDS: org.apache.spark.sql.Dataset[Stu] = [id: int, name: string]
```

输出结果如下。

```
scala> stuDS.show
+----+----+
|  id|name|
+----+----+
|1001|mike|
|1003|rose|
|1002| tom|
+----+----+
```

（2）示例 2：Dataset 转 JSON

1）接上节，将 stuDS 存储为 JSON 文件，示例代码如下：

```
scala> stuDS.write.format("json").save("/stu_json")
```

操作之前，要先删除/stu_json，并退出 spark-shell，重新进入 spark-shell 再运行下面的命令，否则会报错。

2）如果不删除/stu_json，直接覆盖，可以调用 mode("overwrite")：

```
scala> stuDS.write.format("json").mode("overwrite").save("/stu_json")
```

3）查看生成的 JSON 文件内容。

```
[user@scaladev ~]$ hdfs dfs -cat /stu_json/*.json
{"id":1001,"name":"mike"}
{"id":1002,"name":"tom"}
{"id":1003,"name":"rose"}
```

3．总结

JSON 文件中包含了列名信息，但没有列的类型信息，因此，从 JSON 转换 DataFrame/Dataset 时，如果解析列的类型不正确，可以使用 option("inferSchema", "true")来解析各列的类型，如果解析还有问题，则可以传入 schema 信息，用来指定各列的名称和类型。

6.5.7 DataFrame/Dataset 与 ORC 文件的转换

ORC 是 Optimized Row Columnar 的缩写，它是一种文件格式，用来提升 Hive 读、写、处理数据的性能。ORC 在存储时，先按行进行水平分割，然后再按列进行分割和存储，不同的列采用特定的编码格式和压缩算法。

1．ORC 文件与 DataFrame 转换

（1）示例 1：DataFrame 转 ORC

1）先创建 DataFrame：

```
scala> case class Stu(id:Int, name:String)
scala> val stuDF = Seq(Stu(1001, "mike"), Stu(1002, "tom"), Stu(1003, "rose")).toDF
```

2）将 DataFrame 数据存储为 ORC 文件：

```
scala> stuDF.write.format("orc").save("/stu_orc")
```

3）查看 ORC 文件。

```
[user@scaladev ~]$ hdfs dfs -ls /stu_orc/
```

可以看到 3 个后缀为.orc 的文件。

```
part-00000-c53d0875-298f-4bce-bf5a-1201e61fd7bf-c000.snappy.orc
part-00001-c53d0875-298f-4bce-bf5a-1201e61fd7bf-c000.snappy.orc
part-00002-c53d0875-298f-4bce-bf5a-1201e61fd7bf-c000.snappy.orc
```

因为 ORC 文件不是文本文件，因此，无法用 cat 命令查看。

（2）示例 2：ORC 转 DataFrame

直接读取 ORC 文件，不需要加入 schema 信息，示例代码如下。

```
scala> val stuDF = spark.read.format("orc").load("/stu_orc")
```

输出结果如下所示，列名和类型都可以正确解析，说明 ORC 文件自带 Schema 信息。

```
stuDF: org.apache.spark.sql.DataFrame = [id: int, name: string]
```

2．ORC 文件与 Dataset 转换

（1）示例 1：ORC 转 Dataset

ORC 转 Dataset 有两种方法，示例如下。

方法一：直接读取 ORC 转换成 Dataset，不需要加入 schema 信息。

```
scala> val stuDS = spark.read.format("orc").load("/stu_orc").as[Stu]
```

方法二：将 ORC 先转成 DataFrame，再转换成 Dataset。

```
scala> val stuDF = spark read.format("orc").load("/stu_orc")
scala> val stuDS = stuDF.map(s=>Stu(s.getAs[Int]("id"), s.getAs[String]("name")))
stuDS: org.apache.spark.sql.Dataset[Stu] = [id: int, name: string]
```

（2）示例 2：Dataset 转 ORC

将 stuDS 存储为 ORC 文件。代码如下所示。

```
scala>stuDS.write.format("orc").save("/stu_orc")
```

📖 要先删除/stu_orc，并退出 spark-shell，重新进入 spark-shell 再运行下面的命令，否则会报错。如果不删除/stu_orc，直接覆盖，可以调用 mode("overwrite")，如下所示。

```
scala> stuDS.write.format("orc").mode("overwrite").save("/stu_orc")
```

6.5.8 DataFrame/Dataset 与 Parquet 文件的转换

Parquet 是一种按列存储的文件格式，它与数据处理框架、数据模型、编程语言无关，可用于 Hadoop 生态系统中的任何项目。

1．Parquet 和 DataFrame 的转换

（1）示例 1：DataFrame 转 Parquet

1）先创建 DataFrame；

```
scala> case class Stu(id:Int, name:String)
scala> val stuDF = Seq(Stu(1001, "mike"), Stu(1002, "tom"), Stu(1003, "rose")).toDF
```

2）将 DataFrame 存储为 Parquet 文件；

```
scala> stuDF.write.format("parquet").save("/stu_parq")
```

3）查看 Parquet 文件。

```
[user@scaladev ~]$ hdfs dfs -ls /stu_parq/
```

可以看到 3 个以 parquet 为后缀的文件。

```
part-00000-e4af531e-5aa4-4e74-95a1-3260050f6c53-c000.snappy.parquet
part-00001-e4af531e-5aa4-4e74-95a1-3260050f6c53-c000.snappy.parquet
part-00002-e4af531e-5aa4-4e74-95a1-3260050f6c53-c000.snappy.parquet
```

由于这 3 个文件也不是文本文件，所以不能用 cat 查看。

（2）示例 2：Parquet 转 DataFrame

通过 read 方法直接读取。

```
scala> val stuDF = spark.read.format("parquet").load("/stu_parq")
```

可以看到，列名和类型都可以正确解析，说明 Parquet 格式文件自带 Schema 信息。

```
stuDF: org.apache.spark.sql.DataFrame = [id: int, name: string]
```

2．Parquet 和 Dataset 的转换

（1）示例 1：Parquet 转 Dataset

接上节，先读取 Parquet 文件，转换成名为 stuDF 的 DataFrame，然后将 stuDF 转换成 Dataset，示例代码如下。

```
scala> val stuDS = stuDF.map(s=>Stu(s.getAs[Int]("id"), s.getAs[String]("name")))
```

输出结果如下，可以看到 id，name 的类型解析正确。

```
stuDS: org.apache.spark.sql.Dataset[Stu] = [id: int, name: string]
```

（2）示例 2：Dataset 转 Parquet

接上节，将名为 stuDS 的 Dataset 存储为 Parquet 文件。

> 先删除 hdfs://scaladev:9001/stu_parq 目录，然后退出 spark-shell，重新进入 spark-shell 执行，如果不退出 spark-shell 直接运行下面的命令会报错。

```
scala>stuDS.write.format("parquet").save("/stu_parq")
```

如果不删除/stu_parq，直接覆盖，可以调用 mode("overwrite")实现。

```
scala> stuDS.write.format("parquet").mode("overwrite").save("/stu_parq")
```

3．多个 Parquet 文件合并

Spark SQL 支持合并多个 parquet 文件的 Schema，形成一个新的 Schema，新 Schema 会包含原 Schema 的列，相同的列名只取一个，示例如下。

（1）创建两个 DataFrame，并将它们存储成 Parquet 类型文件

```
scala> val stuDF=sc.makeRDD(Array((1001, "mike"), (1002, "tom"), (1003, "rose"))).toDF("id", "name")
```

```
scala> val mathScoreDF = sc.makeRDD(Array((1001, 80), (1002, 95))).toDF("id", "score")
scala> stuDF.write.format("parquet").save("/stu_parq/key=1")
scala> mathScoreDF.write.format("parquet").save("/stu_parq/key=2")
```

代码说明：key=1 和 key=2 是两个目录，这两个目录一定要有，否则，在转换 parquet 文件为 DataFrame 时，会报下面的错误。

```
org.apache.spark.sql.AnalysisException: Unable to infer schema for Parquet. It must be specified manually.;
```

此外，key=1，key=2 这两个目录的命名格式要写成 key=xxx，xxx 最好是数字编号，因为，新的 schema 会增加 key 作为新的一列，key 的值就是 key=等于号后面的值。

（2）合并两个 Parquet 文件的 Schema

调用 option("mergeSchema", "true")合并所有的 Shema，形成新的 DataFrame

```
scala> val mergedDF = spark.read.option("mergeSchema", "true").parquet("/stu_parq/")
mergedDF: org.apache.spark.sql.DataFrame = [id: int, name: string ... 2 more fields]
```

代码说明：

- option("mergeSchema", "true")会合并 schema；
- option("mergeSchema", "false")会随机选择其中一个 parquet 文件的 schema 作为新的 schema。

（3）打印合并后的 DataFrame 的 Schema

打印 mergedDF 的 schema，可以看到 stuDF 和 mathScoreDF 中共有的 id 被合并成了一列，同时还增加名字为 key 的新列，这个 key 的新列就是来源于目录 key=xxx。

```
scala> mergedDF.printSchema
root
 |-- id: integer (nullable = true)
 |-- name: string (nullable = true)
 |-- score: integer (nullable = true)
 |-- key: integer (nullable = true)
```

查看合并后表的值。

```
scala> mergedDF.show
```

结果如图 6-15 所示。

```
+----+----+-----+---+
|  id|name|score|key|
+----+----+-----+---+
|1001|mike| null|  1|
|1003|rose| null|  1|
|1002| tom| null|  1|
|1001|null|   80|  2|
|1002|null|   95|  2|
+----+----+-----+---+
```

图 6-15　DataFrame 合并结果图

（4）结果说明

- parquet 文件中相同的列名会被合并；
- parquet 文件中的行不会被合并，例如 stuDF 中有 1 行“1001, mike”，mathScoreDF 中有 1 行“1001，80”，这两行的 id 相同，但是，它们并不会因为相同的 id 的合并成一行（从逻辑上，它们就应该是在一行，因为都是同一学号的信息）；
- 新增的 key，它的值来源于目录 key=xxx 中的 xxx，它用来表明该行的来源是哪个 parquet 文件。

parquet 合并适合 schema 都相同的 parquet 文件或者 schema 都不相同的文件，如果 schema 中有相同的列，则可能会导致逻辑上的错误。

6.5.9 DataFrame/Dataset 与 Avro 文件的转换

Avro 是 Apache 提供的一种文件格式，它具有丰富的数据结构，其数据格式是二进制的，具有紧凑和快速的特性。

本书采用的 Spark 2.3.0 版本没有集成 Avro 数据源，因此，需要安装第三方插件。本节先介绍 Avro 插件的安装，再介绍 Avro 与 DataFrame/Dataset 的转换。从 Spark 2.4 开始，Spark 内置了 Avro 数据源，不再需要安装插件。

1．安装 Avro 插件

Spark 2.3 安装第三方插件的示例代码如下。

```
[user@scaladev ~]$ spark-shell --master spark://scaladev:7077 --packages com.databricks:spark-avro_2.11:4.0.0
```

参数说明：

- --packages 表示 spark-shell 将按照本地 maven 仓库、central maven 仓库以及用户指定的 maven 仓库的顺序依次搜索并自动下载 spark-avro_2.11:4.0.0.jar 以及它的依赖包；
- com.databricks:spark-avro_2.11:4.0.0，是 jar 包的三段式表示，groupId:artifactId:version，groupId 表示开发此 jar 包的组织，在这里是 com.databricks，artifactId 表示此 jar 包的名称，在这里是 spark-avro_2.11，version 表示 jar 包版本，这里的版本是 4.0.0；
- com.databricks:spark-avro_2.11:4.0.0 表示该 jar 包是用 Scala 2.11 版本编译的，scaladev 上的 Scala 正好是 2.11 版本，注意，不能用 com.databricks:spark-avro_2.10:4.0.0，否则在读取 Avro 数据时，会报下面的错。

```
java.lang.NoClassDefFoundError: scala/collection/GenTraversableOnce$class
```

- 下载的 spark-avro_2.11-4.0.0.jar 和依赖包位于/home/user/.ivy2/jars 目录下。

2．Avro 与 DataFrame 的转换

（1）示例 1：DataFrame 转 Avro

由于手头没有 Avro 文件，所以先将 DataFrame 类型数据转换成 Avro 文件类型，生成一个 Avro 文件。具体步骤如下。

1）创建 DataFrame。首先创建 Seq 对象，然后将 Seq 转换成 DataFrame，示例代码如下：

```
scala>case class Stu(id:Int, name:String)
scala>val stuDF = Seq(Stu(1001, "mike"), Stu(1002, "tom"), Stu(1003, "rose")).toDF
```

2）将 DataFrame 存储为 Avro 文件。

```
scala> stuDF.write.format("com.databricks.spark.avro").save("/stu_avro")
```

（2）示例 2：Avro 转 DataFrame

读取/stu_avro 下面的 Avro 文件，返回类型为 DataFrame 的数据，并显示文件内容，如图 6-16 所示。

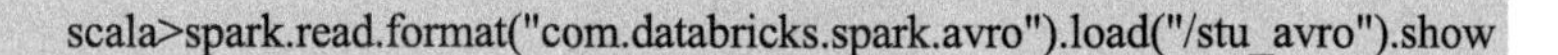

```
scala>spark.read.format("com.databricks.spark.avro").load("/stu_avro").show
```

```
+----+----+
|  id|name|
+----+----+
|1001|mike|
|1003|rose|
|1002| tom|
+----+----+
```

图 6-16　Avro 文件转 DataFrame 结果图

3．Avro 与 Dataset 的转换

（1）示例 1：Avro 转 Dataset

读取/stu_avro 下面的 Avro 文件返回类型为 DataFrame 的数据，然后将 DataFrame 转换成 Dataset，示例代码如下。

```
scala> val stuDF = spark.read.format("com.databricks.spark.avro").load("/stu_avro")
scala> val stuDS = stuDF.map(s=>Stu(s.getAs[Int]("id"), s.getAs[String]("name")))
```

（2）示例 2：Dataset 转 Avro

将示例 1 中名为 stuDS 的 Dataset 存储成 Avro 文件。示例代码如下。

```
scala> stuDS.write.mode("overwrite").format("com.databricks.spark.avro").save("/stu_avro")
```

6.5.10　DataFrame/Dataset 与 MySQL 数据库的转换

除 HDFS 上的文件外，Spark SQL 还支持以 JDBC 方式访问数据库中的数据。常见的关系型数据库如 MySQL、PostgreSQL 等，都支持 JDBC 连接，因此，Spark SQL 都可以访问它们。下面以 MySQL 为例，说明 Spark SQL 使用 JDBC 访问数据库的一般步骤。首先需要安装 MySQL 数据库。

1．安装 MySQL

通过 yum 从 DVD 安装源来安装 MySQL，安装的节点是 vm01，把它安装在 vm01，主要是模拟 MySQL 服务器和 Spark 集群 Master 分离的应用场景。

1）首先，在 vm01 上挂载 DVD 镜像文件（挂载前，要检查 ISO 进行文件是否已和 VMware 的 DVD 设备关联）；

```
[root@vm01 user]# mount /dev/sr0 /media/
```

检查可安装的 MySQL，要安装的 MySQL 安装包名是 mariadb，mariadb 是 MySQL 的一个分支，自 MySQL 被甲骨文控制后，MySQL 的创始人 Michael Widenius 担心 MySQL 有闭源的风险，因此，基于 MySQL 的分支，开发了 mariadb，Maria 的名字来自 Michael Widenius 小女儿的名字，mariadb 完全兼容 MySQL，是目前最受关注、使用最频繁的 MySQL 数据库衍生版。

```
[root@vm01 user]# yum list | grep mariadb
mariadb-libs.x86_64                    1:5.5.44-2.el7.centos      @anaconda
mariadb.x86_64                          1:5.5.60-1.el7_5           updates
```

2）安装 MySQL 客户端；

```
[root@vm01 user]# yum -y install mariadb
```

3）安装 MySQL 服务端；

```
[root@vm01 user]# yum -y install mariadb-server
```

4）开机自动启动 MySQL 服务；

```
[root@vm01 user]# systemctl enable mariadb
```

5）启动 MySQL 服务；

```
[root@vm01 user]# systemctl start mariadb
```

6）查看状态；

```
[root@vm01 user]# systemctl status mariadb
```

如果可以看到下面的 running，说明 mariadb 启动成功。

```
mariadb.service - MariaDB database server
Loaded: loaded (/usr/lib/systemd/system/mariadb.service; enabled; vendor preset: disabled)
Active: active (running)
```

7）使用当前用户连接 MySQL；

```
[user@vm01 ~]$ mysql
```

登录提示符如下。

```
MariaDB [(none)]>
```

8）使用 root 用户连接 MySQL，看到登录提示符，则说明登录成功；

```
[user@vm01 ~]$ mysql –uroot
```

9）远程连接，在 scaladev 上安装 MySQL 客户端，注意：不需要安装 mariadb-server。

```
[root@scaladev user]# yum -y install mariadb
```

在 scaladev 上远程登录 vm01 上的 MySQL 数据库，会报下面的错误。

```
[user@scaladev ~]$ mysql -h vm01
ERROR 1130 (HY000): Host 'scaladev' is not allowed to connect to this MariaDB server
```

上述错误，是因为 MySQL 数据库默认不允许远程访问，下面开启 MySQL 的远程访问权限，步骤如下。

1）在 vm01 上登录 MySQL；

```
[user@vm01 ~]$ mysql –uroot
```

2）使用 MySQL 数据库；

```
MariaDB [(none)]> ues mysql
```

如果成功，登录提示符会改变，如下所示。

```
MariaDB [mysql]>
```

3）修改 MySQL 数据库权限表，允许 root 用户和 user 用户远程访问数据库；

```
MariaDB [mysql]> GRANT ALL PRIVILEGES ON *.* TO 'root'@'%' IDENTIFIED BY 'root' WITH GRANT OPTION;
MariaDB [mysql]> GRANT ALL PRIVILEGES ON *.* TO 'user'@'%' IDENTIFIED BY 'user' WITH GRANT OPTION;
```

4）使配置生效；

```
MariaDB [mysql]> flush privileges;
```

5）再次从 scaladev 远程登录；

```
[user@scaladev ~]$ mysql -h vm01 –p
```

6）输入密码，即 vm01 上 user 用户的密码，登录提示符如下；

```
MariaDB [(none)]>
```

7）从 vm01 上远程登录 MySQL；

```
[user@vm01 ~]$ mysql -h vm01 -uuser -p
Enter password:
```

📖 这个很容易忽视，但一定要测试，因为 Spark 执行时，当 Executor 在 vm01 上运行时，该 Executor 登录 MySQL 数据库使用的也是远程登录方式，而不是本地登录方式。

输入密码后，报错如下。报错的原因是：MySQL 权限表中有关 vm01 的设置限制了 user 在 vm01 上远程登录 vm01。

```
ERROR 1045 (28000): Access denied for user 'user'@'vm01' (using password: YES)
```

解决办法：删除权限表中关于 vm01 的设置，操作如图 6-17 所示。

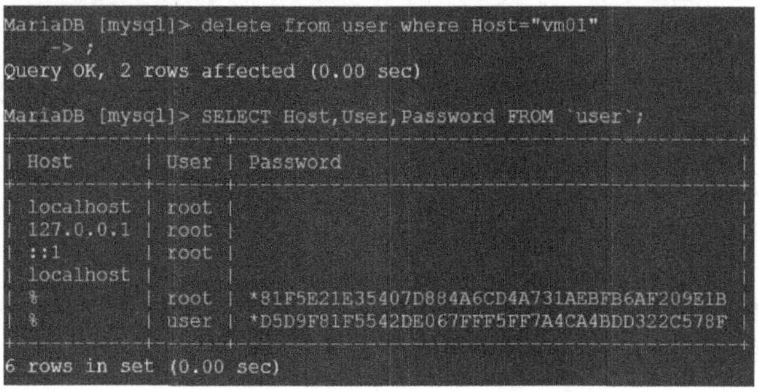

```
MariaDB [mysql]> delete from user where Host="vm01"
    -> ;
Query OK, 2 rows affected (0.00 sec)

MariaDB [mysql]> SELECT Host,User,Password FROM `user`;
+-----------+------+-------------------------------------------+
| Host      | User | Password                                  |
+-----------+------+-------------------------------------------+
| localhost | root |                                           |
| 127.0.0.1 | root |                                           |
| ::1       | root |                                           |
| localhost |      |                                           |
| %         | root | *81F5E21E35407D884A6CD4A731AEBFB6AF209E1B |
| %         | user | *D5D9F81F5542DE067FFF5FF7A4CA4BDD322C578F |
+-----------+------+-------------------------------------------+
6 rows in set (0.00 sec)
```

图 6-17　删除后的 MySQL 权限表

8）在 vm01 上，再次远程登录。

```
[user@vm01 ~]$ mysql -h vm01 -uuser –p
```

至此，MySQL 数据库安装完成，接下来在对 MySQL 数据库进行操作。

2．在 MySQL 上创建数据库、表、插入数据

1）创建数据库 studb。在 MySQL 数据库控制台执行下面的命令；

```
MariaDB [(none)]> create database studb;
```

2）选择 studb 作为当前数据库，命令如下；

```
MariaDB [(none)]> use studb;
Database changed
MariaDB [studb]>
```

3）创建表 stu_info，命令如下；

```
MariaDB [studb]> create table stu_info(id int,name varchar(256)) charset=utf8;
```

📖 MySQL 中没有 String 关键字，使用变长字符串 varchar(256)来替代 String，表中字符串使用 utf8 编码。

4）使用下面的命令查看存储引擎和编码；

```
MariaDB [studb]> show table status from studb;
```

5）插入数据；

```
MariaDB [studb]> insert into stu_info(id, name) values(1001,"mike"),(1002,"tom"),(1003,"rose");
```

6）查询数据。

```
MariaDB [studb]> select * from stu_info;
```

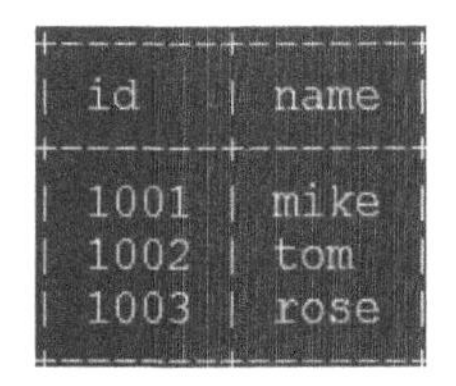

id	name
1001	mike
1002	tom
1003	rose

图 6-18　stu_info 表内容

如果能看到图 6-18 的内容，则说明插入成功。后面将介绍使用 Spark SQL 读取这些内容。

3．MySQL 数据转 DataFrame

本节介绍在 spark-shell 中将 MySQL 中的 stu_info 表转换成 DataFrame。

因为 Spark 并没有内置访问 MySQL 的功能，因此，需要下载一个 MySQL Connector 以支持 Spark 访问 MySQL。本书采用的 MySQL 版本是 5.5.60，对应的 Connector 版本是 MySQL Connector/J 8.0。具体步骤如下。

1）下载并解压 MySQL Connector。

```
[user@scaladev ~]$ wget https://dev.mysql.com/get/Downloads/Connector-J/mysql-connector-java-8.0.12.tar.gz
[user@scaladev ~]$ tar xf mysql-connector-java-8.0.12.tar.gz
```

解压后，MySQL Connector 的 jar 包路径如下。

```
/home/user/mysql-connector-java-8.0.12/mysql-connector-java-8.0.12.jar
```

2）启动 spark-shell，加载 MySQL 连接驱动；

```
[user@scaladev ~]$ spark-shell --jars /home/user/mysql-connector-java-8.0.12/mysql-connector-java-8.0.12.jar --master spark://scaladev:7077
```

说明

- --jars /home/user/mysql-connector-java-8.0.12/mysql-connector-java-8.0.12.jar，指定在 Driver 端和 Executor 中所要包含的 jar 包的路径，多个 jar 间用逗号隔开，一旦指定，例如：/home/user/mysql-connector-java-8.0.12/mysql-connector-java-8.0.12.jar，Spark Job 运行后，会将此 jar 包，即 mysql-connector-java-8.0.12.jar 复制到 Driver、Executor 的 work 目录下的 app 对应目录下；
- 因此，mysql-connector-java-8.0.12.jar 要在运行 spark-shell 命令节点的/home/user/mysql-connector-java-8.0.12/下存在，而 Spark 集群中的其他节点，不需要部署/home/user/mysql-connector-java-8.0.12/mysql-connector-java-8.0.12.jar，因为这个 jar 包会在 Spark Job 运行时自动复制到各个节点；
- --jars 对 Driver 端同样有效，因此，不需要添加--driver-class-path 参数。

3）使用 SparkSession 对象连接 MySQL 数据库，读取 studb.stu_info 表中内容，转换成 DataFrame stuDF，如下所示。

```
scala> val stuDF = spark.read.format("jdbc").option("url","jdbc:mysql://vm01:3306/studb").option("driver", "com.mysql.cj.jdbc.Driver").option("dbtable", "stu_info").option("user","user").option("password", "user").load()
scala> stuDF.show
```

输出结果如图 6-19 所示。

```
+----+----+
|  id|name|
+----+----+
|1001|mike|
|1002| tom|
|1003|rose|
+----+----+
```

图 6-19　使用 DataFrame 读出的 stu_info 表内容

代码说明：

- read 表示读取数据操作；
- format("jdbc")指定数据源为 JDBC 所连接的数据库；
- option("url","jdbc:mysql://vm01:3306/studb")，指定数据库连接信息：jdbc:mysql://vm01:3306/studb，jdbc:mysql 是固定的，vm01:3306 是 MySQL Server 的主机名和端口，studb 是要连接的数据库名字；
- option("driver", "com.mysql.cj.jdbc.Driver")，设置连接数据库的驱动为 com.mysql.cj.jdbc.Driver，这个是比较新的驱动，以前的驱动 com.mysql.jdbc.Driver 已经弃用（deprecated）；
- option("dbtable", "stu_info")，指定要读取的数据库表名为 stu_info；
- option("user","user")，option("password", "user")设置数据库连接的用户名、密码；
- Load 表示加载数据，但这个是延迟的，要等到下面的 show 才会触发执行。

4．DataFrame 转 MySQL 数据

本节介绍在 spark-shell 中将 DataFrame 数据写入 MySQL 数据库，具体步骤如下。

1）生成 DataFrame：先创建 RDD，填入数据，然后调用 toDF，将 RDD 转换成 DataFrame；

```
scala> val stuDF = spark.sparkContext.makeRDD(Array((1004, "lili"), (1005, "vivi"))).toDF("id", "name")
```

📖 toDF 中的列名一定要有，否则插入时会报错。

2）将 DataFrame 数据 stu_info 表。

```
scala> stuDF.write.format("jdbc").mode("append").option("url","jdbc:mysql://vm01:3306/studb").option
("driver", "com.mysql.cj.jdbc.Driver").option("dbtable", "stu_info").option("user","user").option("password", "user").save()
```

代码说明如下：

- format("jdbc")指定连接的数据源为 JDBC；
- mode("append")指定写入方式为追加方式；
- option("url","jdbc:mysql://vm01:3306")指定 MySQL 服务器的主机名和端口；
- option("driver", "com.mysql.cj.jdbc.Driver")指定 JDBC 的驱动名 com.mysql.cj.jdbc.Driver；
- option("dbtable", "stu_info"指定数据库表名为 stu_info，如果表不存在，会自动创建该表；
- option("user","user")指定数据库用户名为 user；
- option("password", "user")指定数据库密码为 user；
- save 表示执行写入操作。

验证方法：在 vm01 上，使用 user 登录 MySQL，然后使用 select 查询，如果能够看到插入的数据，则说明使用 Spark SQL 写入 MySQL 是成功的。

6.5.11 DataFrame/Dataset 与 Hive 表的转换

1．Hive 相关概念

Hive 是一个数据仓库软件，向上支持用户使用 SQL 对海量数据操作，向下支持将 SQL 指令转换成相应的任务，提交给处理引擎如 Hadoop 的 MapReduce、Spark 等来执行。

Hive on Spark、Shark、Spark SQL 和 Spark on Hive 这几个名词在 Spark 和 Hive 的学习中经常出现，说明如下。

- Hive 最初使用 Hadoop 的 MapReduce 处理数据，后来增加 Spark 作为其数据处理引擎，这就是 Hive on Spark；
- 在 Spark SQL 出现之前，Spark 还有一个 Shark 项目，Shark 建立在 Hive 代码之上，与 Hive 接口完全兼容，其处理引擎也是 Spark，但由于种种原因，该项目进展不顺，最后停止，并产生了完全从零开始的 Spark SQL。
- Spark SQL 可好地兼容 Hive，它可以读取并解析 Hive 元数据，并可以执行查询、创建、删除 Hive 表等操作，把 Spark SQL 中和 Hive 相关的部分称为 Spark on Hive。

2．实验环境

在具体操作之前，再回顾和确认下本书所采用的实验环境是“兼容 Hive 的 Spark SQL 运行环境”，其应用场景如图 6-20 所示，Spark SQL 和 Hive 都通过“Hive 元数据服务”实现元数据的存储和访问，Hive 元数据服务则同 Derby 数据库交互，由 Derby 数据库实现具体的存储和访问。构建步骤参考 6.3.3 节内容。

3．创建 Hive 表

本节介绍 Hive 的创建方法，Hive 表的创建通过 SQL 语句创建，有两种方式。

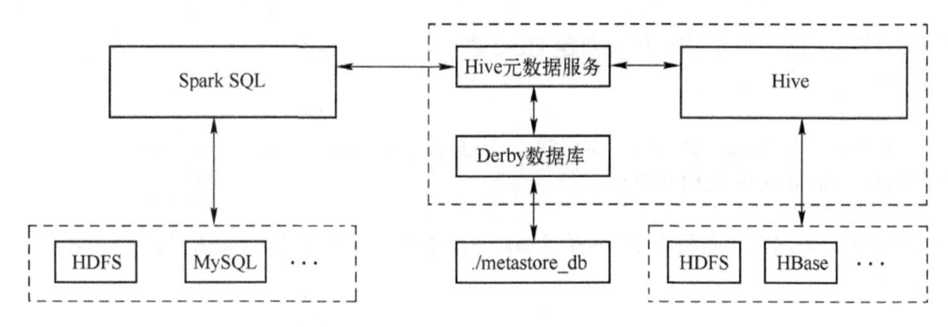

图 6-20　兼容 Hive 的 Spark SQL 应用场景

（1）方式 1：使用 STORED AS 方式创建 Hive 表

创建 Hive 表的命令如下所示。

```
CREATE TABLE IF NOT EXISTS studb.stu_seq (id int, name string) STORED AS SEQUENCEFILE;
```

📖 Hive 也是采用上述语句来创建表的，STORED AS 用来指定 Hive 表的文件格式。该语句采用了 Hive SQL（HQL）语言的语法，Spark SQL 支持这种写法，就是为了兼容 HQL，尽量不改变之前 Hive 用户的使用习惯。

参数说明如下：

- studb.stu_seq 中，studb 是数据库名字，stu_seq 是 Hive 表的名字，该表会在数据库 studb 下创建 stu_seq 表；
- (id int, name string)是表结构的 Schema 信息，每列的数据用逗号隔开，每列包括：列名和类型两种数据，用空格隔开。本例中有两列，id 和 name，id 列的类型是 int，name 列的类型是 sting；
- STORED AS 后面指定 Hive 表文件格式，Hive 表可以存储成文件，而文件又有多种格式。Spark SQL 支持的 Hive 表文件格式有：TEXTFILE、SEQUNECEFILE、RCFILE、AVRO、ORC 和 PARQUET。因此，如果要使用其他格式的文件，使用上面的格式替换 SEQUNECEFILE 即可。

显示刚才创建的表，操作如下。

首先选中数据库 studb；

```
USE studb;
```

列出当前数据库下的所有表，如果能够看到 stu_seq，就说明创建成果。

```
SHOW TABLES;
```

📖 SQL 可以在 spark-sql 上直接运行，也可以嵌入在 Scala 语言中，在 spark-shell 或 Spark 程序中运行。具体步骤可以参考 6.4.2 节和 6.4.3 节内容。

📖 如果要在 Spark 程序中运行，在创建 SparkSession 对象时，要调用 enableHiveSupport 以增加对 Hive 的支持，示例代码如下：

```
val ss = SparkSession.builder().appName("HiveToDataFrameExp ").enableHiveSupport().getOrCreate()
```

（2）方式 2：使用 USING 方式创建 Hive 表

创建表的命令如下所示。

```
    CREATE TABLE IF NOT EXISTS studb.stu_seq_new(id int, name string) USING HIVE
OPTIONS(fileFormat 'SEQUENCEFILE');
```

📖 Hive 不支持上述 SQL 语句的运行，这是 Spark SQL 自有的 SQL 语句，Spark SQL 使用它来统一 Hive 表和 Built-in data source 表的创建。

参数说明：

- studb.stu_seq (id int, name string) 是表名和表结构的 Schema 信息；
- USING HVIE 表示创建 Hive 表，Hive 表的文件格式在后面的 OPTIONS 中指定。USING 后面也可以跟内置数据源格式，此时将创建 Built-in data souce 表（具体下节将详细说明）；
- OPTIONS 用来指定表创建的属性项，OPTIONS 中可以配置多个属性项，属性项之间用逗号隔开。本例只有 1 个属性项，其属性名是 fileFormat，表示 Hive 文件格式，属性值为 SEQUNECEFILE，属性名和属性值之间用空格隔开。fileFormat 的取值包括 TEXTFILE、SEQUNECEFILE、RCFILE、AVRO、ORC 和 PARQUET。

4．DataFrame/Dataset 转 Hive 表

根据 6.5.1 所述，DataFrame/Dataset 转 Hive 表有 3 种方法：1）在 SQL 将 DataFrame/Dataset 写入已经创建的 Hive 表；2）调用 DataFrame/Dataset 对象的 insertInto 操作，将数据写入已经创建的 Hive 表；3）调用 DataFrame/Dataset 对象的 saveAsTable 操作，将数据存储成新的 Hive 表。由于 DataFrame 在转换 Hive 表时的操作和 Dataset 转 Hive 表的操作是一样的。因此，下面以 DataFrame 为例来演示这 3 种转换方法。

（1）示例 1：使用 SQL 将 DataFrame 写入已经创建的 Hive 表

示例说明：本示例将先创建 DataFrame，然后创建临时视图，再使用 SELECT 语句获取视图的数据，然后将此数据写入已经创建的 Hive 表。具体步骤如下。

1）创建 DataFrame；

```
    val stuDF = spark.sparkContext.makeRDD(Array((1001, "mike"), (1002, "tom"), (1003, "rose"))).toDF("id",
"name")
```

2）在 DataFrame stuDF 上创建临时视图 stu_info_tmp_view；

```
    stuDF.createTempView("stu_info_tmp_view")
```

3）将 stu_info_tmp_view 中的数据插入已经创建的 Hive 表 stu_seq 中；

```
    spark.sql("INSERT INTO studb.stu_seq SELECT * FROM stu_info_tmp_view")
```

使用 SELECT 语句获取临时视图 stu_info_tmp_view 中的数据，即 DataFrame stuDF 中的数据，然后使用 INSERT INTO 将数据插入 Hive 表。这样就实现了 DataFrame 数据到 Hive 表的转换。

> 📖 SELECT 出来的数据的列数和要插入的 Hive 表的列数必须相同，否则执行 SQL 语句时会报错。SELECT 出来的数据的列类型和要插入的 Hive 表的对应列的类型，必须相同，否则，插入的数据不一定正确。

4）查询 Hive 表 stu_seq，看数据是否写入。

```
spark.sql("SELECT * FROM studb.stu_seq").show
```

查询结果显示如图 6-21 所示，说明写入成功。

id	name
1001	mike
1002	tom
1003	rose

图 6-21 使用 SQL 写入 Hive 表的内容

（2）示例 2：调用 DataFrame 对象的 insertInto 操作将数据写入已经创建的 Hive 表

示例说明：本示例将先创建 DataFrame 对象，然后它的 write.insertinfo 操作，将数据写入已经创建的 Hive 表 stu_seq 中，示例代码如下。

1）创建 DataFrame；

```
val stuDF = spark.sparkContext.makeRDD(Array((1001, "mike"), (1002, "tom"), (1003, "rose"))).toDF("id", "name")
```

2）将 DataFrame 的数据写入已经创建的 Hive 表 stu_seq 中；

```
stuDF.write.insertInto("studb.stu_seq")
```

3）查询 Hive 表 stu_seq，看数据是否写入。

```
spark.sql("SELECT * FROM studb.stu_seq").show
```

查询结果显示如图 6-22 所示，说明写入成功。

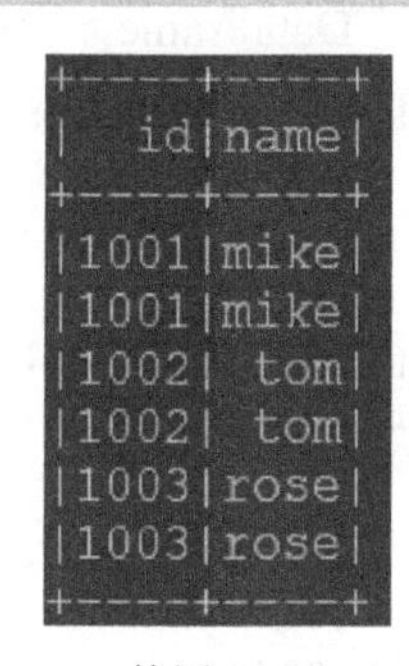

id	name
1001	mike
1001	mike
1002	tom
1002	tom
1003	rose
1003	rose

图 6-22 使用 write.insertInto 写入 Hive 表的内容

（3）示例 3：调用 DataFrame 对象的 saveAsTable 操作将数据存储为新的 Hive 表

示例说明：本示例将先创建 DataFrame 对象，然后它的 write.saveAsTable 操作将数据存储为新的 Hive 表，示例代码如下。

1）创建 DataFrame；

```
val stuDF = spark.sparkContext.makeRDD(Array((1001, "mike"), (1002, "tom"), (1003, "rose"))).toDF("id", "name")
```

2）将 DataFrame 存储为新的 Hive 表；

```
stuDF.write.format("Hive").option("fileFormat","SequenceFile").saveAsTable("studb.stu_info_seq_save_as_table")
```

在调用 saveAsTable 之前，要调用 format("Hive")操作指定存储为 Hive 表，此外 Hive 表还要指定文件格式，因此，调用 option("fileFormat","SequenceFile")，指定文件格式为 SequenceFile。Spark SQL 支持的 Hive 表文件格式有 TextFile、SequenceFile、RCFile、Avro、ORC 和 Parquet。因此，如果要使用其他格式的文件，只需使用上面的格式替换 SequenceFile 即可。

saveAsTable 也支持将 DataFrame 数据追加到已经存在的表，只需要在调用 saveAsTable 前调用 mode("append")即可，代码如下。

```
stuDF.write.format("Hive").option("fileFormat","SequenceFile").mode("append").saveAsTable("studb.stu_info_seq_save_as_table")
```

3）查询 Hive 表 stu_info_seq_save_as_table，看数据是否写入。

```
spark.sql("SELECT * FROM studb.stu_info_seq_save_as_table").show
```

查询结果显示如图 6-23 所示，说明写入成功。

+----+----+
| id|name|
+----+----+
|1001|mike|
|1002| tom|
|1003|rose|
+----+----+

图 6-23　stu_info_seq_save_as_table 表的内容

5．Hive 表转 DataFrame/Dataset

如 6.5.1 所述，Hive 表转 DataFrame 有两种方法：1）在 Scala 中嵌入 SQL，直接读取 Hive 表，得到的结果就是 DataFrame；2）调用 SparkSession 的 table 操作，将 Hive 表转换成 DataFrame。得到 DataFrame 后，再调用 as 操作就可以转换成 Dataset。因此，将 Hive 表转换成 DataFrame 是重点，下面以示例说明。

（1）示例 1：使用 SQL 直接读取 Hive 表，得到 DataFrame

示例说明：在 Scala 语言中嵌入 SQL，使用 SELECT 语句读取 Hive 表，得到的结果类型就是 DataFrame，再打印该 DataFrame 的内容，步骤如下。

1）读取 Hive 表；

```
scala> val rs = spark.sql("SELECT * FROM studb.stu_info_seq_save_as_table")
```

得到的结果如下，可以看到结果 rs 是 DataFrame，其 Schema 信息是：第一列的列名是 id，类型是 int，第二列的列名是 name，类型是 string。

```
rs: org.apache.spark.sql.DataFrame = [id: int, name: string]
```

2）打印 DataFrame 的内容。

```
scala> rs.show
```

如图 6-24 所示，如果能看到下面的内容，则说明 Hive 表读取和转换成功。

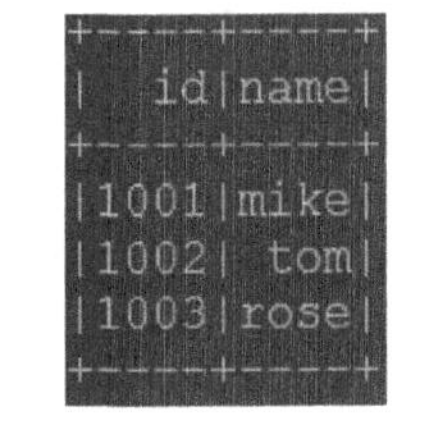
+----+----+
| id|name|
+----+----+
|1001|mike|
|1002| tom|
|1003|rose|
+----+----+

图 6-24　Hive 表转 DataFrame 后的内容

（2）示例 2：调用 SparkSession 对象的 table 操作，读取 Hive 表，得到 DataFrame

示例说明：在 spark-shell 中调用 SparkSession 对象的 table 操作，传入要读取的 Hive 表名，将 Hive 表转换成 DataFrame，再打印该 DataFrame 的内容，步骤如下。

1）读取 Hive 表；

```
scala> val rs = spark.table("studb.stu_info_seq_save_as_table");
```

Hive 表 studb.stu_info_seq_save_as_table 将转换成 DataFrame 对象，并将对象引用赋值给 rs。

2）打印 DataFrame 的内容。

```
scala> rs.show
```

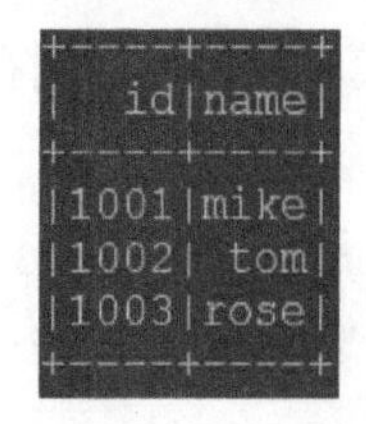

图 6-25　Hive 表转 DataFrame 后的内容

如图 6-25 所示，如果能看到下面的内容，则说明 Hive 表读取和转换成功。

6.5.12　DataFrame/Dataset 与 Built-in data source 表的转换

如 6.1.4 节所述，Built-in data source 表基于 Spark SQL 内置数据源而创建的 Persistent Table。内置数据源有多种，包括 Text、CSV、JSON、ORC、Parquet 和 JDBC 等。

1．创建 Built-in data source 表

Spark SQL 内置数据源可以分为两类：文件类和数据库类。其中 Text、CSV、JSON、ORC 和 Parquet 属于文件类的数据源；JDBC 则属于数据库类的数据源。不同类的数据源，创建 Built-in data source 表的方法不一样，分别说明如下。

（1）创建文件类的 Built-in data source 表

创建表的命令如下所示。

```
CREATE TABLE IF NOT EXISTS studb.stu_csv(id int, name string) USING CSV;
```

参数说明如下：

- studb.stu_seq (id int, name string) 是表名和表结构的 Schema 信息；
- USING CSV，表示该表的数据源是 CSV，Spark SQL 还支持 Text、CSV、JSON、ORC 和 Parquet 等，直接使用它们替换 CSV 即可。

（2）创建数据库类的 Built-in data source 表

数据库类的数据源，指支持 JDBC 连接的数据库。MySQL 是典型的支持 JDBC 的数据库，下面以 MySQL 为例，说明如何构建数据库类的 Built-in data source 表，具体步骤如下。

1）在 MySQL 上创建数据库 mysql_test_db 和表 stu_info_mysql，用来存储 Built-in data source 表数据。登录 vm01 上的 MySQL 数据库，执行以下命令；

```
MariaDB []> CREATE DATABASE mysql_test_db;
MariaDB []> USE mysql_test_db;
MariaDB [mysql_test_db]>CREATE TABLE stu_info_mysql(id INT, name TEXT);
```

2）启动 spark-sql，命令如下；

```
[user@scaladev ~]$ spark-sql --jars /home/user/mysql-connector-java-8.0.12/mysql-connector-java-8.0.12.jar --master spark://scaladev:7077
```

参数说明如下：

- --jars/home/user/mysql-connector-java-8.0.12/mysql-connector-java-8.0.12.jar 表示使用 mysql-connector-java-8.0.12.jar 作为连接数据库的函数库；
- --master spark://scaladev:7077 表示 spark-sql 连接到 Spark 集群：scaladev:7077；

3）在 spark-sql 中创建表 studb.stu_info_jdbc，stu_info_jdbc 就是一张 Built-in data source

表，它的表数据存储在 MySQL 数据库 mysql_test_db.stu_info_mysql 中，具体命令如下：

```
spark-sql>CREATE TABLE studb.stu_info_jdbc(id INT, name STRING) USING JDBC OPTIONS('url'=
'jdbc:mysql://vm01:3306/mysql_test_db', 'dbtable'='stu_info_mysql', 'driver'='com.mysql.cj.jdbc.Driver', 'user'='user',
'password'='user');
```

📖 表 stu_info_jdbc 的 Schema 要和表 stu_info_mysql 的 Schema 一致，Spark SQL 中 String 类型对应 MySQL 的 Text 类型。

参数说明如下：

- 'url'='jdbc:mysql://vm01:3306/mysql_test_db'，url 表示要连接的数据库的路径，其中：jdbc:mysql 表示连接方式是 jdbc，数据库类型是 mysql；vm01 是数据库节点的主机名，3306 是数据库的服务端口，mysql_test_db 是数据库名；
- 'dbtable'='stu_info_mysql'，表示要访问的数据库的表名是：stu_info_mysql；
- 'driver'='com.mysql.cj.jdbc.Driver'，指定 JDBC 驱动类名；
- 'user'='user', 'password'='user'，指定连接 MySQL 数据库的用户名和密码。

4）插入数据；

```
spark-sql>INSERT INTO studb.stu_info_jdbc VALUES(1001, "mike"),(1002, "tom"),(1003, "rose");
```

5）查询表 stu_info_mysql 的内容，命令如下。

```
MariaDB [mysql_test_db]> SELECT * FROM stu_info_mysql;
```

如图 6-26 所示，可以看到，插入 stu_info_jdbc 表中的数据已经插入到了 MySQL 的 stu_info_mysql 表中。

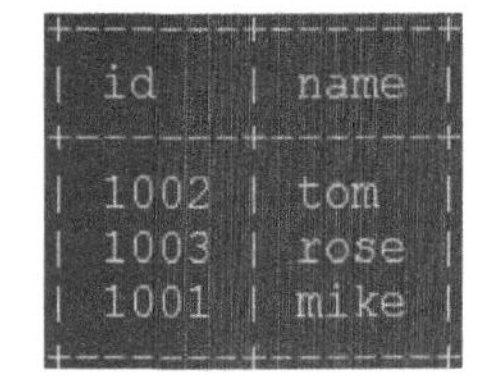

id	name
1002	tom
1003	rose
1001	mike

图 6-26　学生信息图

2．DataFrame 转 Built-in data source 表

根据 6.5.1 所述，DataFrame/Dataset 转 Built-in data source 表有 3 种方法：1）用 SQL 将 DataFrame/Dataset 写入已经创建的 Built-in data source 表；2）调用 DataFrame/Dataset 对象的 insertInto 操作，将数据写入已经创建的 Built-in data source 表；3）调用 DataFrame/Dataset 对象的 saveAsTable 操作，将数据存储成新的 Built-in data source 表。由于 DataFrame 在转换 Built-in data source 表时的操作和 Dataset 转 Built-in data source 表的操作是一样的。因此，下面以 DataFrame 为例来演示这 3 种转换方法。

（1）示例 1：使用 SQL 将 DataFrame 写入已有的 Built-in data source 表

示例说明：本示例将先创建 DataFrame，然后创建临时视图，再使用 SELECT 语句获取视图的数据，然后将此数据写入已经创建的 Built-in data source 表。具体步骤如下。

1）创建 DataFrame；

```
val stuDF = spark.sparkContext.makeRDD(Array((1001, "mike"), (1002, "tom"), (1003, "rose"))).toDF("id",
"name")
```

2）在 DataFrame stuDF 上创建临时视图 stu_info_tmp_view；

```
stuDF.createTempView("stu_info_tmp_view")
```

3）将 stu_info_tmp_view 中的数据插入已经创建的 Built-in data souce 表 stu_csv 中；

```
spark.sql("INSERT INTO studb.stu_csv SELECT * FROM stu_info_tmp_view")
```

使用 SELECT 语句获取临时视图 stu_info_tmp_view 中的数据，即 DataFrame stuDF 中的数据，然后使用 INSERT INTO 将数据插入 Built-in data source 表。这样就实现了 DataFrame 数据到 Built-in data source 表的转换。

此外，SELECT 出来的数据的列数和要插入的 Built-in data source 表的列数必须相同，否则执行 SQL 语句时，会报错。SELECT 出来的数据的列类型和要插入的 Built-in data source 表的对应列的类型必须相同，否则，插入的数据不一定正确。

4）查询 Built-in data source 表 stu_csv，看数据是否写入。

```
spark.sql("SELECT * FROM studb.stu_csv").show
```

id	name
1001	mike
1002	tom
1003	rose

图 6-27　使用 SQL 写入 Built-in data souce 表的内容

查询结果显示如图 6-27 所示，说明写入成功。

（2）示例 2：调用 DataFrame 对象的 insertInto 操作将数据写入已有的 Built-in data source 表

示例说明：本示例将先创建 DataFrame 对象，然后它的 write. insertinfo 操作将数据写入已经创建的 Built-in data source 表 stu_csv 中，示例代码如下。

1）创建 DataFrame；

```
val stuDF = spark.sparkContext.makeRDD(Array((1001, "mike"), (1002, "tom"), (1003, "rose"))).toDF("id", "name")
```

2）将 DataFrame 的数据写入已经创建的 Built-in data source 表 stu_csv 中；

```
stuDF.write.insertInto("studb.stu_csv")
```

3）查询 Hive 表 stu_seq，看数据是否写入。

```
spark.sql("SELECT * FROM studb.stu_csv").show
```

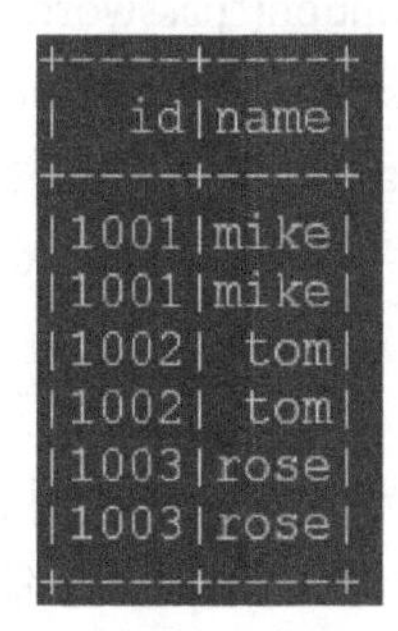

id	name
1001	mike
1001	mike
1002	tom
1002	tom
1003	rose
1003	rose

图 6-28　使用 write.insertInto 写入 Built-in data souce 表的内容

查询结果显示如图 6-28 所示，说明写入成功。

（3）示例 3：调用 DataFrame 对象的 saveAsTable 操作将数据存储为新的 Built-in data source 表（文件类数据源）

示例说明：本示例将先创建 DataFrame 对象，然后调用它的 write.saveAsTable 操作将数据存储为新的 Built-in data source 表（文件类数据源），示例代码如下。

1）创建 DataFrame；

```
val stuDF = spark.sparkContext.makeRDD(Array((1001, "mike"), (1002, "tom"), (1003, "rose"))).toDF("id", "name")
```

2）将 DataFrame 存储为新的 Built-in data souce 表；

```
stuDF.write.format("CSV").saveAsTable("studb.stu_info_csv_save_as_table")
```

参数说明：

在调用 saveAsTable 之前，要调用 format("CSV")操作指定文件类数据源：JSON、ORC 和 Parquet 等，直接使用它们替换 CSV 即可。注意：Text 只支持一列的表，此处的表有两列，插入会报错。

（4）示例 4：调用 DataFrame 对象的 saveAsTable 操作将数据存储为新的 Built-in data source 表（数据库类数据源）

示例说明：本示例将先创建 DataFrame 对象，然后调用它的 write.saveAsTable 操作将数据存储为新的 Built-in data source 表（数据库类数据源），示例代码如下。

1）创建 DataFrame；

```
val stuDF = spark.sparkContext.makeRDD(Array((1001, "mike"), (1002, "tom"), (1003, "rose"))).toDF("id", "name")
```

2）将 DataFrame 存储为新的 Built-in data source 表；

```
stuDF.write.format("JDBC").option("url","jdbc:mysql://vm01:3306/studb").option("driver", "com.mysql.cj.jdbc.Driver").option("dbtable", "stu_jdbc").option("user","user").option("password", "user").saveAsTable("studb.stu_info_jdbc_save_as_table")
```

参数说明如下：

- format("JDBC")，指定表的数据源为 JDBC 连接的数据库；
- option("url","jdbc:mysql://vm01:3306/studb")，指定数据库的连接路径；
- option("driver", "com.mysql.cj.jdbc.Driver")，指定 Spark SQL 连接 MySQL 的 JDBC 驱动名，启动 spark-shell/spark-sql 的时候，要加入参数：--jars /home/user/mysql-connector-java-8.0.12/mysql-connector-java-8.0.12.jar；
- option("dbtable", "stu_jdbc")，指定数据库表名为 stu_jdbc，Built-in data source 表的内容实际存储在表 stu_jdbc 中，表 stu_jdbc 会自动创建，不需要事先创建好；
- option("user","user")，指定数据库的用户名为 user；
- option("password", "user")，指定数据库密码为 user；
- saveAsTable("studb.stu_info_jdbc_save_as_table")，指定新的 Built-in data source 表位于 studb 数据库，表名为 stu_info_jdbc_save_as_table。

3）查询 stu_info_jdbc_save_as_table 的内容，命令如下；

```
spark.sql("SELECT * FROM studb.stu_info_jdbc_save_as_table").show
```

查询结果显示如图 6-29 所示，说明写入成功。

```
+----+----+
|  id|name|
+----+----+
|1001|mike|
|1002| tom|
|1003|rose|
+----+----+
```

图 6-29　stu_info_jdbc_save_as_table 表内容图

4）在 mysql 上查询 stu_jdbc，命令如下。

```
MariaDB [studb]> select * from studb.stu_jdbc;
```

查询结果显示如图 6-30 所示，说明写入成功。

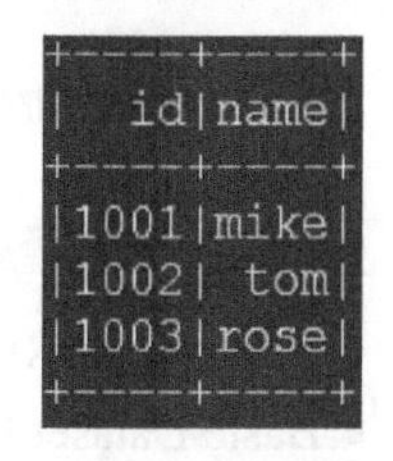

id	name
1001	mike
1002	tom
1003	rose

图 6-30　stu_jdbc 表内容图

3．Built-in data source 表转 DataFrame/Dataset

如 6.5.1 所述，Built-in data souce 表转 DataFrame 有两种方法：1）在 Scala 中嵌入 SQL，直接读取 Built-in data source 表，得到的结果就是 DataFrame；2）调用 SparkSession 的 table 操作，将 Built-in data souce 表转换成 DataFrame。得到 DataFrame 后，再调用 as 操作就可以转换成 Dataset。因此，将 Built-in data souce 表转换成 DataFrame 是重点，下面以示例说明。

（1）示例 1：使用 SQL 直接读取 Built-in data source 表，得到 DataFrame

示例说明：在 Scala 语言中嵌入 SQL，使用 SELECT 语句读取 Built-in data source 表，得到的结果类型就是 DataFrame，再打印该 DataFrame 的内容，步骤如下。

1）读取 Built-in data souce 表；

```
scala> val rs = spark.sql("SELECT * FROM studb.stu_csv")
```

得到的结果如下，可以看到结果 rs 是 DataFrame，其 Schema 信息是：第一列的列名是 id，类型是 int，第二列的列名是 name，类型是 string。

```
rs: org.apache.spark.sql.DataFrame = [id: int, name: string]
```

2）打印 DataFrame 的内容。

```
scala> rs.show
```

如图 6-31 所示，如果能看到下面的内容，则说明 Built-in data source 表读取和转换成功。

id	name
1001	mike
1002	tom
1003	rose

图 6-31　SQL 读取 Built-in data souce 表内容图

（2）示例 2：调用 SparkSession 对象的 table 操作读取 Built-in data souce 表，得到 DataFrame

示例说明：在 spark-shell 中调用 SparkSession 对象 spark 的 table 操作，传入要读取的表名，转换成 DataFrame，再打印该 DataFrame 的内容，步骤如下。

1）读取 Built-in data souce 表；

```
scala> val rs = spark.table("studb.stu_csv");
```

Built-in data souce 表 studb.stu_csv 将转换成 DataFrame 对象，并将对象引用赋值给 rs。

2）打印 DataFrame 的内容。

```
scala> rs.show
```

如图 6-32 所示，如果能看到下面的内容，则说明 Built-in data souce 表读取和转换成功。

id	name
1001	mike
1002	tom
1003	rose

图 6-32　Table 操作读取 Built-in data souce 表的内容图

6.6 DataFrame/Dataset 常用 API

根据 Dataset 的 API 文档，其 API 可以分为以下几类。

- Action：和 RDD 的 Action 类似，将触发 Spark Job，返回值存储在 Driver 端；
- Basic Dataset function：和 Dataset/DataFrame 系统功能相关的 API；
- Typed Transformation：和 Dataset 转换有关的 API；
- Untyped Transformation：和 DataFrame 转换有关的 API。

📖 DataFrame 的实现是 Dataset[Row]，所以 DataFrame 的 API 就是 Dataset 的 API。因此，本节介绍 Dataset 的 API 后不再单独介绍 DataFrame 的 API。

📖 Dataset 中除了自身 API 外，还有针对列操作的 API，包括字符串处理、日期计算、通用数学计算等，具体用法可以参考下面的链接：http://spark.apache.org/docs/2.3.0/api/scala/index.html#org.apache.spark.sql.functions$。

6.6.1 Action

1．Dataset Action 说明

Dataset 的 Action 和 RDD 的 Action 类似，它具有以下特点。

- Action 会触发 Spark Job 运行；
- Action 返回的值都是在 Driver 端，也就是在 main 函数的代码中是可以访问的，因此，要确保 Driver 端有足够的内存，可以使用--driver-memory 来调整 Driver 端内存大小。

2．Dataset Action 列表

表 6-4 列出了 Dataset 的主要 Action，并对其函数接口、功能进行说明，并给出了部分示例。

表 6-4 Dataset Action 表

编 号	函 数	说 明
1	def collect(): Array[T]	将 Dataset[T]中的数据转换成 Driver 端的 Array[T]，因为 Dataset[T]是分布式存储的，规模可以很大，因此，要确保 Driver 端有足够的内存可以容纳这个大的 Array[T]
2	def collectAsList(): List[T]	和 collect 功能一样，返回值类型为 List[T]
3	def count(): Long	返回 Dataset 中行（Row）的数量
4	def describe(cols: String*): DataFrame	对指定列（列值的类型要求是数值型或者 String 类型）进行一些常规统计，包括：行数、平均值、标准差（stddev）、最小值、最大值。如果 describe 不传入参数，则对所有类型是数值型或者 String 类型的列进行统计，具体使用参见后续示例
5	def first(): T	返回第一行的值
6	def foreach(f: (T) ⇒ Unit): Unit	将 f 处理函数应用到 Dataset 的每一行，f 的输入参数是 Dataset 中的行，类型是 T，f 的返回值是 Unit，foreach 的返回值也是 Unit
7	def foreachPartition(f: (Iterator[T]) ⇒ Unit): Unit	将 f 处理函数应用到 Dataset 的每个 Partition，f 的输入参数是 Partition 的迭代器，输出是 Unit，foreachPartition 的输出也是 Unit
8	def head(): T	返回第一行的值

（续）

编　号	函　数	说　明
9	def head(n: Int): Array[T]	返回 Dataset 的前 n 行，返回值是 Array[T]
10	def reduce(func: (T, T)⇒T): T	对 Dataset 中的元素进行归并操作，它会将 Dataset 中的元素应用到 func 函数，归并成一个类型相同的新结果，然后将这个结果再和 Dataset 中的元素进行归并，最终，将所有元素归并成一个结果。func 是负责归并的函数，它有两个参数，这两个参数都用于传入 Dataset 的元素或中间结果，它们的类型都是 T，归并的结果类型也是 T，归并的结果再作为 func 的一个参数传入，直至最后归并成一个结果 要注意的是：归并时，是根据 Partition 并行处理的，因此，归并的顺序是无法事先确定的，因此，reduce 操作要满足交换律+结合律，才会正确。具体使用参见后续示例
11	def show(numRows: Int, truncate: Int, vertical: Boolean): Unit	以表格形式显示 Dataset 内容，numRows 显示的行数，truncate 是字符串截断值，如果 truncate>0，则所有类型是 String 的字段，将会被截断为不超过 truncate 个字符的字段，vertical 如果为 true，则将 Dataset 原来每行内容，分为两列，第一列为字段名，第二列为该字段对应的值 Show 有多个重载函数，其参数是以上 3 个参数的组合，分别实现不同的控制
12	def summary(statistics: String*): DataFrame	针对数值、String 类型的字段进行指定的统计，statistics 用来指定要统计的项目，目前支持的统计项目有：行数（count），平均值（mean），标准差（stddev），最小值（min），最大值（max），任意百分比（arbitrary approximate percentiles）
13	def take(n: Int): Array[T]	返回 Dataset 的前 n 行，返回值是 Array[T]
14	def takeAsList(n: Int): List[T]	返回 Dataset 的前 n 行，返回值是 List[T]
15	def toLocalIterator(): Iterator[T]	返回 Dataset 的迭代器

3．Dataset Action 使用示例

（1）示例 1：describe 的使用

1）创建名为 stuDS 的 Dataset；

```
scala> case class Stu(id:Int, name:String, age:Int)
scala> val stuDS = Seq(Stu(1001, "mike", 20), Stu(1002, "tom", 18), Stu(1003, "rose", 16)).toDS
```

2）调用 describe 显示 stuDS 所有列的统计信息；

```
scala> stuDS.describe().show
```

显示结果如图 6-33 所示。

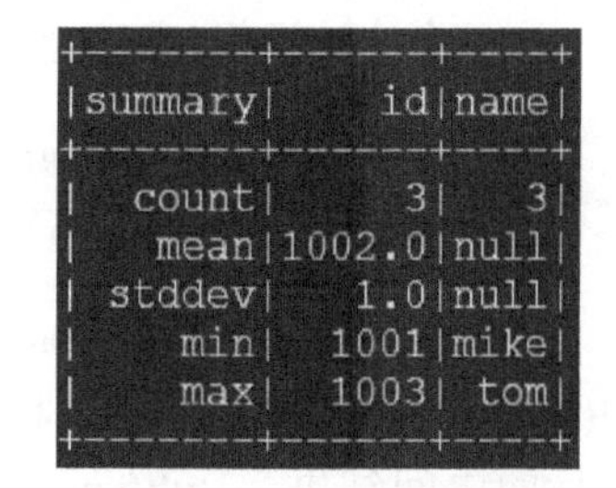

```
+-------+------+----+
|summary|    id|name|
+-------+------+----+
|  count|     3|   3|
|   mean|1002.0|null|
| stddev|   1.0|null|
|    min|  1001|mike|
|    max|  1003| tom|
+-------+------+----+
```

图 6-33　stuDS 所有列的统计信息

说明：

- describe 不传入参数，默认是对所有符合要求的列（类型是数值类型或者 String 类型）进行统计；
- 第一列，各种统计项名称，count 表示行数，也即统计对象个数；mean 是平均值，是所有对象值相加/count；stddev 是标准差，计算公式是：$s=\sqrt{\frac{1}{N-1}\sum_{i=1}^{N}(x_i-\overline{x})^2}$，其中 N 是参与统计的数值的个数，x_i 是所有参与统计的数值，$\overline{x}$ 是平均值；min 是最小值；max 是最大值；
- 第二列，id 字段的统计信息，count=3，表示 id 有 3 个元素（1001，1002，1003）；mean=

1002=(1001+1002+1003)/3=1002；stddev=1=sqrt(((1001-1002)2+(1002-1002)2+(1003-1002)2)/(3-1))；min=1001；max=1003；

- 第三列，name 字段的统计信息；name 是 String 类型，count=3，表示 name 有 3 行；mean 和 stddev 都是 null，这两个指标对 String 没有意义；min 和 max 计算字符串的最小值和 最大值，就是比较字符串的大小，比如：将 mike、tom、rose 左对齐，如下所示，自左向右依次比对每个字符的 ASCII 码，第一个字符分别是 m、t 和 r，由于 m<r<t 对应 mike<rose<tom，因此，mike 最小，tom 最大；如果字符都相同，则移动到下一个字符；如果有的字符串已经没有字符，那么，有字符的>没有字符的。

```
mike
rose
tom
```

3）统计指定的列。

describe 也可以只统计指定的列，例如只统计 id，如下所示。

```
scala> stuDS.describe("id").show
```

describe 中参数的个数是可变的，可以是 0 个、1 个或多个，但不能多于可统计的列数。

（2）示例 2：reduce 的使用

1）创建名为 billDS 的 Dataset;

billDS 中每个元素是一次收支记录，其中 id 为记录序号，expd 是支出，income 是收入，代码如下所示。

```
scala> case class Bill(id:Int, expd:Int, income:Int)
scala> val billDS= Seq(Bill(0, 1000, 0), Bill(1, 2000, 1500), Bill(2, 500, 3000)).toDS
billDS: org.apache.spark.sql.Dataset[Bill] = [id: int, expd: int ... 1 more field]
```

2）使用 reduce 统计所有的支出和收入。其实就是将所有记录的 expd 和 income 加起来，这是个加法操作，满足结合律和交换律。代码如下。

```
scala> billDS.reduce((pre,cur)=>Bill(0,pre.expd+cur.expd,pre.income+cur.income))
res1: Bill = Bill(0,3500,4500)
```

说明：(pre,cur)=>Bill(0,pre.expd+cur.expd,pre.income+cur.income)是 reduce 中的匿名函数，其中(pre,cur)是参数列表，pre 和 cur 的类型都是 Bill，它们可能是 billDS 的元素，也可能是合并后的中间结果，Bill(0,pre.expd+cur.expd,pre.income+cur.income)是合并结果，也是合并逻辑。总之，只要 func 的两个输入参数和返回值都是 Bill 就可以编译运行。

6.6.2 Basic Dataset function

1. Basic Dataset function 列表

Basic Dataset function 包含 Dataset 与系统相关的 API，如 cache、checkpoint、explain 等。主要 API 及说明如表 6-5 所示。

表 6-5 Basic Dataset function 表

编　号	函　数	说　明
1	def as[U](implicit arg0: Encoder[U]): Dataset[U]	将 Dataset 中每个元素类型转换为 U，as 的功能用 map 也可以实现 如果 U 是 class，则 U 构造函数中的每个参数，自左向右，依次对应 Dataset 每个字段 如果 U 是元组，那么，元组中的每个元素，自左向右，依次对应 Dataset 每个字段
2	def cache(): Dataset.this.type	此操作等价于调用 Dataset 的 persist(MEMORY_AND_DISK)，对 Dataset 使用内存和硬盘混合存储。这样做的好处是不需要重复计算 Dataset
3	def checkpoint(eager: Boolean): Dataset[T]	为 Dataset 创建 checkpoint（检查点），当 Dataset 执行 checkpoint 时，它会将 Dataset 转换成一个文件，存储在指定的目录下，这样，这个 Dataset 之前的 DAG 都可以去除，后续的执行可以直接从此 Dataset 起，即使在执行过程中，有 executor 不可用，也可以读取 checkpoint 文件，进行恢复，而不需要一直向上溯源，从而减少计算开销 输入参数 eager 为 true，表示立即创建检查点，false 表示延迟创建，等到后续执行 Dataset 的 Action 时，才创建 checkpoint 返回 checkpoint 标记之后新的 Dataset Dataset 的 checkpoint 本质上也是 RDD 的 checkpoint。RDD 有 persist 进行持久化，为什么还要 checkpoint 机制？这是因为，RDD 的 persist 使用 Spark 自身的存储系统，数据默认只有一份，没有副本，存储在 executors 上，这些 executors 既存储 RDD 数据，又对这些 RDD 进行计算，一旦有 executor 不可用，persist 的 RDD 也会不可用，这样会导致重新计算，严重情况下，会导致 Job 无法继续进行。checkpoint 机制则是为了上述问题，RDD 经过 checkpoint 后，转换成文件，存储在 HDFS 上，和 executor 解除了关联，而且默认副本有 3 个，因此，即使 Job 执行过程中，executor 不可用，不会导致 checkpoint 的文件不可用，依然可以读取该文件重构 RDD，不需要向上溯源，重新计算
4	def columns: Array[String]	以数组形式返回所有的列名，每个列名就是数组的一个元素
5	def createGlobalTempView(viewName: String): Unit	创建全局临时视图，viewName 是视图的名字 在同一个 Spark Application 中，所有的 SparkSession 对象都可以访问这张临时视图，因为它是全局共享的，位于系统数据库 global_temp 中
6	def createOrReplaceGlobalTempView(viewName: String): Unit	创建或替换已有的全局临时视图，viewName 是视图的名字
7	def createOrReplaceTempView(viewName: String): Unit	创建或替换已有的临时视图，临时视图只属于创建它的 SparkSession 对象，其他的 SparkSession 对象不能访问它
8	def createTempView(viewName: String): Unit	创建临时视图
9	def dtypes: Array[(String, String)]	返回列信息数组，数组元素是一个二元组，第一项是列名，第二项是列类型
10	def explain(): Unit	打印 Dataset 处理的 physical plan（物理流程）
11	def explain(extended: Boolean): Unit	如果 extended=true，则打印：Parsed Logical Plan、Analyzed Logical Plan、Optimized Logical Plan 和 physical plan；如果 extended=false，只打印 physical plan
12	def isLocal: Boolean	如果 collect 和 take 方法可以本地运行，而不需要任何 executors，则返回 true，否则，返回 false
13	def persist(newLevel: StorageLevel): Dataset.this.type	根据给定的存储级别（newLevel）来保存 Dataset，StorageLevel 可以分为以下几种： NONE：not persisted ● DISK_ONLY ● MEMORY_ONLY ● MEMORY_ONLY_2 ● MEMORY_ONLY_SER ● MEMORY_ONLY_SER_2 ● MEMORY_AND_DISK ● MEMORY_AND_DISK_2

（续）

编　号	函　数	说　明
		● MEMORY_AND_DISK_SER ● MEMORY_AND_DISK_SER_2 ● OFF_HEAP 如果不输入参数，默认是 MEMORY_AND_DISK
14	def printSchema(): Unit	打印 Dataset 的 schema 信息，包括列名、列类型
15	lazy val rdd: RDD[T]	将 Dataset[T]转换为 RDD[T]，lazy val rdd 表示延迟加载，只有后面代码中用到了 rdd，才会真正执行 rdd 的实现代码
16	def storageLevel: StorageLevel	返回 Dataset 当前的存储级别
17	def toDF(colNames: String*): DataFrame	根据列名，将指定的列转换成 DataFrame，原来是 Dataset[T]，转换后是 Dataset[Row] colNames：String*为输入的列名，个数不限，如果一个也不输入，则将所有的列转换成 Dataset[Row]
18	def unpersist(): Dataset.this.type	将此 Dataset 所对应的 Block 标记为 non-persistent，之后从对应的存储位置移除这些 Block
19	def unpersist(blocking: Boolean): Dataset.this.type	将此 Dataset 所对应的 Block 标记为 non-persistent，从对应的存储位置移除这些 Block 如果 blocking=true，则 unpersist 会阻塞，直至所有的 Block 被删除 如果 blocking=false，则会立即返回，Block 的删除异步进行 如果不填参数，即 unpersist()，相当于 blocking=false，异步执行
20	def write: DataFrameWriter[T]	将 Dataset 写入外部存储
21	def writeStream: DataStreamWriter[T]	将流数据 Dataset 写入外部存储

2．Basic Dataset function 使用示例

（1）示例 1：as 的使用

1）创建名为 stuDS 的 Dataset；

```
scala>case class Stu(id:Int, name:String)
scala>val stuDS = Seq(Stu(1001, "mike"), Stu(1002, "tom"), Stu(1003, "rose")).toDS
```

2）使用 as 将 Dataset[Stu]转换成 Dataset[(Int, String)]；

```
scala> val newDS = stuDS.as[(Int, String)]
```

(Int, String)是一个元组，元组中元素的个数等于 Dataset 中列的数量，而且，自左向右，元组中元素类型也要和 Dataset 中的列的类型相同，否则会报错。

3）使用 as 将 Dataset[Stu]转换成 Dataset[NewStu]。

```
scala>case class NewStu(id:Int, name:String)
scala> val newDS = stuDS.as[NewStu]
newDS: org.apache.spark.sql.Dataset[NewStu] = [id: int, name: string]
```

U 中元素个数要和 Dataset 的列数相等，而且每个元素的类型要和对应列的类型相同，才能转换。例如，下面代码的转换会报错，Spark 并不会把 Dataset 第一列（类型是 Int）进行转换，这个和 Spark API 文档说明是有出入的。

```
scala> val newStuDS = stuDS.as[Int]
```

说明：as 只是数据转换中的一环，把它当成 map 理解即可。

（2）示例 2：cache 使用

1）创建名为 newDS 的 Dataset；

```
scala>val stuDS = Seq(Stu(1001, "mike"), Stu(1002, "tom"), Stu(1003, "rose")).toDS
scala>val newDS = stuDS.map(s=>{Thread.sleep(15000);s.id})
```

说明：stuDS 的 map 操作使用 Thread.sleep(15000)，延时 15 秒，可以很清楚地判断任务是否在执行。

2）调用 newDS 的 collect 操作。

```
scala>newDS.collect
```

结果显示如下，执行时间比较长，可以判断正在执行 map 中的代码。

```
[Stage 36:>                                                    (0 + 3) / 3]
```

再次调用 newDS 的 collect 操作，执行时间仍然很长，说明 newDS 被重复计算。

如果避免 newDS 重复计算，可在语句中加入 cache，如下所示。

```
scala>val newDS = stuDS.map(s=>{Thread.sleep(15000);s.id}).cache
```

第一次调用 newDS.collect 时，执行时间很长，说明执行了 map 中的代码。

第二次调用 newDS.collect 时，会立即显示结果，说明没有执行 map 中的代码，newDS 没有重复计算，它利用了上一次计算的结果，这样可以减少重复计算的开销。具体代码和执行结果如下所示。

```
scala> newDS.collect
res51: Array[Int] = Array(1001, 1002, 1003)
```

（3）示例 3：checkpoint 的使用

1）创建名为 stuDS 的 Dataset；

```
scala>val stuDS = Seq(Stu(1001, "mike"), Stu(1002, "tom"), Stu(1003, "rose")).toDS
```

2）设置 checkpoint 存储路径；

```
scala> spark.sparkContext.setCheckpointDir("hdfs://scaladev:9001/stu_chk")
```

3）调用 checkpoint；

```
scala> val chkDS = stuDS.map(s=>{Thread.sleep(15000);s}).checkpoint(false)
```

查看 HDFS 的/目录，并未生成 stu_chk，说明此时 checkpoint 的实际动作并没有触发。

4）调用 chkDS.collect 来触发 checkpoint 的实际动作。

```
scala> chkDS.collect
```

- collect 执行后，在 HDFS 的/目录下可以看到 stu_chk 目录以及下面的文件，说明 checkpoint 已经完成。
- collect 执行时，需要等待很长时间，说明在执行 Thread.sleep(15000)。
- 再次执行 collect 时，就不再需要这么长时间了，不需要重新计算，这个类似于 cache 的效果。
- 重命名/stu_chk 目录为/stu_chk_bk，再次执行 collect，报错，说明后面的 chkDS 来自于 checkpoint 文件。

cache 和 checkpoint 使用说明如下。

- 对于数据量、计算量非常大且使用频繁的 Dataset，最好使用 checkpoint，和 cache 相比，它可以避免 RDD 移出所导致的重复计算开销；
- 如果 executor 非常稳定，对于频繁使用且需要一定计算量的 Dataset，可以使用 cache，将其缓存于内存，这样性能更高；
- 如果 executor 不稳定，对于频繁使用且需要一定计算量的 Dataset，可以使用 checkpoint，这样，可以避免重复计算，并保证计算的顺利进行。

（4）示例 4：createGlobalTempView 的使用

1）创建名为 stuDS 的 Dataset；

```
scala>val stuDS = Seq(Stu(1001, "mike"), Stu(1002, "tom"), Stu(1003, "rose")).toDS
```

2）创建全局临时表 global_stu_info。

```
scala> stuDS.createGlobalTempView("global_stu_info")
```

查询 global_stu_info，注意，global_stu_info 属于数据库 global_temp，global_temp 属于内置数据库，不能使用 use 切换为当前数据库，因此，在 global_stu_info 要加上 global_temp。

```
scala> spark.sql("SELECT * FROM global_temp.global_stu_info").show
```

（5）示例 5：createGlobalTempView 编程

本示例将创建 DataFrame，填入数据，并基于此 DataFrame 创建全局临时表 global_stu_info，然后创建两个 SparkSession 对象：ss01 和 ss02，使用 ss01 和 ss02 去访问 global_stu_info，如果都能访问到数据，则说明全局临时表可以被多个 SparkSession 对象共享访问，示例如下。

1）示例代码如下；

代码文件名：GlobalTempViewExp.scala。

所在路径：/home/user/prog/examples/06/src/examples/idea/spark。

2）代码内容如下；

```
1 package examples.idea.spark
2 import org.apache.spark.sql.SparkSession
3
4 object GlobalTempViewExp {
5
6     case class Stu(id:Int, name:String)
7     def main(args: Array[String])={
8
9         val ss01 = SparkSession.builder().appName("GlobalTempViewExp").getOrCreate()
```

```
10        import ss01.implicits._
11        val stuDS = Seq(Stu(1001, "mike"), Stu(1002,"tom"), Stu(1003,"rose")).toDS
12        stuDS.createGlobalTempView("global_stu_info")
13        ss01.sql("SELECT * FROM global_temp.global_stu_info").show
14
15        //val ss02 = SparkSession.builder().getOrCreate()
16        val ss02 = ss01.newSession()
17        ss02.sql("SELECT * FROM global_temp.global_stu_info").show
18
19        ss01.stop()
20        ss02.stop()
21    }
22 }
```

3）关键代码说明如下。

- 第 9 行，创建了 1 个 SparkSession ss01；
- 第 11 行，创建一个 Dataset[Stu] stuDS；
- 第 12 行，在 stuDS 上创建全局临时视图“global_stu_info”；
- 第 13 行，ss01 访问 global_temp.global_stu_info，进行 select 操作，返回 DataFrame，并显示；
- 第 16 行，ss02 访问 global_temp.global_stu_info，进行 select 操作，返回 DataFrame，并显示。

4）注意事项如下。

- 第 16 行，通过 ss01.newSession 创建新的 SparkSession ss02，ss01 和 ss02 公共一个 SparkContext；
- 不能使用第 15 行的代码来创建新的 SparkSession，第 15 行代码只会返回一个已经创建好的 SparkSession；
- Spark 中，一个 Spark Application 是指一个 SparkContext，在 main 函数中，如果停止一个 SparkContext，再启动一个新的 SparkContext，就会新建一个 Spark Application；
- 当 Spark Application 结束，全局临时表如 global_temp.global_stu_info，也就自动销毁，新的 Spark Application 无法访问此表；
- Spark 2.0 中，一个 Spark Application 可以有多个 Spark Session 同时存在，如上面代码中的 ss01 和 ss02，它们的 SQL 配置、临时表、以及注册函数（registered functions）是各自独立的，底层则共用同一个 SparkContex。

6.6.3 Typed Transformation

1．Typed Transformation 和 Untyped transformation 的基本概念

Dataset 的 Transformation 和 RDD 的 Transformation 类似，也是用于 Dataset/DataFrame 之间的转换，其 Transformation 是也是延迟执行的，需要 Action 触发。

Typed transformation 指返回值为 Dataset[T]的 Transformation，Dataset 中的元素类型为 T，T 的类型是明确的，如 Dataset[Stu]，则这里的 Stu 就是 T，Stu 中的成员 id 类型是 Int， name 是 String，这些都是明确的，因此，Dataset[T]是 Typed。因此，把返回值为 Dataset[T]的 Transformation 称为 Typed Transformation。

Untyped Transformation 则是指 Dataset 经过 Transformation 变换后，得到的结果失去了原有的类型信息 T，如返回值的类型是 DataFrame，Column 和 RelationalGroupedDataset。以 DataFrame 为例，DataFrame 的实现是 Dataset[Row]，Row 的具体类型是不明确的，需要编程去解析，因此，DataFrame 是 Untyped。因此，把返回值是 DataFrame，Column 和 Relational GroupedDataset 的 Transformation 称为 Untyped Transformation。

2．Typed Transformation 列表

Dataset 的 Typed Transformation 如表 6-6 所示。

表 6-6　Typed transformation 表

编　号	函　数	说　明
1	def coalesce(numPartitions: Int): Dataset[T]	对 Dataset 重新分区，分区的个数 numPartitions，返回值是新分区后的 Dataset numPartitions 只能比 Dataset 现有分区数小，否则 coalesce 不起作用
2	def distinct(): Dataset[T]	返回一个不含重复元素的 Dataset
3	def dropDuplicates(): Dataset[T] def dropDuplicates(col1: String, cols: String*): Dataset[T] def dropDuplicates(colNames: Array[String]): Dataset[T] def dropDuplicates(colNames: Seq[String]): Dataset[T]	返回不不含重复元素的 Dataset 如果没有参数，则对所有列操作 可以只指定若干列，例如 dropDuplicates("id","name")，这样将返回所有 id 或 name 不同的行 可以把要指定的列名放入 Array 之中，例如：drop Duplicates(Array("id","name")) 可以把要指定的列名放入 Seq 之中，例如：dropDuplicates (Seq("id","name"))
4	def except(other: Dataset[T]): Dataset[T]	假设有两个 Dataset stuDS01 和 stuDS02，则 stuDS01. except(stuDS02)，会返回位于 stuDS01，而不位于 stDS02 中的行 stuDS02.except(stuDS01)，会返回位于 stuDS02，而不位于 stDS01 中的行
5	def filter(func: (T) ⇒ Boolean): Dataset[T]	对 Dataset 中的每个元素应用 func 函数，如果 func 结果为 true，则该元素留下，否则过滤，留下的元素组成新的 Dataset，作为 filter 的返回值
6	def filter(conditionExpr: String): Dataset[T]	使用 SQL 作为过滤条件
7	def filter(condition: Column): Dataset[T]	使用列作为过滤条件
8	def flatMap[U](func: (T) ⇒ TraversableOnce[U])(implicit arg0: Encoder[U]): Dataset[U]	对 Dataset 中的每个元素（类型为 T）应用 func 函数，func 会返回一个类型 U 的集合（TraversableOnce），最后，将所有 func 的结果打散，构成一个新的 Dataset
9	def intersect(other: Dataset[T]): Dataset[T]	求两个 Dataset 的交集，即相同的行。
10	def joinWith[U](other: Dataset[U], condition: Column): Dataset[(T, U)]	按照 condition 的条件，对两个 Dataset 进行 join 操作，匹配成功的两个元素构成一个二元组，所有二元组构成一个新的 Dataset； joinWith 和 join 的区别是，joinWith 会保留两个 Dataset 中的元素，构成一个二元组，而 join 则将两个 Dataset 中的元素合并成一个。这样做的好处是：1）保留了原始的类型；2）便于处理如果两个 Dataset 中相同的字段名
11	def joinWith[U](other: Dataset[U], condition: Column, joinType: String): Dataset[(T, U)]	和上面的 joinWith 相比，增加了 joinType 参数，其取值为：inner, cross, outer, full, full_outer, left, left_outer, right, right_outer，上面的 joinWith 的 joinType 使用 inner
12	def limit(n: Int): Dataset[T]	返回 Dataset 的前 n 行元素，组成一个新的 Dataset。前面的 head 方法也返回前 n 行元素，但 head 是 Action，它会立即执行，并且返回的类型是 Array[T]，可以在 Driver 端直接访问

（续）

编　号	函　数	说　明
13	def map[U](func: (T) ⇒ U)(implicit arg0: Encoder[U]): Dataset[U]	对 Dataset 中的每个元素应用 func，func 的返回值类型是 U，可以和 Dataset 中元素的类型 U 不同，所有 func 的返回值组成一个新的 Dataset
14	def mapPartitions[U](func: (Iterator[T]) ⇒ Iterator[U])(implicit arg0: Encoder[U]): Dataset[U]	对 Dataset 中的每个 Partition 应用 func，传入 func 的参数是 Parition 的迭代器，func 返回计算结果的迭代器，所有 func 结果最后打散在一起，构成一个新的 Dataset 和 map 相比：1）减少了 func 的调用此时，map 是每个元素都要调用一次 func，而 mapPartitions 是一个 Partition 调用一次 func，当然在 func 内部要编译 Partition 的每个元素；2）map 是一对一，原 Dataset 有多少个元素，map 后的 Dataset 也必须是多少个元素，不能多，也不能少，而 mapPartitions 是可以变化的，可以多，也可以少
15	def orderBy(sortExprs: Column*): Dataset[T] def orderBy(sortCol: String, sortCols: String*): Dataset[T]	使用指定的列、或者列名，对 Dataset 进行升序排列，返回排序后的 Dataset
16	def randomSplit(weights: Array[Double]): Array[Dataset[T]] def randomSplit(weights: Array[Double], seed: Long): Array[Dataset[T]]	将 Dataset 按照权重，随机划分成若干 Dataset，构成一个 Dataset 数组 weights: Array[Double]为权重数组，如果 weights 所有元素之和不等于一，将会进行归一化处理 seed: Long 是随机数种子，随机生成一个 Long 整型数据即可
17	def repartition(numPartitions: Int): Dataset[T]	指定分区数 numPartitions，使用 HashPartitioner 对 Dataset 重新分区，返回新分区后的 Dataset Coalesce 也可以重新分区，两者的比较和使用参考后续示例
18	def repartition(partitionExprs: Column*): Dataset[T]	以指定的列 partitionExprs 为依据，使用 Hash Partitioner 对 Dataset 进行分区，返回新分区后的 Dataset
19	def repartitionByRange(partitionExprs: Column*): Dataset[T]	以指定的列 partitionExprs 为依据，使用 Ranage Partitioner 对 Dataset 进行分区，返回新分区后的 Dataset
20	def repartitionByRange(numPartitions: Int, partition Exprs: Column*): Dataset[T]	指定分区数 numPartitions，以指定的列 partitionExprs 为依据，使用 Ranage Partitioner 对 Dataset 进行分区，返回新分区后的 Dataset
21	def sample(fraction: Double): Dataset[T]	对 Dataset 进行随机抽取，fraction 用来指定抽取的比例，其范围是[0~1]，Dataset 中的元素只抽取一次，不重复 注意：返回 Dataset 的元素个数并不一定严格等于原 Dataset 个数 xfraction
22	def sample(fraction: Double, seed: Long): Dataset[T]	使用用户提供的随机数种子 seed，对 Dataset 进行随机抽取，其他同上面的 sample
23	def select[U1](c1: TypedColumn[T, U1]): Dataset[U1]	对指定的列（列元素类型是 T）进行计算，得到一个 TypedColumn 对象 c1，c1 包含新列元素，其类型是 U1，将新的列组成一个 Dataset，作为返回值 注意：c1 由 Column 对象调用 as 函数转换而来
24	def sort(sortExprs: Column*): Dataset[T] def sort(sortCol: String, sortCols: String*): Dataset[T]	依据指定的列、或者列名进行升序排列，返回排序后的 Dataset
25	def sortWithinPartitions(sortExprs: Column*): Dataset[T] def sortWithinPartitions(sortCol: String, sortCols: String*): Dataset[T]	依据指定的列、或者列名对 Dataset 分区内的数据进行升序排列，返回排序后的 Dataset
26	def union(other: Dataset[T]): Dataset[T]	按照列的位置，合并两个 Dataset，不去重，具体使用参考后续示例
27	def unionByName(other: Dataset[T]): Dataset[T]	按照列名，合并两个 Dataset，不去重，具体使用参考后续示例
28	def where(conditionExpr: String): Dataset[T]	使用 SQL 表达式类型进行过滤，符合条件的元素组成新的 Dataset 作为返回值
29	def where(condition: Column): Dataset[T]	使列进行过滤，符合条件的元素组成新的 Dataset 作为返回值，where 的使用同 filter

3．Typed Transformation 使用示例

（1）示例 1：coalesce 的使用

coalesce 用于将分区数量变少，它可以将 Dataset 原有的分区组合起来构成一个新的大一点的分区，因此，在 coalesce 执行时不会有 Shuffle 操作，具体示例如下。

1）创建名为 stuDS 的 Dataset；

```
scala>val stuDS = Seq(Stu(1001, "mike"), Stu(1002, "tom"), Stu(1003, "rose")).toDS
```

2）对 stuDS 进行 map 操作，并且显示结果；

```
scala> stuDS.map(s=>Stu(s.id+1,s.name)).show
```

在 Spark Web UI 中，上述代码的任务执行情况如图 6-34 所示，可以看到 stuDS 有两个 Task，对应两个 Partition。

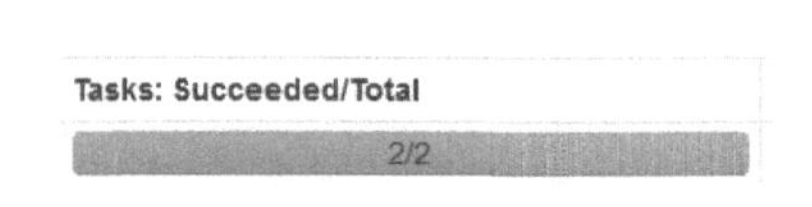

图 6-34　有两个 Partition 的 Task 信息图

3）使用 coalesce 将 stuDS 变成 1 个 Partition。

```
scala> stuDS.map(s=>Stu(s.id+1,s.name)).coalesce(1).show
```

在 Spark Web UI 中，上述代码的执行情况如图 6-35 所示，可以看到只有 1 个 Task，对应 1 个 Partition，而且没有 Shuffle，如图 6-36 所示。

图 6-35　有 1 个 Partition 的 Task 信息图

图 6-36　Shuffle 开销图

（2）示例 2：except 的使用

1）创建两个 Dataset：stuDS01 和 stuDS02；

```
scala> case class Stu(id:Int,name:String)
scala> val stuDS01 = Seq(Stu(1001, "mike"), Stu(1002, "tom"), Stu(1003, "rose")).toDS
scala> val stuDS02 = Seq(Stu(1002, "tom"), Stu(1004, "ken")).toDS
```

2）计算这些存在于 stuDS01，但不存在于 stuDS02 的行。结果如图 6-37 所示；

```
scala> stuDS01.except(stuDS02).show
```

3）计算这些存在于 stuDS02，但不存在于 stuDS01 的行。结果如图 6-38 所示。

```
scala> stuDS02.except(stuDS01).show
```

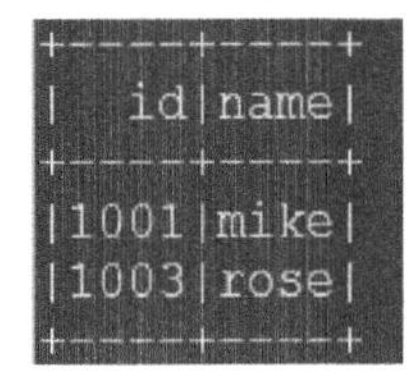

id	name
1001	mike
1003	rose

图 6-37　except 运行结果 1

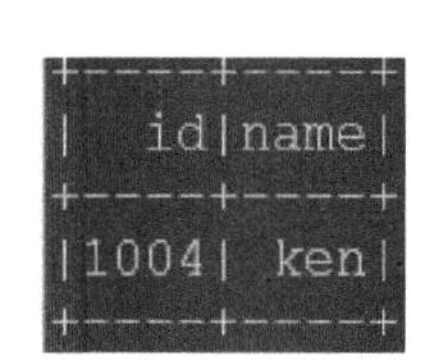

id	name
1004	ken

图 6-38　except 运行结果 2

（3）示例 3：filter 的使用

下面介绍使用不同的 filter 方法来获得 id 在 1001 和 1003 范围之间的 Dataset。

方法 1：使用匿名函数。

```
scala> case class Stu(id:Int,name:String)
scala> val stuDS = Seq(Stu(1001, "mike"), Stu(1002, "tom"), Stu(1003, "rose")).toDS
scala> stuDS.filter(s=>s.id>1001&&s.id<1003).show
```

方法 2：使用 SQL。

```
scala> stuDS.filter("id>1001 and id<1003").show
```

方法 3：使用 Column。

```
scala> stuDS.filter($"id">1001&&$"id"<1003).show
```

说明：

- $"id"表示字段名为 id 的 Column；
- $"id">1001，是$"id".>(1001)的简写，>不是运算符，它是$"id"的一个方法，返回值也是 Column，它返回列 id 中值>1001 的元素，组成一个新的 Column；
- 同样，&&也是 Column 的一个方法；
- $"id">1001&&$"id"<1003 是$"id".>(1001).&&($"id".<(1003))的简写。

📖 Column 有很多表达式函数，参见：http://spark.apache.org/docs/2.3.0/api/scala/index.html#org.apache.spark.sql.Column。

（4）示例 4：flatMap 的使用

使用 flatMap 把 Dataset stuDS 中的内容打散，组成一个新的 Dataset，示例代码如下。

```
scala> case class Stu(id:Int,name:String)
scala> val stuDS = Seq(Stu(1001, "mike"), Stu(1002, "tom"), Stu(1003, "rose")).toDS
scala> stuDS.flatMap(s=>Seq(s.id.toString,s.name)).show
```

运行上面命令后，新的 Dataset 有 6 个元素，而原来的 stuDS 只有 3 个元素，说明 flatMap 可以改变原 Dataset 中元素个数，而 map 则不能。

（5）示例 5：joinWith 使用方法 1

select 有两种接口，具体说明如下。

- 接口 1 输入参数类型是 TypedColumn，返回值类型是Dataset[U1]，这是有类型的；

```
def select[U1](c1: TypedColumn[T, U1]): Dataset[U1]
```

- 接口 2 输入参数是 Column，返回值类型是 DataFrame，这是无类型的。

```
def select(cols: Column*): DataFrame
```

如果要通过 select 得到 DataFrame，传入 Column 即可，如果要得到 Dataset，则要对传入的 Column 调用 as，转换成 TypedColumn。

本例将演示如何使用 select 函数从 Dataset 对象中选择符合条件的列，以此组成类型为 Dataset 或 DataFrame 的数据，具体操作如下。

1）先创建两个 Dataset，分别是 stuDS 和 scoreDS；

```
scala> case class Stu(id:Int, name:String)
scala> val stuDS = Seq(Stu(1001, "mike"), Stu(1002, "tom"), Stu(1003, "rose")).toDS
scala> case class Score(id:Int, score:Int)
scala> val scoreDS = Seq(Score(1001, 90), Score(1002, 70)).toDS
```

2）对 stuDS 和 scoreDS 进行 joinWith 操作。

```
scala> stuDS.joinWith(scoreDS, stuDS("id")===scoreDS("id"))
```

结果如图 6-39 所示，返回结果是一个 Dataset[(Stu,Score)]，该 Dataset 的元素类型是二元组，二元组的第一个元素来源于 stuDS，第二个元素来源于 scoreDS，两者 join 的条件是 stuDS.id 和 scoreDS.id 相等。

说明：

- joinWith 第一个参数 other: Dataset[U]，是执行 joinWith 操作的第二个 Dataset，示例中的 scoreDS 就是 other；
- 第二个参数 condition: Column 用来指定 join 的条件，例如：stuDS("id")===scoreDS("id")，即 join 所有 id 相等的行，stuDS("id")>scoreDS("id")，即 join stuDS 中 id>scoreDS 中的 id，结果如图 6-40 所示；

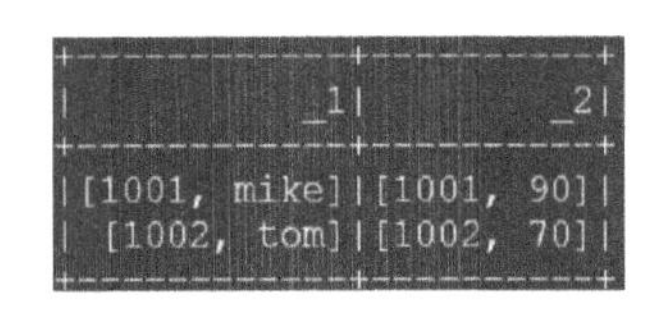

_1	_2
[1001, mike]	[1001, 90]
[1002, tom]	[1002, 70]

图 6-39　判断相等条件的 joinWith 运行结果图

_1	_2
[1002, tom]	[1001, 90]
[1003, rose]	[1001, 90]
[1003, rose]	[1002, 70]

图 6-40　判断大于条件的 joinWith 运行结果图

stuDS("id")===scoreDS("id")中的===是 3 个等于号，不是两个等于号，===是 stuDS 的函数，stuDS("id")=== scoreDS("id")可以写为：stuDS("id").===(scoreDS("id"))，返回值还是一个 Column，不是 Boolean。

- stuDS("id")表示 Dataset 中 id 字段，使用$"id"也可以表示字段，但是，由于 stuDS 和 scoreDS 都有 id 字段，使用$"id"会冲突。

（6）示例 6：joinWith 使用方法 2

本示例介绍使用 joinType 来实现不同类型的 joinWith 操作，具体步骤如下。

1）先创建两个 Dataset，分别是 stuDS 和 scoreDS；

```
scala> case class Stu(id:Int, name:String)
scala> val stuDS = Seq(Stu(1001, "mike"), Stu(1002, "tom"), Stu(1003, "rose")).toDS
scala> case class Score(id:Int, score:Int)
scala> val scoreDS = Seq(Score(1001, 90), Score(0, 70)).toDS
```

2）使用 inner 类型进行 joinWith。Inner 会先进行条件判断，然后再计算笛卡尔积。结果如图 6-41 所示；

```
scala> stuDS.joinWith(scoreDS, stuDS("id")===scoreDS("id"), "inner")
```

3）使用 cross 类型进行 joinWith。Cross 会先计算笛卡尔积，然后进行条件判断（cross 效率比 inner 低）；

```
scala> stuDS.joinWith(scoreDS, stuDS("id")===scoreDS("id"), "cross").show
```

结果如图 6-42 所示。

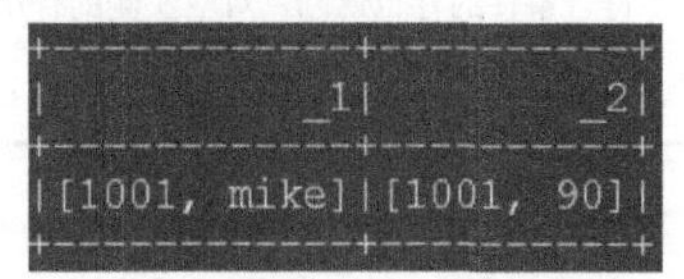
```
+------------+------------+
|          _1|          _2|
+------------+------------+
|[1001, mike]|[1001, 90]|
+------------+------------+
```

图 6-41　joinWith 运行结果（inner）

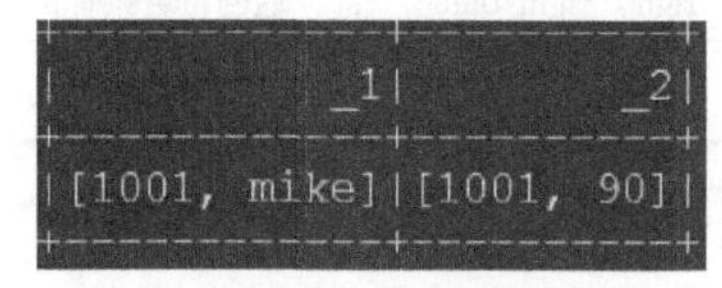
```
+------------+------------+
|          _1|          _2|
+------------+------------+
|[1001, mike]|[1001, 90]|
+------------+------------+
```

图 6-42　joinWith 运行结果（cross）

4）使用 left 或 left_outer 类型进行 joinWith 操作。Left 和 left_outer 类型的 joinWith 操作结果是相同的，不仅返回符合条件的行，左侧表不符合条件的行也返回，对应右侧的行用 null 表示，具体示例代码如下；

```
scala> stuDS.joinWith(scoreDS, stuDS("id")===scoreDS("id"), "left").show
scala> stuDS.joinWith(scoreDS, stuDS("id")===scoreDS("id"),
"left_outer").show
```

结果如图 6-43 所示。

```
+------------+----------+
|          _1|        _2|
+------------+----------+
|[1001, mike]|[1001, 90]|
| [1002, tom]|      null|
|[1003, rose]|      null|
+------------+----------+
```

图 6-43　joinWith 运行结果（left 或 left_outer）

5）使用 right 或 right_outer 类型进行 joinWith 操作。Right 和 right_outer 类型的 joinWith 操作结果是相同的，不仅返回符合条件的行，同时右侧表不符合条件的行也返回，对应左侧的行用 null 表示，具体代码如下；

```
scala> stuDS.joinWith(scoreDS, stuDS("id")===scoreDS("id"), "right").show
scala> stuDS.joinWith(scoreDS, stuDS("id")===scoreDS("id"), "right_outer").show
```

结果如图 6-44 所示。

6）使用 full 或 outer 或 full_outer 类型进行 joinWith。结果是相同的，返回符合条件的行，同时左侧表、右侧表不符合条件的行也返回，使用 null 进行填充，具体代码如下所示。

```
scala> stuDS.joinWith(scoreDS, stuDS("id")===scoreDS("id"), "full").show
scala> stuDS.joinWith(scoreDS, stuDS("id")===scoreDS("id"), "outer").show
scala> stuDS.joinWith(scoreDS, stuDS("id")===scoreDS("id"), "full_outer").show
```

结果如图 6-45 所示。

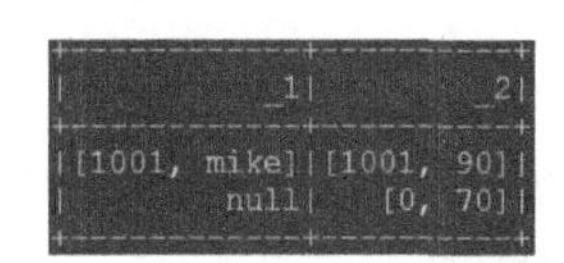
```
+------------+----------+
|          _1|        _2|
+------------+----------+
|[1001, mike]|[1001, 90]|
|        null|   [0, 70]|
+------------+----------+
```

图 6-44　joinWith 运行结果（right 或 right_outer）

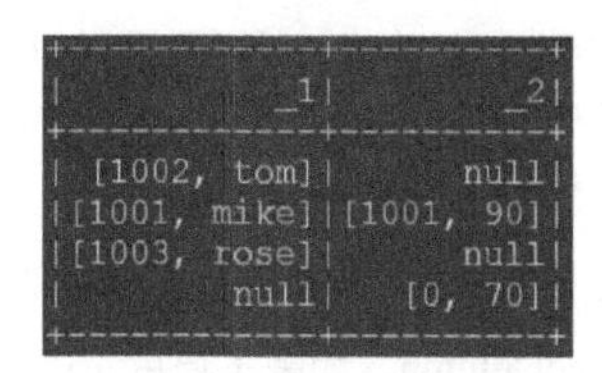
```
+------------+----------+
|          _1|        _2|
+------------+----------+
| [1002, tom]|      null|
|[1001, mike]|[1001, 90]|
|[1003, rose]|      null|
|        null|   [0, 70]|
+------------+----------+
```

图 6-45　joinWith 运行结果（full 或 outer 或 full_outer）

通过以上几个示例，可以总结出 join 连接方式的几种类型，如表 6-7 所示。

表 6-7　join Type 对比表

编　号	类　型	说　明
1	inner	返回符合条件的行，具体实现时，先做条件判断，再计算笛卡尔积
2	cross	返回符合条件的行，具体实现时，先计算笛卡尔积，再做条件判断，inner 的效率高于 cross
3	left、left_outer	返回符合条件的行，同时左侧表不符合条件的行也返回，对应右侧的行用 null 表示
4	right、right_outer	返回符合条件的行，同时右侧表不符合条件的行也返回，对应左侧的行用 null 表示
5	full、outer、full_outer	返回符合条件的行，同时左侧表、右侧表不符合条件的行也返回，使用 null 进行填充

（7）示例 7：select 的使用

此处 select 的作用是得到类型是 Dataset 的返回值，而不是 DataFrame，示例操作如下。

1）使用 select 的接口 1 得到 Dataset 类型的数据；

示例代码如下，其中 stuDS("name")表示名字为 name 的列，类型是 Column，通过调用 as[String]，将其转换成 TypedColumn，这样 select 返回值类型就会是 Dataset。

```
scala> stuDS.select(stuDS("name").as[String])
res114: org.apache.spark.sql.Dataset[String] = [name: string]
```

如果没有 as[String]，得到的是 DataFrame，是 Untyped 类型。

2）使用 select 的接口 2 得到类型是 DataFrame 的数据；

示例代码如下，因为 stuDS("name")表示名字为 name 的列，类型是 Column，因此返回值类型是 DataFrame。

```
scala> stuDS.select(stuDS("name"))
res113: org.apache.spark.sql.DataFrame = [name: string]
```

3）改变列的数据类型；

为了便于数据的处理，有时我们需要改变列的数据类型。示例如下，stuDS 中 id 列元素的数据类型本来是 Int，现在我们需要将其转换成 String 类型进行处理，并将 id 列数据组成一个单独的 Dataset。我们可以首先使用 stuDS("id")，获取 id 列数据，类型是 Column，然后调用 cast("String")将 id 列元素的数据类型声明为 String 类型，然后调用 as[String]将该列由 Column 声明成 TypedColumn，最后以此作为 select 的参数传入，这样 select 的返回值类型是 Dataset，如下所示。

```
scala> stuDS.select(stuDS("id").cast("String").as[String])
res119: org.apache.spark.sql.Dataset[String] = [id: string]
```

- 返回的值的类型是 Dataset[String]，不是 DataFrame，这是因为调用了 as[String]，输入类型由 Column 变成了 TypedColumn，如果不调用 as[String]，返回值是 DataFrame；
- stuDS("id")也可以写成：$"id"或者 stuDS.col("id")。

更进一步，我们使用 select 获取列数据集合时，还可以更改列的名称和值的大小。具体示例如下，我们将 stuDS 中 id 列的每个元素的值都增加 1，调用 alias("newid")，将 id 列的名字重命名为 newid，将 id 列的数据类型由 Int 类型转换成 String 类型，最后将 name 列的名字重命名为 newname，示例代码如下。

```
scala>stuDS.select((stuDS("id")+1).alias("newid").cast("String").as[String],stuDS("name").alias("newname").as[String])
res18: org.apache.spark.sql.Dataset[(String, String)] = [newid: string, newname: string]
```

- stuDS("id")+1 的+号不是运算符，它是 stuDS("id")的一个函数，因此又可以写成：stuDS("id").+(1);
- stuDS("id")+1，也可以写成：expr("id+1")，更简洁。

（8）示例 8：union 的使用

本示例通过 union 操作实现了两个 DataFrame 的合并，具体步骤如下。

1）通过 stuDS 创建两个 DataFrame：df01 和 df02；

```
scala> val df01 = stuDS.select("id", "name")
df01: org.apache.spark.sql.DataFrame = [id: int, name: string]
scala> val df02 = stuDS.select("name", "id")
df02: org.apache.spark.sql.DataFrame = [name: string, id: int]
```

2）合并 df01 和 df02；

```
scala> df01.union(df02).show
```

结果如图 6-46 所示，union 是按列的位置进行合并的，df01 的第一列是 id，第二列是 name，而 df02 的第一列是 name，第二列是 id，尽管 df01 第一列 id 类型是 Int，df02 的第一列 name 类型是 String，但不影响它们合并，最终类型都转换成了 String。

3）使用 unionByName 可以实现按列名进行合并，代码如下。

```
scala> df01.unionByName(df02).show
```

结果如图 6-47 所示，可以看到，df01 和 df02 列名相同的数据合并到了一起，而且没有去重。

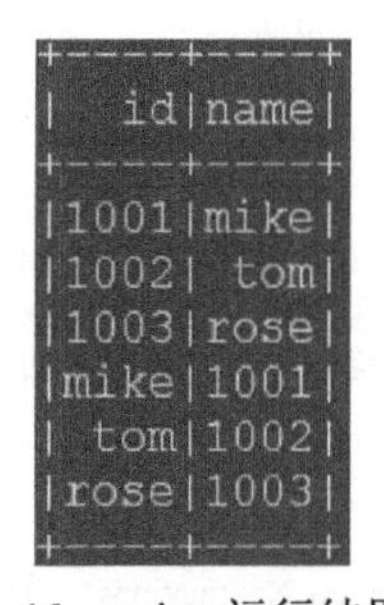

id	name
1001	mike
1002	tom
1003	rose
mike	1001
tom	1002
rose	1003

图 6-46　union 运行结果

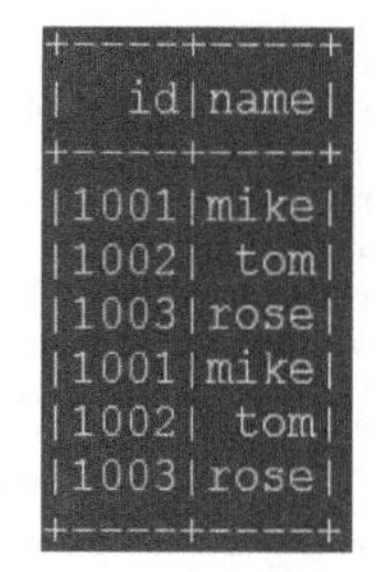

id	name
1001	mike
1002	tom
1003	rose
1001	mike
1002	tom
1003	rose

图 6-47　unionByName 运行结果

6.6.4　Untyped Transformation

1．Untyped Trasformation 列表

接上节，Untyped transformation 指返回值类型是 DataFrame、Column 或 RelationalGrouped

Dataset 的 Transformation，具体函数和说明如表 6-8 所示。

表 6-8　Untyped Transformations 表

编　号	函　数	说　明
1	def agg(expr: Column, exprs: Column*): DataFrame	对 Dataset 指定的列进行聚集操作 expr：对指定的列调用 Aggregate functions，函数说明的地址是：http://spark.apache.org/docs/2.3.0/api/scala/index.html#org.apache.spark.sql.functions$ Exprs：对其他指定的列（可以是多列）调用 Aggregate functions
2	def agg(exprs: Map[String, String]): DataFrame	对 Dataset 指定的列进行聚集操作； Exprs 元素的 Key 是列名，Value 是 Aggregate functions 名
3	def agg(aggExpr: (String, String), aggExprs: (String, String)*): DataFrame	对 Dataset 指定的列进行聚集操作 aggExpr 是一个二元组，第一个元素是列名，第二个元素是 Aggregate functions 名 Exprs：其他指定的列（可以是多列）和 Aggregate functions 的二元组
4	def apply(colName: String): Column	使用列名获取列，例如 stuDS("id")
5	def col(colName: String): Column	使用 col 获取列，例如 stuDS.col("id")
6	def crossJoin(right: Dataset[_]): DataFrame	计算两个 Dataset 的笛卡尔集，如果没有条件过滤，纯粹计算两个 Dataset 的笛卡尔集的话，开销很大
8	def cube(col1: String, cols: String*): RelationalGroupedDataset	使用指定的列，对 Dataset 进行多维统计 Col1 是指定的列的名字，cols 是指定的其他列的名字，cols 可以是多个
9	def cube(cols: Column*): RelationalGroupedDataset	使用 Column 指定列，对 Dataset 进行多维统计 和前一个 cube 相比，只需要把列名替换成 Column 类型即可 Column 可以由指定列调用 DataFrame Function 计算而来，因此分类更加灵活
10	def drop(colName: String): DataFrame def drop(col: Column): DataFrame def drop(colNames: String*): DataFrame	去除指定的列，剩下的列组成一个新的 DataFrame 作为返回值 可以使用列名指定单独一列：colName: String 可以使用 Column 来指定单独的一列：col: Column 也可以使用列名来指定多列：colNames: String*
11	def groupBy(col1: String, cols: String*): RelationalGroupedDataset def groupBy(cols: Column*): RelationalGroupedDataset	使用指定的列，对 Dataset 进行分组，后续可以在分组的基础上，对各组进行聚集（agg）操作 可以使用列名来指定多列：col1: String, cols: String* 也可以使用 Column 来指定多列：cols: Column* Column 可以由指定列调用 DataFrame Function 计算而来，因此，分类更加灵活
12	def join(right: Dataset[_]): DataFrame def join(right: Dataset[_], usingColumn: String): DataFrame def join(right: Dataset[_], usingColumns: Seq[String]): DataFrame def join(right: Dataset[_], usingColumns: Seq[String], joinType: String): DataFrame def join(right: Dataset[_], joinExprs: Column): DataFrame def join(right: Dataset[_], joinExprs: Column, joinType: String): DataFrame	计算两个 Dataset 的笛卡尔集，可以使用 String 来指定要 join 的列，也可以指定 joinType，还可以使用 Column 对列进行计算，来指定 join 条件，最终返回值是 DataFrame
13	def na: DataFrameNaFunctions	返回一个 DataFrameNaFunctions，用来处理 Dataset 中的 null 数据
14	def rollup(cols: Column*): RelationalGroupedDataset def rollup(col1: String, cols: String*): RelationalGroupedDataset	使用指定的列，对 Dataset 进行多维统计 可以使用列名 String 来指定列，也可以使用 Column 来指定列 它和 cube 的区别，具体使用参考后续示例
15	def select(cols: Column*): DataFrame def select(col: String, cols: String*): DataFrame	使用列名（String）或 Column 来指定列，返回新列组成的 DataFrame。具体使用参考后续示例

（续）

编　号	函　数	说　明
16	def withColumn(colName: String, col: Column): DataFrame	增加新的 Column 或者替换已有的同名 Column colName 用来指定列名 col 为列对象。具体使用参考后续示例
17	def withColumnRenamed(existingName: String, newName: String): DataFrame	修改列名：使用新列的名字 newName 替换已有列的名字 existingName，返回修改后的新 DataFrame

2．Untyped Transformation 使用示例

（1）示例 1：agg 的使用

agg 可以对 Dataset 指定列上的元素进行聚集，如果对 Dataset 直接调用 agg，agg 会聚集指定列上的所有元素，示例如下。

1）先创建一个 Dataset[Stu] stuDS；

```
scala> case class Stu(id:Int,sex:String,name:String,age:Int)
scala> val stuDS = Seq(Stu(1001, "Male", "mike", 20), Stu(1002, "Male", "tom", 18), Stu(1003, "Female", "rose", 22)).toDS
```

2）直接调用 stuDS.agg 对 age 字段进行聚集；

```
scala> stuDS.agg(avg("age"),max("age"),min("age")).show
```

说明：avg、max、min 是列操作函数（Aggregate functions），其中 avg 用来统计列的平均值，max 统计列元素的最大值，min 统计列元素的最小值。

输出结果如图 6-48 所示，只有 1 行内容，这是因为 avg、max、min 的对象只有 1 个，就是 age 字段的所有元素，因此返回值也只有 1 个。

3）如果要进行分类统计，比如统计男生、女生的年龄情况，则可以先对 Dataset 按照 sex 进行 groupBy，然后调用 agg，代码如下所示；

```
scala> stuDS.groupBy("sex").agg(avg("age"),max("age"),min("age")).show
```

对 sex 进行 group，可以分成两个 group，1 个是男生 group，1 个是女生 group，因此，avg、max、min 统计的对象也有两个：男生 group 的 age 元素，女生 group 的 age 元素，所以会有两个结果，构成两行数据，如图 6-49 所示。

```
+--------+--------+--------+
|avg(age)|max(age)|min(age)|
+--------+--------+--------+
|    20.0|      22|      18|
+--------+--------+--------+
```

图 6-48　agg 统计结果图

```
+------+--------+--------+--------+
|   sex|avg(age)|max(age)|min(age)|
+------+--------+--------+--------+
|Female|    22.0|      22|      22|
|  Male|    19.0|      20|      18|
+------+--------+--------+--------+
```

图 6-49　groupBy 后的 agg 统计结果图 1

4）以上命令也可写成如下形式，结果一样。

```
scala> stuDS.groupBy("sex").agg(("age", "avg"),("age","max"),("age","min")).show
```

如果写成下面的形式，只会计算 min(age)信息，如图 6-50 所示。

```
scala> stuDS.groupBy("sex").agg(Map("age"->"avg","age"->"max","age"->"min")).show
```

（2）示例 2：crossJoin 的使用

1）创建两个 Dataset，分别为 stuDS 和 scoreDS；

```
scala> case class Stu(id:Int, name:String)
scala> val stuDS = Seq(Stu(1001, "mike"), Stu(1002, "tom"), Stu(1003, "rose")).toDS
scala> case class Score(id:Int, score:Int)
scala> val scoreDS = Seq(Score(1001, 90), Score(0, 70)).toDS
```

2）调用 crossJoin，返回值是 DataFrame（如果返回类型 Dataset，则无法确定 Dataset 元素的类型，而返回 DataFrame，元素类型统一为 Row 是合适的），结果如图 6-51 所示；

```
scala> stuDS.crossJoin(scoreDS).show
```

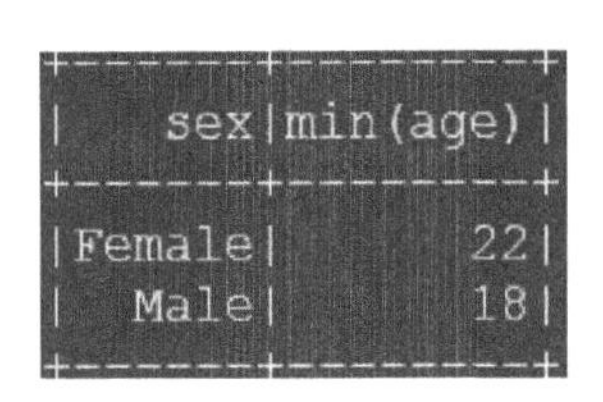

sex	min(age)
Female	22
Male	18

图 6-50　groupBy 后的 agg 统计结果图（改写后）

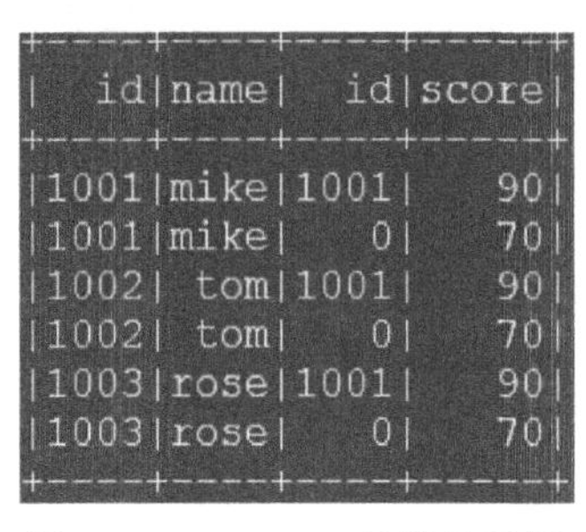

id	name	id	score
1001	mike	1001	90
1001	mike	0	70
1002	tom	1001	90
1002	tom	0	70
1003	rose	1001	90
1003	rose	0	70

图 6-51　crossJoin 统计结果图

3）crossJoin 会计算两个 Dataset 的笛卡尔集，开销非常大。如果能实现进行过滤，可有效降低开销，例如使用 joinWith。

```
scala>stuDS.joinWith(scoreDS, stuDS("id")===scoreDS("id"))
```

（3）示例 3：cube 的使用

cube 用于从多个维度（指定多列）对 Dataset 进行统计，示例如下。

1）首先创建名为 stuDS 的 Dataset；

```
scala> case class Stu(id:Int,sex:String,name:String,age:Int,province:String)
scala>val stuDS = Seq(Stu(1001, "Male", "mike", 20, "jiangsu"), Stu(1002, "Male", "tom", 18, "hunan"),
Stu(1003, "Female", "rose", 22, "jiangsu")).toDS
```

2）从生源地 province 和性别 sex 这两个维度来统计年龄 age 信息，统计结果按照 province 和 sex 进行排序。代码如下所示。

```
scala> stuDS.cube("province", "sex").agg(avg("age")).orderBy("province","sex").show()
```

说明

- cube("province", "sex")对"province"和"sex"进行组合（分组），包括：1）两者都为 null 的情况，此时，统计的对象是 age 列的所有元素；2）"province"为 null，"sex"不为空的情况，统计的对象是：所有"sex"值相同的 group 中 age 元素；3）"province"不

为空，"sex"为 null 的情况，统计的对象是：所有"province"相同的 group 中的 age 元素。如果要再增加维度，只需要在 cube 中再增加列名即可；4）"province"、"sex"都不为 null 的情况，统计的对象是：所有"province"相同、"sex"相同的 group 中的 age 元素；

- agg(avg("age"))计算 group 中 age 元素的平均值；
- orderBy("province","sex")，按照先"province",再"sex"的顺序，进行排序。

代码执行结果如图 6-52 所示，可知：

- 第 1 行，两个 null，表示所有学生的平均年龄是 20；
- 第 2 行，表示所有女生的平均年龄是 22；
- 第 3 行，表示所有男生的平均年龄是 19；
- 第 4 行，表示来自 hunan 的学生平均年龄是 18；
- 第 5 行，表示来自 hunan 的男生平均年龄是 18；
- 第 6 行，表示来自 jiangsu 的学生平均年龄是 21；
- 第 7 行，表示来自 jiangsu 女生平均年龄是 22；
- 第 8 行，表示来自 jiangsu 男生的平均年龄是 20。

```
+--------+------+--------+
|province|   sex|avg(age)|
+--------+------+--------+
|    null|  null|    20.0|
|    null|Female|    22.0|
|    null|  Male|    19.0|
|   hunan|  null|    18.0|
|   hunan|  Male|    18.0|
| jiangsu|  null|    21.0|
| jiangsu|Female|    22.0|
| jiangsu|  Male|    20.0|
+--------+------+--------+
```

图 6-52　cube 统计结果

由上例，使用 cube 可以很方便地从 province 和 sex 两个维度对 age 进行统计（平均年龄）。

（4）示例 4：groupBy 的使用

groupBy 可以对 Dataset 中指定的列（一列或多列都可以）分组，将指定列中元素相同的行分成一组（Group），用于后续对组内元素进行聚集（agg）操作，示例如下。

1）groupBy 的基本使用。

创建名为 stuDS 的 Dataset。

```
scala> case class Stu(id:Int,sex:String,name:String,age:Int,province:String)
scala>val stuDS = Seq(Stu(1001, "Male", "mike", 20, "jiangsu"), Stu(1002, "Male", "tom", 18, "hunan"), Stu(1003, "Female", "rose", 22, "jiangsu")).toDS
```

对生源地 province 和性别 sex 进行分组并做相应操作。

```
scala> stuDS.groupBy("province","sex").agg(avg("age")).orderBy("province", "sex").show
```

说明：

- groupBy("province","sex")用来指定要分组的列，可以使用列名（String），也可以使用 Column，例如 groupBy($"province",$"sex")，或者 groupBy(stuDS("province"),stuDS("sex"))，可以指定一列，也可以指定多列，凡是"province", "sex"这两个字段值相同的行会被分到一组（Group）；
- agg(avg("age"))对 age 列的组内元素求平均值；
- orderBy("province", "sex")按照先"province"再"sex"的顺序进行排序。

代码执行结果如图 6-53 所示。

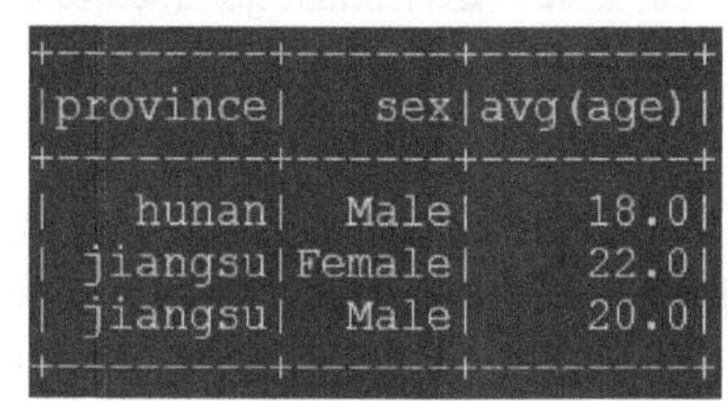

```
+--------+------+--------+
|province|   sex|avg(age)|
+--------+------+--------+
|   hunan|  Male|    18.0|
| jiangsu|Female|    22.0|
| jiangsu|  Male|    20.0|
+--------+------+--------+
```

图 6-53　groupBy 统计结果图 1

- 第 1 行，表示来自 hunan 的男生平均年龄 18；

- 第 2 行，表示来自 jiangsu 的女生平均年龄 22；
- 第 3 行，表示来自 jiangsu 男生的平均年龄是 20。

从以上结果可以很清晰地看出 groupBy 和 cube 的区别，groupBy 只对指定列中相同元素的行进行分组，而 cube 会对 groupBy 进行组合，根据不同的组合再分组。

2）使用 Column 指定列。

使用 Column 指定列，Column 由列计算而来，可以得到更多类型的分组，更加灵活。例如，统计 jiangsu 学生的平均年龄的语句如下所示。

```
scala> stuDS.groupBy(stuDS("province")==="jiangsu").agg(avg("age")).show
```

说明：stuDS("province")==="jiangsu"中===是一个函数（3 个等于号），因此，它又可以写成：stuDS("province").===("jiangsu")，它会依次将"province"列每个元素和"jiangsu"比较，如果相等，结果为 true，否则结果为 false，所有的结果组成一个新的 Column，这样，新的 Column 中就只有两种结果：true 或者 false，然后分组，将所有 true 分为一组，所有 false 分为一组，用于后续的聚集（agg）操作。

代码执行结果如图 6-54 所示。

由于 Column 可以由指定列调用其方法计算而来，它增加各种分组的方式，和指定列名的方式相比，它更加灵活。

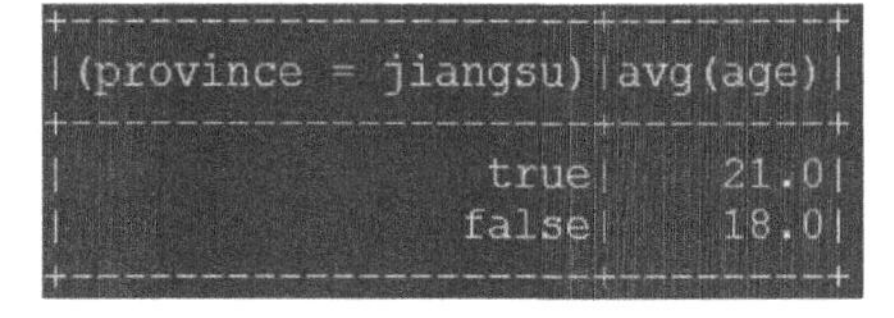

图 6-54　groupBy 统计结果图 2

（5）示例 5：join 的使用

1）join 的基本使用。

join 操作就是对两个 Dataset 中的行进行组合，也就是求笛卡尔集，示例如下。

首先，创建 Dataset stuDS 和 Dataset scoreDS。

```
scala> case class Stu(id:Int, name:String)
scala> val stuDS = Seq(Stu(1001, "mike"), Stu(1002, "tom"), Stu(1003, "rose")).toDS
scala> case class Score(id:Int, course:String, score:Int)
scala> val scoreDS = Seq(Score(1001, "math", 90), Score(0, "math", 70), Score(1001, "science", 88)).toDS
```

对 stuDS 和 scoreDS 进行 join 操作。

```
scala> stuDS.join(scoreDS).show
```

注意，上述代码执行时，会报错。原因是：Spark SQL 中 spark.sql.crossJoin.enabled 的默认值是 false，这样 stuDS.join(scoreDS).show 代码执行时，会使用 inner join，而 inner join 需要指定 stuDS 和 scoreDS 的 join 条件，但是 stuDS.join(scoreDS).show 没有指定 join 条件，因此会报错。

解决方法是，在执行 join 操作之前，先将 spark.sql.crossJoin.enabled 设置为 true，这样，stuDS.join(scoreDS).show 代码执行时会使用 cross join，cross join 可以不指定 join 条件，因此，stuDS.join(scoreDS).show 代码可以执行，具体语句如下：

```
scala> spark.sql("set spark.sql.crossJoin.enabled=true")
```

📖 cross join 先计算笛卡尔积，如果设置了 join 条件，则再对笛卡尔集做条件判断；

📖 inner join 先做条件判断，再计算笛卡尔积，因此，inner join 的效率高于 cross join。

再次执行 join 操作，代码如下。

```
scala> stuDS.join(scoreDS).show
```

上述代码的运行结果如图 6-55 所示。

由结果可知，stuDS 中的每一行和 scoreDS 的每一行都进行了组合，例如，stuDS 中的“1001,mike”和 stuScore 中的所有行：（1001, "math", 90），(0, "math", 70)，(1001, "science", 88)都有组合。

2）对指定列进行 join。

仍以上一个例子中创建的 stuDS 和 scoreDS 为例，如果要对应显示每个学生的各科成绩，可以通过指定要 join 的列来实现，具体语句如下所示。

```
scala> stuDS.join(scoreDS, "id").show
```

"id"为 stuDS 和 scoreDS 要 join 的列，即以 stuDS 和 scoreDS 中各自 id 字段值相等的行进行组合，结果如图 6-56 所示，返回的 DataFrame 只有 1 个 id 字段。

```
+----+----+----+-------+-----+
|  id|name|  id| course|score|
+----+----+----+-------+-----+
|1001|mike|1001|   math|   90|
|1002| tom|1001|   math|   90|
|1003|rose|1001|   math|   90|
|1001|mike|   0|   math|   70|
|1002| tom|   0|   math|   70|
|1003|rose|   0|   math|   70|
|1001|mike|1001|science|   88|
|1002| tom|1001|science|   88|
|1003|rose|1001|science|   88|
+----+----+----+-------+-----+
```

图 6-55　join 操作结果 1

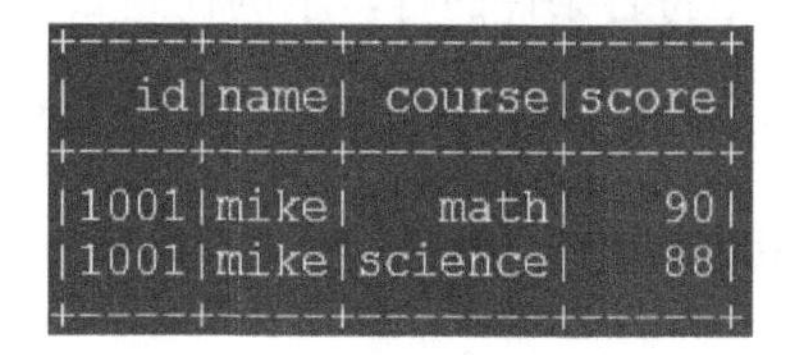

id	name	course	score
1001	mike	math	90
1001	mike	science	88

图 6-56　join 操作结果 2

📖 ● 指定的字段（如 id 字段）在 stuDS 和 scoreDS 中都要有；

● 如果要指定多个字段，可以使用 usingColumns 把指定字段放入 Seq 中。

```
def join(right: Dataset[_], usingColumns: Seq[String]): DataFrame
```

3）指定 join 类型。

进行 join 操作时，除了指定列，还可以使用 joinType 来指定 join 类型（Join 类型如表 6-9 所示），代码如下所示。

```
def join(right: Dataset[_], usingColumns: Seq[String], joinType: String): DataFrame
```

表 6-9　Join 类型表

编号	类型	说明
1	inner	默认的 join 类型，返回符合条件的行，具体实现时，先做条件判断，再计算笛卡尔积
2	left、left_outer	返回符合条件的行，同时左侧表不符合条件的行也返回，对应右侧的行用 null 表示
3	right、right_outer	返回符合条件的行，同时右侧表不符合条件的行也返回，对应左侧的行用 null 表示
4	full、outer、full_outer	返回符合条件的行，同时左侧表、右侧表不符合条件的行也返回，使用 null 进行填充
5	left_semi	显示左侧 Dataset 中符合条件的行
6	left_anti	显示左侧 Dataset 中不符合条件的行

- inner join 示例。本示例指定 stuDS 和 scoreDS 按照 id 列进行 inner join，返回符合条件的学生信息、课程和成绩，示例代码如下。

```
scala> stuDS.join(scoreDS, Seq("id"), "inner").show
```

上面的语句指定了 join 的条件，即 stuDS 和 scoreDS 按照 id 列进行 join，结果如图 6-57 所示。

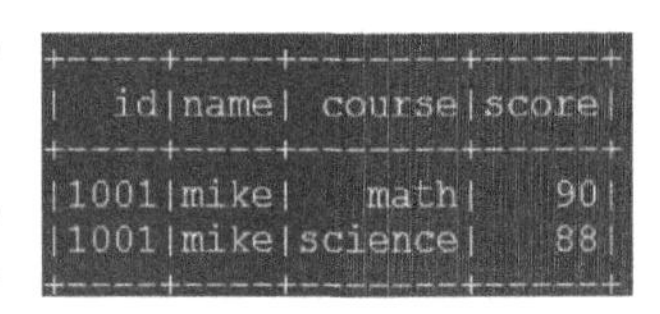
```
+----+----+-------+-----+
|  id|name| course|score|
+----+----+-------+-----+
|1001|mike|   math|   90|
|1001|mike|science|   88|
+----+----+-------+-----+
```
图 6-57　join 操作结果 3

- left_semi join 示例。该示例实现了 stuDS 和 scoreDS 按照 id 列进行 join，返回 stuDS 中符合条件的行，示例代码如下。

```
scala> stuDS.join(scoreDS, Seq("id"), "left_semi").show
```

结果如图 6-58 所示，只显示了 stuDS 中符合条件的行，而且相同的行只返回一行。

- left_anti join 示例。该示例实现了 stuDS 和 scoreDS 按照 id 列进行 join，返回 stuDS 中不符合条件的行，示例代码如下。

```
scala> stuDS.join(scoreDS, Seq("id"), "left_anti").show
```

结果如图 6-59 所示，显示 stuDS 中不符合条件的行。

```
+----+----+
|  id|name|
+----+----+
|1001|mike|
+----+----+
```
图 6-58　join 操作结果 4

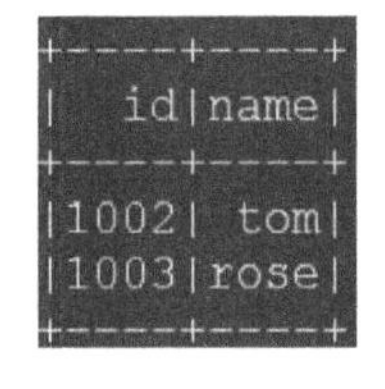
```
+----+----+
|  id|name|
+----+----+
|1002| tom|
|1003|rose|
+----+----+
```
图 6-59　join 操作结果 5

4）join 时使用 Column 指定列。

前面示例都是使用 String 来指定列，join 也支持使用 Column 来指定列，这样更灵活。

```
def join(right: Dataset[_], joinExprs: Column): DataFrame
```

例如，前面的示例中指定列名 id 对 stuDS 和 scoreDS 进行 join，显示所有学生成绩信息，"id"是 String 类型，如下所示。

```
scala> stuDS.join(scoreDS, "id").show
```

但是，如果 stuDS 和 scoreDS 中没有同名字段 id，上面的方法就不行了，可以用下面的方式，使用 Column 表达式来指定列。

```
scala> stuDS.join(scoreDS, stuDS("id")===scoreDS("id")).show
```

结果如图 6-60 所示。

又比如，显示所有成绩在 88 分以上的学生信息，其 Column 表达式如下所示。

```
scala>stuDS.join(scoreDS, stuDS("id")===scoreDS("id")&&scoreDS("score")>88, "cross").show
```

说明：stuDS("id")===scoreDS("id")&&scoreDS("score")>88 中===、&&和>都是 Column 操作，它们返回的结果也都是 Column，因此，最终结果类型是 Column。这种方式和使用 String 来指定列方式相比，更加灵活。

（6）示例 6：na 的使用

下面的操作会使得返回的结果中有 null 数据，执行结果如图 6-61 所示。

```
scala> stuDS.join(scoreDS, Seq("id"), "full").show
```

```
+----+----+----+-------+-----+
|  id|name|  id| course|score|
+----+----+----+-------+-----+
|1001|mike|1001|   math|   90|
|1001|mike|1001|science|   88|
+----+----+----+-------+-----+
```

图 6-60　join 操作结果 6

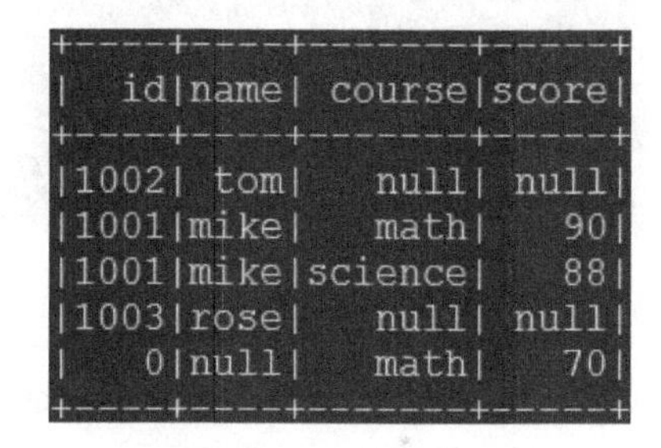

id	name	course	score
1002	tom	null	null
1001	mike	math	90
1001	mike	science	88
1003	rose	null	null
0	null	math	70

图 6-61　join 统计结果图 7

使用 na 来处理 null 数据，下面的命令可以将所有的 null 替换为 aaas。

```
scala> stuDS.join(scoreDS, Seq("id"), "full").na.fill("aaa").show
```

下面的命令可以去除所有包含 null 的行。

```
scala> stuDS.join(scoreDS, Seq("id"), "full").na.drop.show
```

（7）示例 7：rollup 的使用

rollup 和 cube 类似，也是通过指定列对 Dataset 进行多维统计。

1）创建名为 stuDS 的 Dataset；

```
scala> case class Stu(id:Int,sex:String,name:String,age:Int,province:String)
scala>val stuDS = Seq(Stu(1001, "Male", "mike", 20, "jiangsu"), Stu(1002, "Male", "tom", 18, "hunan"), Stu(1003, "Female", "rose", 22, "jiangsu")).toDS
```

2）从生源地 province 和性别 sex 这两个维度来统计年龄 age 信息，统计结果按照 province

和 sex 进行排序；

```
scala> stuDS.rollup("province", "sex").agg(avg("age")).orderBy("province","sex").show()
```

rollup("province", "sex")中"province"和"sex"都是列名，对"province"和"sex"进行组合（分组），包括：①两者都为 null 的情况，此时，统计的对象是 age 列的所有元素；②"province"不为空，"sex"为 null 的情况，统计的对象是：所有"province"相同的 group 中的 age 元素；③"province"、"sex"都不为 null 的情况，统计的对象是：所有"province"相同、"sex"相同的 group 中的 age 元素。

代码执行结果如图 6-62 所示。

和 cube 相比，rollup 没有图 6-63 中的两项，说明 rollup("province", "sex")在对"province"和"sex"组合时，并不考虑"province"为 null，"sex"不为 null 的情况，也就是说，不考虑第二列单独分类的情况，而 cube 会考虑各列单独分类的情况。

```
+--------+------+--------+
|province|   sex|avg(age)|
+--------+------+--------+
|    null|  null|    20.0|
|   hunan|  null|    18.0|
|   hunan|  Male|    18.0|
| jiangsu|  null|    21.0|
| jiangsu|Female|    22.0|
| jiangsu|  Male|    20.0|
+--------+------+--------+
```

图 6-62　rollup 统计结果图

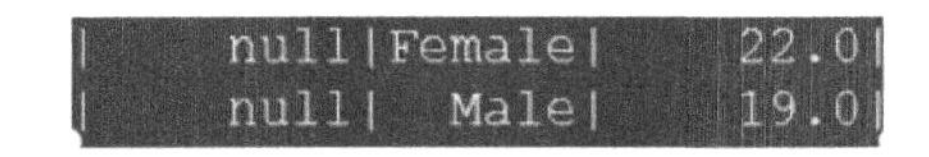

```
|    null|Female|    22.0|
|    null|  Male|    19.0|
```

图 6-63　cube 统计结果图

3）此外，rollup 也可以使用 Column 来指定列，如下所示。

```
scala>stuDS.rollup(stuDS("province"), stuDS("sex")).agg(avg("age")).orderBy("province","sex").show()
```

（8）示例 8：select 的使用

select 可以将指定的列组成新的 DataFrame，示例如下。

1）select 列名创建 DataFrame。

创建 Dataset。

```
scala> case class Stu(id:Int,sex:String,name:String,age:Int,province:String)
scala>val stuDS = Seq(Stu(1001, "Male", "mike", 20, "jiangsu"), Stu(1002, "Male", "tom", 18, "hunan"), Stu(1003, "Female", "rose", 22, "jiangsu")).toDS
```

指定 id 和 name，组成新的 DataFrame。

```
scala> val stuDF = stuDS.select("id","name")
stuDF: org.apache.spark.sql.DataFrame = [id: int, name: string]
```

2）select Colmun 创建 DataFrame。

指定 id 和 name，组成新的 DataFrame。

```
scala>val stuDF = stuDS.select(stuDS("id"),stuDS("name"))
```

```
stuDF: org.apache.spark.sql.DataFrame = [id: int, name: string]
```

还可以按照指定的列（Column）进行计算，计算结果（Column）将作为返回值 DataFrame 中的一列。例如，将 id 列的类型由 Int 修改为 String。

```
scala>val stuDF = stuDS.select(stuDS("id").cast("String"),stuDS("name"))
```

id 列元素统一加 1。

```
scala>val stuDF = stuDS.select(stuDS("id")+1,stuDS("name"))
```

select 没有 filter 功能，每列计算后的结果 Column 将作为返回值 DataFrame 中的一列，例如下面的命令并不会显示 id>1001 的行，而是将 id 列的每一个元素和 1001 进行比较，如果大于返回 true，否则返回 false。

```
scala> val stuDF = stuDS.select(stuDS("id")>1001).show
```

```
+-----------+
|(id > 1001)|
+-----------+
|      false|
|       true|
|       true|
+-----------+
```

图 6-64　select 统计结果图

结果如图 6-64 所示，这个结果可以用作分类和聚集（agg）计算。

（9）示例 9：withColumn 的使用

本示例将演示如何使用 withColumn 对 Dataset 中的列进行操作，具体如下。

1）新增一列，其内容为原来 id 字段+1，新列名称为 newid；

```
scala> stuDS.withColumn("newid", stuDS("id")+1).show
```

2）替换已有的列 id，其内容为原来 id 字段+1。

```
scala> stuDS.withColumn("id", stuDS("id")+1).show
```

6.7　SQL 操作

本节介绍 Spark SQL 所支持的 SQL 操作。目前，Spark 2.0 支持的 SQL 兼容 ANSI-SQL（SQL-92）和 Hive QL，Spark 2.0 还能运行完整的 99 个 TPC-DS 查询，TPC-DS 包括 99 个与 SQL-99 标准兼容的 SQL 查询，此外，Spark 2.0 对 SQL-2003 也增强了支持度。

本节以示例形式着重介绍 Spark SQL 所支持 SQL 的常见应用场景，如果对 SQL 标准感兴趣，可以参考链接：http://www.contrib.andrew.cmu.edu/～shadow/sql/sql1992.txt，以便进一步了解。

如图 6-65 所示，Spark SQL 中使用 SQL 有以下三种方式。

- 在 spark-sql 中，直接使用 SQL；
- 在 spark-shell 中，将 SQL 语句嵌入在 Scala 语言中进行操作；
- 在 Spark 程序中，将 SQL 语句嵌入在编程语言中进行操作。

这三种方式各有特点：第一种最简单、方便；第三种最灵活；第二种方式介于第一种和第三种之间。不管是哪种方式，其 SQL 语法是一样的。因此，本节采用第一种方式，即在 spark-sql 中使用 SQL 的示例。

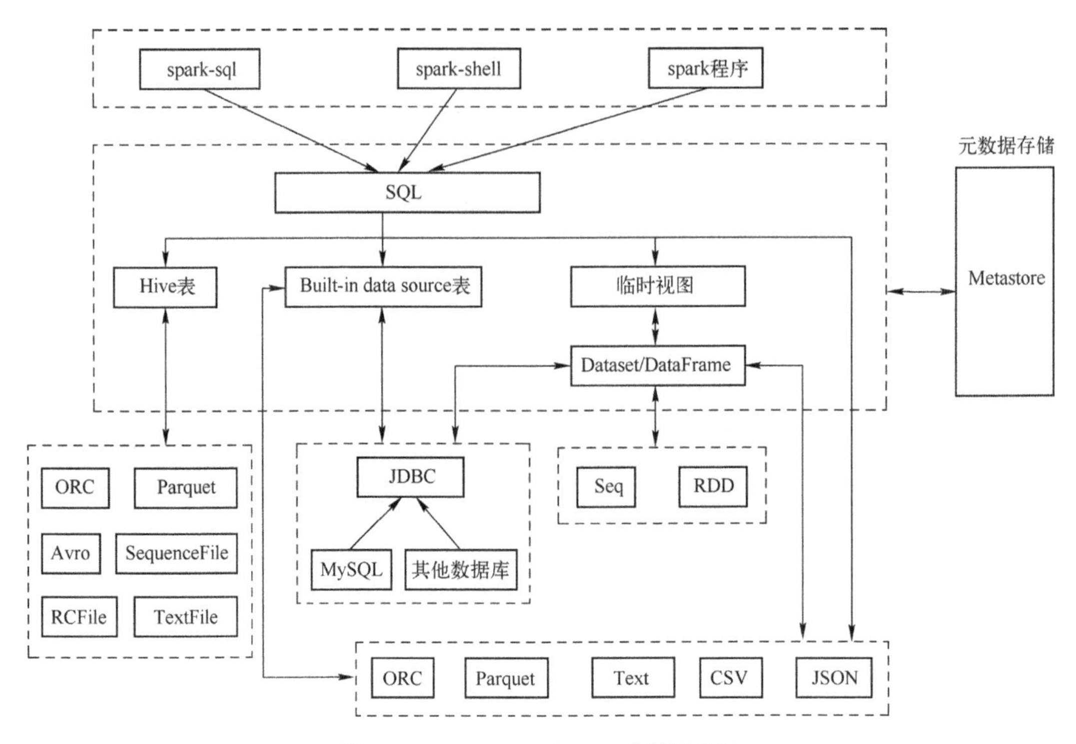

图 6-65 Spark SQL 中 SQL 使用场景图

SQL 分为四类：数据定义语言 DDL（Data Definition Language），数据查询语言 DQL（Data Query Language），数据控制语言 DCL（Data Control Language），数据操纵语言 DML（Data Manipulation Language）；

- DDL 用于定义数据库结构，常见的如：CREATE、DROP、ALTER 等 SQL 语句；
- DQL 用于查询数据，为 SELECT 开头的 SQL 语句；
- DCL 用于数据的控制访问，常见的如：GRANT、REVOKE 等 SQL 语句；
- DML 用于数据的修改，常见的如：INSERT、UPDATE、DELETE 等 SQL 语句。

其中，DDL、DQL、DML 是常用的 3 类 SQL，本书将按照 DDL、DQL、DML 的顺序依次介绍 Spark SQL 中 SQL 的使用。

6.7.1 常用 DDL 使用说明及示例

1. DDL 基本概念

DDL 是 Data Definition Language 的缩写，它用于定义数据库的结构，常见的如创建数据库、创建表、创建视图等都属于 DDL。

2. DDL 使用示例

（1）创建数据库

1）创建数据库；具体命令行如下。

```
spark-sql> CREATE DATABASE IF NOT EXISTS spark_sql_test_db COMMENT "this is a test db for Spark SQL" LOCATION "/spark_db";
```

说明：

- SQL 书写的一般规范：SQL 本身的关键字大写，用户的参数值用小写；
- IF NOT EXISTS：如果已经有一个名字为 spark_sql_test_db 的数据库，则此 CREATE 语句不做任何动作，否则，创建数据库 spark_sql_test_db。IF NOT EXISTS 是一个可选项；
- COMMENT "this is a test db for Spark SQL"：给数据库添加注释，COMMENT 是关键字，"this is a test db for Spark SQL"是添加的注释内容，用双引号括起来。COMMENT 也是一个可选项；
- LOCATION"/spark_db"，指定数据库路径为/spark_db（即表数据存储路径），它是 HDFS 上的路径，这是因为 core-site.xml 中配置了文件系统前缀为 hdfs://scaladev:9001。LOCATION 也是一个可选项，如果不选，则会使用“/user/hive/warehouse”。

2）查看数据库信息的命令行如下；

```
spark-sql> DESCRIBE DATABASE spark_sql_test_db;
```

代码执行结果显示如下，可以看到数据库名、Comment、Location 都和创建时的参数一致。

```
Database Name     spark_sql_test_db
Description       this is a test db for Spark SQL
Location          hdfs://scaladev:9001/spark_db
```

3）查看表数据存储路径的命令行如下。

```
[user@scaladev ~]$ hdfs dfs -ls /
```

可以看到在 HDFS 的根目录下有 spark_db 这个目录。

```
/spark_db
```

（2）卸载数据库

卸载数据库的命令行如下。

```
spark-sql>DROP DATABASE IF EXISTS spark_sql_test_db CASCADE;
```

说明：

- DROP DATABASE 是卸载数据库的 SQL 命令；
- IF EXISTS 是可选项，如果 spark_sql_test_db 存在，则执行卸载操作，如果不存在，则什么也不做；
- CASCADE 级联操作，可选项。如果数据库不为空，还有表等，则要加入 CASCADE，否则会提示数据库不为空，无法卸载。

（3）显示当前数据库

显示当前数据库的命令行如下。

```
spark-sql> SELECT current_database();
```

显示数据库下的所有表的命令如下。

```
spark-sql> SHOW TABLES;
```

（4）将其他表的 SELECT 结果作为新建表的数据

具体命令行如下。

```
spark-sql>CREATE TABLE spark_sql_test_db.stu_info_orc USING ORC AS SELECT * FROM spark_sql_test_db.stu_info_parq;
```

上面的语句将获取 spark_sql_test_db.stu_info_parq 中的数据插入到表 spark_sql_test_db.stu_info_orc 中。

> CREATE TABLE spark_sql_test_db.stu_info_orc 时，不要指定该表的 Schema，因为，它的 Schema 由后面的 SELECT 决定。

（5）修改表名

将表 spark_sql_test_db.stu_info_hive 修改为 spark_sql_test_db.stu_info_hive_new，具体命令行如下。

```
spark-sql>ALTER TABLE spark_sql_test_db.stu_info_hive RENAME TO spark_sql_test_db.stu_info_hive_new;
```

（6）表增加列

1）先创建新表 stu_info_orc，表文件格式为 ORC；

```
spark-sql>CREATE TABLE spark_sql_test_db.stu_info_orc(id INT, name STRING) USING ORC;
```

2）给 stu_info_orc 增加新列，列名 age，类型 INT。

```
spark-sql>ALTER TABLE spark_sql_test_db.stu_info_orc ADD COLUMNS (age Int COMMENT 'new add column');
```

> - ADD COLUMNS (age Int COMMENT 'new add column')用来新增列，COLUMNS 后面的括号内部为新增列的信息，如 age Int COMMENT 'new add column'，其中 age 是列名，Int 是列类型，COMMENT 'new add column'是注释，COMMENT 是可选项；
> - 可以增加多个列，列之间用逗号隔开。

6.7.2 DQL 使用说明及示例

DQL 命令的关键字是 SELECT，本节将对 SELECT 的常用功能进行说明。

1. 获取不重复的结果

1）先创建表，插入数据；

```
spark-sql>CREATE TABLE spark_sql_test_db.stu_info_parq(id INT, name String) USING PARQUET;
spark-sql> INSERT INTO spark_sql_test_db.stu_info_parq VALUES(1001,"mike"),(1002,"tom"),(1003,"rose"),(1001,"mike");
```

2）获取不重复结果。

```
spark-sql>SELECT DISTINCT * FROM spark_sql_test_db.stu_info_parq;
```

📖 使用 DISTINCT 返回所有不重复的结果，如果不加 DISTINCT，默认会返回所有结果。

2．获取指定的列

获取列 id 的所有值，使用列名替换即可，多个列名之间用逗号隔开，命令行如下。

```
spark-sql>SELECT id FROM spark_sql_test_db.stu_info_parq;
```

3．条件过滤

使用 WHERE 可以进行条件过滤，例如获取所有 id>1002 的 id 号，命令行如下。

```
spark-sql>SELECT id FROM spark_sql_test_db.stu_info_parq WHERE id>1002;
```

4．使用别名

使用 AS 可以对 SQL 中复杂的名字，或者相似的名字重命名，从而简化 SQL，减少出错和提升 SQL 的书写效率。

示例如下，对 spark_sql_test_db.stu_info_parq 取别名 T1，spark_sql_test_db.stu_info_hive AS T2，SQL 中，涉及这两张表的地方都可以用别名代替，不管是在 AS 之前，还是 AS 之后都可以。具体命令行如下。

```
spark-sql>SELECT T1.id, T2.name FROM spark_sql_test_db.stu_info_parq AS T1, spark_sql_test_db.stu_
info_hive AS T2 WHERE T1.id=T2.id;
```

5．限制返回结果的行数

使用 LIMIT 可以限制返回结果的行数，例如只返回两行结果，命令行如下。

```
spark-sql> SELECT * FROM spark_sql_test_db.stu_info_parq LIMIT 2;
```

6．直接读取文件，返回 SELECT 结果

命令行如下。

```
spark-sql>SELECT * FROM JSON.`/spark_db/stu_info_json`;
```

📖 JSON 表示表文件格式为 JSON，Spark SQL 还支持 CSV、ORC、Text、Parquet，直接用它们替换 JSON 即可。Hive 目前是不支持使用 SELECT 直接读取文件的，使用下面的命令，会报错。

```
spark-sql> SELECT * FROM HIVE.`/spark_db/stu_info_hive`;
```

报错内容如下。

```
Error in query: Unsupported data source type for direct query on files: HIVE;; line 1 pos 14
```

7．对结果进行排序

使用 ORDER BY Column 可以对指定的 Column 进行排序，Column 可以是多列，列之间用逗号隔开。例如，获得排序后的 id 列，默认是升序排列。

```
spark-sql> SELECT id FROM spark_sql_test_db.stu_info_parq ORDER BY id;
```

在末尾加上 DESC，可以降序排列。

```
spark-sql> SELECT id FROM spark_sql_test_db.stu_info_parq ORDER BY id DESC;
```

- ORDER BY 是全局的，对整列排序；
- 如果将 ORDER BY 替换成 SORT BY，则只是在分区内部排序，并非全局；
- 如果将 ORDER BY 替换成 DISTRIBUTE BY，会对表重新分区，DISTRIBUTE BY 后表达式值相同的行会分发到相同的 Worker 上处理；
- 如果将 ORDER BY 替换成 CLUSTER BY，则相当于同时使用：SORT BY 和 DISTRIBUTE BY。

8．数据抽样

使用 TABLESAMPLE 可以根据行数或百分比对 SELECT 的对象进行抽样。

根据指定的行数，返回抽样结果。

```
spark-sql>SELECT * FROM spark_sql_test_db.stu_info_parq TABLESAMPLE (2 ROWS);
```

根据百分比返回抽样结果。

```
spark-sql> SELECT * FROM spark_sql_test_db.stu_info_parq TABLESAMPLE (50 PERCENT);
```

使用百分比，每次返回的结果和数量不一定和上一次相同，而且返回的数量并不精确等于百分比乘以总行数。

9．JOIN 操作

JOIN 根据两张表或者多张表的列之间的关系获得查询结果。

Spark SQL 支持的 JOIN 类型包括：INNER、LEFT、RIGHT、FULL、LEFT SEMI、RIGHT SEMI、ANTI。

下面以示例形式说明 JOIN 操作，具体步骤如下。

（1）准备数据

本示例将准备两张表，学生表和成绩表，然后通过 JOIN 操作得到每个学生的成绩。

1）创建学生表：spark_sql_test_db.stu_info。数据如图 6-66 所示；

```
spark-sql>CREATE TABLE spark_sql_test_db.stu_info_parq(id INT, name STRING) USING PARQUET;
spark-sql>INSERT INTO spark_sql_test_db.stu_info_parq VALUES(1001, "mike"),(1002,"tom"),(1003,"rose");
```

2）创建成绩表：spark_sql_test_db.score_info_parq。数据如图 6-67 所示。

```
1001    mike
1003    rose
1002    tom
```

图 6-66　学生表

```
1001    science 88
1001    math    90
0       math    70
```

图 6-67　成绩表

```
spark-sql>CREATE TABLE spark_sql_test_db.score_info_parq(id INT, subject STRING, score INT) USING PARQUET;
```

```
spark-sql>INSERT INTO spark_sql_test_db.score_info_parq VALUES(1001, "math", 90),(0, "math", 70),(1001, "science", 88);
```

（2）INNER JOIN 示例

INNER JOIN 用来连接两张或多张表中符合条件的行。例如，返回学生表和成绩表中学号 id 相同的记录。

```
spark-sql>SELECT * FROM spark_sql_test_db.stu_info_parq AS S1 INNER JOIN spark_sql_test_db.score_info_parq AS S2 ON S1.id=s2.id;
```

代码执行结果如图 6-68 所示。

```
1001    mike    1001    science 88
1001    mike    1001    math    90
```

图 6-68 INNER JOIN 结果

上述 SQL 语句也可以写成如下形式。

```
spark-sql>SELECT * FROM spark_sql_test_db.stu_info_parq AS S1,spark_sql_test_db.score_info_parq AS S2 WHERE S1.id=S2.id;
```

- INNER JOIN 写成 JOIN，也可以执行，两者功能是一样的；
- ON 改成 WHERE，也可以执行；
- 如果没有后面的条件判断（ON），会报错，如果要去掉，实现所有行的组合，则要将 INNER JOIN 修改为 CROSS JOIN；

如果两张表中有名字相同的列，可以使用 NATURAL JOIN，连接列值相等的行，如下所示。

```
spark-sql>SELECT * FROM spark_sql_test_db.stu_info_parq  NATURAL JOIN spark_sql_test_db.score_info_parq;
```

如果两张表中有名字相同的列，可以使用 USING 指定其中的一列或者多列，连接列值相等的行，命令如下，id 是指定的列，如果要指定多列，在 id 后面添加列名，用逗号隔开即可。

```
spark-sql>SELECT * FROM spark_sql_test_db.stu_info_parq AS S1 INNER JOIN spark_sql_test_db.score_info_parq AS S2 USING (id);
```

如果要连接两张以上的表，具体命令行如下。

```
spark-sql>SELECT * FROM spark_sql_test_db.stu_info_parq AS S1 INNER JOIN spark_sql_test_db.score_info_parq AS S2 INNER JOIN spark_sql_test_db.stu_info_orc AS S3 ON S1.id=S2.id AND S2.id=S3.id;
```

或者：

```
spark-sql> SELECT * FROM spark_sql_test_db.stu_info_parq AS S1,spark_sql_test_db.score_info_parq AS S2,spark_sql_test_db.stu_info_orc AS S3  WHERE S1.id=S2.id AND S2.id=S3.id;
```

（3）LEFT、RIGHT、FULL JOIN 示例

LEFT JOIN 用来连接两张或多张表中符合条件的行，以及左侧表中不符合条件的行。对

那些不符合条件的行，右侧数据用 NULL 填充。

返回所有学生（包括有成绩的和没成绩的学生）的成绩的示例代码如下。

```
spark-sql>SELECT * FROM spark_sql_test_db.stu_info_parq AS S1 LEFT JOIN spark_sql_test_db.score_info_parq AS S2 ON S1.id=s2.id;
```

说明：

- LEFT 也可以写成 LEFT OUTER，两者结果相同；
- LEFT 替换成 LEFT SEMI 后，只返回左侧表 spark_sql_test_db.stu_info_parq 的行，内容相同的行将只返回一行；
- LEFT 替换成 LEFT ANTI 或者 ANTI 后，将返回左侧表 spark_sql_test_db.stu_info_parq 不符合条件的行；
- LEFT 替换成 RIGHT 后，将返回两张或多张表中符合条件的行，以及右侧表中不符合条件的行。对那些不符合条件的行，左侧数据用 NULL 填充；
- LEFT 替换成 FULL 后，将返回两张或多张表中符合条件的行，以及左、右侧表中不符合条件的行，对那些不符合条件的行，空白数据处用 NULL 填充；
- RIGHT 和 RIGHT OUTER 两者结果相同；
- FULL 和 FULL OUTER 两者结果相同。

10．统计操作

本示例对学生表和成绩表进行综合统计，基于 SELECT 实现分组统计、多维度统计等功能。具体步骤如下。

（1）准备数据

学生表：spark_sql_test_db.stu_info_parq。

```
spark-sql>CREATE TABLE spark_sql_test_db.stu_info_parq(id INT, sex STRING, name STRING, age INT, province STRING) USING PARQUET;
spark-sql>INSERT INTO spark_sql_test_db.stu_info_parq VALUES(1001,"Male","mike",20,"jiangsu"),(1002,"Male","tom",18,"hunan"), (1003,"Female","rose",22,"jiangsu");
```

学生表数据如图 6-69 所示。

```
1003    Female  rose    22      jiangsu
1001    Male    mike    20      jiangsu
1002    Male    tom     18      hunan
```

图 6-69　学生表

成绩表：spark_sql_test_db.score_info_parq。

```
spark-sql>CREATE TABLE spark_sql_test_db.score_info_parq(id INT, subject STRING, score INT) USING PARQUET;
spark-sql>INSERT INTO spark_sql_test_db.score_info_parq VALUES(1001, "math", 90),(0, "math", 70),(1001, "science", 88);
```

成绩表数据如图 6-70 所示。

（2）示例 1：分组统计

使用 GROUP BY 可以将指定列中值相同的行分成一组，然后使用 SQL 内建函数对组内数据进行统计。例如，统计 spark_sql_test_db.score_info_parq 中每个同学的平均分，具体命令行如下。

```
spark-sql>SELECT id,AVG(score) FROM spark_sql_test_db.score_info_parq GROUP BY id;
```

除 AVG 外，常用的 SQL 内建函数还有 COUNT，MIN，MAX，SUM，FIRST，LAST 等，使用时，直接替换 AVG 即可。

统计 spark_sql_test_db.stu_info_parq 中每个省的学生人数的命令行如下。

```
spark-sql>SELECT province,COUNT(id) FROM spark_sql_test_db.stu_info_parq GROUP BY province;
```

（3）多维度统计

使用 ROLLUP 或 CUBE 可以从多个维度进行分组统计。例如，从生源地 province 和性别 sex 这两个维度来统计年龄 age 信息，统计结果按照 province 和 sex 进行排序。使用 ROLLUP 实现如下。

```
spark-sql>SELECT province,sex,AVG(age) FROM spark_sql_test_db.stu_info_parq GROUP BY province,sex WITH ROLLUP;
```

结果如图 6-71 所示。

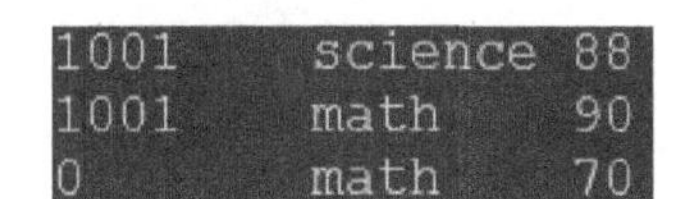

图 6-70　成绩表

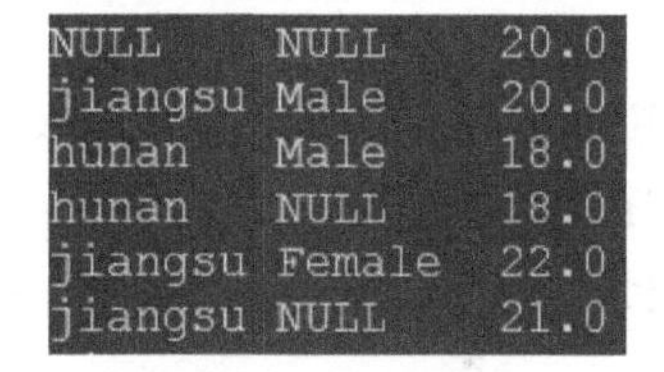

图 6-71　age 统计结果图

说明：

- 第一行是所有学生的平均年龄；第二行是来自 jiangsu 的女生的平均年龄；第三行是来说 hunan 的男生的平均年龄；第四行是来自 hunan 学生的平均年龄；第五行是来自 jiangsu 的女生的平均年龄；第六行是来自 jiangsu 学生的平均年龄；
- 上面的 SQL 对 province,sex 两列进行组合，分 3 种情况：1）province，sex 两者都为 NULL，NULL 表示该列值不参加统计，因此，统计的对象是所有行；2）province 不为 NULL，sex 为 NULL，统计对象是 province 值相同的组；province、sex 都不为 NULL，统计对象是 province 值、sex 值都相同的组。GROUP BY 后面 province,sex 的顺序，决定了以上组合，如果换成 GROUP BY sex,province，则会分成：1）province，sex 两者都为 NULL，此时统计的对象是所有行；2）province 为 NULL，sex 不为 NULL，统计对象是 sex 值相同的组；3）province、sex 都不为 NULL，统计对象是 province 值、sex 值都相同的组；
- 将 ROLLUP 替换成 CUBE，例如，GROUP BY province,sex WITH CUBE，此时，将在 ROLLUP 的基础上再增加：province 为 NULL，sex 不为 NULL 的情况，统计对象

是 sex 值相同的组。

6.7.3 常用 DML 使用说明及示例

DML 用于数据的修改，常见的如：INSERT、UPDATE、DELETE 等 SQL 语句。

Spark SQL 支持 INSERT，不支持 DELETE 和 UPDATE，下面介绍 INSERT 的使用示例。

1．将数据插入不分区的表

插入数据的 SQL 命令为 INSERT INTO，示例如下。

1）创建不分区的表；

```
spark-sql> CREATE TABLE spark_sql_test_db.stu_info_orc(id INT, name STRING) USING ORC;
```

2）插入数据。

```
spark-sql>INSERT INTO spark_sql_test_db.stu_info_orc VALUES(1001, "mike"),(1002, "tom"),(1003, "rose");
```

说明：

- 插入命令是 INSERT INTO；
- 插入的每行数据用括号括起来，按表中列的顺序对数据进行排列，列之间用逗号隔开；
- 插入数据存储在数据库的指定路径下，本例中存于 hdfs://scaladev:9001/spark_db/stu_info_orc/目录下；
- 以上 INSERT INTO 操作，对 Built-in data source 表和 Hive 表都适用。

2．将数据插入分区的表

1）创建带分区 Built-in data source 表；

```
spark-sql>CREATE TABLE spark_sql_test_db.stu_info_orc_partition(id INT, name STRING, age INT, sex STRING, province STRING, date DATE) USING ORC PARTITIONED BY (province, date);
```

2）创建带分区 Hive 表；

```
spark-sql>CREATE TABLE spark_sql_test_db.stu_info_hive_partition(id INT, name STRING, age INT, sex STRING) PARTITIONED  BY (province STRING, date DATE);
```

3）创建分区；

```
spark-sql>ALTER TABLE spark_sql_test_db.stu_info_hive_partition ADD PARTITION(province='hunan', date='20180901');
```

说明：

- Built-in data source 表分区和 Hive 表的 SQL 语法稍有不同，前者将表中所有列在一起声明，然后再使用 PARTITIONED BY 来指定分区列；后者则先声明非分区列，然后使用 PARTITIONED BY 来声明和指定分区列；
- 创建分区的后，将在表文件存储目录下创建子目录 province=hunan/date=20180901；
- ALTER TABLE 只支持 Hive 表，不支持 Built-in data source 表；

- ALTER TABLE 这条语句不执行也没有关系，后续插入数据时，也会自动创建对应的子目录。

4）插入数据。

```
spark-sql> INSERT INTO spark_sql_test_db.stu_info_orc_partition PARTITION (province='jiangsu', date='2018') VALUES(1001,'mike','20','Male'),(1003,'rose','18','Female');
```

说明：

- 使用 PARTITION (province='jiangsu', date='2018')指定分区，后续 VALUES 跟要插入的值；
- 如果分区中指定的列（如 date）无法事先确定，那么在 PARTITION 中 date 可以先不赋值，具体的 date 值放到 VALUES 中指定。Spark SQL 中称 province 为静态分区列（Static partition columns），而无值的分区列如 date，则称为动态分区列（Dynamic partition columns）。注意：PARTITION 中静态分区列要放到前面，动态分区列放到后面，例如 province='jiangsu'放前面，date 放后面，VALUES 中要加入动态分区列所对应的值，如(1001,'mike','20','Male','2018')中的'2018'对应的就是动态分区列 date，而且 date 要放到最后面，且这些值的顺序要和 PARTITION 动态分区列的顺序一一对应，具体命令如下所示，这种 INSERT 方式称为动态分区插入（Dynamic partition inserts）；

```
spark-sql>INSERT INTO spark_sql_test_db.stu_info_orc_partition PARTITION (province='jiangsu', date) VALUES(1001,'mike','20','Male','2018'),(1003,'rose','18','Female','2019');
```

- 如果所有分区列都无法确定，则可以直接写成下面的形式。

```
spark-sql> INSERT INTO spark_sql_test_db.stu_info_orc_partition VALUES(1001,'mike','20','Male', 'jiangsu','2018'),(1003,'rose','18','Female','jiangsu','2019');
```

📖 上面的 SQL 语句可以直接操作 Built-in data source 表，对于 Hive 表，要设置 hive.exec.dynamic.partition.mode=nonstrict 才可使用。

说明：动态分区插入主要应用于分区列无法确定的情况，比如要插入的数据来源于 SELECT 查询的结果，一般情况下，此时无法事先确定分区列的值。

3. 插入查询数据

Spark SQL 可以将另外一张表的查询结果插入到指定表中，示例如下。

```
spark-sql>INSERT INTO spark_sql_test_db.stu_info_orc_partition SELECT * FROM spark_sql_test_db.stu_info_hive_partition;
```

4. 覆写表数据

使用 OVERWRITE TABLE 可以覆写表中原有数据，示例如下。

```
spark-sql>INSERT OVERWRITE TABLE spark_sql_test_db.stu_info_orc_partition SELECT * FROM spark_sql_test_db.stu_info_hive_partition;
```

注意：

- 对于 Built-in data source 表，OVERWRITE TABLE 会删除插入数据所对应的最上层的

分区，如 province 值为'jiangsu'，date 的值为'2017'，会删除整个 jiangsu 分区，其他的分区，如 hunan 等，数据依然存在；

```
spark-sql> INSERT OVERWRITE TABLE spark_sql_test_db.stu_info_orc_partition PARTITION (province='jiangsu', date) VALUES(1001,'mike','20','Male','2017');
```

- 对于 Hive 表，OVERWRITE TABLE 只会删除插入数据精确匹配的分区，如 province 值为'jiangsu'，date 的值为'2017'，则只会删除 province=jiangsu/date=2017-01-01 目录下的数据，而 province=jiangsu 其他日期的数据则不会删除；
- 如果要想 Built-in data source 表的行为和 Hive 表一致，可以进行下面的设置。

```
spark-sql>set spark.sql.sources.partitionOverwriteMode=DYNAMIC;
```

5. 将查询结果写入目录

示例代码如下，将 SELECT 结果（SELECT * FROM spark_sql_test_db.stu_info_orc_partition）存储到 HDFS 的'/tb_storage/'路径下，存储文件的格式为 CSV。

```
spark-sql>INSERT OVERWRITE DIRECTORY '/tb_storage/' USING CSV SELECT * FROM spark_sql_test_db.stu_info_orc_partition;
```

说明：

- 使用 USING 可以将 SELECT 数据存储为 Built-in source data 格式：TEXT, CSV, JSON, JDBC, PARQUET, ORC, HIVE，使用这些格式替换 SQL 语句中的 CSV 即可，注意，TEXT 只支持一列的数据表；
- '/tb_storage/'的完整路径是 hdfs://scaladev:9001/tb_storage/，如果要使用其他路径，替换 /tb_storage/即可；
- 将 USING CSV 替换成 STORED AS 数据源格式，可以将 SELECT 数据存储为 Hive 表格式，包括 TEXTFILE，SEQUENCEFILE，RCFILE，ORC，PARQUET 和 AVRO。

6.8 练习

1）请在 IDEA 中，新建 Module 06，将 6.4.3 中的代码添加到 IDEA 中。

2）请在 IDEA 中，将 Module 06 的编译输出添加到 examples.jar，并重新编译和打包。

3）请在 IDEA 中，新建 Application，名字为 DataFrameExp，运行 examples.jar，Main Class 为 examples.idea.spark.DataFrameExp。

4）Spark SQL 的作用是什么？它提供了哪两种交互接口？

5）将下面的 RDD 转换成 DataFrame/Dataset，列名分别是 id 和 name，查询并打印表的内容。

```
val stuRDD=sc.makeRDD(Array((1001, "mike"), (1002, "tom"), (1003, "rose")))
```

6）DataFrame 和 Dataset 的区别是什么？该如何使用？

7）将下面的数据(1001, "mike"), (1002, "tom"), (1003, "rose")，分别转换成以下各种格式的数据或存储：Array、RDD、SequenceFile、CSV、JSON、ORC、Parquet、Avro 和 MySQL。

8）使用 Spark SQL 在数据库 studb 中创建一个名字为 stu_seq 的 Hive 表，表的存储格式是 Sequencefile，表结构是 (id int, name string)，并验证。

9）将数据 Array((1001, "mike"), (1002, "tom"), (1003, "rose"))插入练习 8 中所创建的 Hive 表 stu_seq，并验证。

10）读取习题 9 插入的数据，转换成 DataFrame 类型数据。

第 7 章　Spark Streaming

前面学习了 Spark 处理静态数据的方法（静态数据指处理前就已经存在的、大小不变的结构化或非结构化数据）。本章介绍使用 Spark 处理另一类数据——流数据（流数据指动态产生，体积不断增大的数据）。

流数据处理在大数据中应用广泛，数据在线使得数据的实时采集、传输和存储都变得现实起来，而对这些数据进行实时处理和挖掘也就成为自然而然的需求。例如，各类大型电商网站中的推荐系统就可以对用户行为的实时流数据即时处理，并生成推荐结果。流数据处理已经成为大数据处理中应用广泛且非常重要的组成部分。

Spark 提供了一个专门的模块 Spark Streaming 来处理流数据，Spark Streaming 将流数据抽象成 DStream（离散的 RDD 数据流）进行处理，本章将围绕 DStream 从以下几个方面来介绍 Spark 流处理技术，具体包括 Spark Streaming 基础、Spark Streaming 的基本编程、DStream 常用 Transformation 操作，以及 DStream 常用的 Output Operation。

学习本章后，将具有回答或解决以下问题的能力。

- 如何理解流数据的特点？
- 如何理解 DStream？
- 如何理解 DStream 的处理过程？它和 Spark Job 有什么关系？
- DStream 和 RDD 的关系？
- 如何编写一个真正能运行的 Spark Streaming 程序？
- 如何理解 DStream 的 Transformation 和 RDD 的 Transformation 的关系？
- 如何使用 DStream 的各类接口编程？
- DStream 的窗口操作原理以及编程？

📖 本章的实验环境为 6.3.3 节所构建的“兼容 Hive 的 Spark SQL 运行环境”，使用时需要启动 Hive 元数据服务。

7.1　Spark Streaming 基础

本节将介绍 Spark Streaming 的基础知识，包括流数据的定义及其特点，Spark Streaming 的工作流程和核心概念等。基于本节内容，将加深对流数据的理解，对 Spark Streaming 如何处理流数据形成总体的印象，并对 Spark Streaming 流数据处理的相关组件和术语加深理解，为后续使用 Spark Streaming 处理流数据打下基础。

7.1.1　流数据定义及其特点

1．流数据的定义

本书采用了亚马逊对“流数据”的定义：流数据是指由数千个数据源持续生成的数据，通常以数据记录的形式发送，规模较小（约几千字节）。

2．流数据的特点

- 流数据是持续不断的，它是动态产生的，大小是不断增长的，没有上限，也不是存储在 HDFS 上的文件，因此无法使用常规的文件处理方法；
- 流数据从数据形态上看，是二进制的字节流，但它是有结构的，也就是说流数据也是有分隔和边界的，是可解析的。其基本单位就是“记录”，这个“记录”可以是一行字符串，也可以是一个文件，或者其他形式的数据结构。记录的大小通常规模不是很大（几千字节），便于流处理端进行任务分割和并行处理；
- 流数据的数据源众多，不同的数据源可能有不同的数据格式，这就要求流处理能够处理各种类型的数据，并且有丰富的机器学习算法库以支撑类型丰富的流数据分析处理；
- 流数据具备即时性，这就要求 Spark Streaming 具有较强的性能，在单位时间内处理的数据要≥单位时间输入的数据，否则会造成数据积压或丢失，影响时效性。

7.1.2 Spark Streaming 的工作流程

Spark Streaming 的工作流程如图 7-1 所示。

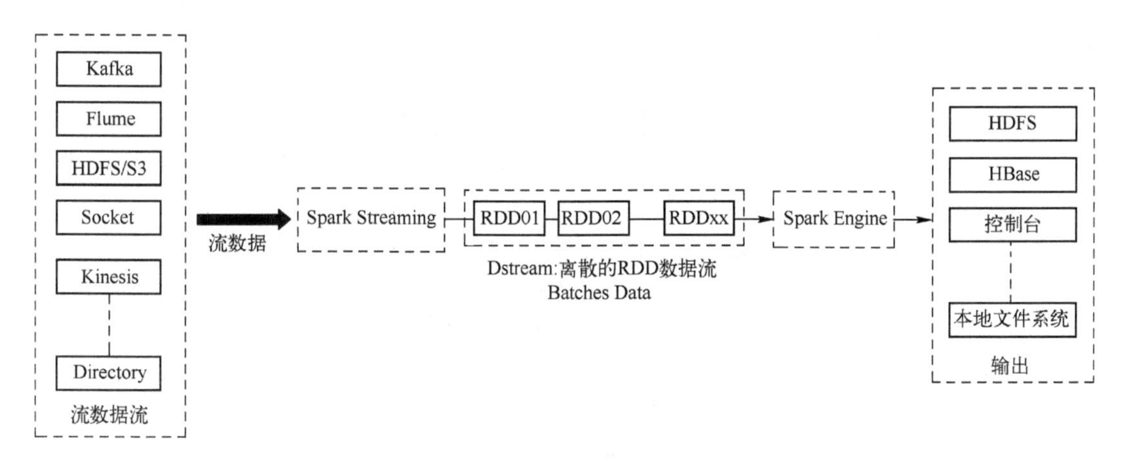

图 7-1　Spark Streaming 工作流程图

首先，Spark Streaming 从 Kafka、Flume、Socket 众多数据源获取流数据，获取的方式有多种：有的是由数据源主动推送数据，有的是从数据源拉取数据，还有的是监控指定目录，等待新数据产生；

接下来，Spark Streaming 将接收的数据抽象成 DStream（离散流），具体来说，Spark Streaming 会定期给接收的数据打上 Batch Time 标签，同一个 Batch Time 的数据会构成一个 RDD，所有 RDD 构成 DSstream；

然后，Spark Streaming 会定期生成并提交 Spark Streaming Job，Spark Streaming Job 会转化成 Spark Job，交由 Spark Engine 执行，处理当前 Batch Time 对应的 RDD；

最后，Spark Streaming 会将处理结果输出到 HDFS、HBase 等外部系统。

7.1.3 Spark Streaming的核心概念

1．DStream

DStream 是 Discretized Stream 的缩写，翻译成“离散流”。

DStream 是 Spark Streaming 中数据流的抽象，从用户的角度来看，DStream 代表源源不断过来的数据，因此，称之为流。从底层实现的角度看，这些传过来的数据以记录为单位按照时间进行分割，每次分割的数据用 RDD 来存储，从而形成了一系列在时间上连续的 RDD，从形态上看，这些 RDD 又是独立的、离散的。所以，称之为离散流。

2．Receiver

对于一个 DStream 来说，通常都会有一个 Receiver 负责接收数据，Receiver 负责将接收的二进制流数据解析成记录，然后按照一定的间隔（默认是 200ms）将这些记录转换为 Block，并存储在 Spark 的 BlockManager 上供后续创建 RDD 使用。

🕮 如果是监控指定目录下的文件，这个也是流数据，但是没有 Receiver。

3．Batch Interval 和 Batch Time

Batch Interval：流处理间隔，它的值是在程序开始时由用户指定的。

Batch Time：每个流批次的时刻，该时刻和 Batch Interval 是对应的，Batch Time 时刻是 Batch Interval 的整数倍。

流数据到 Batch 的转换过程如图 7-2 所示。

当调用 ssc.start（后续会有示例代码）之后，流处理才真正开始：

1）Receiver（每个数据源会有各自独立的 Receiver）的 onStart 也会被调用，开始接收数据后，Receiver 会将接收的流数据解析成一条条的记录，如图 7-2 所示；

2）Spark Streaming 在 ssc.start 之后，会在每个 Batch Time 时刻做两件事：

第一件事：给当前接收的数据打上 Batch Time 的标签，以表示这些数据就为当前 Batch Time 的数据，如图中 Record01、Record02 就打上了 Batch Time1 的标签，表示它们是此 Batch Time 所接收的数据，但它们实际上是 Batch Time1 之前接收的，而且 Record01、Record02 它们各自的接收时间也有差异；

第二件事：如果 DStream 有 Spark 的 Output Operation（输出操作），对应 RDD 的 Action，例如，DStream 上的 print 函数会将 DStream 的数据输出到控制台。此时，Spark Streaming 会将当前 Batch Time 的 Block 数据转换成 RDD（只是划分哪些数据属于该 RDD，并不计算和填充 RDD），然后生成并提交 Spark Streaming Job，Spark Streaming Job 运行时，会生成一个或多个 Spark Job，提交到 Spark Engine 进行处理，得到最终 RDD Action 的结果。

🕮 Batch Time 的数据转换成了 RDD；

🕮 Output Operation 转换成对应的 RDD 的 Action 操作；

🕮 DStream 上的 Transformation 会转换成对应的 RDD 的 Transformation。

4．Delay

Delay（时延）是 Spark Streaming 中一个非常重要的指标，结合图 7-3 对 Spark Streaming 中的各类时延解释如下。

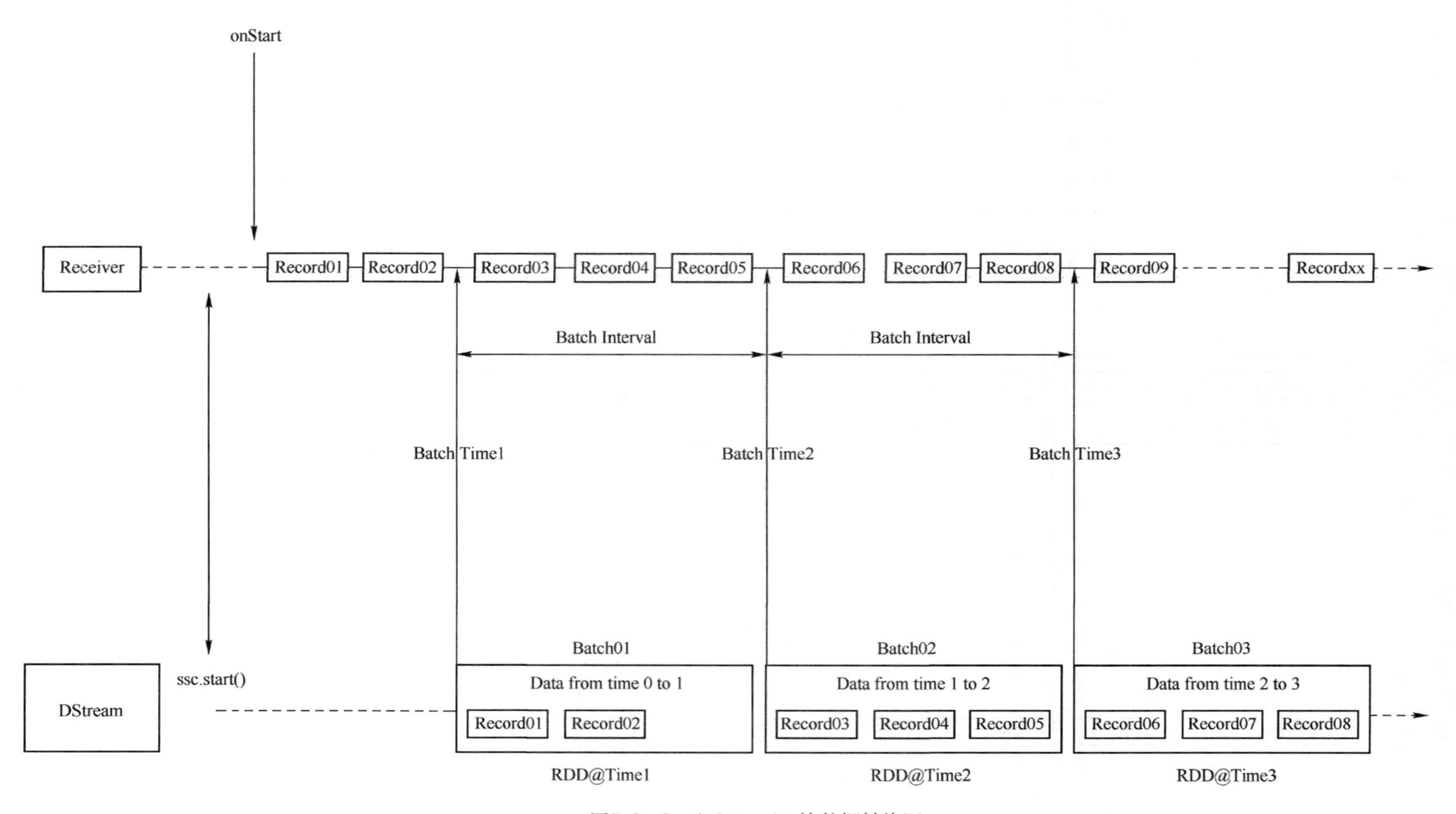

图7–2　Spark Streaming流数据转换图

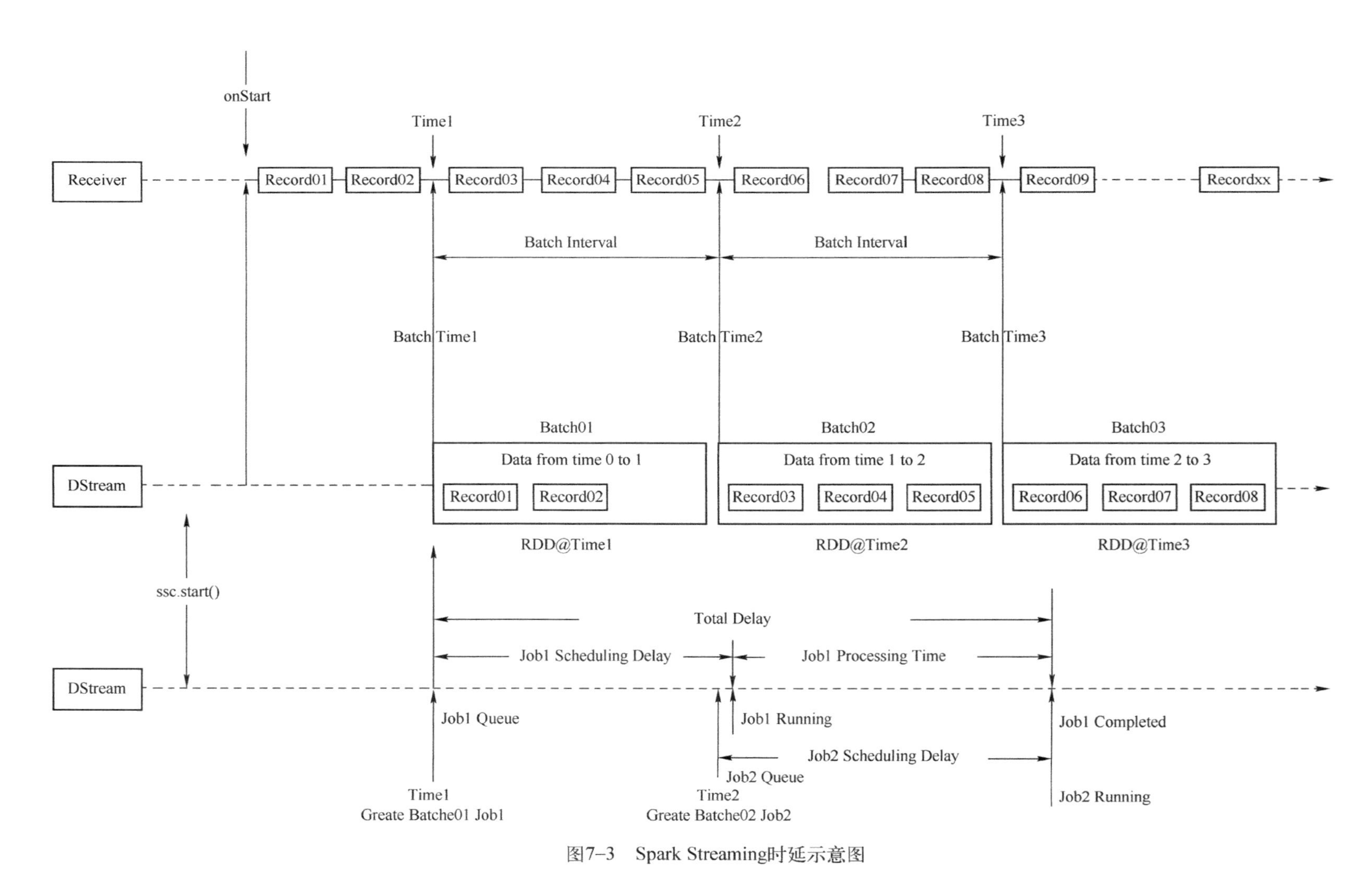

图7-3 Spark Streaming时延示意图

- Scheduling Delay：每个 Batch Time 时刻，会创建该 Batch 对应的 Spark Streaming Job，这些 Job 可能不会立即执行（后续会讲 Job 执行的条件）。从 Job 被创建到 Job 开始执行的这一段时间，称为 Scheduling Delay，如图 7-3 中的 Job1 Scheduling Delay；
- Processing Time：Job 从开始运行到结束的这一段时间，称为该 Job 的 Processing Time，如图 7-3 中的 Job1 Processing Time；
- Total Delay：指该 Batch 从产生（Batch Time）到被处理完毕的这一段时间，在计算上，Total Delay=Scheduling Delay+Processing Time。

7.2 编写一个 Spark Streaming 程序

本节将编写一个 Spark Streaming 程序：TextSparkStreaming，该程序将监控 HDFS 目录：/streaming 下文件的变化，如果该目录下出现了新的文本文件，则对该文本文件进行单词计数，并将结果打印在控制台上，然后继续监控。

本例中，流数据是一个个的文本文件，数据源就是 HDFS 的/streaming 目录，TextSpark Streaming 会定期监控、处理流数据，打印处理结果。

1．示例代码

代码文件：TextSparkStreamingExp.scala。

文件路径：/home/user/prog/examples/07/src/examples/idea/spark。

示例代码内容如下。

```
1 package examples.idea.spark
2
3 import org.apache.spark.SparkConf
4 import org.apache.spark.streaming.{Seconds, StreamingContext}
5
6 object TextSparkStreamingExp {
7
8     def main(args: Array[String])= {
9
10        val conf = new SparkConf().setAppName("FirstSparkStreamingExp")
11        val ssc = new StreamingContext(conf, Seconds(2))
12        ssc.sparkContext.setLogLevel("ERROR")
13
14        val txtFile = ssc.textFileStream("hdfs://scaladev:9001/streaming")
15        val wordCounts = txtFile.flatMap(line => line.split(" ")).map(w => (w, 1)).reduceByKey((pre,
cur) => pre + cur)
16        wordCounts.print()
17
18        ssc.start()
19        ssc.awaitTermination()
20    }
21 }
```

2．代码说明

1）第 1 行，设置 TextSparkStreamingExp 的 Package 信息；

2）第 3～4 行，引入 SparkConf、Seconds、StreamingContext 所需的 Package；

3）第 6～22 行，object TextSparkStreamingExp 实现体；

4）第 8～21 行，main 函数实现体；

5）第 10 行，创建 SparkConf conf，设置 Spark 程序名称为 FirstSparkStreamingExp；

6）第 11 行，创建 StreamingContext ssc，同时设置批处理的间隔为 2 秒：Seconds(2)，TextSparkStreamingExp 将按照 2 秒的间隔处理流数据，本例中，即 HDFS 上/streaming 目录下新出现的文本文件；

7）第 12 行，设置日志显示级别为 ERROR，默认的显示级别为 INFO，程序运行时，INFO 信息很多，会干扰正常的输出，设置成 ERROR 后，日志输出会明显变少；

8）第 14 行，创建 input Streaming，监控 hdfs://scaladev:9001/streaming 目录下文件，如果有新增的文件，将按照文本文件方式对其进行处理，如果上传的不是文本格式，程序也会处理，但不会得到正确结果，返回值 txtFile 的类型是 DStream[String]，DStream[String]的每个元素代表新增文件的一行，DStream[String]类似 SparkContext.textFile 返回的 RDD[String]；

📖 Receiver 是 Spark Streaming 的一个重要模块，它从流数据源（Streaming Sources）接收流数据，将其存储到 Spark 的内存中，供流处理模块使用。Receiver 支持多种流数据源，包括 Socket 连接、Kafaka、Flume、Kinesis 等。Spark Streaming 使用 Input DStreams 来表示流数据，因此，每个 Input DStreams 要和一个 Receiver 关联（除了 File Stream，后面会解释）。

📖 第 14 行代码创建了一个 File Stream，它将会监控 HDFS 的/streaming 是否有新的数据。由于文件由其他工具写入/streaming 即可，不需要 Receiver 来接收数据，因此，对于 File Stream 不需要和一个 Receiver 对象来关联。

9）第 15 行，调用 DStreams 的 Transformations 对 txtFile 进行单词计数，类似 RDD 的单词计数，结果为 wordCounts，类型是 DStream[(String,Int)]，每个元素是个二元组，二元组第一项是 Key，类型为 String，表示单词名，第二项是 Value，类型是 Int，表示该单词出现的次数；

10）第 16 行，打印 wordCounts 的值，DStream[(String,Int)]没有 collect 函数，这是和 RDD 不一样的地方，但是它有 print 函数，可以直接将结果输出到控制台；

11）第 18 行，开始流处理，只有调用 start 后，才会真正开始处理流数据，处理逻辑就是第 15～16 行；

12）第 19 行，等待流处理结束，处理过程中产生的任何异常都会导致流处理结束；

13）第 20 行，关闭 StreamingContext。

3．编译打包

TextSparkStreamingExp 位于 IDEA 的 Module07 之中，将 Module07 添加到 examples.jar 之中，如图 7-4 所示。

编译 TextSparkStreamingExp.scala，并 rebuild（重构）examples.jar。

4．配置 IDEA 运行参数

新建运行/调试配置（Run/Debug Configuration），命名为 TextSparkStreamingExp，如图 7-5 所示。

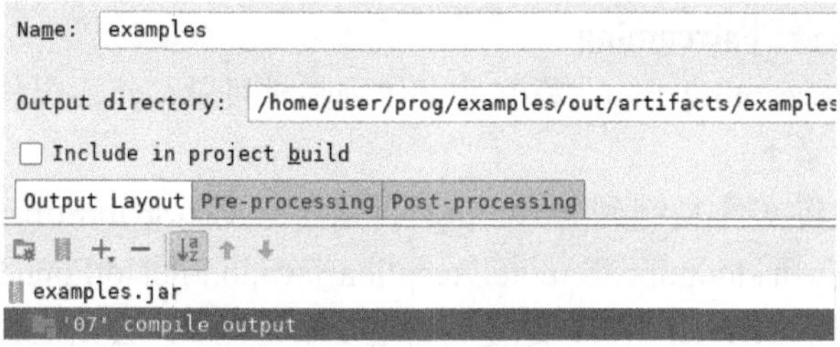

```
Name:  examples
Output directory:  /home/user/prog/examples/out/artifacts/examples
Include in project build
Output Layout  Pre-processing  Post-processing
examples.jar
'07' compile output
```

图 7-4　IDEA Jar 包内容配置图

Main class 选择 examples.idea.spark.TextSparkStreamingExp；Use classpath of module 选择 07。

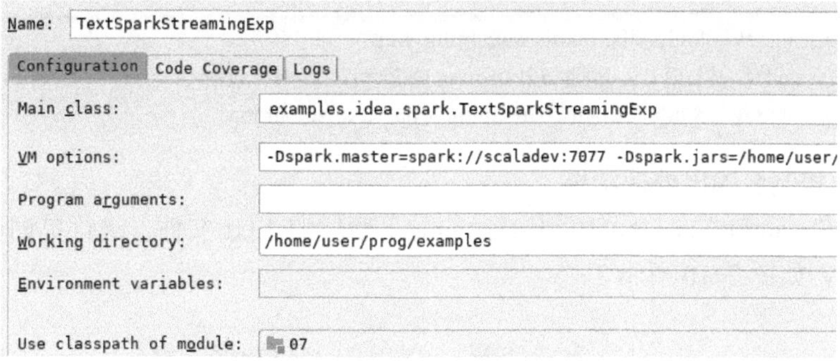

```
Name:  TextSparkStreamingExp
Configuration  Code Coverage  Logs
Main class:  examples.idea.spark.TextSparkStreamingExp
VM options:  -Dspark.master=spark://scaladev:7077 -Dspark.jars=/home/user/
Program arguments:
Working directory:  /home/user/prog/examples
Environment variables:
Use classpath of module:  07
```

图 7-5　IDEA 运行参数配置图

VM options 内容如图 7-6 所示。

```
-Dspark.master=spark://scaladev:7077
-Dspark.jars=/home/user/prog/examples/out/artifacts/examples/examples.jar
```

图 7-6　IDEA VM options 内容

5．运行前检查

1）确保 HDFS 运行，且/streaming 目录存在；

2）确保 Spark 以 Standalone 方式运行。

6．运行 TextSparkStreamingExp

单击 Run ‘TextSparkStreamingExp’，如图 7-7 所示。在 IDEA 的控制台会输出下面的信息，如图 7-8 所示。

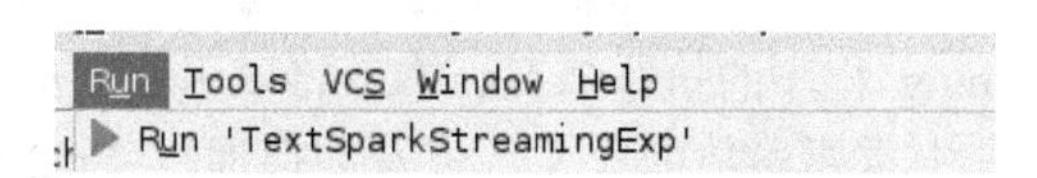

图 7-7　IDEA 程序运行菜单

```
INFO  StandaloneAppClient$ClientEndpoint:54 - Executor updated: app-20181011172401-0007/0 is now RUNNING
INFO  StandaloneAppClient$ClientEndpoint:54 - Executor updated: app-20181011172401-0007/1 is now RUNNING
INFO  ContextHandler:781 - Started o.s.j.s.ServletContextHandler@11ce2e22{/metrics/json,null,AVAILABLE,@Spark}
INFO  StandaloneSchedulerBackend:54 - SchedulerBackend is ready for scheduling beginning after reached minRegisteredResourcesRatio: 0.0
```

图 7-8　IDEA 控制台信息输出图

程序将每隔 2 秒输出一次处理结果，如图 7-9 所示。此时，/streaming 下没有文件，因此，没有处理数据。

7．从本地上传数据到/streaming

先创建临时目录/streaming_tmp，将文件上传到临时目录，然后再使用 mv 命令，将该文件移动到/streaming 目录下。

如果从本地直接将文件复制到/streaming 目录下，TextSparkStreamingExp 有时会报错（Caused by: org.apache.hadoop.ipc.RemoteException(java.io.FileNotFoundException): File does not exist: /streaming/xxx._COPYING_)；这是因为在复制过程中，会先生成 xxx._COPYING_临时文件，待文件内容全部上传后，xxx._COPYING_会被修改成 xxx 文件，此时，xxx._COPYING_不存在了，而之前 Spark Streaming 已经监控到 xxx._COPYING_，将无法再读取内容，因而报错。如果使用 mv 命令，则不会存在这个问题。

```
[user@scaladev ~]$hdfs dfs -mkdir /streaming_tmp
[user@scaladev ~]$ hdfs dfs -cp file:///home/user/hadoop-2.7.6/etc/hadoop/hdfs-site.xml /streaming_tmp/1.txt
[user@scaladev ~]$ hdfs dfs -mv /streaming_tmp/*.txt /streaming/
```

8．IDEA 控制台输出处理结果

TextSparkStreamingExp 会监控到/streaming/下新增的 1.txt 文件，进行单词计数，将结果输出到控制台，如图 7-10 所示。

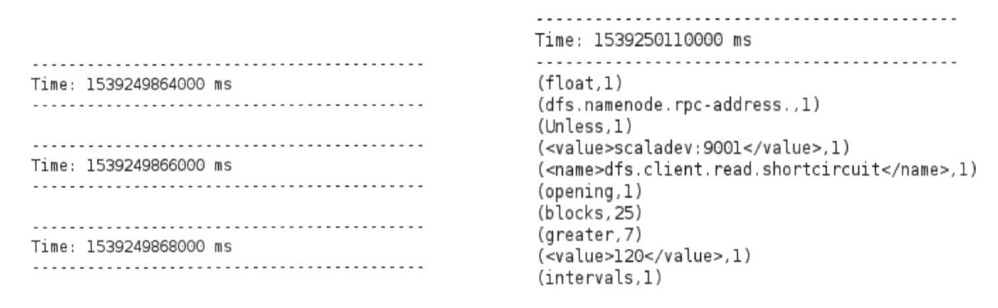

图 7-9　Spark Streaming 程序结果输出图

图 7-10　Spark Streaming 程序结果输出图

7.3　Spark Streaming Web UI 的使用

Spark Streaming Web UI 是 Spark Web UI 中的一个选项，该选项平时是隐藏的，当运行 Spark Streaming 程序时，才会显示。在 Spark Streaming 编程中，可以使用 Spark Streaming Web UI 监控 Spark Streaming 程序的执行情况。本节将以示例的形式介绍 Spark Streaming Web UI 的使用，并解释其中重要参数的含义，以及如何通过 Spark Streaming Web UI 对 Spark Streaming 程序的运行进行分析。

7.3.1　Spark Streaming Web UI 使用前准备

Spark Streaming Web UI 的使用前要做相应的准备，具体如下。

1）要运行一个 Spark Streaming 程序，只有该程序运行才会出现对应的 Spark Streaming Web UI 界面；

2）要有流数据，因为只有产生了流数据，经 Spark Streaming 程序处理后，才会在 Spark

Streaming Web UI 中出现各种参数。

因此，本节引入一个 Spark Streaming 示例程序，通过它的运行得到对应的 Spark Streaming Web UI 界面；同时，引入一个 Shell 脚本，通过运行该脚本持续产生数据来模拟流数据，从而得到 Spark Streaming Web UI 上的各参数，具体说明如下。

1．Spark Streaming 示例程序

（1）示例说明

示例程序的名字是 TextSparkStreamingWebUIExp，它将监控 HDFS 目录/streaming，如果该目录下出现了新的文本文件，则对该文本文件进行单词计数，并将结果打印在控制台上，然后继续监控。

该示例通过编码使得数据的流入速度>数据处理速度，以此，可以在 Web UI 上观察 Spark Streaming 是如何进行处理的，并加深对各指标参数的理解。

（2）示例代码

```
1 package examples.idea.spark
2
3 import org.apache.spark.SparkConf
4 import org.apache.spark.streaming.{Seconds, StreamingContext}
5
6 object TextSparkStreamingWebUIExp {
7
8    def main(args: Array[String])= {
9
10       val conf = new SparkConf().setAppName("TextSparkStreamingWebUIExp ")
11       val ssc = new StreamingContext(conf, Seconds(2))
12       ssc.sparkContext.setLogLevel("ERROR")
13
14       val txtFile = ssc.textFileStream("hdfs://scaladev:9001/streaming")
15  val  wordCounts  =  txtFile.flatMap(line  =>  {Thread.sleep(5);line.split("  ")}).map(w  =>  (w,
1)).reduceByKey((pre, cur) => pre + cur)
16       wordCounts.print()
17
18       ssc.start()
19       ssc.awaitTermination()
20    }
21 }
```

代码说明：

1）除第 15 行外，该示例代码和 7.2 节示例代码完全相同，具体说明可以参考 7.2 节示例代码的说明，在此不再重复；

2）第 15 行，在 faltMap 的处理函数中，程序先休眠 5 秒。这样会使得数据的流入速度大于数据处理速度；

（3）运行示例程序

示例程序的运行参考 7.2 节示例，示例运行后的界面如图 7-11 所示。

```
-----------------------------------------
Time: 1543893354000 ms
-----------------------------------------
(float,1)
(dfs.namenode.rpc-address.,1)
(Unless,1)
(<value>scaladev:9001</value>,1)
(<name>dfs.client.read.shortcircuit</name>,1)
(opening,1)
(blocks,25)
(greater,7)
(<value>120</value>,1)
(intervals,1)
...
```

图 7-11　TextSparkStreamingWebUIExp 程序结果输出图

2．数据源脚本

（1）脚本说明

数据源脚本是一个 Linux 下的 Shell 脚本文件，它会持续在 HDFS 的/streaming 下生成文本文件，以此模拟流数据。

（2）脚本文件

脚本文件名：produce_file.sh。

脚本文件路径：/home/user/prog/examples/07/scripts。

脚本内容如下。

```
1 hdfs dfs -mkdir -p /streaming
2 hdfs dfs -mkdir -p /streaming_tmp
3 hdfs dfs -rm /streaming/*
4 hdfs dfs -rm /streaming_tmp/*
5
6 i=0
7 max=1000
8 while [ $i -lt $max ] ; do
9           #sleep 1
10          let i+=1
11         cmd="hdfs dfs -cp file:///home/user/hadoop-2.7.6/etc/hadoop/hdfs-site.xml /streaming_tmp/${i}.txt"
12          $cmd
13          echo $cmd
14          cmd="hdfs dfs -mv /streaming_tmp/*.txt /streaming/"
15          $cmd
16          echo $cmd
17 done
```

（3）代码说明

1）第 1～4 行，创建 HDFS 的/streaming 和/streaming_tmp 两个目录，并清空该目录下的文件；

2）第 6 行，i 代表上传文件的次数，编号从 0 开始，后续每上传 1 次 i 加 1；

3）第 7 行，max 代表上传的最大次数，为 1000 次；

4）第 8～17 行，使用 while 循环将本地文件 hdfs-site.xml 上传到/streaming_tmp 下，重命名为${i}.txt，因此，每次上传后的文件文件名都不一样。然后再将${i}.txt 移动到/streaming 目录，如果直接上传到/streaming，HDFS 会生成临时文件，TextSparkStreamingWebUIExp 会检测到这个临时文件，而待到处理时，临时文件又因为上传结束而被删除，这样会造成 TextSpark StreamingWebUIExp 找不到临时文件而报错。

（4）运行脚本

运行脚本的命令如下。

```
[user@scaladev scripts]$ ./produce_file.sh
```

可以看到，produce_file.sh 将持续在/streaming 下产生文件。

```
Deleted /streaming/1.txt
rm: `/streaming_tmp/*': No such file or directory
hdfs dfs -cp file:///home/user/hadoop-2.7.6/etc/hadoop/hdfs-site.xml /streaming_tmp/1.txt
hdfs dfs -mv /streaming_tmp/*.txt /streaming/
hdfs dfs -cp file:///home/user/hadoop-2.7.6/etc/hadoop/hdfs-site.xml /streaming_tmp/2.txt
hdfs dfs -mv /streaming_tmp/*.txt /streaming/
hdfs dfs -cp file:///home/user/hadoop-2.7.6/etc/hadoop/hdfs-site.xml /streaming_tmp/3.txt
```

3．总结

至此，通过 produce_file.sh 产生了流数据，运行 TextSparkStreamingWebUIExp 处理流数据。这样，就会产生对应的 Spark Streaming Web UI，并显示各种处理参数。Spark Streaming Web UI 使用前的准备已经完成。下节将对 Spark Streaming Web UI 界面上重要的参数进行说明。

7.3.2 Spark Streaming Web UI 参数说明

执行 7.3.1 中 Spark Streaming 程序后出现的 Spark Streaming Web UI 界面如图 7-12 所示。

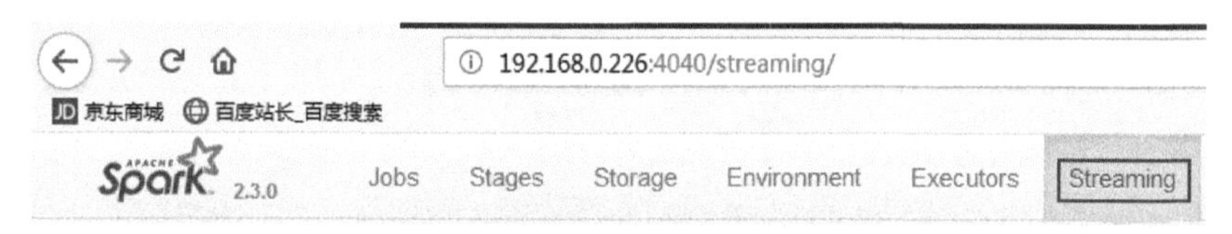

图 7-12 Spark Streaming Web UI 图

Spark Streaming Web UI 页面的内容可以分为以下 3 个部分。

1．Streaming Statistics

Spark Streaming Web UI 页面第一部分是 Streaming Statistics，即流处理统计信息，以图表的形式来展现 Processing Time 和 Total Delay 等指标的数值变化情况，如图 7-13 所示。

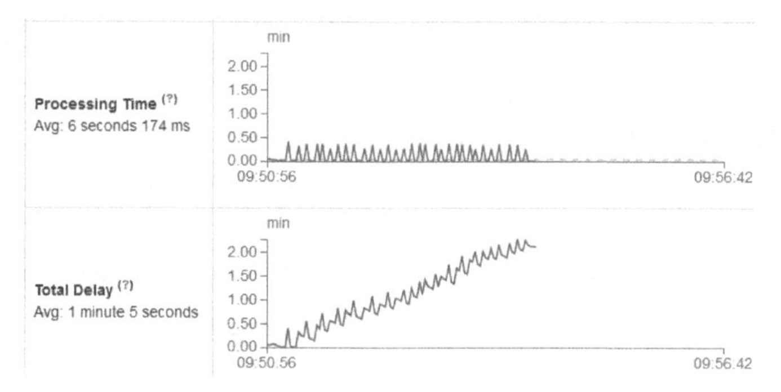

图 7-13 Spark Streaming 统计信息图

参数说明：

Processing Time：如图 7-13 所示，横坐标是时间轴，纵坐标是每个 Batch 的处理时间（注意，这个处理时间指纯粹的用于处理的时间，不包括前面的等待时间）。因此，在这个图上展现了每个 Batch 的处理时间情况，同时也可以看到每个 Batch 处理时间的趋势。

图 7-13 中，Processing Time 的图形如锯齿状，这是因为有的 Batch 没有数据，因此，处理时间是 0，有的 Batch 有数据，因此有处理时间，再加上代码中有延迟时间，因此，有数据的 Batch 和无数据的 Batch 其处理时间会差异很大。

此外，从图 7-13 中可知，整个有数据的 Batch 的处理时间还是基本持平的，说明每个有数据的 Batch 其处理时间还是基本相同。

Total Delay：如图 7-13 所示，横坐标是时间轴，纵坐标是每个 Batch 的 Total Delay，具体指从该 Batch 产生到该 Batch 被处理完毕的这一段时间。从该图可以了解每个 Batch 总的处理时间以及趋势。Total Delay 的图形也呈锯齿状，这是因为有的 Batch 没有数据，因此，它的处理时间是 0，只有前面的等待时间，而有的 Batch 有数据，它的处理时间很长，同时还要加上前面的等待时间，因此，这就造成了不同的 Batch 其 Total Delay 会有显著差别；

此外，从图 7-13 中可以看到，整个 Total Delay 的折线是持续上升的，这是因为数据的流入速度大于数据处理速度，而数据的流入是定期、持续的，这就造成后面的 Batch 数据越来越积压，越来越得不到及时地处理。

2．Active Batches

Spark Streaming Web UI 页面第二部分是：Active Batches，展示排队等待执行、或者正在执行的 Batches Job 信息，如图 7-14 所示。

Batch Time	Records	Scheduling Delay (?)
2018/10/12 15:41:28	0 records	-
2018/10/12 15:41:26	0 records	-
2018/10/12 15:41:24	0 records	-
2018/10/12 15:41:22	0 records	-
2018/10/12 15:41:20	0 records	-
2018/10/12 15:41:18	0 records	-
2018/10/12 15:41:16	0 records	-
2018/10/12 15:41:14	0 records	-
2018/10/12 15:41:12	0 records	-
2018/10/12 15:41:10	0 records	7 ms

图 7-14　Spark Streaming Batch 信息

（1）参数说明

Batch Time：指每个流批次的时刻，从图 7-14 可见，每个 Batch Time 的间隔都是 2 秒，这个就是 Batch Interval，Batch Interval 在 7.3.1 节示例代码 11 行中设置成了 2 秒。

每个 Batch Time 都是 2 的倍数，这是因为 Batch Time 是和 Batch Interval 严格对齐的，而在每个和 Batch Interval 对齐的时刻，每隔一个 Batch Interval 就会产生一个 Spark Streaming Job。

最早的 Batch Time 是 15:41:10 秒，说明：这些文件是在 15:41:10 秒之前的“某段时间”内产生的，这个“某段时间”，是最接近 60s 的 Batch Interval 的整数倍时间（有点拗口，继续向后看），因为本例的 Batch Interval=2s，可以被 60s 整除，因此，最接近 60s 的 2

秒的整数倍时间就是 2×30=60s。监控目录/streaming 下的新文件可能有多个，每个数据到达的时间也有先后，现在统一给它们打上一个时间戳：Batch Time。

📖 为什么要向前推 60s，而不是严格限制一个 Batch Interval 内出现的文件才是新文件？这是因为在 HDFS 上，文件的创建时间早于出现时刻。例如，一个文件很早被创建了，但不在/streaming 目录下，将其移动到/streaming 之后，如果严格按照一个 Batch Interval 来判断新文件，则该文件可能就会漏掉，因为它的创建时间可能比出现时刻早一个 Batch Interval。因此，Spark Streaming 设置了一个 Remember Window，它是 Batch Interval 的整数倍时间，从当前 Batch 时间开始向前推，位于 Remember Window 内的文件都算新文件，当然，之前已经被选中过的文件不再重复计算。这个 Remember Window 的值，默认是最接近 60s 的 Batch Interval 的整数倍时间（既是 Batch Interval 的整数倍，又要小于 60 秒，同时还是最接近 60 秒的数值），因此，也不会把时间推得太靠前，以至于影响时效性，但也会把时间严格限制在一个 Batch Interval 内，这样会漏掉一些之前创建的、新出现的文件。

Records：该 Batch 中的数据，由于本示例中处理的流数据是一个个的文件，不是 Socket 数据流中的一个个记录，因此，这里显示的 Records 都是 0。

Scheduling Delay：每个 Batch Time 时刻会创建该 Batch 对应的 Spark Streaming Job，这些 Job 可能不会立即执行。那么，从 Job 被创建到 Job 开始执行的这一段时间，称为 Scheduling Delay。

如图 7-14 所示，只有最下面一行 Batch Time 的值为 2018/10/12 15:41:10 的这个 Batche Job 有 SScheduling Delay 值，为 7ms，说明如下。

- 只有这个 Batch Job 正在运行（Running），而其他的 Job 都是在 queued；
- 这个 Batch 从 Job 被创建到 Job 开始执行，中间间隔了 7ms。

Spark Streaming 自 ssc.start()执行后，开始在每个 Batch Interval 对齐的时刻对接收的数据打上时间戳，构成一个 Batch，每个 Batch 会生成一个 Spark Streaming Job 进行排队。

（2）Batch Job 执行分析

一个 Batch Job 能否运行取决于以下 3 个条件同时成立。

- 前一个 Job 正在运行或者运行结束；
- 当前资源（CPU 核）允许该 Job 运行；
- 并行 Job 数<Spark Streaming 所设置的并行 Job 数。

如果 Batch Job 不能运行，它们将按序排队，如图 7-14 所示。

如果一个 Job 的处理时间很长，超过了 Batch Interval，这个不影响 Spark Streaming 给数据打 Batch Time 的时间戳，但是会影响 Job 的提交与运行。如果前一个 Job 运行时间长，不仅占用资源，同时还占用 Spark Streaming 所设置的并行度，这样，可能就会导致后续的 Job 无法及时运行，只能排队等待。此外，Batch 数据得不到及时处理，会越积累越多，所占用的存储资源也就越来越多，极端情况下，可能会导致系统崩溃。

（3）Batch Job 执行顺序、并行度

问题：如果一个 Batch Job 有文件要处理，需要很长的 Processing Time，后续的 Batches Job 都要排队等待。那当前一个 Batches Job 在执行时，后续的 Batches Job 能否并行执行，甚至在前一个 Batches Job 提前结束呢？

分析：只要搞清楚为什么会排队等待，就可以回答上面的问题。

在 Batch Job 运行的 3 个条件中，第一个条件是满足的，有 Batch Job 在运行；第二个条件，是硬件资源，有空闲的 CPU 核，这个也是满足的；第三个条件，当前并行 Job 数等于 1，而 Spark Streaming 所设置的并行 Job 数，由 spark.streaming.concurrentJobs 的值决定，而 spark.streaming.concurrentJobs 默认值是 1，因此，有 1 个 Job 运行，其他 Job 就要等待了。

解决办法：将 spark.streaming.concurrentJobs 设置为大于 1，就可以多个 Job 并行运行了，修改 7.2 节示例代码：在第 10 行代码下，添加下面的代码，设置并行度为 2。

```
conf.set("spark.streaming.concurrentJobs", "2")
```

重新运行 TextSparkStreamingWebUIExp 和 produce_file.sh，从 Spark Streaming Web UI 上可以看到，当一个 Batches Job 处理文件时，后面可以再并行一个 Batches Job，有的 Batches Job 因为执行时间短，就在前面处理文件的 Batches Job 前结束了。

结论：

- Batches Job 的提交是顺序的；
- 设置 spark.streaming.concurrentJobs>1 后，在硬件资源允许的情况下，支持多个 Batch Job 并行运行，后续提交的 Batches Job 可能会提前完成。

3．Completed Batches

Spark Streaming Web UI 页面第三部分是：Completed Batches，它们是已经完成的 Batches Job，如图 7-15 所示。

Completed Batches (last 15 out of 15)

Batch Time	Records	Scheduling Delay (?)
2018/10/12 15:41:08	0 records	20 ms
2018/10/12 15:41:06	0 records	2 ms
2018/10/12 15:41:04	0 records	8 ms
2018/10/12 15:41:02	0 records	16 ms

图 7-15　Spark Streaming Completed Batches 信息

参数说明如下：

- Batch Time：指每个已经完成了的流批次的时刻；
- Records：该 Batch 中的数据；
- Scheduling Delay：该 Batch 从 Job 创建到 Job 开始执行的中间间隔。由于这里显示的是已经完成了的 Batch，因此，每个 Batch 都会有 Scheduling Delay 值。

7.4　多路流数据合并处理示例

很多时候，流数据源不止一个，这就涉及多路流合并处理的问题，本节通过一个具体示例介绍如何使用 Spark Streaming 对多路流数据进行合并处理。

7.4.1　示例实现说明

本示例介绍如何对多个数据流 Input Stream 进行处理。

1．示例代码

代码文件：MultiSparkStreamingExp.scala。

文件路径：/home/user/prog/examples/07/src/examples/idea/spark。

代码内容如下。

```
 1 package examples.idea.spark
 2
 3 import org.apache.spark.SparkConf
 4 import org.apache.spark.streaming.{Seconds, StreamingContext}
 5
 6 object MultiSparkStreamingExp {
 7
 8     def main(args: Array[String])= {
 9
10         val conf = new SparkConf().setAppName("MultiSparkStreamingExp")
11         conf.set("spark.streaming.concurrentJobs", "2")
12         val ssc = new StreamingContext(conf, Seconds(10))
13         ssc.sparkContext.setLogLevel("ERROR")
14
15         val txtFile01 = ssc.textFileStream("hdfs://scaladev:9001/streaming01")
16         val txtFile02 = ssc.textFileStream("hdfs://scaladev:9001/streaming02")
17
18         val all = txtFile01.union(txtFile02)
19         val wordCounts = all.flatMap(line => line.split(" ")).map(w => (w, 1)).reduceByKey((pre, cur)
=> pre + cur)
20         wordCounts.print()
21
22         ssc.start()
23         ssc.awaitTermination()
24     }
25 }
```

2．关键代码说明

1）第 15 行，创建第一个 FileInputDStreaming，监控路径为/streaming01；

2）第 16 行，创建第二个 FileInputDStreaming，监控路径为/streaming02；

3）第 18 行，对这两个 Stream 进行 Union 操作；

4）第 19 行，对 Union 的结果进行单词统计，并打印输出结果。

3．示例程序的运行配置

示例代码 MultiSparkStreamingExp.scala 编写好后，创建该示例的 Run/Debug Configuration 运行配置，步骤如下：

1）新建 Run/Debug Configuration，名字为 MultiSparkStreamingExp；

2）选择 Main Class 为 examples.idea.spark.MultiSparkStreamingExp；

3）VM options 配置如下；

```
-Dspark.master=spark://scaladev:7077 -Dspark.jars=/home/user/prog/examples/out/artifacts/examples/examples.jar
```

4）Working Directory 配置为：/home/user/prog/examples；

5）Module 配置为：07。

4．数据源脚本

（1）脚本说明

数据源脚本将持续向 HDFS 的/streaming01 和/streaming02 下产生文本文件。

脚本文件名：produce_multi_file.sh。

所在路径：/home/user/prog/examples/07/scripts。

（2）代码内容

```
 1 hdfs dfs -mkdir -p /streaming01
 2 hdfs dfs -mkdir -p /streaming02
 3 hdfs dfs -mkdir -p /streaming_tmp
 4 hdfs dfs -rm /streaming01/*
 5 hdfs dfs -rm /streaming02/*
 6 hdfs dfs -rm /streaming_tmp/*
 7
 8 i=0
 9 max=1000
10 while [ $i -lt $max ] ; do
11         #sleep 1
12         let i+=1
13     cmd="hdfs dfs -cp file:///home/user/hadoop-2.7.6/etc/hadoop/hdfs-site.xml/streaming_tmp/${i}_1.txt"
14         $cmd
15         echo $cmd
16     cmd="hdfs dfs -cp file:///home/user/hadoop-2.7.6/etc/hadoop/hdfs-site.xml/streaming_tmp/${i}_2.txt"
17         $cmd
18         echo $cmd
19         cmd="hdfs dfs -mv /streaming_tmp/${i}_1.txt /streaming01/"
20         $cmd
21         echo $cmd

22         cmd="hdfs dfs -mv /streaming_tmp/${i}_2.txt /streaming02/"
23         $cmd
24         echo $cmd
25 done
```

（3）关键代码说明

1）第 1～6 行，清除 HDFS 的/streaming01、/streaming02 和/streaming_tmp 已有的文件；

2）第 10～25 行，将本地文件系统的 hdfs-site.xml 文件上传到/streaming01 和/streaming02，

并且对文件按照序号重新编号，用来模拟新文件。

5. 数据源信息

MultiSparkStreamingExp 程序运行后，在 Spark Streaming Web UI 上观察数据源情况，可以看到有两个 File Stream，如图 7-16 所示。

Details of batch at 2018/10/15 16:55:50

Batch Duration: 10 s
Input data size: 0 records
Scheduling delay: 6 ms
Processing time: 0.4 s
Total delay: 0.4 s
Input Metadata:

Input	Metadata
File stream [1]	hdfs://scaladev:9001/streaming02/21_2.txt
File stream [0]	hdfs://scaladev:9001/streaming01/21_1.txt

图 7-16　Spark Streaming 数据源信息

6. Job DAG 图

MultiSparkStreamingExp 运行后，Job DAG 如图 7-17 所示，可以看到，File stream [0]对应 text file Stream[0]，File stream [1]对应 text file Stream[1]，后续的 union、flatMap、map 操作都没有 Shuffle 操作，因此，这些操作可以管道化，放到一个 Task 中执行。Map 操作之后的 reduceByKey 操作有 Shuffle，因此，在此分成两个 Stage，分别是 Stage22 和 Stage23。图 7-17 所示的每个 Transformation 上都有一个标识“@16:55:50”，表示数据的 Batch Time。

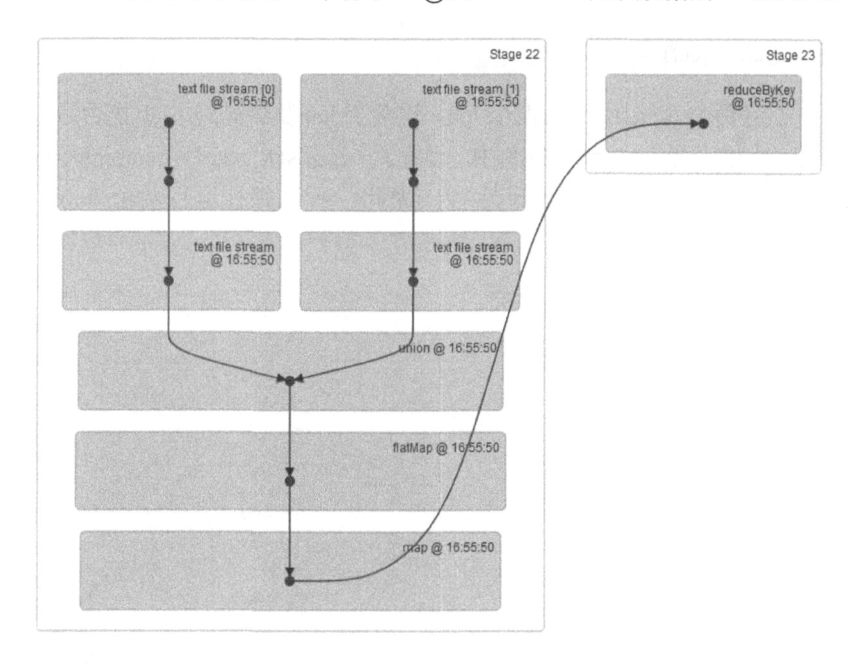

图 7-17　Spark Streaming 的 Job DAG

7. 输出结果

MultiSparkStreamingExp 在控制台上的输出如下。

```
(float,2)
(dfs.namenode.rpc-address.,2)
(Unless,2)
(<value>scaladev:9001</value>,2)
(<name>dfs.client.read.shortcircuit</name>,2)
(opening,2)
(blocks,50)
(greater,14)
(<value>120</value>,2)
(intervals,2)
```

7.4.2 示例分析：多数据流中 Batch Job 的执行

如果同一个 Batch 内部对不同的 Input Stream 各自计算，会生成不同的 Job，它们的执行情况又是怎样的？这个问题涉及多数据流中 Batch Job 的执行，下面通过一个具体的示例，先构建上述问题中的场景，然后观察 Batch Job 的执行，具体操作如下。

修改 7.4.1 中的示例代码：去除代码的 18～20 行，添加下面的代码。

```
        val wordCounts01 = txtFile01.flatMap(line => line.split(" ")).map(w => (w, 1)).reduceByKey((pre, cur)
=> pre + cur)
        wordCounts01.print()

        val wordCounts02 = txtFile02.flatMap(line => line.split(" ")).map(w => (w, 1)).reduceByKey((pre, cur)
=> pre + cur)
        wordCounts02.print()
```

上述代码，会有两个 Action，对应两个 Job，这两个 Job 都会提交，Job 能否运行取决于 Batch Job 能否运行的 3 个因素（见 7.3.2 节）。本例中，设置了：conf.set("spark.streaming.concurrentJobs", "2")，加上集群资源可以支撑两个 Job 运行，因此，可以并行运行两个 Job，运行结果如图 7-18 所示。

Details of batch at 2018/10/15 17:30:00

Batch Duration: 10 s
Input data size: 0 records
Scheduling delay: 9 ms
Processing time: 4 s
Total delay: 4 s
Input Metadata:

Input	Metadata
File stream [1]	hdfs://scaladev:9001/streaming02/209_2.txt
File stream [0]	hdfs://scaladev:9001/streaming01/209_1.txt

Output Op Id	Description		Output Op Duration	Status	Job Id
0	print at MultiSparkStreamingExp.scala:19	+details	4 s	Succeeded	9
1	print at MultiSparkStreamingExp.scala:22	+details	4 s	Succeeded	8

图 7-18　Spark Streaming Batch 详细信息

Job8 的运行信息如图 7-19 所示，Stage16 的提交时间是 17:30:00，处理时间是 3s，

Stage17 的提交时间是 17:30:03，处理时间是 0.5s，也就是说，Job8 的提交时间是 17:30:00，总的处理时间是 3.5s。

Details for Job 8

Status: SUCCEEDED
Completed Stages: 2

▸ Event Timeline
▸ DAG Visualization

Completed Stages (2)

Stage Id ▾	Description	Submitted	Duration
17	Streaming job from [output operation 1, batch time 17:30:00] print at MultiSparkStreamingExp.scala:22 +details	2018/10/15 17:30:03	0.5 s
16	Streaming job from [output operation 1, batch time 17:30:00] map at MultiSparkStreamingExp.scala:21 +details	2018/10/15 17:30:00	3 s

图 7-19　Spark Streaming Job8 详细信息

如图 7-20 所示，Job 9 中 Stage18 的提交时间是 17:30:00，处理时间是 3s，Stage19 的提交时间是 17:30:03，处理时间是 0.3s，也就是说，Job9 的提交时间是 17:30:00，总的处理时间是 3.3s。

Details for Job 9

Status: SUCCEEDED
Completed Stages: 2

▸ Event Timeline
▸ DAG Visualization

Completed Stages (2)

Stage Id ▾	Description	Submitted	Duration
19	Streaming job from [output operation 0, batch time 17:30:00] print at MultiSparkStreamingExp.scala:19 +details	2018/10/15 17:30:03	0.3 s
18	Streaming job from [output operation 0, batch time 17:30:00] map at MultiSparkStreamingExp.scala:18 +details	2018/10/15 17:30:00	3 s

图 7-20　Spark Streaming Job9 详细信息

说明：

如图 7-21 所示，Job8 和 Job9 两者同时提交，并行运行，一个 Batch 内部有多个 Job，在符合条件的情况下也是可以并行的，它们的输入流的 Batch Time 是相同的，即 txtFile01 和 txtFile02 的 Batch Time 是相同的，即同一 Batch Time 所获取的数据流 1：txtFile01 和数据流 2：txtFile02。

结论：同一 Batch 内部，不同 Input Stream 的 Job 可以并行（不同 Batch 的 Job 也可以并行）。

9	Streaming job from [output operation 0, batch time 17:30:00] print at MultiSparkStreamingExp.scala:19	2018/10/15 17:30:00	4 s
8	Streaming job from [output operation 1, batch time 17:30:00]	2018/10/15 17:30:00	4 s

图 7-21　Spark Streaming Job 提交信息

7.5　DStream Transformation 操作

DStream 是一个 RDD 序列，它也提供了和 RDD 类似的 Transformation 操作，这些 Transformation 可以将 DStream 转换为新的 DStream。

7.5.1 DStream Transformation 实现原理

map 是 DStream Transformation 中的一个典型操作，下面以 map 为例说明 DStream Transformation 的实现原理，以及它与 RDD 的 map 之间的关系。

1．DStream 的 map 操作定义

```
def map[U: ClassTag](mapFunc: T => U): DStream[U]
```

接口说明：

1）[U: ClassTag]中用于运行时保存 U 的类型，U 是由 mapFunc 返回值类型推断而出；

2）mapFunc: T => U 是 map 处理函数，mapFunc 的输入参数类型是 T，即 DStream 的 RDD 中元素的类型，返回值类型是 U，U 由 mapFunc 的代码决定；

3）返回值类型是：DStream[U]，是一个元素类型为 U 的新 RDD 构成的 DStream。

2．map 的实现代码

map 实现代码如下所示，创建了 MappedDStream，传入两个参数：第一个参数 this 是当前 DStream 引用，第二个参数 mapFunc 是 map 处理函数。

```
new MappedDStream(this, context.sparkContext.clean(mapFunc))
```

3．compute 函数

MappedDStream 有一个很重要的函数 compute，它用来生成 validTime 时刻 MappedDStream 对应的 RDD，并且在 RDD 中传入处理函数 mapFunc，这样就完成 DStream 的 Transformation 到 RDD 的 Transformation 的映射，具体代码如下所示。

```
override def compute(validTime: Time): Option[RDD[U]] = {
  parent.getOrCompute(validTime).map(_.map[U](mapFunc))
}
```

（1）代码实现说明

1）parent 是 MappedDStream 构造函数中传入的 this，即上级 DStream；

2）parent.getOrCompute(validTime)获取上级 DStream 指定 Batch Time 的 RDD，它的类型是 Option[RDD[T]]；

3）这个地方要注意的是，parent.getOrCompute(validTime)后面有两个 map：map(_.map [U](mapFunc))。其中：

- 第一个 map 是 Option[RDD[T]]的 map，如果 Option 中 RDD 存在，则会在 RDD 上应用 map[U](mapFunc)，如果 Option 中没有值，则会返回 Empty。也就是说，Option[RDD[T]]的 map 操作的对象不是 RDD 上的每个元素，而是 RDD 本身；
- 第二个 map 则是 DStream 的 Transformation 的实现，因为 DSteam 中调用的 map 操作，对应到 RDD 的实现，就是 RDD 的 map 操作，其 map 处理函数都是 mapFunc。如果是 DStream 的其他 Transformation，如 flatMap，则会使用 flatMap 替换第二个 map。

（2）总结

1）在一个 Batch Time 内，一个 DStream 生成一个 RDD；

2）DStream 的 Transformation 会生成一个对应的新 DSream，例如 MappedDStream；

3）然后在新 DStream 的 compute 中会创建新的 RDD，并将 DStream Transformation 映射到新 RDD 的 Transformation；

4）DStream 的 compute 只是生成了 RDD，相当于调用了一连串的 RDD Transformation 操作生成了新的 RDD，而 RDD 本身的数据并没有计算，并没有填充；

5）RDD 中的 compute 才是真正计算 RDD 数据的函数，它通过递归调用 Parent RDD 的 compute 函数，直到得到源头的 RDD 值后，再一路返回，调用每个 RDD 的 Transformation（如 mapFunc），最终得到当前 RDD 的值。

4．DStream 中 compute 的调用时机

综上所述，调用了 DStream map 后，只是创建了 MappedDStream，并没有调用 compute，那么 compute 是何时调用的呢？

DStream 中的 compute 是在每个 Batch Time 创建 Spark Streaming Job 时被调用的，具体分析如下。

1）当调用 SparkStreamingContex.start 后，Spark 会在每个 Batch Time 时刻，生成创建 Streaming Job 的消息；

2）JobGenerator 接收到该消息后，会创建 Spark Streaming Job，在创建过程中会调用 DStreamGraph 的 generateJobs 函数；

3）generateJobs 函数会调用 DStream 的 getOrCompute 函数产生该 Batch Time 对应的 RDD；

4）getOrCompute 函数会调用 DStream 的 compute（每个 DStream 子类会有自己的实现）来创建新的 RDD。

5．RDD 中 compute 的调用时机

（1）问题描述

DStream 的 compute 被调用后，只是生成了 RDD，此时的 RDD 并未填充数据，也就是说，RDD 自身的 compute 并没有被调用，本示例中传入 RDD 的处理函数 mapFunc 也没有执行。那么，RDD 中的 compute 是何时被调用的呢？本示例中 mapFunc 又是何时被调用的呢？

（2）问题分析

针对该问题的分析如下。

1）RDD 的 compute 是该 RDD 对应的 Spark Job 运行后，在各个 Executor 启动 Task、计算 RDD 各个 Partition 的值时被调用的；

2）本示例中 mapFunc 是该 RDD 的 compute 被调用后，在得到 Parent RDD Partition 的值后，转而计算当前 RDD Partition 的值时被调用的，它也是在各个 Executor 的 Task 中被调用的；

3）总之 RDD compute 是在 Spark Job 运行中调用的，而 Spark Job 又是由 Spark Streaming Job 触发的。

4）每个 Streaming Output Operation（类似 RDD 的 Action）对应一个 OutPutStream，每

个 OutPutStream 对应一个 Spark Streaming Job，因此，在每个 Batch Time，Spark 可能生成多个 Spark Streaming Job 构成一个 Job Set，统一提交。

5）Spark Streaming 会为 Job Set 中的每个 Job 启动一个线程来执行 Job 的处理函数，这个处理函数是 Job 对应的 Streaming Output Operation 的实现代码中，所传入的回调函数；

6）这个回调函数会调用 runJob，传入 RDD 和操作函数，来生成和运行一个 Spark Job；有的回调函数（如 DStream 中的 print）还会调用多次 runJob 这样就会生成和运行多个 Spark Job。因此，一个 Spark Streaming Job 可能会对应多个 Spark Job；

7）Spark Job 运行后，会启动 Task 来计算该 RDD 各 Partition 的值，在各 Task 中，会调用 compute 函数计算对应的 Partition 值，当得到 Parent RDD Partition 的值后，对该 Partition 应用 mapFunc，得到当前 RDD 的值。

📖 DStream 的 Transformation 是延迟执行，并不是指 Transformation 没有调用，Transformation 是当即就执行的（例如 map 函数，它是立即执行的，它创建了 MappedDStream），而是指 Transformation 中的处理函数并没有调用，如示例中的 mapFunc，这是真正处理的部分。

7.5.2 DStream 常见的 Transformation 操作及说明

DStream 常见的 Transformation 操作如表 7-1 所示。

表 7-1 DStream 常见 Transformations 操作及说明

编号	转换操作（Transformation）	说　明
1	def count(): DStream[Long]	对 DStream 的 RDD 的元素进行计数，计算的结果在新的 RDD 中，新 RDD 只有一个元素，类型是 Long，即原 RDD 的 count 值，新 RDD 构成返回值 DStream 注意：RDD 的 count 是 Action 操作，而 DStream 的 count 是 Transformation 操作，它实际上是用 RDD 的 reduceByKey 实现的
2	def countByValue(numPartitions: Int = ssc.sc.defaultParallelism)(implicit ord: Ordering[T] = null): DStream[(T, Long)]	统计 DStream 的 RDD 中每个元素的值出现的频率，得到 RDD[(T, Long)]，二元组(T, Long)的第一个项是原 RDD 中元素的值，类型为 T，第二项类型是该值在 RDD 中出现的频率，类型为 Long，新 RDD 构成返回值 DStream numPartitions 用来设置返回值 DStream 中 RDD 的分区个数，默认值是 ssc.sc.defaultParallelism Ord 是隐式参数，同时还有默认值，如果调用 countBy Value()，则会使用 ord 的隐式值，如果调用 countBy Value()()，则相当于 countByValue()(null)，但在函数实现中，此 ord 并未用到
3	def filter(filterFunc: (T) ⇒ Boolean): DStream[T]	对 DStream 的 RDD 进行 filter 转换，转换函数为 filterFunc，返回值为新 RDD 所构成的 DStream
4	def flatMap[U](flatMapFunc: (T) ⇒ TraversableOnce[U])(implicit arg0: ClassTag[U]): DStream[U]	对 DStream 的 RDD 进行 flatMap 转换，转换函数为 flatMapFunc，转换后的元素类型是 U，构成新的 RDD，新 RDD 构成返回值 DStream implicit arg0: ClassTag[U]，这是隐式参数，类型 ClassTag[U]，用于在运行时保存 U 的类型信息，在使用的时候，不需要管这个参数
5	def glom(): DStream[Array[T]]	对 DStream 的 RDD 进行 glom 转换，原 RDD 中每个 Partition 的数据会转换成 Array[T]，然后构成新 RDD，然后再构成新的 DStream
6	def map[U](mapFunc: (T) ⇒ U)(implicit arg0: ClassTag[U]): DStream[U]	对 DStream 的 RDD 进行 map 转换，转换函数为 mapFunc，转换后的元素类型是 U，构成新的 RDD，然后再构成一个新的 DStream

（续）

编号	转换操作（Transformation）	说　明
7	def mapPartitions[U](mapPartFunc: (Iterator[T]) ⇒ Iterator[U], preservePartitioning: Boolean = false)(implicit arg0: ClassTag[U]): DStream[U]	对 DStream 的 RDD 进行 mapPartitions 转换，转换函数为 mapPartFunc，转换后的元素类型是 U，构成新的 RDD，然后再构成一个新的 DStream RDD 的 mapPartitions 就是以 Partition 为单位，应用 mapPartFunc，mapPartFunc 的输入参数类型 Iterator[T]，就是该 Partition 的迭代器，返回结果是元素类型为 U 的迭代器 preservePartitioning 表示是否使用父 RDD 的 Partitioner，默认是 false
8	def reduce(reduceFunc: (T, T) ⇒ T): DStream[T]	对 DStream 的 RDD 进行 reduce 转换，转换函数为 reduceFunc: (T, T) ⇒ T，每个 RDD 得到一个新的 RDD（其中保存 reduce 的结果），构成新的 DStream 注意：RDD 的 reduce 是一个 Action 操作，会触发 Spark Job，而 DStream 的 reduce 是 Transformation 操作
9	def repartition(numPartitions: Int): DStream[T]	对 DStream 的 RDD 重新分区，新分区的个数为 numPartitions； 注意：如果分区数是减少的，建议使用 transform(_.coalesce (numPartitions))来替换，这样可以减少 Shuffle
10	def transform[U](transformFunc: (RDD[T], Time) ⇒ RDD[U])(implicit arg0: ClassTag[U]): DStream[U]	对 DStream 的 RDD 进行 transformFunc 转换，transform Func 会传入 DStream 的 RDD 以及它的 Batch Time，返回结果为 RDD[U]，构成新的 DStream； Transform 是一个通用的处理函数，DStream 可以通过 transform 实现 RDD 的所有 Transformation 转换
11	def transform[U](transformFunc: (RDD[T]) ⇒ RDD[U])(implicit arg0: ClassTag[U]): DStream[U]	功能同上，transformFunc 只传入 DStream 的 RDD，没有 BatchTime
12	def transformWith[U, V](other: DStream[U], transformFunc: (RDD[T], RDD[U], Time) ⇒ RDD[V])(implicit arg0: ClassTag[U], arg1: ClassTag[V]): DStream[V]	对 DStream 中的 RDD 和另一个 DStream 中的 RDD，应用 transformFunc，transformFunc 会传入同一时刻的两个 DStream 中的 RDD，类型分别是：RDD[T]和 RDD[U]，以及它们的 Batch Time，返回值是 RDD[V]，元素类型可以和 T、U 不同，新 RDD 再构成返回值 DStream[V] 该函数可以实现两个 DStream 的互操作，如 join、union 等
13	def transformWith[U, V](other: DStream[U], transformFunc: (RDD[T], RDD[U]) ⇒ RDD[V])(implicit arg0: ClassTag[U], arg1: ClassTag[V]): DStream[V]	功能同上，transformFunc 只传入 DStream 的 RDD，没有 BatchTime
14	def union(that: DStream[T]): DStream[T]	对两个 DStream 的同一 Batch Time 的 RDD 进行 union，得到新的 RDD，构成新的 DStream

7.5.3　Spark Streaming 的窗口（Window）操作及示例

本节介绍 Spark Streaming 的窗口（Window）操作，Window 操作可以改变 Spark Streaming Job 的频率，也可以改变 Job 处理的流数据范围，因此，如果要对同一个 DStream 进行各种不同的统计，而不仅仅是按照 Batch Interval 来统计的话，可以使用 Window 操作。

例如，某电商网站要对商品浏览的情况进行实时统计，如果将 Batch Interval 设置为 10 秒，那么统计的结果就是，每种商品在之前 10 秒内的浏览情况，每 10 秒统计一次，如果要同时给出每种商品在之前 1 分钟、5 分钟、10 分钟和 30 分钟的浏览情况，每 30 秒统计一次，使用窗口操作可以非常方便地解决以上问题。

换一个角度：不使用窗口操作，Batch 之间是独立的，是没有关系的，也可以说 Batch 是无状态的，而使用窗口可以将多个 Batch 合并在一起，这样，Batch 之间就可以有状态依赖了。

1. Window 操作原理

Window 操作可以将多个连续 Batch Time 的 RDD 放入窗口，组合成一个新的 RDD 进行处理（应用 Transformation），然后按照设置的滑动间隔向右移动，每移动一次，落入窗口的 RDD 组成一个 RDD，启动一个 Spark Streaming Job 处理。如果按照之前的处理方式，不使用窗口特性，每个 Spark Streaming Job 只能处理一个 Batch Time 的 RDD。窗口操作的示意图如图 7-22 所示。

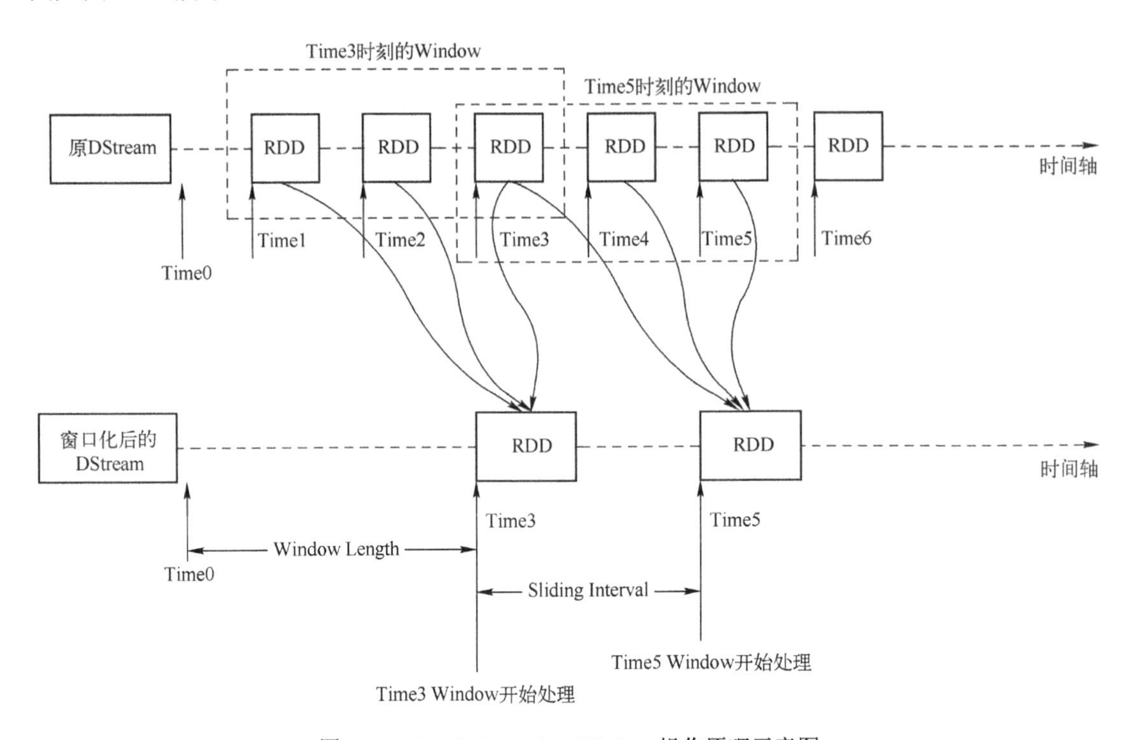

图 7-22　Spark Streaming Window 操作原理示意图

DStream 在各个 Batch Time 阶段生成的 RDD 如图 7-22 所示，在 Time1 上生成了一个 RDD，在 Time2 时刻生成了一个 RDD，依此类推。将窗口的长度设置成 3*Batch Interval，该窗口将包含 3 个 Batch Time 的 RDD，合并成一个 RDD，然后启动一个 Spark Streaming Job 处理；

窗口化后，Spark Streaming Job 之间的间隔使用 Sliding Interval 来表示，图 7-22 中，Sliding Interval 设置成了两个 Batch Interval，每隔两个 Batch Interval，窗口向右移动，落入窗口内的 RDD 合并为新窗口的 RDD，同时启动一个 Spark Streaming Job 处理；

- 窗口长度和 Sliding Interval 应都是 Batch Interval 的整数倍；
- 如果窗口长度大于 Sliding Interval，则窗口之间的 RDD 会重合，如下所示，Time3 的 RDD 就是前后两个窗口重合的 RDD。

2. 常见 Window 操作

常见的 Window 操作如表 7-2 所示。

表 7-2　DStream Window 相关操作及说明

编号	转换操作（Transformation）	说　明
1	def window(windowDuration: Duration, slideDuration: Duration): DStream[T]	获取窗口化后的 DStream windowDuration 用来设置窗口的大小，用 windowDuration/Batch Interval，可以得到窗口包含原 DStream 中 RDD 的个数 slideDuration 用来设置 Spark Streaming Job 间隔，也是窗口滑动的间隔
2	def window(windowDuration: Duration): DStream[T]	功能同上，只能设置 windowDuration，slideDuration 为调用 window 的 DStream 的 slideDuration，即 Batch Interval
3	def countByValueAndWindow(windowDuration: Duration, slideDuration: Duration, numPartitions: Int = ssc.sc.defaultParallelism)(implicit ord: Ordering[T] = null): DStream[(T, Long)]	对窗口化后的 DStream 进行 countByValue 操作 windowDuration 和 slideDuration 用来设置窗口化参数 其余参数为 countByValue 的相关参数
4	def countByWindow(windowDuration: Duration, slideDuration: Duration): DStream[Long]	对窗口化后的 DStream 进行 count 操作 windowDuration 和 slideDuration 用来设置窗口化参数
5	def reduceByWindow(reduceFunc: (T, T) ⇒ T, windowDuration: Duration, slideDuration: Duration): DStream[T]	对窗口化后的 DStream 进行 reduce 操作
6	def reduceByWindow(reduceFunc: (T, T) ⇒ T, invReduceFunc: (T, T) ⇒ T, windowDuration: Duration, slideDuration: Duration): DStream[T]	功能同上，引入了 invReduceFunc，用来避免相邻两个窗口中重合 RDD 的重复计算

3．Window 操作示例

本节以示例形式介绍 Window 的基本使用，具体如下。

（1）示例说明

该示例在指定目录下监控新增文件并输出数据。Batch Interval 设置为 10 秒，在此基础上创建窗口，窗口大小为 3 倍 Batch Interval，窗口滑动间隔为 2 倍 Batch Interval。

（2）示例代码内容

```
 1 val conf = new SparkConf().setAppName("SparkStreamingTransformationsExp")

 2 val ssc = new StreamingContext(conf, Seconds(10))
 3
 4 val txtFileDS = ssc.textFileStream("hdfs://scaladev:9001/streaming")
 5 txtFileDS.foreachRDD(r=>println(r.collect().mkString("&")))
 6 val wd = txtFileDS.window(Duration(3*10000), Duration(2*10000) )
 7 wd.foreachRDD(r=>println(r.collect().mkString("@")))
 8
 9 ssc.start()
10 ssc.awaitTermination()
```

（3）代码说明

1）第 1 行，创建 SparkConf 对象，设置 App Name；

2）第 2 行，创建 StreamingContext，设置 Batch Interval 为 10 秒；

3）第 4 行，创建 DStream 子类 FileInputStream，监控 hdfs://scaladev:9001/streaming 下的新增文件；

4）第 5 行，打印 txtFileDS 每个 RDD 的内容：对每个 RDD 进行 collect 操作，拉取到 Driver 端，然后调用 mkString("&")连接 Array 的每个元素，构成一个字符串，再打印输出；

5）第 6 行，对 txtFileDS 调用 window 方法进行窗口操作，设置的窗口大小为 Batch Interval 的 3 倍，即每个窗口包含 txtFileDS 的 3 个 Batch Time 的 RDD，同时设置窗口滑动时间为 2 倍 Batch Interval，这样，wd 每隔 2 个 Batch Interval，就会产生一个 RDD；

6）第 7 行，打印 wd 的每个 RDD 的内容，并将 RDD 的每个元素使用@连接起来，构成一个字符串，并打印输出。

- txtFileDS 每隔 10s 产生一个 RDD，wd 每隔 20s 产生一个 RDD；
- Wd 的 1 个 RDD 对应 txtFileDS 的 3 个 RDD（有的 RDD 可能没有数据），例如，wd 在 60s 时刻的 RDD 就对应 txtFileDS 在 60s、50s、40s 这 3 个时刻的 RDD 的 union；
- 每 10 秒，会产生一个第 5 行代码所对应的 Spark Streaming Job；
- 每 20 秒，会产生一个第 7 行代码所对应的 Spark Streaming Job；
- 第 6 行，window 操作的内部会自动对它的父 DStream 进行 cache 操作，这样，wd 计算时，其 RDD 无须重新计算。

7.6 DStream Output 操作

1．DStream Output 操作说明

DStream 除了 Transformation 操作，还有一类是 Output 操作。

Output 操作可以将 DStream 中的数据输出到 HDFS、数据库、控制台等。因此，它和 RDD 的 Actions 是类似的，但又不完全一样，具体说明如下。

1）从组成结构上来看，一个 Spark Streaming Job 一定要有 1 个 Output Operation（Job Generator 根据每个 OutputStream，来生成 1 个对应的 Spark Streaming Job，而每个 OutputStream 就是由 1 个 Output Operation 创建的），如果 DStream 上光只有 Transformations，没有 Output Operation，那么是无法构成一个 Spark Streaming Job 的，也就不会真正对流数据处理，这一点和 RDD 的 Action 是相似的；

2）从 Job 的触发时机上来看，调用 DStream 的 Output Operation 后，如调用 print，并不会立即生成 Spark Streaming Job，Spark Streaming Job 的生成，是异步的，它由一个定时器，在每个 Batch Time 触发产生。这一点和 RDD 的 Action 是不同的，RDD 的 Action 调用和 Spark Job 的生成是同步的，一旦调用 RDD 的 Action，就会产生 Spark Job。

2．常见 Output 操作

常见 Output 操作如表 7-3 所示。

表 7-3　DStream 常见 Output 操作及说明

编号	Output 操作	说　明
1	def print(num: Int): Unit	打印 DStream 中 RDD 的 num 个元素，每个元素占一行
2	def print(): Unit	打印 DStream 中 RDD 的前 10 个元素，每个元素占一行

（续）

编号	Output 操作	说　明
3	def saveAsTextFiles(prefix: String, suffix: String = ""): Unit	每次 Batch Time，在程序运行的当前目录（本地 Work Directory）下，创建一个 prefix-TIME_IN_MS.suffix 的目录，其中 prefix 和 suffix 为传入的字符串参数，TIME_IN_MS 为 1970 年以来的毫秒数，例如：data-1540797690000.txt，prefix 为 data，1540797690000 为 TIME_IN_MS。在该目录下，将 DStream 中的 RDD 内容保存为一个文本文件，文本文件的命名方式为 part-xxxxx
4	def saveAsObjectFiles(prefix: String, suffix: String = ""): Unit	将 RDD 内容存储为对象序列化后的 Sequence 文件，其他同上
5	def foreachRDD(foreachFunc: (RDD[T], Time) ⇒ Unit): Unit	应用 foreachFunc 对每个 Batch Time 的 RDD 进行处理，foreachFunc 传入的参数是一个二元组，第一项是该 Batch Time 的 RDD，第二项是 Batch Time
6	def foreachRDD(foreachFunc: (RDD[T]) ⇒ Unit): Unit	功能同上，foreachFunc 只有 1 个参数，没有 Batch Time 这个参数

3．DStream Output 操作示例——foreachRDD

（1）示例说明

forachRDD 可以遍历 DStream 中的 RDD，在遍历过程中，可以对每个 RDD 进行相应处理。本示例监控/streaming 的新增文件，构成 DStream，然后调用 foreachRDD，遍历 DStream 的 RDD，将 RDD 中的每个元素 x 转换成一个二元组(i, x)，i 是序号，初始值是 0，然后将同一个 RDD 中的二元组拉取到 Driver 端组成一个字符串，使用*作为二元组的分隔符，最后打印输出。示例代码如下。

（2）示例代码

```
1 val txtFileDS = ssc.textFileStream("hdfs://scaladev:9001/streaming")
2 var i=0
3 txtFileDS.foreachRDD(r => {
4     println(i + " " + r.map(x=>{i=i+1;(i,x)}).collect().mkString("*"))
5 })
```

（3）代码说明

1）第 3 行，foreachRDD 会注册一个 OutputStream，每个 OutputStream 对应一个 Spark Streaming Job。因此，每个 Batch Time，Job Generator 会生成一个 Spark Streaming Job 来执行 foreachRDD 中的处理函数；

2）第 3 行中的 r 表示某个 Batch Time 的 RDD，且只有 1 个；

3）第 3 行～第 5 行大括号中的内容是 foreachRDD 的处理代码，这部分代码是在 Driver 端执行的，本例中，第 4 行的 println 函数就是在 Driver 端执行的；

4）在 foreachRDD 处理函数中，可以调用 RDD 的 Transformation 操作，如示例中的 r.map(x=> {i=i+1;(i,x)})，这个 Transformation 是在 Executor 上执行的，并不在 Driver 端，而且是可以并行的。此外，本例中，i 的作用范围只在 RDD 的 Partition 内部，也就是说，只有在一个 Partition 内的元素进行 map 操作时，i 才会累加；

5）RDD 的 Transformation 不是必需的，但一定要有 Action，否则程序运行时不会生成 Spark Job，RDD 的数据不会得到真正处理。

（4）总结

可以将 DStream 对 RDD 的大部分 Transformation 放到 foreachRDD 的处理函数中，只是将 foreachRDD 作为一个框架。也可以将 RDD 的 Transformation 提出来，放到 DStream 的 transform 函数中，或者直接调用相关的 DStream Transformation，这样，可以简化 foreachRDD 的处理逻辑。

7.7 练习

1）如何理解 DStream？

2）DStream 的 Batch Time 是如何计算的？

3）是否所有的 DStream 都有 Receiver？

4）如何理解 Batch 调度时延（Scheduling Delay）、处理时间（Processing Time）、总时延（Total Delay）？

5）编写一个流处理程序，监控 HDFS 的/streaming 目录下的新增文件，Batch Interval 为 5s，统计文件中 Hello 出现的次数。

6）Spark Streaming 中，是否运行多个 Batch Job 同时运行？

7）Spark Streaming 中，Batch Job 执行的条件是怎样的？

8）如果同一个 Batch 内部对不同的 Input Stream 各自计算，会生成不同的 Job，它们的执行情况又是怎样的？

9）创建数据流 txtFileDS，监控 hdfs://scaladev:9001/streaming 下文件，Batch Interval 设置为 5 秒，窗口大小为 Batch Interval 的 3 倍，滑动窗口时间为 2 倍 Batch Interval，将窗口内数据用@连接起来，构成一个字符串，打印输出结果。

第 8 章　Structured Streaming

自 Spark 2.0 开始，Spark 引入了一种新的流数据处理方式：Structured Streaming。

从用户的角度看，Structured Streaming 将流数据抽象成一张不断增长且没有边界的大表，可以使用 Dataset/DataFrame 的 API 对这张大表进行处理，这样，流数据和静态数据的处理方式得到了统一；从技术上看，Structured Streaming 构建在 Spark SQL 引擎之上，可以提供更快、时延更低、容错性更高、端到端可靠的流处理。

本章将介绍 Structured Streaming 基础，包括系统架构、基本概念和技术特性。同时通过一系列的示例来帮助大家加深对 Structured Streaming 的理解，并掌握其使用。

学习完本章，将具备解决或回答以下问题的基础。

- Structured Streaming 的流处理过程是怎样的？
- Structured Streaming 有哪几种输出模式？它的容错语义是怎样的？
- 和 Spark Streaming 相比，Structured Streaming 在性能上有什么特点？
- 如何使用 Structured Streaming 来接入和处理 Text File 数据源和 Rate 数据源？
- 如何使用 Structured Streaming 来解析各种格式的数据？例如 JSON 格式？
- 如何使用 DataFrame/Dataset 的 3 种 API：Typed、UnTyped 以及 SQL 来处理流数据？
- 如何理解和使用 Structured Streaming 的 Window 操作和 Watermarking 机制？
- 如何理解和使用 Structured Streaming 实现不同数据流之间的 JOIN？

总之，Structured Streaming 是 Spark 2.0 之后引入的新的流处理方式，它在用户接口上实现了和 DataFrame/Dataset 的统一，在实现机制上做了更多的优化，性能更高，在处理模型上更为抽象和简化，使用者无须关心更多的细节。可以说，Structured 代表了 Spark 未来流处理的方向。

本章的实验环境为 6.3.3 节所构建的“兼容 Hive 的 Spark SQL 运行环境”，使用时需要启动 Hive 元数据服务。

8.1　Structured Streaming 基础

8.1.1　Structured Streaming 处理流程

Structured Streaming 的处理流程如图 8-1 所示，具体描述如下。

1）Structure Streaming 从流数据源（Streaming Data Sources）获取流数据，目前支持的数据源包括 Kafka、File Source、Socket Source 和 Rate Source（注意，这个仅限于 Spark 2.3 及后续版本），如图 8-1 左侧部分所示。

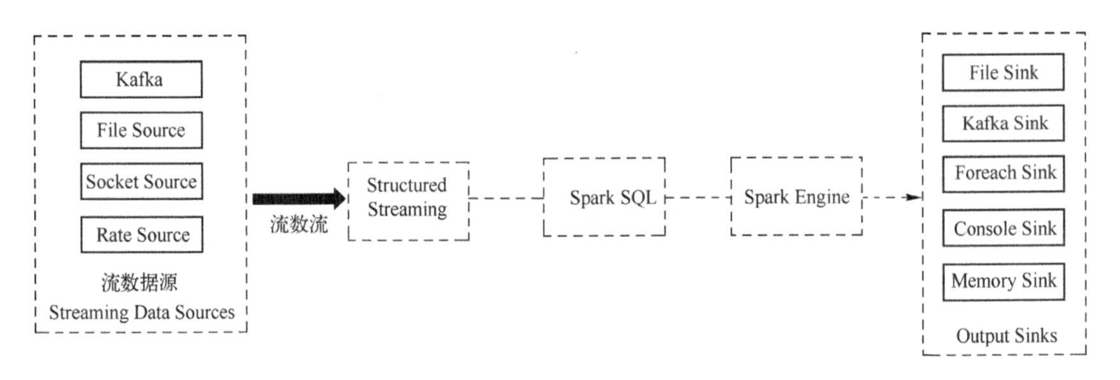

图 8-1 Structured Streaming 工作流程图

2）Structured Streaming 将流数据抽象成一张无限增长的大表；

3）用户使用 DataFrame/Dataset 接口对这张大表进行计算，就如同 Spark SQL 在静态表操作一样；

4）这些 Spark SQL 操作最终会转化成 RDD 操作，并构成一个个 Spark Job 在 Spark Engine 上执行；

5）执行结果最终通过各种 Sink 写入外部系统，如图 8-1 右侧部分所示。

8.1.2 Structured Streaming 基本概念

本小节介绍 Structured Streaming 中的常用术语和基本概念。

1. 输入表

Structured Streaming 将流数据抽象成一张无限大的表，称为输入表，每收到一个记录，就在该表上新增一行，记录中的字段就是表中的列，如图 8-2 所示。

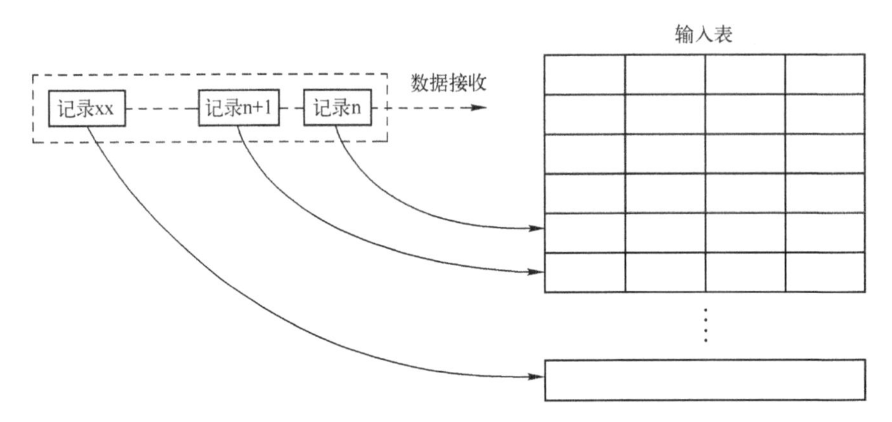

图 8-2 Structured Streaming 输入表示意图

Structured Streaming 并不保存整个输入表的数据（这样开销巨大，且没有这个必要），它只会保存一个最小的中间状态数据，以确保读入最新记录后，结合此状态数据进行计算，能够得到正确的统计结果即可。更新结果表后，读取的记录就会被丢弃，并不保存。因此，在 Structured Streaming 中，并没有一张保存着已接收所有数据的大表。

2．流数据处理

Structured Streaming 的流数据处理流程如图 8-3 所示。

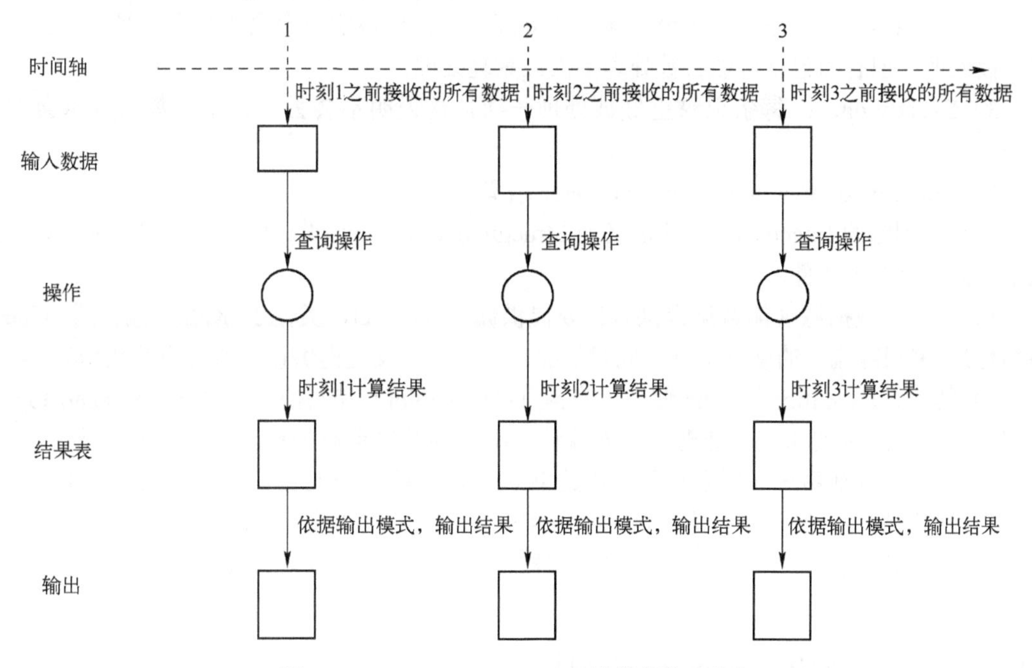

图 8-3　Structured Streaming 的流数据处理流程

1）第一层是时间轴，1 表示时刻 1，2 表示时刻 2，以秒为单位；

2）第二层是输入数据，也就是 Structured Streaming 接收的数据，它们是递增的，如时刻 2 的输入数据，不仅包括时刻 1 到时刻 2 之间所接收的数据，还包括时刻 1 之前所接收的数据，当然，在实现中，Structured Streaming 并不保存整个数据，但是，从用户的角度看，在每个时刻，用户操作的对象是整张大表；

3）第三层是操作，输入数据在代码中用 DataFrame/Dataset 表示，第三层的操作就是调用 DataFrame/Dataset 的 API 接口，这些操作最终会转换成 Spark Job 执行；

4）第四层是结果表，这是一张全局的结果表，它表示：运用第三层操作对截止到此刻接收的所有数据进行查询操作，得到结果。但实际上，只对新增数据计算，然后结合中间状态数据更新结果表；

5）第五层是输出，Structured Streaming 支持多种 Sink 向外部系统（如 Console、HDFS、Kafka 等）输出结果，同时还支持 3 种输出模式，用来配置将结果表中哪些内容写入外部系统，如下所示。

- Complete Mode：向外部系统写入整个结果表；
- Append Mode：向外部系统写入当前操作在结果表中新增的行；
- Update Mode：向外部系统写入当前操作在结果表中更新的行（新增也属于更新）。

3．容错语义

（1）流处理系统的语义规则

根据每条记录能够被系统处理的次数，流处理系统的语义规则有以下 3 种。

1）At-most-once：每条记录最多被系统处理一次，这说明有的记录可能不会被处理，或者可能会丢数据；

2）At-least-once：每条记录至少被系统处理一次，这说明不会丢失数据，且所有的记录都会被处理，但有的记录可能会被处理多次，重复处理；

3）Exactly-once：每条记录正好被处理一次，这说明不会丢失数据，数据也不会重复处理。

（2）Structured Streaming 的 Exactly-once 语义

实现端到端的 Exactly-once 的语义是 Structured Streaming 设计的一个关键目标，要达到这个目标，有多个条件。

1）首先，数据源（流数据提供方）要提供偏移（Offset，类似于 Kafka 偏移或 Kinesis 序列号），来跟踪流中的读取位置，同时能够重放数据（反复提供该偏移对应的数据）；

2）其次，Execution engine 使用检查点（Checkpoint）和写前日志（Write ahead logs）来记录每个触发时刻和正在处理的数据偏移范围支持通过重启处理任何类型的失败；

3）再次，外部系统（用来写入计算结果）要支持幂等（Idempotent）写入。所谓幂等写入，是指相同的写入操作执行多次，其结果和一次写入的结果是一样的。

如果数据源支持数据重放、外部系统支持幂等写入，加上 Execution engine 的失败处理机制，就可以实现端到端的 Exactly-once 语义。

8.1.3 Structured Streaming 技术特性

和 Spark Streaming 秒级时延相比，Structured Streaming 的处理时延更低。Structured Streaming 内部使用了一个微-批处理引擎（micro-batch processing engine），它可以将流处理任务分解成一系列小批量的 Batch jobs，从而使得端到端的时延低至 100 毫秒，同时还提供 Exactly-once 和容错保证。

从 Spark 2.3 开始，Spark 引入了一种更低时延的处理模式——连续处理模式（Continuous Processing），它的端到端时延可以低至 1 毫秒，并且提供 at-least-once 保证。这种模式使用也非常方便，它不需要改变应用程序代码，只需要选择一下模式就可以了。

8.2 Structured Streaming 接入 Text File 数据源

Structured Streaming 可以监控指定路径下的新增文件，然后将其读入，构成流数据进行处理，目前支持的文件格式包括 Text、CSV、JSON、ORC 和 Parquet。

下面以示例的形式，说明 Spark Structure Streaming 如何接入 Text File 数据源。

1．示例说明

本示例将监控 hdfs://scaladev:9001/streaming 目录，解析新增 text 文件的内容，统计内容中单词 hello 出现的次数，并在控制台上输出统计结果。

通过该示例可以了解 Structured Streaming 的编写步骤、代码架构、编译、运行、执行流程和相关的概念。

2．示例代码

代码文件：StructuredStreamingExp.scala。

文件路径：/home/user/prog/examples/08/src/examples/idea/spark。

第 8 章的所有示例代码都在 Module08 之下，因此要先在 IDEA 中创建名为“08”的 Module。

（1）代码内容

```
 1 package examples.idea.spark
 2
 3 import org.apache.spark.sql.SparkSession
 4
 5 object StructuredStreamingExp {
 6
 7   def main(args: Array[String]) = {
 8
 9     val ss = SparkSession.builder().appName("StructuredStreamingExp").getOrCreate()
10     ss.sparkContext.setLogLevel("ERROR")
11     import ss.implicits._
12
13     val lines = ss.readStream.format("text").load("hdfs://scaladev:9001/streaming")
14     val count = lines.as[String].flatMap(s=>s.split(" ")).filter(s=>s.compareTo("hello")==0).groupBy
("value").count()
15
16     val rs = count.writeStream.outputMode("complete").format("console").start()
17     rs.awaitTermination()
18   }
19 }
```

（2）关键代码说明

1）第 9 行，创建 SparkSession 对象 ss；

2）第 10 行，设置日志级别为 ERROR，可以过滤默认的 INFO 信息，便于查看程序的输出信息；

3）第 11 行，导入 ss 的隐式转换；

4）第 13 行，使用 ss 读取数据流，数据源为 hdfs://scaladev:9001/streaming，它将会监控该目录下的新增文本文件，返回值 line 是 DataFrame 类型；

5）第 14 行，统计数据流中 hello 出现的次数。lines.as[String]表示将 lines(DataFrame)转换成 Dataset，这样，flatMap 时，传入的数据就是 String 类型，而不是 Row 类型（Row 类型还要解析）；flatMap 将传入的每行字符串按空格分割成一个一个的单词，所有的单词构成一个集合；filter 过滤单词集合，只留下 hello 单词；使用 groupBy 对指定的列进行分组，此 Dataset 只有 1 列，由于没有指定列名，因此采用默认的列名 value；value 列中，值相同的行都聚集到了一起，用作后续的聚集操作；count 是一个聚集操作，它用来统计 groupBy 之后每组中行的个数，返回值是 DataFrame，有两列，第一列的列名是 value，即 groupBy 之后的单词，第二列的列名是 count，是该单词出现漏洞频率，在本例中，就是 hello 出现的频率；

6）第 16 行，调用 writeStream 输出结果表，输出模式选择 complete，外部系统选择 console，start 为开始执行 Streaming 查询操作。Start 被调用后，按照一定的时间策略对接收的数据流数据进行计算，统计 hello 截止到此刻出现的次数，并将整个计算结果（Complete 模式）打印在控制台（Console）上；

7）第 17 行，等待上面的流查询操作结束。

（3）代码架构说明

由以上代码可知，Structured Streaming 程序代码可以分为 5 个部分：

1）创建 SparkSession 对象，其中可以设置该 Application 的名字，如第 9 行所示，同时还要引入隐式转换，如第 11 行代码所示；

2）创建数据流，使用 DataFrame 表示，并且要指定数据源类型，如 format("text")，表示数据源是 File，格式是 text，如第 13 行代码所示；

3）对数据流进行查询操作，其实就是调用 DataFrame/Dataset 的 API，如第 14 行代码所示，要注意数据流中各字段的默认名称；

4）输出结果表，使用 options 对输出模式和 Sink（外部系统）进行设置，同时调用 start 开始执行 Streaming 查询操作，如第 16 行；

5）等待流查询操作结束，如第 17 行。

以上 5 个部分，其中第 1、4、5 部分相对固定，第 2、3 部分是需要做工作的地方。

3．数据源脚本

（1）脚本说明

该脚本将持续在 HDFS 的/streaming 下生成包含 hello 的文本文件。

（2）脚本代码

脚本文件：produce_file.sh。

文件路径：/home/user/prog/examples/08/scripts。

脚本内容如下。

```
 1 hdfs dfs -mkdir -p /streaming
 2 hdfs dfs -mkdir -p /streaming_tmp
 3 hdfs dfs -rm /streaming/*
 4 hdfs dfs -rm /streaming_tmp/*
 5
 6 i=0
 7 max=1000
 8
 9 cp /home/user/hadoop-2.7.6/etc/hadoop/hdfs-site.xml /tmp/
10 echo "hello hello" >> /tmp/hello.txt
11 while [ $i -lt $max ] ; do
12         #sleep 1
13         let i+=1
14         cmd="hdfs dfs -cp file:///tmp/hello.txt /streaming_tmp/${i}.txt"
15         $cmd
16         echo $cmd
17         cmd="hdfs dfs -mv /streaming_tmp/*.txt /streaming/"
18         $cmd
19         echo $cmd
20 done
```

4. 编译、打包

- 在 Project Structure 中，设置将 Module 08 中的代码编译输出，打包进 examples.jar；
- 编译 StructuredStreamingExp.scala；
- 重新打包 examples.jar。

5. 新建运行配置

- 在 IDEA 的 Run/Debug Configuration 中新建 Application，名字为 StructuredStreaming Exp；
- Main Class 配置为 examples.idea.spark.StructuredStreamingExp；
- VM options 的配置如下：

```
-Dspark.master=spark://scaladev:7077 -Dspark.jars=/home/user/prog/examples/out/artifacts/examples/examples.jar
```

- Working Directory 配置如下：

```
/home/user/prog/examples
```

- Modules 配置为 08。

6. 运行脚本

运行 scripts 中/home/user/prog/examples/08/scripts 中的 produce_file.sh，向 hdfs://scaladev:9001/streaming 写入文件。

7. 运行程序

单击 Run->Run StructuredStreamingExp。

8. 输出

如图 8-4 所示，控制台上会持续输出截止到此刻 hello 出现的次数。

```
+-----+-----+
|value|count|
+-----+-----+
|hello|   22|
+-----+-----+
```

图 8-4 IDEA 控制台结果

9. 执行流程分析

StructuredStreamingExp 处理流数据的过程如图 8-5 所示。

1）第一层，时间轴，表示处理 Batch 的时刻，以秒为单位，如图 8-5 所示，1 表示第 1 秒的时刻，2 表示第 2 秒的时刻；

Structured Streaming 何时对流数据处理，是由具体的 Trigger 决定的，Trigger 有 4 种，说明如下。

- 默认 Trigger：如果不指定 Trigger，将以微批处理方式（Micro-batches mode）来执行查询请求，前一个 Batch 处理完后，立即生成下一个 Batch；
- 固定间隔的微批处理 Trigger：按照用户指定的时间间隔来启动微批处理，执行查询请求。如果前一个 Batch 在时间间隔内完成，则等待，直到满一个时间间隔，才启动新的 Batch；如果前一个 Batch 的执行超出了时间间隔，则一旦该 Batch 执行完成，就启动新的 Batch；
- 一次性的微批处理（One-time micro-batch）Trigger：查询只执行一个微批处理，以处理所有可用数据，然后退出。如果需要定期启动集群处理自上一个周期以来的所有内容，处理后再关闭集群的话，这个 Trigger 是非常合适的；

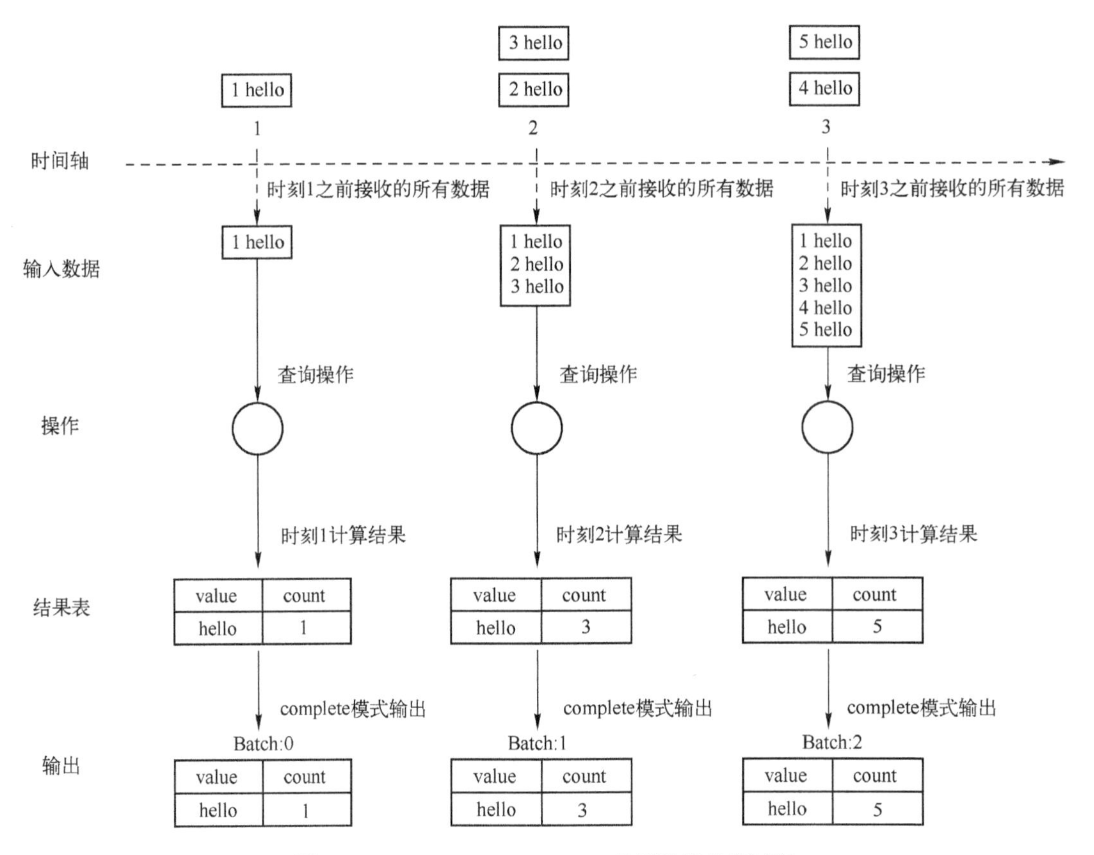

图 8-5　StructuredStreamingExp 的流数据处理过程

- 带固定检查点间隔的连续 Trigger（Continuous with fixed checkpoint interval）：以新的低延迟、连续处理模式来执行查询。

> 📖 以上 4 种 Trigger 并不是在所有场景中都支持，特别是最后一种，对数据源、数据 Sink 和具体的操作类型都有一定要求。

2）第二层，输入数据，表示指定时刻之前 StructuredStreamingExp 接收的所有数据，如时刻 1，接收的数据是“1 hello”，时刻 2 又接收到两个数据，加上前面已经接收的，总共是 3 个：“1 hello”、“2 hello”和“3 hello”。注意：a）输入数据是累加的；b）在实现机制上，StructuredStreamingExp 的内存中并不保存整个输入数据；

3）第三层，操作，是对输入数据进行查询操作，对应第 14 行代码，查询后的结果类型还是 DataFrame；

4）第四层，结果表，是查询操作的结果表，有两列，第一列是 value，第二列是 count，时刻 1 的值是“hello 1”，时刻 2 又接收了两个 hello，加上之前接收的 hello，因此，最终的值是“hello 3”，时刻 3 又接收两个 hello，加上之前接收的两个 hello，因此，最终的值是“hello 5”；

5）第五层，输出结果表，可以设置输出的对象（Sink），如 Console、HDFS、Kafka 等，本例选择 Console，还可以设置输出的 Mode，可以是 Complete、Append 或者 Update，本例选择 Complete，这样会将整个结果表都输出到 Console，要注意，并不一定所有的输出 Mode 都支持，本例中就不支持 Append Mode。

8.3 Structured Streaming 接入 Rate 数据源

Rate 数据源是 Structured Streaming 的内置数据源。其数据由 Structured Streaming 自己产生，可以用于配置数据产生的速率。由于 Rate 数据源使用简单方便，常用于测试。

Rate 数据源产生带时间戳的递增数字，每条记录有两列，第一列的列名是 timestamp，类型是 timestamp，第二列的列名是 value，类型是 long，value 的计数从 0 开始。

下面以示例形式介绍 Structured Streaming 如何接入 Rate 数据源。

1．示例说明

本示例介绍如何使用 Rate 数据源，如何设置 Rate 数据源，以及在控制台打印输出记录。

2．示例代码

代码文件名：RateStructuredStreamingExp.scala。

文件路径：/home/user/prog/examples/08/src/examples/idea/spark。

（1）代码内容

```
1 package examples.idea.spark
2
3 import org.apache.spark.sql.SparkSession
4
5 object RateStructuredStreamingExp {
6
7     def main(args: Array[String]) = {
8
9         val ss = SparkSession.builder().appName("RateStructuredStreamingExp").getOrCreate()
10        ss.sparkContext.setLogLevel("ERROR")
11        import ss.implicits._
12
13        val df = ss.readStream.format("rate").option("rowsPerSecond", 10).load()
14
15        df.printSchema()
16        val rs = df.writeStream.outputMode("append").format("console").start()
17        rs.awaitTermination()
18    }
19 }
```

（2）关键代码说明

1）第 9 行，创建 SparkSession ss；

2）第 10 行，设置日志级别为 ERROR；

3）第 11 行，引入 ss 的隐式转换；

4）第 13 行，创建 Rate 数据流，使用 DataFrame df 表示，并设置记录产生的速度为 10 行/秒；

- rowsPerSecond 用来设置记录产生的速度，单位是：条/秒，默认值是 1，即 1 条/秒；
- rampUpTime 用来设置数据产生之前的等待时间（单位是秒），如果设置了 rampUpTime，程序运行后，在 rampUpTime 设定的等待时间内将不会产生数据，之后，按照 rowsPerSecond 设置的速度产生数据；
- numPartitions 用来设置数据的分区数，默认值是 Spark 的默认并行度，numPartitions 表示数据处理的并行度，在资源允许的情况下，numPartitions 越大，并行度越高。

5）第 15 行，打印 Rate 数据的 Schema，结果如下，列名和列的类型和前面说明一致；

```
root
 |-- timestamp: timestamp (nullable = true)
 |-- value: long (nullable = true)
```

6）第 16 行，输出流数据，Mode 选择 append，输出对象为 console，RateStructured StreamingExp 会在控制台上输出每个 Batch 时刻的新增数据（同上次接收的数据相比）；

7）第 17 行，等待流处理结束。

3．编译和打包

编译 RateStructuredStreamingExp.scala 并将其打包进入 examples.jar。

4．创建 Run/Debug Configuration

IDEA 中，单击 Run/Debug Configuration，新建 Java Application，配置如下。

- Application 名字为 RateStructuredStreamingExp；
- Main class 为 examples.idea.spark.RateStructuredStreamingExp；
- VM options 配置如下；

```
-Dspark.master=spark://scaladev:7077
-Dspark.jars=/home/user/prog/examples/out/artifacts/spark_examples/examples.jar
```

Working directory 为/home/user/prog/examples；

- Module 选择 08。

5．运行

单击 Run->Run RateStructuredStreamingExp。

如图 8-6 所示，可以看到控制台上输出每个 Batch 新接收的数据。

```
+--------------------+-----+
|           timestamp|value|
+--------------------+-----+
|2018-11-06 11:28:...|   80|
|2018-11-06 11:28:...|   81|
|2018-11-06 11:28:...|   82|
|2018-11-06 11:28:...|   83|
|2018-11-06 11:28:...|   84|
|2018-11-06 11:28:...|   85|
|2018-11-06 11:28:...|   86|
|2018-11-06 11:28:...|   87|
|2018-11-06 11:28:...|   88|
|2018-11-06 11:28:...|   89|
+--------------------+-----+
```

图 8-6　IDEA 控制台结果

8.4　使用 Schema 解析 JSON 格式数据源

默认情况下，Structured Streaming 在处理 File 数据源时，要求用户提供 Schema 信息，而不是依赖 Spark 去自动解析并获得 Schema。这样做的好处是，在 Streaming 查询时，即使失败，也会使用一致的 Schema。

下面以示例的形式来说明说明 Structured Streaming 如何使用 Schema 去解析 JSON 格式的 File 数据源。

1．示例说明

本示例将介绍如何指定 Schema 来解析 JSON 格式的 File 数据源，具体思路如下。

- 生成指定 Schema 的 JSON 文件；
- 使用脚本定期复制并移动该文件到指定的 HDFS 目录；
- 编写 Structured Streaming 程序监控该 HDFS 目录，使用指定的 Schema 来解析新增文件；
- 输出解析后的内容。

2．生成 JSON 文件

在 spark-shell 上运行下面的命令。

```
scala> case class Stu(id:Int, name:String)
scala> val stuDF = Seq(Stu(1001, "mike"), Stu(1002, "tom"), Stu(1003, "rose")).toDF
scala> stuDF.write.format("json").save("/streaming_json")
```

查看 HDFS 的/streaming_json 目录，可以看到 3 个 JSON 文件。

```
[user@scaladev ~]$ hdfs dfs -ls /streaming_json/
```

JSON 文件内容显示如下。

```
[user@scaladev ~]$ hdfs dfs -cat /streaming_json/*.json
{"id":1001,"name":"mike"}
{"id":1002,"name":"tom"}
{"id":1003,"name":"rose"}
```

修改 JSON 文件名，重命名为 1.json、2.json、3.json，命令如下。

```
[user@scaladev scripts]$ hdfs dfs -mv /streaming_json/part-00000-5869613a-1ff6-4d8c-bd4c-3a1ff6eabf7b-c000.json /streaming_json/1.json
[user@scaladev scripts]$ hdfs dfs -mv /streaming_json/part-00001-5869613a-1ff6-4d8c-bd4c-3a1ff6eabf7b-c000.json /streaming_json/2.json
[user@scaladev scripts]$ hdfs dfs -mv /streaming_json/part-00002-5869613a-1ff6-4d8c-bd4c-3a1ff6eabf7b-c000.json /streaming_json/3.json
```

3．数据源脚本

（1）脚本说明

该脚本将定期在 HDFS 的/streaming 下产生 JSON 格式文件。

脚本文件名：produce_json_file.sh。

所在路径：/home/user/prog/examples/08/scripts。

（2）脚本代码

```
hdfs dfs -mkdir -p /streaming
hdfs dfs -mkdir -p /streaming_tmp
hdfs dfs -rm /streaming/*
hdfs dfs -rm /streaming_tmp/*

i=0
max=1000
while [ $i -lt $max ] ; do
```

```
        #sleep 1
        let i+=1
        cmd="hdfs dfs -cp /streaming_json/*.json /streaming_tmp/"
        $cmd
        echo $cmd

        cmd="hdfs dfs -mv /streaming_tmp/1.json /streaming_tmp/${i}_01.json"
        $cmd
        echo $cmd

        cmd="hdfs dfs -mv /streaming_tmp/2.json /streaming_tmp/${i}_02.json"
        $cmd
        echo $cmd

        cmd="hdfs dfs -mv /streaming_tmp/3.json /streaming_tmp/${i}_03.json"
        $cmd
        echo $cmd

        cmd="hdfs dfs -mv /streaming_tmp/*.json /streaming/"
        $cmd
        echo $cmd
done
```

4．示例代码

代码文件名：JsonSchemaStructuredStreamingExp.scala。

文件路径：/home/user/prog/examples/08/src/examples/idea/spark。

（1）代码内容

```
1 package examples.idea.spark
2
3 import org.apache.spark.sql.SparkSession
4 import org.apache.spark.sql.types.StructType
5
6 object JsonSchemaStructuredStreamingExp {
7
8     def main(args: Array[String]) = {
9
10        val ss = SparkSession.builder().appName("JsonSchemaStructuredStreamingExp").getOrCreate()
11        ss.sparkContext.setLogLevel("ERROR")
12
13        val sch = new StructType().add("id", "integer").add("name", "string")
14        val df = ss.readStream.format("json").schema(sch).load("hdfs://scaladev:9001/streaming")
15        df.printSchema()
16        val rs = df.writeStream.outputMode("append").format("console").start()
17        rs.awaitTermination()
18    }
19 }
```

（2）关键代码说明

1）第 13 行，新建 Schema 对象 sch，加入 Schema 说明，即列名+列类型；

2）第 14 行，创建 JSON File 数据源，传入 Schema 对象 sch，监控 hdfs://scaladev:9001/streaming 下的新增文件；

📖 sch 必须传入，否则运行时会报以下异常：

Exception in thread "main" java.lang.IllegalArgumentException: Schema must be specified when creating a streaming source DataFrame

---

3）第 15 行，打印 JSON File 数据流的 Schema 信息，运行时打印结果如下；

```
root
 |-- id: integer (nullable = true)
 |-- name: string (nullable = true)
```

4）第 16 行，将新增数据流打印到 Console 上；

5）第 17 行，等待流处理结束。

5．编译和打包

编译 JsonSchemaStructuredStreamingExp.scala 并将其打包进入 examples.jar。

6．创建 Run/Debug Configuration

IDEA 中，单击 Run/Debug，新建 Java Application，配置如下。

- 名字为 JsonSchemaStructuredStreamingExp；
- Main class 为 examples.idea.spark.JsonSchemaStructuredStreamingExp；
- VM options 配置如下；

```
-Dspark.master=spark://scaladev:7077
-Dspark.jars=/home/user/prog/examples/out/artifacts/spark_examples/examples.jar
```

Working directory 为：/home/user/prog/examples；

- Module 选择 08。

7．运行程序

单击 Run->Run JsonSchemaStructuredStreamingExp。

8．运行脚本

```
[user@scaladev scripts]$ ./produce_json_file.sh
```

9．输出

如图 8-7 所示，控制台上会输出每个 Batch 新接收的数据，JSON 文件中的 id 和 name 字段都可以正确解析。

```
+----+----+
|  id|name|
+----+----+
|1001|mike|
|1003|rose|
|1002| tom|
+----+----+
```

图 8-7　IDEA 控制台结果

8.5　使用 DataFrame/Dataset 处理流数据

在 Structured Streaming 中使用 DataFrame/Dataset 来表示流数据，因此，可以使用

DataFrame/Dataset 来处理流数据。本节将以示例形式介绍使用 DataFrame/Dataset 的 3 种处理方式：untyped API、typed API 和 SQL 来实现同一个功能。

1．示例描述

- 使用脚本 produce_goods_select_action.sh 来生成某网店用户购买商品的数据，以文件的形式存储到 HDFS 的/streaming 目录；
- 编写程序 BasicOperationStructuredStreamingExp 来监控/streaming 下的新增文件；
- BasicOperationStructuredStreamingExp 使用 DataFrame/Dataset 的 3 种处理方式：untyped API、typed API 以及 SQL 对流数据进行操作，统计每个用户购买商品的数量。

2．数据源脚本

脚本文件名：produce_goods_select_action.sh。

所在路径：/home/user/prog/examples/08/scripts。

脚本功能将定期在/streaming 目录下产生商品购买记录，具体如下。

- 随机产生一条用户商品购买记录，存储成 csv 文件，格式为："时间，用户 id，商品 id"；
- 将该文件上传到 hdfs://scaladev/streaming_tmp 目录；
- 将 hdfs://scaladev/streaming_tmp 目录下的文件移动到 hdfs://scaladev/streaming 目录。

脚本内容和注释如下。

```
#!/bin/bash
hdfs dfs -mkdir -p /streaming
hdfs dfs -mkdir -p /streaming_tmp
hdfs dfs -rm /streaming/*
hdfs dfs -rm /streaming_tmp/*
#生成随机数的函数
function rand(){
        max=$1
        num=$RANDOM
        echo $(($num%$max))
}

i=0
max=1000
#用户最大编号，用户最小编号为 0
user_num=10
#商品最大编号，商品最小编号为 0
goods_num=20

echo "time      user_id goods_id"
while [ $i -lt $max ] ; do
        let i+=1
#生成随机用户 id：0～10
        user_id=$(rand $user_num)
#生成随机商品 id：0～20
        goods_id=$(rand $goods_num)
#获得指定格式的时间戳，精确到秒
```

```
            timestamp=$(date "+%Y-%m-%d %H:%M:%S")
        #生成一条购买记录：时间戳，用户 id，商品 id
            action="${timestamp},${user_id},${goods_id}"
            echo $action
        #将该记录输入到/tmp/1 文件，并擦除/tmp/1 原有内容
            echo $action > /tmp/1
        #将/tmp/1 复制到 HDFS 的/streaming_tmp 目录，重命名为带编号的 csv 文件，这样可以避免文件
重名
            cmd="hdfs dfs -cp file:///tmp/1 /streaming_tmp/${i}.csv"
        #执行 cmd
            $cmd
            echo $cmd
        #将 HDFS 的/streaming_tmp 下的 csv 文件移动到/streaming 目录
        #这样做是原子操作，如果直接从本地文件系统复制文件到/streaming，会引起错误
            cmd="hdfs dfs -mv /streaming_tmp/*.csv /streaming/"
            $cmd
            echo $cmd
            #sleep 1
        done
```

3．使用 DataFrame/Dataset 的 3 类 API 操作流数据

代码文件：BasicOperationStructuredStreamingExp.scala。

文件路径：/home/user/prog/examples/08/src/examples/idea/spark。

（1）代码内容

```
 1 package examples.idea.spark
 2
 3 import org.apache.spark.sql.SparkSession
 4 import org.apache.spark.sql.execution.streaming.FileStreamSource.Timestamp
 5 import org.apache.spark.sql.types.StructType
 6
 7 case class GoodsSelectionAction(time: Timestamp, user_id: Int, goods_id: Int)
 8
 9 object BasicOperationStructuredStreamingExp {
10
11
12     def main(args: Array[String]) = {
13
14         val ss = SparkSession.builder().appName("BasicOperationStructuredStreamingExp").getOr
Create()
15         ss.sparkContext.setLogLevel("ERROR")
16         import ss.implicits._
17
18         val sch = new StructType().add("time", "timestamp").add("user_id", "integer").add("goods_id",
"integer")
19         val csvStream = ss.readStream.format("csv").schema(sch).load("hdfs://scaladev:9001/
```

```
streaming")
20        csvStream.printSchema()
21
22        // untyped API
23        val userInfo01 = csvStream.select("user_id").groupBy("user_id").count().orderBy($"count".
desc)
24
25        // typed API
26        val userInfo02 = csvStream.as[GoodsSelectionAction].select("user_id").groupBy("user_id").
count().orderBy($"count".desc)
27
28        // SQL
29        csvStream.createOrReplaceTempView("tb_user_info")
30        val userInfo03 = ss.sql("SELECT user_id, COUNT(user_id) AS count FROM tb_user_info
GROUP BY user_id ORDER BY count DESC")
31
32        val rs01 = csvStream.writeStream.outputMode("update").format("console").start()
33        val rs02 = userInfo01.writeStream.outputMode("complete").format("console").start()
34        val rs03 = userInfo02.writeStream.outputMode("complete").format("console").start()
35        val rs04 = userInfo03.writeStream.outputMode("complete").format("console").start()
36
37        rs01.awaitTermination()
38        rs02.awaitTermination()
39        rs03.awaitTermination()
40        rs04.awaitTermination()
41    }
42 }
```

（2）关键代码说明

1）第 18 行，创建 Schema，用来解析 CSV 文件，如果不使用 Schema，后面 load 执行会报错。其中 time，user_id，goods_id 是列名，timestamp，integer 是列的类型；

2）第 19 行，监控指定路径 hdfs://scaladev:9001/streaming 下的新增文件，按照 CSV 格式和第 18 行传入的 Schema 进行解析，得到 DataFrame csvStream；

3）第 20 行，打印 csvStream 的 Schema，执行后，打印如下。

```
root
 |-- time: timestamp (nullable = true)
 |-- user_id: integer (nullable = true)
 |-- goods_id: integer (nullable = true)
```

4）第 23 行，使用 untyped API（操作 DataFrame 的 API）来统计每个用户的购买次数，按照降序排列；

5）第 26 行，使用 typed API（操作 Dataset 的 API）来统计每个用户的购买次数，按照降序排列。先使用 as[GoodsSelectionAction]将 DataFrame 转换成 Dataset[GoodsSelection Action]，GoodsSelectionAction 的定义在第 7 行，要注意 Schema 中数据类型（timestamp，integer）和

Dataset 中数据类型的转换（Timestamp，Int）；

📖 typed API 操作的是 Dataset，传入的是 Dataset 中的类，类中的成员和 Dataset 表的字段对应，可以直接引用，并且可以在编译时检查字段的名字和类型是否正确；

📖 untyped API 操作的是 DataFrame，传入的是 Row，表的字段需要对 Row 进行解析，并且在编译时不能发现上述错误，只能在运行时检查。

6）第 29～30 行，使用 SQL 操作来统计每个用户的购买次数，按照降序排列。需要先在 csvStream 创建临时视图 tb_user_info，然后在 tb_user_info 执行 SQL 操作。其中，GROUP BY user_id 表示对列 user_id 进行分组，值相同的归并到一起；COUNT(user_id) AS count 对 GROUP BY 之后的 user_id 列计数，统计 user_id 列中值相同的行数，并将结果列命名为 count；SELECT user_id, COUNT(user_id) AS count 表示最后返回的结果是两列，第一列是 user_id，第二列是 count；ORDER BY count DESC 表示：结果按照 count 列的值降序排列；

📖 至此，上述代码分别使用 untyped API，typed API 和 SQL 实现了每个用户的购买次数的统计功能。

7）第 32～35 行，启动上述流查询操作并输出到 Console，注意：每种查询操作不一定支持所有的输出模式；

📖 start 调用后会立即返回，不会阻塞；

📖 多个流查询操作可以并行。

8）第 37～40 行，等待流操作结束。

4．编译和打包

编译 BasicOperationStructuredStreamingExp.scala，并将其打包进入 examples.jar。

5．创建 Run/Debug Configuration

IDEA 中，单击 Run/Debug，新建 Java Application，配置如下。

- 名字为 BasicOperationStructuredStreamingExp；
- Main class 为 examples.idea.spark.BasicOperationStructuredStreamingExp；
- VM options 配置如下；

```
-Dspark.master=spark://scaladev:7077
-Dspark.jars=/home/user/prog/examples/out/artifacts/spark_examples/examples.jar
```

Working directory 为/home/user/prog/examples；

- Module 选择 08。

6．运行程序

单击 Run->Run BasicOperationStructuredStreamingExp。

7．运行脚本

```
[user@scaladev scripts]$ ./produce_goods_select_action.sh
```

8．输出

如图 8-8 所示，可以看到以下输出。

每个查询会有自己的 Batch 编号；

第一个查询会输出当前时刻新增的商品购买记录；

第二个～第四个查询会输出截止此刻，每个用户的购买次数，并按购买次数降序排列，如图 8-9 所示。

```
-------------------------------------------
Batch: 0
-------------------------------------------
+-------------------+-------+--------+
|               time|user_id|goods_id|
+-------------------+-------+--------+
|2018-11-07 16:27:02|      3|      13|
|2018-11-07 16:27:12|      0|      13|
|2018-11-07 16:27:17|      6|      15|
|2018-11-07 16:27:32|      2|      18|
|2018-11-07 16:28:47|      5|      11|
|2018-11-07 16:29:16|      1|      16|
|2018-11-07 16:29:34|      6|      15|
|2018-11-07 16:29:41|      1|      12|
```

图 8-8　IDEA 控制台查询结果

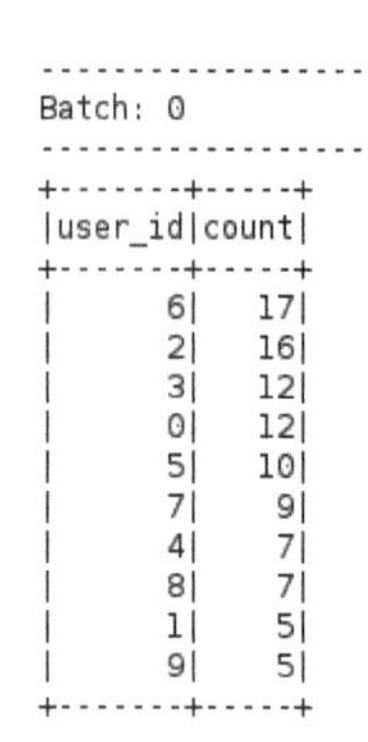

```
-------------------
Batch: 0
-------------------
+-------+-----+
|user_id|count|
+-------+-----+
|      6|   17|
|      2|   16|
|      3|   12|
|      0|   12|
|      5|   10|
|      7|    9|
|      4|    7|
|      8|    7|
|      1|    5|
|      9|    5|
+-------+-----+
```

图 8-9　IDEA 控制台查询结果

8.6　Structured Streaming Window 操作

8.5 节示例实现了某网店每个用户从程序运行时刻至当前时刻的商品购买次数的统计。如果要实现某个时间段的统计，例如，截止到此刻，1 分钟内该用户的购买次数，这个就需要用到 Structured Streaming 的 Window 操作了。

1．示例说明

本示例在 8.5 节示例的基础上，介绍如何使用 Window 操作对指定时间窗口内的流数据进行统计，并对正确性进行验证。

2．示例思路

修改 8.5 节示例的脚本，发送固定数量的商品购买记录，并保存结果，用于正确性验证；

- 编写 Structured Streaming 程序，统计以下 3 种数据：a）当前时刻 10 秒内用户的购买次数；b）截至当前时刻用户总的购买次数；c）当前时刻新增的商品购买记录，数据 b 和数据 c 用于和数据 a 对比，以验证 a 的正确性；
- 使用脚本发送过期数据，分别对比使用 Watermarking 和不使用 Watermarking 的统计结果。

3．数据源脚本

脚本文件名：window_goods_select_action.sh。

所在路径：/home/user/prog/examples/08/scripts。

脚本功能如下。

- 随机产生一条用户商品购买记录，存储成 csv 文件，格式为：“时间，用户 id，商品 id”；
- 将该文件上传到 hdfs://scaladev/streaming_tmp 目录；
- 将 hdfs://scaladev/streaming_tmp 目录下的文件移动到 hdfs://scaladev/streaming 目录；
- 总共产生 20 条记录，并将每条记录的内容统一保存到/tmp/2 文件中，用于正确性验证；

- 20 条记录发送后，再重复发送一次前面的内容，用来模拟过期数据。

脚本内容和注释如下。

```
#!/bin/bash
hdfs dfs -mkdir -p /streaming
hdfs dfs -mkdir -p /streaming_tmp
hdfs dfs -rm /streaming/*
hdfs dfs -rm /streaming_tmp/*
#生成随机数，范围是 0～（传入参数值-1）
function rand(){
        max=$1
        num=$RANDOM
        echo $(($num%$max))
}

i=0
#max 表示发送记录的调试，这里设置为 20 条，数量少，便于验证正确性
max=20
#设置 10 个用户编号，后续调用随机函数，随机生成 0～9 内的编号
user_num=10
#设置 20 种商品编号，后续调用随机函数，随机生成 0～19 内的商品编号
goods_num=20

echo "time        user_id goods_id"
#/tmp/2 用于保存所有的商品购买记录，便于后续再次发送，模拟过期数据，每次运行时，先删除
rm -rf /tmp/2
while [ $i -lt $max ] ; do
        let i+=1
#生成随机用户编号 0～9
        user_id=$(rand $user_num)
#生成随机商品编号 0～19
        goods_id=$(rand $goods_num)
#获得指定格式的时间戳
        timestamp=$(date "+%Y-%m-%d %H:%M:%S")
        #timestamp=$(date "+%m-%d %H:%M:%S")
        #timestamp="2017-$timestamp"
#生成商品购买记录，csv 格式：时间戳、用户 id、商品 id 之间使用逗号隔开
        action="${timestamp},${user_id},${goods_id}"
        echo $action
#将商品购买记录存储到固定的/tmp/1 文件，用于上传
        echo $action > /tmp/1
#将商品购买记录追加存储到/tmp/2 文件，用于后续模拟过期数据
        echo $action >> /tmp/2
#上传/tmp/1 到 HDFS 的/streaming_tmp 目录，并使用编号，对新文件重命名为：编号.csv
#采用编号，可以避免文件重名
        cmd="hdfs dfs -cp file:///tmp/1 /streaming_tmp/${i}.csv"
```

```
            $cmd
            echo $cmd
    #将 HDFS 的/streaming_tmp 目录下的 csv 文件移动到/streaming，如果直接从本地复制文件到
/streaming，
    #Structured Streaming 程序处理时会报错，mv 是移动操作，是原子的，Structured Streaming 程序
不报错
            cmd="hdfs dfs -mv /streaming_tmp/*.csv /streaming/"
            $cmd
            echo $cmd
            #sleep 1
    done
    #将之前发送的购买记录，合并到一个文件中，重新发一次模拟过期数据
    let i+=1
    cmd="hdfs dfs -cp file:///tmp/2 /streaming_tmp/${i}.csv"
    $cmd
    echo $cmd
    cmd="hdfs dfs -mv /streaming_tmp/*.csv /streaming/"
    $cmd
    echo $cmd
```

4．使用 Window 操作统计指定时间段内的流数据

代码文件名：WindowStructuredStreamingExp.scala。

代码路径：/home/user/prog/examples/08/src/examples/idea/spark。

（1）代码内容

```
1 package examples.idea.spark
2
3 import org.apache.spark.sql.SparkSession
4 import org.apache.spark.sql.execution.streaming.FileStreamSource.Timestamp
5 import org.apache.spark.sql.types.StructType
6 import org.apache.spark.sql.functions._
7
8 object WindowStructuredStreamingExp {
9
10    def main(args: Array[String]) = {
11
12      val ss = SparkSession.builder().appName("BasicOperationStructuredStreamingExp").
getOrCreate()
13      ss.sparkContext.setLogLevel("ERROR")
14      import ss.implicits._
15
16      println("eeee")
17      val sch = new StructType().add("time", "timestamp").add("user_id", "integer").add("goods_id",
"integer")
18      val csvStream = ss.readStream.format("csv").schema(sch).load("hdfs://scaladev:9001/
streaming")
```

```
19        csvStream.printSchema()
20
21        // untyped API
22        val userInfo01 = csvStream.select("user_id").groupBy("user_id").count().orderBy($"count".desc)
23
24        val userInfo02 = csvStream.
25          groupBy(window($"time", "10 second", "10 second"), $"user_id".alias("new_user_id")).
26          count().
27          orderBy($"window".desc)
28
29        val rs01 = csvStream.writeStream.outputMode("update").format("console").option("truncate",
"false").option("numRows", "30").start()
30        val rs02 = userInfo01.writeStream.outputMode("complete").format("console").option("truncate",
"false").start()
31        val rs03 = userInfo02.writeStream.outputMode("complete").format("console").option("truncate",
"false").option("numRows", "30").start()
32
33        rs01.awaitTermination()
34        rs02.awaitTermination()
35        rs03.awaitTermination()
36    }
37 }
```

（2）关键代码说明

1）第 17 行，创建 CSV 文件的 Schema 对象 sch，包括 3 列，列名分别是 time，user_id，goods_id，列类型分别是 timestamp、integer、integer"；window_goods_select_action.sh 生成的购买记录格式为时间、用户 id、商品 id，如“2018-11-08 13:47:35,7,10”是一个字符串，程序处理时，首先会按照 CSV 格式，以逗号为分隔抽出 3 个字段，第一个字段为：2018-11-08 13:47:35、第二个字段为 7，第三个字段为 10；然后将这 3 个字段（字符串）转换成 Schema 中列的类型，其中 2018-11-08 13:47:35 转换成 timestamp，7 和 10 分别转换成 integer。要注意的是：

- 待转换的字段要符合相应的格式，例如 2018-11-08 13:47:35 就是通用的时间表示方式，换成的其他格式，就不一定能转换；
- 字段的值要能转换，例如将 7 换成 a，就不能转换成数字。

总之，使用 Schema 来指定数据结构，省去了自己编写代码解析的过程，非常方便；

📖 实际使用中，数据中的 timestamp 格式不一定是标准格式，例如：20181108 13:47:35，这个就不能直接解析，可以先把它声明成 String，如下所示，

```
val sch = new StructType().add("time", "string").add("user_id", "integer").add("goods_id", "integer")
```

📖 然后，使用 DataFrame 操作的内置函数进行转换，如下面代码所示，

```
val csvStream = ss.readStream.format("csv").schema(sch).load("hdfs://scaladev:9001/streaming").
withColumn("time", to_timestamp($"time", "yyyyMMdd HH:mm:ss"))
```

to_timestamp($"time", "yyyyMMdd HH:mm:ss")是在 withColumn 内部操作的，因此称它为内置函数。该函数可以将表示时间的列（$"time"表示名字为 time 的列，它的类型是 Column）转换为 timestamp，时间格式由用户描述，例如"yyyyMMdd HH:mm:ss"，表示的就是 20181108 13:47:35 这样一种格式。对于不同的时间格式，只需要描述出来，然后调用 to_timestamp 进行转换即可；

withColumn 用来替换或新增列，第一个参数是要新增的列名，第二个参数是列引用（Column 类型）。此处，是将 time 列（原 string 类型）转换成了 timestamp 类型，然后替换已有的 time 列。

2）第 18 行，创建 CSV 流数据 csvStream，这是一个 File 数据源，指定文件格式为 CSV，传入 Schema sch，调用 load，指定监控路径；

3）第 19 行，打印 csvStream 的 Schema 信息，用于验证；

4）第 22 行，统计每个用户的购买次数，调用 select，只选择 user_id 列；调用 groupBy，对 user_id 进行分组，user_id 值相同的行聚合在一起；然后调用 count，对组内的行进行计数，得到一个新表，有两列，分别是：user_id 和 count；最后使用 orderBy，按照 count 降序排列，即购买次数最多的用户排在第一行；

5）第 24～27 行，统计每个用户截止到当前时刻，前 10 秒内的购买次数，每隔 10 秒统计一次，这样，每次统计的结果不会有重合。具体实现如下。

第一步：为 time 列的每个值创建一个时间窗口：window($"time", "10 second", "10 second")，window 是 DataFrame 操作的内部函数（它是用于 DataFrame 操作内部的，例如用在 groupBy 函数中，因此成为内部函数），它有 3 个参数：第一个参数用来指定列，它的类型是：Column，如$"time"就表示名字为 time 的列，该列应表示时间，因为要用它来生成时间创建；第二个参数是 windowDuration，它表示窗口大小，例如：某行 time 的值为：2018-11-08 13:47:49，调用 window 之后，它会将 2018-11-08 13:47:49 转换成[2018-11-08 13:47:30, 2018-11-08 13:47:40]，这就是一个 10 秒的窗口，而且起始时间、结束时间都是和 10 秒对齐的，即是 10 的整数倍，转换后，新列的名字为 window；第三个参数是 slideDuration，表示统计的时间间隔，或者窗口滑动的时间，要求 slideDuration<=windowDuration；

---

windowDuration 和 slideDuration 的类型都是 String，它们表示时间的方式如下。

```
"1 year", "1 month", "1 week", "1 day", "1 hour", "1 minute", "1 second", "1 millisecond", "1 microsecond";
```

时间的英文表示不区分单复数，例如："1 month"和"1 months"都可以。

第二步：调用 groupBy 对 window 和 user_id 这两列进行分组，这样这两列值相同的行会聚合到一起，这就实现了一个时间窗口内同一个用户的所有购买记录的聚合，$"user_id".alias("new_user_id")将分组后的 user_id 列的名字更改为 new_user_id，也就是说，groupBy 之前的列是 time，groupBy 之后的列是 window 和 new_user_id，增加了一列 window，原来的 user_id 列名更改为 new_user_id，这样做的目的是输出时和之前的表区分开来；

第三步：调用 count 进行计数，同一个用户的同一时间窗口内的记录会累加；

第四步：调用 orderBy($"window".desc)，对 window 列降序排列，这样，最新的时间窗口会排在第一行。$"window"表示 window 列，它的类型是 Column，desc 是它的一个函数，它会返回一个降序排列后的 Column。

6）第 29 行，将 csvStream 的值输出到 Console，输出模式是 update，即每次只输出 csvStream 中新增的行。option("truncate", "false")表示去除每列字宽的限制，truncate 默认是 true，会限制每列只显示 20 个字符，例如[2018-11-08 13:47:30, 2018-11-08 13:47:40]的宽度就超过了 20 个字符，如果不加 option("truncate", "false")，就会显示不全，加了 option("truncate", "false")，就会全部显示。option("numRows", "30")用来设置显示的行数，默认的行数是 20；

7）第 30 行，输出每个用户的购买次数到 Console，输出模式是 complete，每次会输出整个结果表，其他设置同上；

8）第 31 行，输出每个用户 10 秒内的购买次数到 Console，其他设置同上。

5．编译和打包

编译 WindowStructuredStreamingExp.scala、重新打包进入 examples.jar。

6．创建 Run/Debug Configuration

IDEA 中，单击 Run/Debug，新建 Java Application，配置如下。

- 名字为 WindowStructuredStreamingExp；
- Main class 为 examples.idea.spark.WindowStructuredStreamingExp；
- VM options 配置如下；

```
-Dspark.master=spark://scaladev:7077
-Dspark.jars=/home/user/prog/examples/out/artifacts/examples/examples.jar
```

- Working directory 为/home/user/prog/examples；
- Module 选择 08。

7．运行程序

单击 Run->Run WindowStructuredStreamingExp。

8．运行脚本

```
[user@scaladev scripts]$ ./window_goods_select_action.sh
```

9．输出、验证

每个查询在每个 Batch 都会有输出，具体描述如下。

csvStream Batch 0 输出如图 8-10 所示，会显示当前时刻所接收到的商品购买记录。

userInfo01 Batch 0 输出如图 8-11 所示，会显示每个用户总的购买次的数，可以看到和上面的商品记录是一致的。

```
Batch: 0
-------------------------------------------
+-------------------+-------+--------+
|time               |user_id|goods_id|
+-------------------+-------+--------+
|2018-11-08 20:31:33|4      |12      |
|2018-11-08 20:32:15|0      |16      |
|2018-11-08 20:32:34|7      |15      |
|2018-11-08 20:32:57|8      |11      |
|2018-11-08 20:30:56|9      |6       |
|2018-11-08 20:31:11|8      |9       |
|2018-11-08 20:31:56|4      |0       |
|2018-11-08 20:32:48|1      |9       |
|2018-11-08 20:33:04|2      |2       |
+-------------------+-------+--------+
```

图 8-10 IDEA 控制台查询结果

```
----------------
Batch: 0
----------------
+-------+-----+
|user_id|count|
+-------+-----+
|4      |2    |
|8      |2    |
|1      |1    |
|9      |1    |
|7      |1    |
|2      |1    |
|0      |1    |
+-------+-----+
```

图 8-11 IDEA 控制台查询结果

userInfo02 Batch 0 输出如图 8-12 所示，会显示用户在 10 秒窗口内的购买次数，其中 window，count 是新增的列，new_user_id 是 user_id 的别名。

```
-------------------------------------------
Batch: 0
-------------------------------------------
+------------------------------------------+-----------+-----+
|window                                    |new_user_id|count|
+------------------------------------------+-----------+-----+
|[2018-11-08 20:33:00, 2018-11-08 20:33:10]|2          |1    |
|[2018-11-08 20:32:50, 2018-11-08 20:33:00]|8          |1    |
|[2018-11-08 20:32:40, 2018-11-08 20:32:50]|1          |1    |
|[2018-11-08 20:32:30, 2018-11-08 20:32:40]|7          |1    |
|[2018-11-08 20:32:10, 2018-11-08 20:32:20]|0          |1    |
|[2018-11-08 20:31:50, 2018-11-08 20:32:00]|4          |1    |
|[2018-11-08 20:31:30, 2018-11-08 20:31:40]|4          |1    |
|[2018-11-08 20:31:10, 2018-11-08 20:31:20]|8          |1    |
|[2018-11-08 20:30:50, 2018-11-08 20:31:00]|9          |1    |
+------------------------------------------+-----------+-----+
```

图 8-12　IDEA 控制台查询结果

从图 8-10 中可以看到，用户 4 在 2018-11-08 20:31:33 和 2018-11-08 20:31:56 这两个时刻购买了商品；图 8-11 中显示用户 4 的购买次数是 2；图 8-12 中显示，在[2018-11-08 20:31:50, 2018-11-08 20:32:00]购买了一次，对应 2018-11-08 20:31:56 这次购买，在[2018-11-08 20:31:30, 2018-11-08 20:31:40]购买了一次，对应 2018-11-08 20:31:33 这次购买。

8.7　Structured Streaming Watermarking 操作

1．Watermarking 机制概述

流数据经过网络传输后的到达时刻具有不确定性，有的时候刚刚到达的数据其时间戳是很久以前的，对应窗口早已经完成了统计，Structured Streaming 会将当前数据依据其产生时间（数据中的时间戳），而不是到达时间来更新之前时间窗口的统计数据。但是，对于一些特别老的数据（例如一天之前的数据），再次纳入统计意义不大，因此，Structured Streaming 提供了 Watermarking 机制，可以计算出一个时间门限，时间门限表示有效数据的时刻，在这个时刻之前的数据属于过期数据，将可能被丢弃，不进行聚合操作。

2．Watermarking 时间门限的计算

Watermarking 的 API 为 withWatermark，定义如下：

```
def withWatermark(eventTime: String, delayThreshold: String): Dataset[T]
```

它有两个参数：

- eventTime，用来指定时间戳所在的列的名字，本例中列名是 time；
- delayThreshold，采用字符串的形式来描述时间，常见格式如："1 year" "1 month" "1 week" "1 day" "1 hour" "1 minute" "1 second" "1 millisecond" "1 microsecond"，不区分单复数，例如："10 year"和"10 years"都是可以的。

以此计算时间门限的公式如下所示。

```
时间门限 = 已接收数据中最新的时间戳 – delayThreshold
```

- 已接收数据中最新的时间戳会不断更新，因此，时间门限也是不断更新的；
- Watermarking 机制有两个好处：1）确保数据的时效性，太老的数据就不要再更新了；2）减少内存的开销，如果要支持流程序长期运行，如几天、几个月，那么，设置 Watermarking，可以使得程序知道何时可以把内存中的一些中间状态数据丢弃，减少开销；
- Structured Streaming 只保证如果数据的时间戳（Event time）晚于时间门限就一定会被处理；但不绝对保证哪个数据的时间戳早于时间门限一定会被丢弃，不参加聚合操作。因此，在后续的示例中，有时也会看到有的数据的时间戳早于时间门限，但仍然被处理了。

3. Watermarking 编程

下面通过示例说明 Watermarking 的使用。该示例统计某网店用户截至当前时刻 10 秒内的商品购买次数，并且以距离当前时间 2 分钟所在的时刻作为时间门限，如果购买记录的产生时间早于该门限，则认为是过期数据，可能将其丢弃，不参与统计。

示例代码如下所示，该代码是在 8.6 节示例代码的基础上修改而来的。

```
1 val userInfo02 = csvStream.

2     withWatermark("time", "2 minutes").
3     groupBy(window($"time", "10 second", "10 second"), $"user_id".alias("new_user_id")).
4     count() //.
5     //orderBy($"window".desc)
6     val rs03 = userInfo02.writeStream.outputMode("update").format("console").option("truncate",
"false").option("numRows", "30").start()
```

代码说明：

- withWatermark 是 DataFrame/Dataset 的 API，它必须在聚合操作之前调用；
- 第 2 行 withWatermark 传入的第一个参数 time 是时间戳所在的列，它表示的是事件发生时间（Event time），不是到达时间；
- 第 3 行，是 window 操作，和 8.6 节示例代码一样；
- 第 4 行，count 操作，和 8.6 节示例代码一样；
- 第 5 行，orderBy 注释掉了，这是因为 withWatermark 不支持 Complete 输出，只支持 Append/Update 输出，而这两种输出模式是不支持 orderBy 的；
- 第 6 行，输出部分的代码，这里输出模式要选择 update 或者 append，如果选择 complete，程序能运行，但是 withWatermark 不会起作用。

4. 结果分析

- 重新编译代码，并运行。
- 运行 window_goods_select_action.sh。

含有过期数据的用户商品购买记录如图 8-13 所示。

```
+-------------------+-------+--------+
|time               |user_id|goods_id|
+-------------------+-------+--------+
|2018-11-08 22:54:21|4      |16      |
|2018-11-08 22:54:27|9      |19      |
|2018-11-08 22:54:34|7      |4       |
|2018-11-08 22:54:39|0      |9       |
|2018-11-08 22:54:44|5      |4       |
|2018-11-08 22:54:53|2      |16      |
|2018-11-08 22:55:09|0      |12      |
|2018-11-08 22:55:34|6      |7       |
|2018-11-08 22:56:03|7      |14      |
|2018-11-08 22:56:29|8      |8       |
|2018-11-08 22:56:48|5      |0       |
|2018-11-08 22:57:06|3      |14      |
|2018-11-08 22:57:24|6      |19      |
|2018-11-08 22:57:45|1      |13      |
|2018-11-08 22:57:56|5      |6       |
|2018-11-08 22:58:09|8      |5       |
|2018-11-08 22:58:20|1      |12      |
|2018-11-08 22:58:34|8      |1       |
|2018-11-08 22:58:50|3      |7       |
|2018-11-08 22:59:06|6      |16      |
+-------------------+-------+--------+
```

图 8-13　含有过期数据的用户商品购买记录

此时，窗口接收的最新数据信息如图 8-14 所示，它位于|[2018-11-08 22:59:00, 2018-11-08 22:59:10]，用户编号为 6。

此购买记录的实际时间是 2018-11-08 22:59:06，如图 8-15 所示。

```
Batch: 14
-------------------------------------------
+------------------------------------------+-----------+-----+
|window                                    |new_user_id|count|
+------------------------------------------+-----------+-----+
|[2018-11-08 22:59:00, 2018-11-08 22:59:10]|6          |1    |
+------------------------------------------+-----------+-----+
```

图 8-14　最新数据

```
+-------------------+-------+--------+
|time               |user_id|goods_id|
+-------------------+-------+--------+
|2018-11-08 22:59:06|6      |16      |
+-------------------+-------+--------+
```

图 8-15　购买记录信息

由此可知，时间门限为 2018-11-08 22:59:06 至 2min=2018-11-08 22:57:06 这个区间，在 2018-11-08 22:57:06 之前的商品购买记录可能将不再处理。

处理后的结果如图 8-16 所示，因为输出模式是 update，因此下表中的每行都是有更新的，也就是说都是被处理过的。可以看到，最小的时间窗口是：[2018-11-08 22:57:00, 2018-11-08 22:57:10]，用户 ID 是 3，实际的购买记录是："2018-11-08 22:57:06，3,14"，这说明 2018-11-08 22:57:06 之前的记录都丢弃了，而 2018-11-08 22:57:06 之后（包括自身）的这些记录都被处理了。

```
+------------------------------------------+-----------+-----+
|window                                    |new_user_id|count|
+------------------------------------------+-----------+-----+
|[2018-11-08 22:57:40, 2018-11-08 22:57:50]|1          |2    |
|[2018-11-08 22:58:50, 2018-11-08 22:59:00]|3          |2    |
|[2018-11-08 22:57:00, 2018-11-08 22:57:10]|3          |2    |
|[2018-11-08 22:58:30, 2018-11-08 22:58:40]|8          |2    |
|[2018-11-08 22:57:20, 2018-11-08 22:57:30]|6          |2    |
|[2018-11-08 22:57:50, 2018-11-08 22:58:00]|5          |2    |
|[2018-11-08 22:58:00, 2018-11-08 22:58:10]|8          |2    |
|[2018-11-08 22:58:20, 2018-11-08 22:58:30]|1          |2    |
|[2018-11-08 22:59:00, 2018-11-08 22:59:10]|6          |2    |
+------------------------------------------+-----------+-----+
```

图 8-16　处理后的窗口信息

5. 注意事项

Watermarking 的使用有诸多限制，例如，输出模式必须是 Append 或 Update；必须在 event-time 列或者基于 event-time 列的 window 列上进行聚合；withWatermark 中使用的列必须是聚合操作中的 timestamp 列；withWatermark 必须在聚合操作之前调用等。

📖 这些限制随着 Spark 版本不同会有变化，因此要关注对应版本的帮助文档说明，同时要使用测试数据先行验证。

8.8　Structured Streaming JOIN 操作

JOIN 可以实现两张表的连接操作。Structured Streaming 将流数据抽象成表，不同的表进行连接操作时就可以使用 JOIN 操作。Structured Streaming 支持 Streaming（流数据）的 Dataset/DataFrame 和 Static（静态数据）Dataset/DataFrame 进行 JOIN 操作，也支持 Streaming 的 Dataset/DataFrame 同 Streaming 的 Dataset/DataFrame 进行 JOIN 操作。

📖 Structured Streaming 并不支持所有的 JOIN 类型，具体说明见对应 Spark 版本的帮助文档；

📖 不管 A、B 是 Static Dataset/DataFrame 还是 Streaming Dataset/DataFrame，对于 A JOIN B，Structured Streaming

的操作结果，都等于 C JOIN D，其中 C、D 是 Static Dataset/DataFrame，A、C 包含相同的数据，B、D 包含相同的数据。

本节将介绍两个示例：通过示例 1 用户消费金额的即时统计来说明 Streaming 数据同 Static 数据的 JOIN 操作；通过示例 2 股票成交价格计算来说明 Streaming 数据同 Streaming 数据的 JOIN 操作。

8.8.1 Streaming 数据与 Static 数据的 JOIN 操作示例

本示例将实现用户消费金额的即时统计，并以此说明 Streaming 数据同 Static 数据的 JOIN 操作使用。

1．示例实现思路

- 使用一个脚本发送用户的购买记录，来模拟用户的购买行为；
- 使用一个文件存储每个商品的价格；
- 程序将统计截止到当前时刻每个用户总的购买商品，得到每个商品的价格（读取商品价格文件，将其转换成 Static Dataset/DataFrame），以此计算每个用户此时总的花费；
- 其中，用户购买行为是 Streaming Dataset/DataFrame，商品价格是 Static Dataset/DataFrame，两者进行 JOIN 后，再按用户分组，然后对组内商品求和，即可得到每个用户的消费金额。

2．模拟用户购买行为的脚本

该脚本文件为 window_goods_select_action.sh，它会将用户购买记录传入 HDFS 的/streaming 目录。

3．生成商品信息文件

（1）商品信息文件说明

商品信息文件（goods_price.csv）是一个 CSV 文件，每行就是一个商品的价格，格式是："商品 id，商品价格"。

（2）脚本文件

goods_price.csv 由脚本 create_goods_tb.sh 生成，该脚本会生成 20 条记录，对应 20 个商品。

脚本运行后，生成的 goods_price.csv 路径为 hdfs://scaladev:9001/goods/goods_price.csv。

脚本文件路径：/home/user/prog/examples/08/scripts/create_goods_tb.sh。

脚本的内容和注释如下。

```
#!/bin/bash
#创建存储价格文件的目录/goods 和临时目录/goods_tmp
hdfs dfs -mkdir -p /goods
hdfs dfs -mkdir -p /goods_tmp
#生成前，先清除原来的文件
hdfs dfs -rm /goods/*
hdfs dfs -rm /goods_tmp/*

#随机函数，用于生成每个商品的随机价格
```

```
function rand(){
        max=$1
        num=$RANDOM
        echo $(($num%$max))
}

#表示当前的商品 id，编号从 0 开始
i=0
#商品个数，这个要和 window_goods_select_action.sh 中的商品格式一致
goods_num=20
#价格范围，生成的随机价格将在 0～9 之间
price_max=10

echo "goods_id   price"
#价格文件将先存储在本地目录/tmp 下，文件名为 goods_price，生成前，先删除原来的文件
rm -rf /tmp/goods_price
#循环生成每个商品的价格记录，并追加到/tmp/goods_price
while [ $i -lt $goods_num ] ; do
#获得商品编号
        goods_id=$i
#随机生成该商品的价格
        price=$(rand $price_max)
#构建商品价格记录，中间用逗号隔开
        price="${goods_id},${price}"
        echo $price
#将该商品价格记录，追加到/tmp/goods_price 中
        echo $price >> /tmp/goods_price
        let i+=1
done

#将本地的 goods_price 文件上传到 HDFS 的临时目录/goods_tmp 中
cmd="hdfs dfs -cp file:///tmp/goods_price /goods_tmp/goods_price.csv"
$cmd
echo $cmd
#将 HDFS 临时目录/goods_tmp 中的价格文件移动到 HDFS 的/goods 中
cmd="hdfs dfs -mv /goods_tmp/*.csv /goods/"
$cmd
echo $cmd
```

4．流处理程序代码

代码文件名：JoinStructuredStreamingExp.scala。

所在路径：/home/user/prog/examples/08/src/examples/idea/spark/。

（1）代码内容

```
1 package examples.idea.spark
2
```

```
3 import org.apache.spark.sql.SparkSession
4 import org.apache.spark.sql.types.StructType
5
6 object JoinStructuredStreamingExp {
7
8    def main(args: Array[String]) = {
9
10       val ss = SparkSession.builder().appName("BasicOperationStructuredStreamingExp").getOr
Create()
11       ss.sparkContext.setLogLevel("ERROR")
12
13       val actionSch = new StructType().add("time", "timestamp").add("user_id", "integer").add
("goods_id", "integer")
14       val actionStream = ss.readStream.format("csv").schema(actionSch).load("hdfs://scaladev:9001/
streaming")
15       actionStream.printSchema()
16
17       val goodsSch = new StructType().add("goods_id", "integer").add("price", "integer")
18       val goodsDF = ss.read.format("csv").schema(goodsSch).load("hdfs://scaladev:9001/goods")
19
20       val goodsStream = ss.readStream.format("csv").schema(goodsSch).load("hdfs://scaladev:9001/
goods")
21       goodsStream.printSchema()
22
23       // Create temp view
24       actionStream.createOrReplaceTempView("tb_action")
25       goodsDF.createOrReplaceTempView("tb_goods")
26
27       // SQL
28       val actionCount = ss.sql("SELECT time,user_id,goods_id,price FROM tb_action NATURAL
JOIN tb_goods")
29       actionCount.createOrReplaceTempView("tb_action_all")
30       val payCount = ss.sql("SELECT user_id, SUM(price) AS pay FROM tb_action_all GROUP BY
user_id ORDER BY pay DESC")
31
32       val rs01 = actionStream.writeStream.outputMode("update").format("console").start()
33       val rs02 = actionCount.writeStream.outputMode("append").format("console").start()
34       val rs03 = payCount.writeStream.outputMode("complete").format("console").start()
35
36       rs01.awaitTermination()
37       rs02.awaitTermination()
38       rs03.awaitTermination()
39    }
40 }
```

（2）关键代码说明

1）第 13～14 行，创建 File Streaming actionStream，监控 HDFS 的/streaming 目录下新

增文件，按照 Schema actionSch 和 csv 格式对文件内容进行解析，得到用户购买记录的流数据；

2）第 17～18 行，创建静态的 DataFrame goodsDF，读取 HDFS 下/goods 下文件内容，按照 Schema goodsSch 和 CSV 文件格式对文件内容进行解析，得到每个商品的价格；

3）第 24 行，调用 DataFrame 的 API，在 actionStream 上创建临时视图 tb_action，用于后续的 SQL 操作，该视图的 Schema 就是 actionSch；

4）第 25 行，调用 DataFrame 的 API，在 goodsDF 上创建临时视图 tb_goods，用于后续的 SQL 操作，该视图的 Schema 就是 goodsSch；

5）第 28 行，使用 NATURAL JOIN 对 tb_action 和 tb_goods 进行 JOIN 操作，NATURAL JOIN 会找到这两个视图中，公共列 goods_id，然后遍历 tb_action，找到每行数据（time，user_id，goods_id）中的 goods_id 的值，然后和 tb_goods 中 goods_id 的值相匹配，将值相同的两行合并成一行，并选择结果中的（time，user_id，goods_id，price）这四列。因为 tb_goods 中每条记录的 goods_id 是不同的，而且每个商品的 goods_id 都有，因此，这个 JOIN 操作对于 tb_action 中的每条记录都会在 tb_goods 中找到匹配的记录，并且只有一条；

📖 第 28 行，就是 Streaming DataFrame/Dataset 和 Static DataFrame/Dataset JOIN 的示例，采用的是 SQL 方式，也可以采用直接调用 DataFrame/Dataset 的 API join 来实现此功能。

6）第 29 行，在 JOIN 的结果 actionStream 上创建临时视图 tb_action_all，用来统计每个用户的消费金额；

7）第 30 行，统计每个用户的消费金额，使用 SQL 操作 tb_action_all，先使用 Group By 对 user_id 分组，相同的用户分为一组，然后使用 SUM 函数，对组内的 price 求和，从而得到该用户的消费金额。使用 AS 将 price 求和的结果重命名为 pay 列，得到一个新表（user_id，pay），并且按消费金额降序排列，消费最多的排第一行；

8）第 32～34 行，输出用户购买记录流数据 actionStream、用户购买记录及商品价格流数据 actionCount、用户消费金额流数据 payCount；

9）第 36～38 行，等待流数据处理结束。

5．编译、打包

编译代码、将其打包到 examples.jar 包中。

6．运行配置

创建 Run/Debug Configuration。IDEA 中，单击 Run/Debug，新建 Java Application，配置如下。

- 名字为 JoinStructuredStreamingExp；
- Main class 为 examples.idea.spark.JoinStructuredStreamingExp；

VM options 配置如下；

```
-Dspark.master=spark://scaladev:7077
-Dspark.jars=/home/user/prog/examples/out/artifacts/examples/examples.jar
```

Working directory 为/home/user/prog/examples；

- Module 选择 08。

7．生成商品价格文件

命令如下。

```
[user@scaladev scripts]$ pwd
/home/user/prog/examples/08/scripts
[user@scaladev scripts]$ ./create_goods_tb.sh
```

8．模拟用户购买行为

待 create_goods_tb.sh 生成好商品文件后，在 Linux 中新开一个终端，运行下面的命令。

```
[user@scaladev scripts]$ ./window_goods_select_action.sh
```

9．运行程序

待 window_goods_select_action.sh 能够正常打印用户的商品购买记录后，单击 Run->Run JoinStructuredStreamingExp，运行流处理程序。

10．输出、结果分析

用户购买记录流数据 actionStream 的 Batch 0 如图 8-17 所示。

用户购买商品及价格流数据 actionCount 的 Batch 0 如图 8-18 所示，可以看到，actionStream 图中的每一条购买记录都有对应的价格。

```
+-------------------+-------+--------+
|               time|user_id|goods_id|
+-------------------+-------+--------+
|2018-11-12 13:51:13|      9|      17|
|2018-11-12 13:51:21|      7|      18|
|2018-11-12 13:51:02|      0|       7|
|2018-11-12 13:51:07|      1|       3|
|2018-11-12 13:51:34|      1|       4|
+-------------------+-------+--------+
```

图 8-17　actionStreaming Batch 0 数据

```
+-------------------+-------+--------+-----+
|               time|user_id|goods_id|price|
+-------------------+-------+--------+-----+
|2018-11-12 13:51:13|      9|      17|    4|
|2018-11-12 13:51:21|      7|      18|    1|
|2018-11-12 13:51:02|      0|       7|    3|
|2018-11-12 13:51:07|      1|       3|    6|
|2018-11-12 13:51:34|      1|       4|    9|
+-------------------+-------+--------+-----+
```

图 8-18　actionCount Batch 0 数据

用户消费金额流数据 payCount 的 Batch 0 如图 8-19 所示，可以看到，每个用户的消费金额和 actionStream 图中的计算结果是一样的，而且是按照消费金额降序排列的。

```
+-------+---+
|user_id|pay|
+-------+---+
|      1| 15|
|      9|  4|
|      0|  3|
|      7|  1|
+-------+---+
```

图 8-19　payCount Batch 0 数据

11．结论

1）Streaming-Static Dataset/DataFrame 的 JOIN 操作在 API 使用和计算结果上同 Static-Static Dataset/DataFrame 的 JOIN 操作没有区别；

2）截至 Spark 2.3 版本，对于每次接收并处理后的 Batch Streaming 数据，Structured Streaming 并不会将其进行缓存用作后续的处理，因此，Streaming-Static Dataset/DataFrame 支持无状态的 JOIN，不支持有状态的 JOIN；

3）截至 Spark 2.3 版本，Streaming-Static Dataset/DataFrame 支持的 JOIN 类型是 Inner 和 Left Outer，不支持 Right Outer 和 Full Outer。

8.8.2　Streaming 数据与 Streaming 数据的 JOIN 操作示例

本示例将实现股票成交价格计算，以此说明 Streaming 数据同 Streaming 数据的 JOIN 操作使用。

1．示例描述

股票交易系统中，每只股票的价格是动态变化的，因此同一只股票，用户在不同的时刻买入，价格也会不一样。该示例将根据用户的购买记录，结合不同时间段的股票价格，来确定用户每次买入股票时的最终价格，具体思路是：首先确定用户的购买时刻，然后选择该时刻之前的最近一次股票的价格，作为用户此次股票购买的成交价。

2．示例实现思路

- 使用一个脚本发送用户的购买记录来模拟用户购买股票的行为；
- 使用另一个脚本发送股票价格来模拟股票的波动；
- 程序将统计当前时刻用户购买的股票对应的各个时间段的价格，然后，从中选出在购买时间之前且最接近购买时间的那个时间段的股票价格作为用户此次购买的股票价格；
- 具体实现上，用户购买行为是一个 Streaming Dataset/DataFrame，股票价格也是一个 Streaming Dataset/DataFrame，两者 JOIN，可以得到每只购买股票的价格，当然可能有多个，因为 Streaming-Streaming 中会缓存之前 Batch 的数据，因此，需要通过计算选择最接近购买时间的那个价格作为股票的成交价。

3．模拟用户购买行为的脚本

脚本采用 window_goods_select_action.sh，它会将用户购买记录传入 HDFS 的/streaming 目录。

4．模拟股票价格波动的脚本

（1）脚本描述

使用脚本 dynamic_goods_price.sh 来动态生成股票价格，以此模拟股票价格波动。

dynamic_goods_price.sh 会一次生成当前时刻所有股票（编号从 0～19，共计 20 支）的价格（随机），每条记录的格式：“时间戳，股票 id，价格”，存储成 CSV 文件（名字为 goods_price），一共 20 条记录，对应 20 只股票。

然后将 goods_price.csv 上传到 HDFS 的/goods_tmp 目录，重命名为{i}.csv，i 为文件编号，从 0 开始，每上传一次编号+1，这样做的目的是为了防止重名（因为，每次上传的源文件都是一样的名字），然后将该 CSV 文件从/goods_tmp 移动到/goods。

（2）脚本信息

脚本名：dynamic_goods_price.sh。

路径：/home/user/prog/examples/08/scripts。

脚本内容和注释如下。

```
#!/bin/bash
#创建 HDFS 目录/goods，用来存储股票价格文件，-p 表示如果该目录存在，才创建
hdfs dfs -mkdir -p /goods
#创建 HDFS 目录/goods_tmp，用来存储股票价格临时文件
hdfs dfs -mkdir -p /goods_tmp
#删除这两个目录中原有文件
hdfs dfs -rm /goods/*
hdfs dfs -rm /goods_tmp/*
#随机函数，用来为每只股票生成随机价格，模拟价格波动
```

```
function rand(){
        max=$1
        num=$RANDOM
        echo $(($num%$max))
}
#i 用于价格次数的计数
i=0
#j 用于股票 id 的计数
j=0
#价格波动的最大次数
max=20
#股票数量，编号从 0～19
goods_num=20
#最大价格，范围从 0～19
prices_num=20

echo "time goods_id price"
while [ $i -lt $max ] ; do
        let i+=1
#/tmp/goods_price 是本地文件，存储当前股票的价格，生成前这个文件，要先删除
        rm -rf /tmp/goods_price
        j=0
#获得当前时间，作为时间戳
        timestamp=$(date "+%Y-%m-%d %H:%M:%S")
#生成当前时间及每只股票的价格
        while [ $j -lt $goods_num ] ; do
#$j 表示股票 id，编号 0～19
                goods_id=$j
#为该股票赋一个随机价格
                price=$(rand $prices_num)
#生成 csv 格式的股票价格记录
                goods_price="${timestamp},${goods_id},${price}"
                echo $goods_price
#将该股票记录追加到/tmp/goods_price
                echo $goods_price >> /tmp/goods_price
                let j+=1
        done
#将本地的股票价格文件 goods_price 上传到 HDFS 的/goods_tmp，重命名为 i.csv，其中 i 是第几
次上传的
#编号，编号从 0 开始
        cmd="hdfs dfs -cp file:///tmp/goods_price /goods_tmp/${i}.csv"
        $cmd
        echo $cmd
#将 HDFS 的/goods_tmp 目录下文件，移动到 HDFS 的/goods 目录下
        cmd="hdfs dfs -mv /goods_tmp/*.csv /goods"
        $cmd
```

```
        echo $cmd
    done
```

5．程序代码

代码文件名：JoinStreamingToStreamingExp.scala。

文件路径：/home/user/prog/examples/08/src/examples/idea/spark/。

（1）代码内容

```
1 package examples.idea.spark
2
3 import org.apache.spark.sql.SparkSession
4 import org.apache.spark.sql.execution.streaming.FileStreamSource.Timestamp
5 import org.apache.spark.sql.types.StructType
6 import org.apache.spark.sql.functions._
7
8 case class ActionCount(action_time: Timestamp, user_id: Int, price_time: Timestamp, goods_id: Int,
price: Int, delay: BigInt)
9
10 object JoinStreamingToStreamingExp {
11
12
13    def main(args: Array[String]) = {
14
15        val ss = SparkSession.builder().appName("JoinStreamingToStreamingExp ").getOrCreate()
16        ss.sparkContext.setLogLevel("ERROR")
17        import ss.implicits._
18
19        val actionSch = new StructType().add("time", "timestamp").add("user_id", "integer").
add("goods_id", "integer")
20        val actionStream = ss.readStream.format("csv").schema(actionSch).load("hdfs://scaladev:9001/
streaming").withWatermark("time", "30 second")
21        actionStream.printSchema()
22
23        val goodsSch = new StructType().add("time", "timestamp").add("goods_id", "integer").add
("price", "integer")
24        val goodsStream = ss.readStream.format("csv").schema(goodsSch).load("hdfs://scaladev:9001/
goods").withWatermark("time", "60 second")
25        goodsStream.printSchema()
26
27        // Create temp view
28        actionStream.createOrReplaceTempView("tb_action")
29        goodsStream.createOrReplaceTempView("tb_goods")
30
31        // SQL
32        val actionCount = ss.sql("SELECT tb_action.time AS action_time,user_id,tb_goods.time AS
price_time,tb_action.goods_id,price FROM tb_action LEFT JOIN tb_goods ON " +
```

```
33            "tb_action.goods_id=tb_goods.goods_id AND " +
34            "tb_action.time >= tb_goods.time AND " +
35            "tb_action.time <= tb_goods.time + interval 30 second ").withColumn("delay", abs(unix_
timestamp($"action_time", "yyyyMMdd HH:mm:ss")-unix_timestamp($"price_time", "yyyyMMdd HH:mm: ss")))
36
37        val actionGoodsPrice = actionCount.as[ActionCount].groupByKey(a=>(a.action_time+"_"+a.
user_id+"_"+a.goods_id)).mapGroups((k, v)=>{
38            var minDelay:BigInt=1000
39            var minActionCount:ActionCount=null
40            v.foreach(a=>if(a.delay<=minDelay){minDelay=a.delay;minActionCount=a})
41            minActionCount
42        }).withColumn("action_time", from_unixtime($"action_time")).withColumn("price_time",from_
unixtime($"price_time"))
43
44
45        val rs01 = actionStream.writeStream.outputMode("update").format("console").start()
46        //val rs02 = goodsStream.writeStream.outputMode("update").format("console").start()
47        val rs03 = actionCount.writeStream.outputMode("append").format("console").start()
48        val rs04 = actionGoodsPrice.writeStream.outputMode("append").format("console").start()
49        //val rs05 = fullActionGoodsPrice.writeStream.outputMode("append").format("console").start()
50
51        rs01.awaitTermination()
52        //rs02.awaitTermination()
53        rs03.awaitTermination()
54        rs04.awaitTermination()
55        //rs05.awaitTermination()
56    }
57 }
```

（2）关键代码说明

1）第 19 行，创建用户购买记录的 Schema actionSch；

2）第 20 行，创建 File Streaming actionStream，它用于监控 HDFS 的/streaming 目录下新增文件，按照 Schema actionSch 和 CSV 格式对文件内容进行解析，得到用户购买股票记录的流数据，并使用 withWatermark，设置了 30 秒的时间限度；

- Streaming-Streaming JOIN 要求左右两侧的 Streaming Dataset/DataFrame 都有数据，这样 JOIN 才会有结果。但是，由于两侧都是 Streaming，都是动态的，因此很难保证在每个 Batch 计算时刻两侧都有数据。为了解决这个问题，Streaming-Streaming 会将当前 Batch 的 Streaming 数据作为 Streaming State 缓存起来。这样，下一个 Batch 计算时，如果一侧的数据没有更新，可以使用之前的数据；
- 为了降低缓存所导致的开销，Streaming-Streaming JOIN 同样可以使用 withWatermark 来处理过期的数据，这就是第 20 行代码为什么使用 withWatermark 的原因；
- withWatermark 设置后，如果一条股票购买记录是当前最新记录接收时间的 30 秒之前产生的，则会被丢弃，不参与后续的聚合运算。

3）第 23 行，创建股票价格记录的 Schema goodsSch；

4）第 24 行，创建 File Streaming goodsStream，它监控 HDFS 的/goods 目录下新增文件，按照 Schema goodsSch 和 csv 格式对文件内容进行解析，得到当前时刻股票价格的流数据，同样，使用 withWatermark 设置 60 秒的时间限度；

📖 因为 actionStream 和 goodsStream 流数据产生频率不一样，设置了 withWatermark 之后，goodsStream 过期的数据会被丢弃，而新的 goodsStream 又可能比 actionStream 新，不符合条件，无法使用，这样就很有可能会导致：当 actionStream 有数据时，没有合适的 goodsStream 数据，JOIN 没有结果；

📖 在测试中，设置 goodsStream 的时间限度为 30 秒，就会经常出现 JOIN 时，goodsStream 没有合适数据的现象；

📖 为了减少这种情况，将 goodsStream 的时间限度延长一倍（30 秒变 60 秒），这样，即使最新的 goodsStream 比 actionStream 新，不能用，但它还缓存了 60 秒之内的老的 goodsStream 数据，它们的时间可能比 actionStream 早，这样，就可以使用这部分 goodsStream，JOIN 就会有结果；

📖 总之，goodsStream 的时间限度设置越大，它可以缓存的旧数据就越多，JOIN 没有结果的可能性就越小，但程序进程开销就会越大，60 秒是一个经验值，需要根据时间测试结果而定。

5）第 28 行，为 actionStream 创建临时视图 tb_action，用于后续 SQL 操作；

6）第 29 行，为 goodsStream 创建临时视图 tb_goods，用于后续 SQL 操作；

7）第 32 行，为 tb_action 和 tb_goods 执行 LEFT JOIN 操作，这样，如果 tb_goods 没有匹配的数据，则用 null 填充；因为 tb_action 和 tb_goods 有同名字段 time，使用 AS 分别对它们取别名 action_time 和 price_time，用作区分；ON 后面接 join 的条件语句；

8）第 33 行，为 ON 后面的条件语句，接 JOIN 时，采用两个视图中 goods_id 字段值相同的行进行组合，这样，就可以得到购买股票的价格了，但是，同一条购买记录的股票可能会对应多个时间段的价格，后面要进一步筛选；

9）第 34～35 行，加入事件时间限制，这是 Structured Streaming 中针对 Streaming-Streaming JOIN 所加入的机制，目的就是对两个 Streaming 中数据的时间进行有效匹配。这里，tb_action.time >= tb_goods.time 表示购买股票的时间，要在股票定价的时间之后；tb_action.time <= tb_goods.time + interval 30 second 表示股票定价的时间，不能早于购买股票时间 30 秒，也就是说，如果当时买了股票，但定价是 30 秒之前，就视为无效的价格；

此外，第 35 行代码还调用 withColumn，用于新增 1 列，列名是 delay，delay 是股票购买和股票定价的时间差的绝对值。其中，abs 是绝对值函数；unix_timestamp 可以将指定列的时间戳转换成 unix 的时间戳，即 1970 年 1 月 1 日开始至今的秒数；第一个参数$"action_time"，表示列名是 action_time 的 Column；第二个参数"yyyyMMdd HH:mm:ss"用来描述列 action_time 的时间戳格式（因为"yyyyMMdd HH:mm:ss"是默认格式，此处也可以不写）；

10）第 37～43 行，确定每个用户购买股票的价格，方法如下。

第一步：先使用 groupByKey，形成一个由：a.action_time+"_"+a.user_id+"_"+a.goods_id 所构成的 Key，这样，该用户某时刻所购买的一只股票的所有行（可能对应不同的价格）的 Key 会相同，在这之前，还要先将 Dataframe 使用 as 转换成 Dataset[ActionCount]，这样，在 API 中，可以直接使用 ActionCount 的成员变量来表示字段，既方便又避免出错；

第二步：使用 mapGroups 遍历同一个 Key 的所有行，得到 delay 最小的行，这就是股票的最后定价。

📖 第 37～43 行，使用 Streaming Dataframe/Dataset 的 API 可以非常方便地实现上述功能。之所以没有使用 SQL 来实现，原因有两个：a）上述功能使用 SQL 描述十分复杂；b）由于 SQL 操作的是 Streaming 数据，在功能上相对静态数据要弱，用在静态数据上，可以实现上述功能的 SQL 语句，用在 Streaming 上会报错；

📖 而 32～35 行，使用 SQL 描述则非常简单，当然也可以使用 Streaming Dataframe/Dataset 的 API 来实现；

📖 总之，Streaming Dataframe/Dataset 提供的 SQL 和 API 这两种方式非常灵活，组合起来功能非常强大。

11）第 42 行，调用 from_unixtime 将 action_time 列和 price_time 列中原来的 unix 时间戳转换为 SQL 中的 timestamp 类型，这样，输出时的格式就是 yyyyMMdd HH:mm:ss，如果不转换，输出的是数字（秒数），不好理解。from_unixtime 转换后，再调用 withColumn，使用转换后的列分别替换之前的 action_time 列和 price_time 列；

12）第 45～49 行，分别输出各 Streaming 的数据到 Console，注意它们的输出 Mode；

13）第 51～55 行，等待各路流数据处理结束。

6．编译、打包

编译代码、将其打包到 examples.jar 包中。

7．运行配置

创建 Run/Debug Configuration，在 IDEA 中，单击 Run/Debug，新建 Java Application，配置如下。

- 名字为 JoinStreamingToStreamingExp；
- Main class 为 examples.idea.spark.JoinStreamingToStreamingExp；

VM options 配置如下；

```
-Dspark.master=spark://scaladev:7077
-Dspark.jars=/home/user/prog/examples/out/artifacts/examples/examples.jar
```

- Working directory 为/home/user/prog/examples；
- Module 选择 08。

8．模拟股票价格波动

运行 dynamic_goods_price.sh，命令如下。

```
[user@scaladev scripts]$ pwd
/home/user/prog/examples/08/scripts
[user@scaladev scripts]$ ./dynamic_goods_price.sh
```

9．模拟用户购买行为

新开一个终端，运行下面的命令。

```
[user@scaladev scripts]$ ./window_goods_select_action.sh
```

10．运行程序

待 window_goods_select_action.sh 能够正常打印用户购买记录后，单击 Run->Run JoinStreamingToStreamingExp，运行流处理程序。

11．结果分析

用户股票购买记录流数据 actionStream 的 Batch 0 如图 8-20 所示。第一列为用户购买股票的时间，第二列为用户 id，第 3 列是股票代码。

time	user_id	goods_id
2018-11-13 10:55:52	9	13
2018-11-13 10:55:59	4	17
2018-11-13 10:56:07	2	8
2018-11-13 10:56:15	4	5
2018-11-13 10:56:26	1	9

图 8-20　actionStream Batch 0 数据

用户股票购买记录及价格流数据 actionCount 的 Batch 0 如图 8-21 所示。这个表格来自用户购买记录的流数据和股票价格流数据 JOIN 的结果。可以看到，一个用户某个时刻购买的一支股票会对应多个价格，例如：2018-11-13 10:56:15，id 为 4 的用户购买了 id 为 5 的股票，对应有 3 个时刻的股票价格（3 个价格：14、9、2），最后一列 delay 为购买时间和股票价格时间之间差的绝对值。根据前置条件，所有的股票购买时刻≥股票定价时刻，但不会超过 30 秒。

action_time	user_id	price_time	goods_id	price	delay
2018-11-13 10:55:52	9	2018-11-13 10:55:51	13	7	1
2018-11-13 10:56:15	4	2018-11-13 10:56:06	5	8	9
2018-11-13 10:56:15	4	2018-11-13 10:55:59	5	14	16
2018-11-13 10:56:15	4	2018-11-13 10:56:13	5	9	2
2018-11-13 10:56:15	4	2018-11-13 10:55:51	5	2	24
2018-11-13 10:56:26	1	2018-11-13 10:56:06	9	17	20
2018-11-13 10:56:26	1	2018-11-13 10:55:59	9	4	27
2018-11-13 10:55:59	4	2018-11-13 10:55:59	17	3	0
2018-11-13 10:56:26	1	2018-11-13 10:56:13	9	7	13
2018-11-13 10:56:26	1	2018-11-13 10:56:25	9	6	1
2018-11-13 10:55:59	4	2018-11-13 10:55:51	17	0	8
2018-11-13 10:56:07	2	2018-11-13 10:56:06	8	12	1
2018-11-13 10:56:07	2	2018-11-13 10:55:59	8	2	8
2018-11-13 10:56:07	2	2018-11-13 10:55:51	8	6	16

图 8-21　actionCount Batch 0 数据

用户所购股票及最终定价流数据 actionGoodsPrice 的 Batch 0 如图 8-22 所示，可以看到，2018-11-13 10:56:15，id 为 4 的用户购买了 id 为 5 的股票，最终定价是 9，因为，此行的 delay 值最小，最接近购买时间。

action_time	user_id	price_time	goods_id	price	min_delay
2018-11-13 10:56:26	1	2018-11-13 10:56:25	9	6	1
2018-11-13 10:56:07	2	2018-11-13 10:56:06	8	12	1
2018-11-13 10:55:52	9	2018-11-13 10:55:51	13	7	1
2018-11-13 10:56:15	4	2018-11-13 10:56:13	5	9	2
2018-11-13 10:55:59	4	2018-11-13 10:55:59	17	3	0

图 8-22　actionGoodsPrice Batch 0 数据

图 8-23 为最后发送的过期数据，也就是 actionStream 接收的过期数据。可以看到，所有过期数据都打印了，并没有只打印 withWatermark 所设置的 30 秒范围内的数据，这说明 withWatermark 的处理只是针对有效期内数据的聚合操作，不影响有效期以外的数据的接收。

time	user_id	goods_id
2018-11-13 10:55:52	9	13
2018-11-13 10:55:59	4	17
2018-11-13 10:56:07	2	8
2018-11-13 10:56:15	4	5
2018-11-13 10:56:26	1	9
2018-11-13 10:56:41	7	18
2018-11-13 10:56:54	6	4
2018-11-13 10:57:20	1	4
2018-11-13 10:57:43	5	5
2018-11-13 10:58:06	0	2
2018-11-13 10:58:24	3	16
2018-11-13 10:58:40	5	7
2018-11-13 10:58:53	8	14
2018-11-13 10:59:07	0	10
2018-11-13 10:59:24	9	3
2018-11-13 10:59:38	1	9
2018-11-13 10:59:51	9	10
2018-11-13 11:00:04	8	13
2018-11-13 11:00:22	3	10
2018-11-13 11:00:36	8	4

图 8-23　actionStream 接收的过期数据

用户股票购买记录及价格流数据 actionCount 的如图 8-24 所示，此 Batch 处理的还是前面接收的 2018-11-13 11:00:36 的购买记录。

action_time	user_id	price_time	goods_id	price	delay
2018-11-13 11:00:36	8	2018-11-13 11:00:27	4	5	9
2018-11-13 11:00:36	8	2018-11-13 11:00:11	4	3	25

图 8-24　actionCount Batch 数据

用户股票购买记录及价格流数据 actionCount 的如图 8-25 所示，此 Batch 处理的是过期数据，可以看到，记录中最早的时间戳是 2018-11-13 10:59:51，在此之前的数据都丢弃了，没有处理，那么为什么会是 2018-11-13 10:59:51？原因分析如下。

action_time	user_id	price_time	goods_id	price	delay
2018-11-13 11:00:04	8	2018-11-13 10:59:42	13	8	22
2018-11-13 11:00:04	8	2018-11-13 10:59:57	13	10	7
2018-11-13 11:00:36	8	2018-11-13 11:00:27	4	5	9
2018-11-13 11:00:36	8	2018-11-13 11:00:11	4	3	25
2018-11-13 10:59:51	9	2018-11-13 10:59:42	10	2	9
2018-11-13 10:59:51	9	2018-11-13 10:59:29	10	6	22
2018-11-13 11:00:22	3	2018-11-13 11:00:11	10	11	11
2018-11-13 11:00:22	3	2018-11-13 10:59:57	10	13	25

图 8-25　actionCount Batch 数据

根据 withWatermark 的原理，当前接收数据的最新时间戳应该是：2018-11-13 11:00:36，时间限度设置的是 30 秒，因此，时间门限为 2018-11-13 11:00:06 秒，按道理，2018-11-13 11:00:06 之前的数据都应丢弃不处理，但是，根据 withWatermark 的实现机制，它只能保证 2018-11-13 11:00:06 之后的数据一定被处理，而 2018-11-13 11:00:06 之前的数据，只保证处理的可能性小，但不绝对，因此，2018-11-13 10:59:51 的记录被处理也是可以理解的；

此外，从 price_time 的时间来看，最早有：2018-11-13 10:59:29 的，按道理，每支股票的价格是一起生成的，也就是说 2018-11-13 10:59:29 时刻，应该每只股票都有一个价格，那为何只有 2018-11-13 10:59:51 时刻有一条记录，其他时刻 JOIN 为何没有结果呢？

这是因为：JOIN 时还有两个条件：action_time>=price_time，以及 action_time<=price_time+30s；2018-11-13 10:59:29 时刻的价格，最多就匹配到 2018-11-13 10:59:29+30=2018-11-13 10:59:59 的购买记录，再往后的购买记录就不匹配了，而整个表中，只有 2018-11-13 10:59:51 符合条件，其他时刻都在 2018-11-13 10:59:59 之后，自然就没有结果了；

用户所购股票及最终定价流数据 actionGoodsPrice 如图 8-26 所示，可以看到，user_id 为 9、8、3 的行，分别是图 8-25 中同一购买时刻（action_time），同一个用户（user_id），同一支股票（goods_id）的 delay 最小的行。但是，还有一个 user_id 1 的行，其时间是 2018-11-13 10:59:38，这个比图 8-27 的最早时间 2018-11-13 10:59:51 还早，为什么？

原因分析：虽然 actionGoodsPrice 是由 actionCount 转换而来，它们依赖相同的数据源 actionStream 和 goodsStream，但它们是各自独立运行的任务，因此，它们的 Batch Time 是不一样的，当它们计算时，Batch 数据可能会有差异，时间门限也有差异，因此，它们的输出结果会有差异。在这里，2018-11-13 10:59:38 是 2018-11-13 10:59:51 的前一条记录，说明 actionGoodsPrice 计算时，2018-11-13 10:59:38 在处理范围内，因此，就有如图 8-26 所示的计算结果。

```
+-------------------+-------+-------------------+--------+-----+---------+
|        action_time|user_id|         price_time|goods_id|price|min_delay|
+-------------------+-------+-------------------+--------+-----+---------+
|2018-11-13 10:59:51|      9|2018-11-13 10:59:42|      10|    2|        9|
|2018-11-13 10:59:38|      1|2018-11-13 10:59:29|       9|   15|        9|
|2018-11-13 11:00:36|      8|2018-11-13 11:00:27|       4|    5|        9|
|2018-11-13 11:00:04|      8|2018-11-13 10:59:57|      13|   10|        7|
|2018-11-13 11:00:22|      3|2018-11-13 11:00:11|      10|   11|       11|
+-------------------+-------+-------------------+--------+-----+---------+
```

图 8-26 actionGoodsPrice Batch 数据

📖 goodsStream、actionStream 不能 cache，否则会报下面的错误。

```
Exception in thread "main" org.apache.spark.sql.AnalysisException: Queries with streaming sources must be executed with writeStream.start();;
```

8.9 练习

1）Structured Streaming 的流处理过程是怎样的？

2）Structured Streaming 有哪几种输出模式？它的容错语义是怎样的？

3）仿照书中 8.2 节的示例，使用 Structured Streaming 来处理 Text 流数据。

4）仿照书中 8.3 节的示例，使用 Structured Streaming 来处理 Rate 流数据。

5）仿照书中 8.4 节的示例，使用 Structured Streaming 来处理 JSON 流数据。

6）仿照书中 8.5 节的示例，使用 DataFrame/Dataset API 来处理 Structured Streaming 流数据。

7）仿照书中 8.6 节的示例，使用 Structured Streaming Window 操作流数据。

8）仿照书中 8.7 节的示例，使用 Structured Streaming Watermarking 操作流数据。

9）仿照书中 8.8.1 节的示例，使用 Structured Streaming 完成 Streaming 数据与 Static 数据的 JOIN 操作。

10）仿照书中 8.8.2 节的示例，使用 Structured Streaming 完成 Streaming 数据与 Streaming 数据的 JOIN 操作。

第 9 章　SparkR

R 是一个开源的统计分析软件，同时也是一种编程语言。

R 是免费的，并提供源码，而其他类似的软件（如 SAS 和 SPSS）都是收费的，更不提供源码；R 提供了丰富的插件库，能够扩展出各种功能；R 还提供了强大的图形库用于数据可视化。这些特点使得 R 成为数据统计分析领域使用非常普遍的软件，尤其是在科研领域。

R 虽然可以利用 Package 实现并行计算，但实现分布式计算还是非常困难，性能和扩展性也都存在问题。尤其进入大数据时代，R 应对海量数据越来越困难。基于此，Spark 提供了 SparkR，它作为 R 的一个 Package，在 R 处理数据时可以将处理海量数据的任务交由 SparkR 提交到 Spark 集群上并行处理，得到结果后再返回给 R 进一步处理。这样，既结合了 R 算法丰富的特点，又结合了 Spark 并行处理数据的特点。

本章将着重介绍 SparkR 的基本概念和使用，内容包括：

- SparkR 是什么？为什么需要 SparkR？SparkR 和 R 语言之间的关系？
- SparkR 的技术特征、架构和处理流程？
- 如何构建 SparkR 的运行环境？
- 如何使用 Rstudio、R Shell、spark-submit 和 sparkR 来执行 R 代码？
- 如何使用 SparkR 编程？
- SparkR 的常用机器学习算子有哪些？
- 如何实现 R 和 Spark 的综合应用？

需要注意的是：本章的实验环境为 6.3.3 节所构建的“兼容 Hive 的 Spark SQL 运行环境”，使用时需要启动 Hive 元数据服务。

9.1　SparkR 基础

本节主要介绍 SparkR 的技术背景、基本概念、技术特征和运行时架构等内容。

9.1.1　为什么需要 SparkR

R 是数据分析和绘图的利器，其强大的扩展包使得 R 可以很好地进行数据处理和机器学习。但是，目前 R 是基于单机计算的，难以处理超过单机内存的数据，因此 R 不能满足海量数据处理任务的要求。针对这个问题，R 开发者开发了一些扩展包来实现并行处理，但现有的方案并不能很好地解决上述问题。

SparkR 提供了 R 语言和 Spark 集群交互的接口，可以在 R 语言中使用 Spark 的分布式数据集和多种算子高效地进行分布式数据处理，这样，就可以将大数据处理迁移到 Spark 集群上，从而很好地解决 R 处理大数据困难的问题。

9.1.2 什么是SparkR

SparkR是R的一个工具包，它提供给用户一个轻量的前端，使得用户可以在R环境中使用Spark。SparkR提供了一个可以在R语言上使用的分布式数据集SparkDataFrame，同时提供在SparkDataFrame上进行选择、过滤、聚合等操作接口，这些接口在R语言中被调用，然后转换到Spark集群上执行，最后将处理结果返回给R，可以充分利用 Spark 的并行处理能力。

📖 在Spark 2.0之前，SparkDataFrame的名字为SparkR DataFrame。本书采用的版本是Spark 2.3，因此，后续统一采用SparkDataFrame的名称。

9.1.3 SparkR和R的关系

SparkR只是扩展了R的功能，提供了可供R语言调用的Spark API。它并没有改变原有R函数的功能，也就是说，它并不会使得已有的R函数由串行变并行。

📖 SparkR不是对现有的R函数做Spark并行化，也不是要替代原有的R语言算法库；

📖 SparkR也不是实现在Spark程序中调用已有的R语言算法；

📖 SparkR只是R的一个Package，它提供一种接入Spark的工具，使得R可以用Spark来处理大数据；

📖 当然，SparkR和现有的R函数并不是完全割裂开的，SparkR支持将R函数分布到Spark集群的各个节点上并行处理数据，不同的节点使用R函数处理不同的数据，这种方式也实现了R函数的并行执行，但是，这只是数据并行，不是算法并行。

9.1.4 SparkR的技术特征

SparkR最初由AMPLab发布，目前已经成为Spark发行版的一部分，其技术特征如下。

- SparkR提供了SparkDataFrame，它是一个分布式的数据集，在这个数据集上可以进行filter、select、agg等操作，这些操作将会在Spark上运行，从而使得R具备处理大数据的能力；
- SparkR也支持将用户自定义的R函数提交到Spark集群上并行执行；
- SparkR可以利用Spark的特性接入各类数据源，这样可以扩展原有R原有的数据源范围；
- SparkR还可以使用Spark的机器学习算子，这样可以扩展R在机器学习上的功能，同时这些算子都是分布式的，因此对R的处理能力也会大大增强。

9.1.5 SparkR程序运行时架构

如果在R编程中使用了SparkR处理数据，那么把这个R程序称为SparkR程序。SparkR程序运行时的架构主要由Driver端和Executor端两部分组成，如图9-1所示。

1．Driver端

Driver 端负责解释执行在本地运行的R代码、创建 SparkSession、将需要分布式执行的R代码提交到Spark集群上执行、监控执行过程、并返回执行结果。

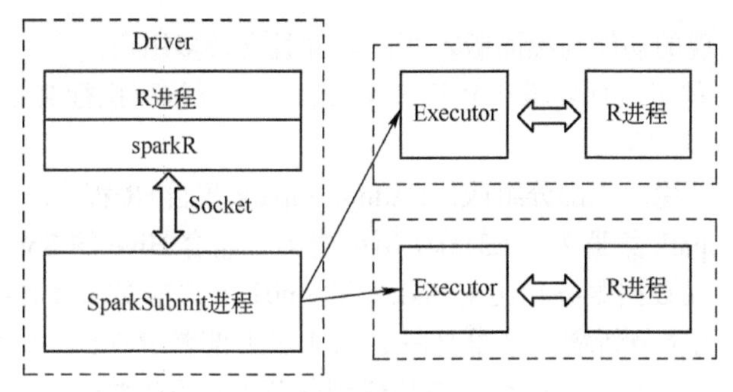

图 9-1　SparkR 架构示意图

Driver 端由两个进程组成：R 进程和 SparkSubmit 进程，说明如下。

- R 进程：即 R 语言解释器进程，它负责加载 SparkR 库，解释和执行 R 语言代码，包括纯 R 代码以及 SparkR 接口代码。执行 SparkR 接口代码时，SparkR 会通过 Socket 将相关调用信息发送给 SparkSubmit 进程；
- SparkSubmit 进程：负责监听、接收和执行来自 R 进程的调用请求。例如 SparkSubmit 接收到 sparkR.session 的调用消息后，会在当前进程中创建 SparkSession 对象。如果 SparkSubmit 接收的是 SparkDataFrame 相关的调用消息，SparkSubmit 会将其分解成若干 Spark Job，提交到 Spark 集群执行。

R 进程中的 SparkR 模块更多的是代理和翻译的功能，SparkSubmit 则负责具体的实现。

R 进程和 SparkSubmit 进程之间的交互是通过 Netty+Socket 实现的。其中，Netty 是一个异步事件驱动的网络应用程序框架，用于快速开发可维护的高性能服务器和客户端，Netty 底层采用 Socket 进行网络通信。

2．Executor 端

Executor 端负责具体执行 Driver 端提交的任务，Executor 可能有多个，所有 Executor 合并完成整个任务。Executor 端和普通 Spark 程序的 Executor 不同的是：它由 Executor 和 R 进程两部分组成，其中，Executor 用于执行 Spark 相关的逻辑，R 进程则用来解释执行 Task 中所涉及的 R 语言函数，Executor 和 R 进程之间使用 Socket 进行通信。

9.2　构建 SparkR 程序开发和运行环境

本节将构建 SparkR 程序的开发和运行环境，其架构示意图如图 9-2 所示。整个环境的架构分为 Master 和 Worker 两类角色，Master 为该环境下的分布式系统的管理者角色，如 HDFS 中的 NameNode，Spark Standalone 中的 Master，Yarn 中的 ResourceManager；Woker 为该环境下的分布式系统的工作者角色，如 HDFS 中的 DataNode，Spark Standalone 中的 Worker，Yarn 中的 NodeManager。其中虚拟机 scaladev 既运行 Master，又运行 Woker；虚拟机 vm01 只运行 Worker。对 SparkR 程序开发环境和 SparkR 程序运行环境的具体说明如下。

1．SparkR 程序开发环境

SparkR 程序的开发环境部署在 scaladev 上，包括 RStudio-server 和 R-3.5.1 两个组件。

其中，RStudio-server 是 Web 版的 R 语言集成开发环境，可以安装在远程计算机上，通过 Web 进行访问，实现的功能与桌面版本相同，并且支持多用户。

R-3.5.1 包含了 R 程序运行环境和 R 语言解释器，可以解释执行 R 语言。

2．SparkR 程序运行环境

SparkR 程序运行环境由 3 部分组成：Hadoop+Spark 集群+R 程序运行环境。

其中 Hadoop 和 Spark 集群为 6.3.3 节中所构建的“兼容 Hive 的 Spark SQL 运行环境”，使用时需要启动 Hive 元数据服务。在 scaladev 和 vm01 上都需要部署 Hadoop 和 Spark。

R 程序运行环境为本节新增，只需要在 scaladev 上部署 R-3.5.1 即可。其他节点上的 R 程序运行环境在 SparkR 程序运行时会动态传递到各节点，不需要部署。

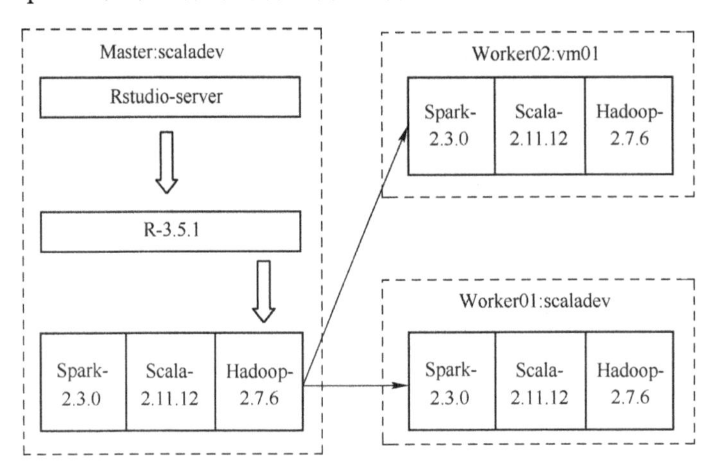

图 9-2　SparkR 开发和运行环境架构示意图

各节点软件安装情况如表 9-1 所示。

表 9-1　Spark 集群软件安装情况

节点名	安装软件情况
scaladev	Hadoop-2.7.6、Scala-2.11.12、Spark-2.3.0、R-3.5.1、Rstudio-server-1.1.456
vm01	Hadoop-2.7.6、Scala-2.11.12、Spark-2.3.0

本节“构建 SparkR 程序开发和运行环境”属于实践内容，因为后续章节会用到本节成果，所以本实践必须完成。请参考本书配套资料《Spark 大数据编程实践教程》中的“实践 11：构建 SparkR 程序开发和运行环境”完成本节任务。

9.3　SparkR 代码的执行方式

SparkR 代码的执行方式有以下 4 种。

- 在 RStudio-server 的 Web 页面上执行，可以执行 R 代码文件或者交互式执行 R 代码；
- 在 R Shell 上执行，可以执行 R 代码文件或者交互式执行 R 代码；
- 使用 spark-submit 直接提交和执行 R 代码文件；
- 在 sparkR 上交互式执行 R 代码。

下面通过示例说明上述 4 种执行方式。

9.3.1 在 RStudio-server 上执行 SparkR 代码

RStudio-server 提供了一个 Web 版的 R 语言集成开发环境。可以通过浏览器来访问 RStudio-server，输入网址：192.168.0.226:8787，其中 192.168.0.226 是 scaladev 的 IP 地址，RStudio-server 就安装在 scaladev 上，8787 是 RStudio-server 的服务端口。按下〈Enter〉键后，输入用户名（user）和密码（user），就可以看到如图 9-3 所示的 Web 界面。

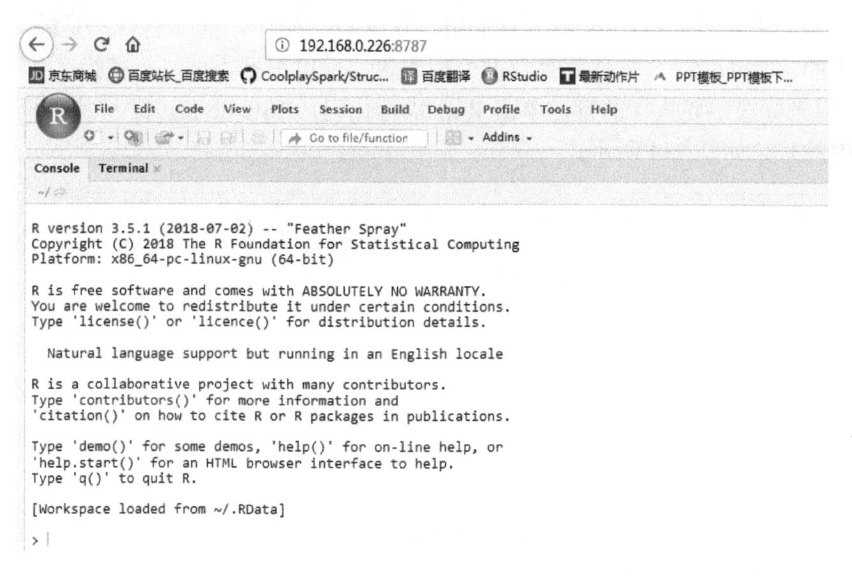

图 9-3 RStudio-server 的 Web 界面

RStudio-server 执行 SparkR 代码的方法有两种：在 R Script 中执行 SparkR 代码；在 Console 中执行 SparkR 代码。

1．在 R Script 中执行 SparkR 代码

本示例将读取 R 的内置数据集 Orange，Orange 统计了橘树的生长数据，共有 3 列：第一列 Tree 表示橘树的分级，共分 5 级，使用 1～5 表示；第二列 age 表示自 1968 年 12 月 31 日以来的天数；第 3 列表示橘树的周长，单位是毫米，示例数据如下所示。

```
> Orange
  Tree  age circumference
1    1  118            30
2    1  484            58
3    1  664            87
4    1 1004           115
5    1 1231           120
6    1 1372           142
```

本示例将在 R Script 中执行 SparkR 代码，读取 Orange 将其转换为 SparkDataFrame，并计算得到每种级别的橘树的数量，具体步骤如下。

1）在 RStudio-server 的 Web 页面中使用快捷键〈Ctrl+Shift+N〉或者选择 File->New File->R Script 新建 R 代码文件。新建的 R 代码文件名字为 UntitledXX，XX 从 1 开始编号。

2）编辑 SparkR 代码：在 Source on Save 下方的代码编辑器中输入 SparkR 代码，内容如图 9-4 所示。其中第 1 行代码用来加载 SparkR Package；第 2 行用来设置 SPARK_HOME，这样 SparkR 程序执行时知道哪里是 Spark 安装目录，从而正确使用 Spark；第 3 行设置 SparkR 程序执行时所连接的集群管理器信息和对应的 Spark Application 名称；第 4 行读取 R 的内置数据集 Orange，将其转换成 SparkDataFrame，并赋值给 df；第 5 行，对 df 的 Tree 列分组，Tree 字段相同的行将会归到一组，然后统计每组的行数，即每种级别橘树的个数，将结果赋值给 rs；第 6 行，打印 rs 前 6 项的值。这 6 行代码中，前 3 行代码是编写 SparkR 程序必须要用的，第 4、5、6 行代码是数据处理逻辑，可以根据需要进行替换。

3）使用光标选中要执行的行，单击 Run 执行代码，RStudio-server 将从上至下依次执行光标所选中的行，如图 9-4 所示。

图 9-4　R Script 代码编辑和执行界面

上述代码的执行结果如图 9-5 所示，共 5 行 3 列，第一列是行编号；第二列是 Tree，即橘树级别编号；第三列是 count，即该级别的橘树个数。

```
  Tree count
1    3     7
2    5     7
3    1     7
4    4     7
5    2     7
```

图 9-5　R Script 代码编辑和执行界面

2．在 Console 控制台上执行 SparkR 代码

RStudio-server Web 页面的 Console 控制台，支持单步执行 R 语言代码，如图 9-5 所示，输入一行代码后，按下〈Enter〉键，就会立即执行该行代码，如图 9-6 所示。

图 9-6　Console 控制台中运行代码

3．总结

在 R Script 中可以同时执行多行代码，可以把 R Script 中的代码保存成文件，在批量执行 SparkR 代码时，直接拿来使用，比较方便。在 Console 中输入一行 SparkR 代码，按下〈Enter〉键就可以立即执行，这个特性对即时验证非常好。

9.3.2 在 R Shell 上执行 SparkR 代码

R Shell 是 R 语言自带的解释器工具，它提供了两种执行 SparkR 代码的方式：1）在控制台下单步执行 SparkR 代码；2）读入 SparkR 代码文件批量执行。具体步骤如下。

1．启动 R Shell

在 Console 控制台上输入命令 R，将启动一个使用 R 语言交互的 Shell，称之为 R Shell。

```
[user@scaladev ~]$ R
```

如果命令 R Shell 启动正常，窗口中将有下面的提示。

```
Type 'demo()' for some demos, 'help()' for on-line help, or
'help.start()' for an HTML browser interface to help.
Type 'q()' to quit R.
>
```

2．单步执行执行 R 语言代码

如上所示，>是命令提示符，可以在>的右边输入 R 语言代码，按〈Enter〉键后将执行该行代码。例如，Library 是一个 R 语言函数，用来加载 Package，输入下面的代码内容，并按〈Enter〉键后，就会立即执行加载 SparkR Pacakge 的操作。

```
> library(SparkR)
```

输入命令 q()或者按〈Ctrl+d〉组合键可以退出 R Shell，如下所示。

```
> q()
```

📖 可以使用〈Tab〉键完成代码补全，例如输入 library 时，只需要输入 libr，然后按下〈Tab〉键，R Shell 就会自动补出后面的 ary，构成一个完整的 library。

3．批量执行 SparkR 代码文件

使用 R Shell 执行 SparkR 代码文件也有两种方法，具体如下。

1）方法一：在命令提示符下，使用 source 加载执行 SparkR 的示例代码文件 ts.R，如下所示。

```
> source("ts.R")
```

📖 ts.R 将 R 的内置数据集 Orange 转换成 SparkDataFrame，然后统计每种级别的橘树的个数，最后打印该列结果，代码内容如下。

```
1 library(SparkR)
2 Sys.setenv(SPARK_HOME="/home/user/spark-2.3.0-bin-hadoop2.7")
3 sparkR.session(master="spark://scaladev:7077", sparkConfig=list(spark.app.name="SparkR-Test"))
4 df <- as.DataFrame(Orange)
5 rs <- count(groupBy(df, "Tree"))
6 head(rs)
7 sparkR.session.stop()
```

ts.R 所在路径为：/home/user/prog/examples/09/01，代码 source("ts.R")由于并未指定"ts.R"路径，所以 R Shell 会在当前目录下查找 ts.R。因此，R Shell 必须在/home/user/prog/examples/09/01 启动，如果不在此路径下启动，则要在 source 中指定 ts.R 的路径。

📖 source("ts.R")执行后，head(rs)的结果并没有显示。

2）方法二：直接使用 R -f 指定 SparkR 代码文件路径，并执行该文件，命令如下。

```
[user@scaladev 01]$ R -f ts.R
```

📖 上述两种方法都需要在加载 SparkR，设置 SPARK_HOME，还要创建 Spark Session，并设置 Spark 集群管理器信息和 Spark Application 名字，如第 3 行所示；程序退出前，还要关闭 SparkSession，如第 7 行所示。

9.3.3 使用 spark-submit 执行 SparkR 代码

1．使用 spark-submit 执行 SparkR 代码文件

使用 Spark-submit 可以提交 SparkR 代码文件 newTs.R，命令行如下。

```
[user@scaladev 01]$ spark-submit --name SparkR-Test --master spark://scaladev:7077 newTs.R
```

参数说明如下：

- --name SparkR-Test --master spark://scaladev:7077，分别指定 SparkR 程序执行时 Spark Application 名称和所连接的集群管理器信息，它们作为 spark-sbumit 的参数传入，因此，在 ts.R 代码中就不需要再重复设置该信息了。
- newTs.R 将 R 内置数据集 Orange 转换为 SparkDataFrame，然后对 SparkDataFrame 中的 Tree 分类，统计每种级别的橘树个数，代码内容如下。

```
1 library(SparkR)
2 Sys.setenv(SPARK_HOME="/home/user/spark-2.3.0-bin-hadoop2.7")
3 sparkR.session()
4 df <- as.DataFrame(Orange)
5 rs <- count(groupBy(df, "Tree"))
6 head(rs)
7 sparkR.session.stop()
```

- 第 3 行创建 SparkSession 时，没有传入 SparkR 程序执行时所连接的集群管理器信息和对应的 Spark Application 名称，这是因为这两个信息在已经作为 spark-submit 的参数传入了，在代码中无需重复设置。

示例执行结果如下所示，总共有 5 行 3 列，第一列是行编号；第二列是橘树的级别编号，第三列是该级别橘树的个数。

```
  Tree count
1  3   7
2  5   7
3  1   7
4  4   7
5  2   7
```

2. 使用 spark-submit 执行带参数的 SparkR 代码文件

spark-submit 支持提交带参数的 SparkR 代码文件，这种方式可以将程序中变化的部分提取成参数，减少修改代码的几率。

示例代码 parm.R 如下所示，该示例将打印通过命令行传入的两个参数。

```
1 library(SparkR)
2 Sys.setenv(SPARK_HOME="/home/user/spark-2.3.0-bin-hadoop2.7")
3 sparkR.session()
4 args<-commandArgs(TRUE)
5 print(args[1])
6 print(args[2])
7 sparkR.session.stop()
```

使用 spark-submit 执行 parm.R，并传入两个参数 1 和 2，命令行如下。

```
[user@scaladev 01]$ spark-submit --name SparkR-Parm --master spark://scaladev:7077 parm.R 1 2
```

执行结果如下，打印的正是传入的参数 1 和 2。

```
[1] "1"
[1] "2"
```

9.3.4 在 sparkR 上执行 SparkR 代码

sparkR 是 Spark 自带的交互工具，它支持用户使用 R 语言直接调用 SparkR 接口。用户输入一行 R 语言代码后，按下〈Enter〉键，便立即执行该行代码，具体使用步骤如下。

📖 sparkR 和 SparkR 的区别是，sparkR 指交互工具，而 SparkR 指 R 语言工具包。

1）运行 sparkR；

```
[user@scaladev ~]$ sparkR --master spark://scaladev:7077
```

运行成功会输入如下提示，在>命令提示符后面输入 R 语言代码。

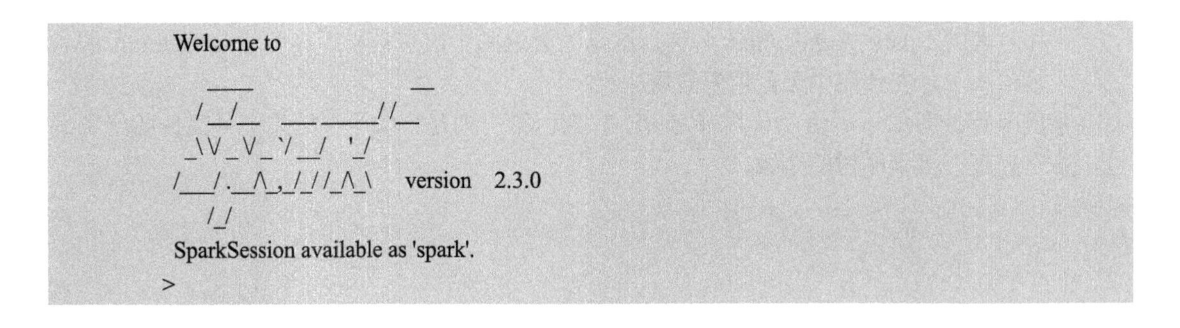

```
Welcome to
    ____              __
   / __/__  ___ _____/ /__
  _\ \/ _ \/ _ `/ __/  '_/
 /___/ .__/\_,_/_/ /_/\_\   version  2.3.0
    /_/
 SparkSession available as 'spark'.
>
```

📖 运行上面的命令后，sparkR 会自动加载 SparkR Package，自动创建 SparkSession，用户可以直接使用 SparkR 接口。

2）加载 R 语言默认的数据集 Orange（橘树数据），将其转换为 SparkDataFrame 类型数据，赋值给 df;

```
> df <- as.DataFrame(Orange)
```

📖 R 语言有很多内置数据集，使用 data()函数可以列出这些数据集的信息;

📖 使用 str(Orange)可以查看数据集的结构信息。

3）查看 df 类型，df 中有 3 列：第一列 Tree 表示橘树的分级，共分 5 级，使用 1～5 表示；第二列 age 表示自 1968 年 12 月 31 日以来的天数；第 3 列表示橘树的周长，单位是厘米。

```
> df
SparkDataFrame[Tree:string, age:double, circumference:double]
4）输出 df 中的内容，head 默认会输出前 6 项。
> head(select(df, "*"))
  Tree  age circumference

1    1  118            30
2    1  484            58
3    1  664            87
4    1 1004           115
5    1 1231           120
6    1 1372           142
```

📖 > head(select(df, "*"), 10)，可以输出前 10 项;

📖 > head(select(df, df$Tree))，可以输出指定的列;

📖 > head(filter(df, df$circumference>100))，可以过滤不符合条件的行。

9.4 SparkR 的基本使用

下面介绍 SparkR 的基本使用方法。以下示例的操作均在基于 RStudio-server Web 页面的 Console 控制台上执行。

9.4.1 SparkR 编程的基本流程

SparkR 编程的基本流程可分为 4 步：1）加载 SparkR Package；2）创建 SparkSession；3）编写数据处理逻辑代码；4）关闭 Session，具体示例如下。

1．加载 SparkR Package

```
library(SparkR)
```

2．创建 SparkSession

示例代码如下。

```
Sys.setenv(SPARK_HOME="/home/user/spark-2.3.0-bin-hadoop2.7")
sparkR.session(master="spark://scaladev:7077", sparkConfig=list(spark.app.name="wc"))
```

示例代码说明如下。

- master="spark://scaladev:7077"表示连接到 Spark 的 Standalone 集群（SparkR 也支持连接到 Yarn，将 master 的值修改为 yarn 即可）；
- sparkConfig=list(spark.app.name="wc")用来设置 Spark 运行参数。如果要设置多个参数，可以在 list 中用逗号隔开，例如 sparkConfig=list(spark.app.name="wc", spark. driver. cores="1")。其中 spark.app.name 是属性名称，"wc"是属性值，属性名和前面普通 Spark 程序设置的属性名是一样的；
- session 也可以只传入一个参数，如下所示；

```
sparkR.session(sparkConfig=list(spark.app.name="wc", spark.master="spark://scaladev:7077"));
```

- session 也可以不传入参数，如：sparkR.session()，如果命令行参数中也没有指定要连接集群管理器信息的话，SparkR 程序将以 Local 方式运行。

3．编写数据处理逻辑代码

程序初始化后，可以编写中间的数据处理逻辑代码，主要是 SparkDataFrame 的相关操作，在此不再详述。

4．关闭 Session

数据处理完毕后，程序退出前，要终止之前创建的 SparkSession 对象，如下所示。

```
sparkR.session.stop()
```

📖 1）这里使用的是 SparkR 连接到 Spark，没有使用 sparklyr;

📖 2）Sparklyr 是 R 语言的另一种接入 Spark 的方式，它和 SparkR 功能类似，两者是对等的；

📖 3）sparklyr 需要通过 spark_connect 方法连接，如下所示。

```
sc<-spark_connect(master="spark://scaladev:7077",app_name = "wc" )
```

9.4.2 创建 SparkDataFrame

SparkDataFrame 是 SparkR 中最重要的数据结构，下面介绍创建 SparkDataFrame 的 3 种

常用方法。

1．使用 as.DataFrame/createDataFrame 创建 SparkDataFrame

使用 as.DataFrame/createDataFrame 可以将 R 语言自身的 data.frame 类型的数据转换成 SparkDataFrame。下面示例演示使用 as.DataFrame/createDataFrame 两种方法，将 R 语言内置的 data.frame 类型的数据集 Orange 转换成 SparkDataFrame，并打印前 6 行的数据。具体步骤如下。

1）导入 SparkR 包；

```
> library(SparkR)
```

2）设置 JAVA_HOME 环境变量；

```
> Sys.setenv(JAVA_HOME="/home/user/jdk1.8.0_162")
```

3）设置 SPARK_HOME；

```
> Sys.setenv(SPARK_HOME="/home/user/spark-2.3.0-bin-hadoop2.7")
```

4）初始化 SparkR.session，设置程序名为 CreateSparkDataFrame，连接到 Spark Standalone 运行；

```
> sparkR.session(sparkConfig=list(spark.app.name="CreateSparkDataFrame", spark.master="spark:
//scaladev:7077"))
```

5）加载 R 语言本地数据集 Orange，创建 sparkDataFrame。

- 使用 as.DataFrame 来创建 sparkDataFrame 的代码如下。

```
> df <- as.DataFrame(Orange)
```

- 使用 createDataFrame 来创建 sparkDataFrame 的代码如下。

```
> df <- createDataFrame(Orange)
```

6）打印 df 的前 6 行，即 Orange 数据集的前 6 行数据。

```
> head(df)
```

2．使用 read.df 创建 SparkDataFrame

使用 read.df 可以读取 HDFS 上的文件，将其转换成 SparkDataFrame。目前 SparkR 内置了 JSON、CSV 和 Parquet 格式文件的支持，还支持使用第三方库加载其他数据源。

本示例先将 Orange 数据集保存为 HDFS 的/sparkr 路径下的 JSON 文件，然后调用 read.df 解析 JSON 文件，将其转换成 SparkDataFrame，并打印前 6 行数据。具体步骤如下。

1）在 HDFS 上创建/sparkr 目录；

```
[user@scaladev ~]$ hdfs dfs -mkdir /sparkr
```

2）将 Orange 数据集输出为 JSON 文件；

```
> df <- as.DataFrame(Orange)
> write.json(df, "/sparkr/orange.json")
```

3）查看输出文件；

```
/sparkr/orange.json/part-00000-e05ccc97-db4c-4c68-83b6-5d667ccfad9e-c000.json
```

4）重命名；

将/sparkr/orange.json/part-00000-e05ccc97-db4c-4c68-83b6-5d667ccfad9e-c000.json 重名为/sparkr/orange.json。

```
[user@vm01 ~]$ hdfs dfs -mv /sparkr/orange.json /sparkr/orange
[user@vm01 ~]$ hdfs dfs -mv /sparkr/orange/*.json /sparkr/orange.json
[user@vm01 ~]$ hdfs dfs -rm -r /sparkr/orange
```

5）加载 orange.json 创建 SparkDataFrame；或者使用 SQL 来加载，代码分别如下所示；

```
> orange <- read.df("/sparkr/orange.json", "json")
> orange <- sql("SELECT * FROM JSON.`/sparkr/orange.json`")
```

6）打印 Orange 数据集前 6 行数据。

```
> head(orange)
```

3．使用 SQL 创建 SparkDataFrame

使用 SQL 也可以创建 SparkDataFrame，本示例先将 Orange 数据存储为 Hive 表 orange_tb，然后通过 SQL 读取 orange_tb 来创建 SparkDataFrame，具体步骤如下。

1）先准备 Hive 表所需数据；

- 删除/sparkr 目录。

```
[user@scaladev ~]$ hdfs dfs -rm -r /sparkr
```

- 将 orange 存储为 ORC 格式，目录在/sparkr 下。

```
> write.orc(orange, "/sparkr/")
```

- 创建名字为 orange_tb 的 Hive 表，并关联 HDFS 中/sparkr 下的 ORC 格式的数据。

```
> rs <- sql("CREATE EXTERNAL TABLE IF NOT EXISTS orange_tb (tree STRING, age DOUBLE,
circumference DOUBLE) STORED AS ORC LOCATION '/sparkr'")
```

📖 因为 Hive 表无法直接加载 JSON 格式文件，因此，采用 ORC 格式文件。

2）对 oranage_tb 进行 SQL 查询，创建 SparkDataFrame；

```
> orange <- sql("SELECT * FROM orange_tb")
```

3）查看数据，即 Orange 数据集的前 6 行数据

```
> head(orange)
```

9.4.3 SparkDataFrame 的基本操作

SparkDataFrame 提供了结构化数据处理的操作，本节仍然通过对 Orange 数据集的操作来介绍 SparkDataFrame 的基本操作。完整的操作列表可以参考链接：http://spark.apache.org/docs/2.3.0/api/R/。

1．行操作

创建 SparkDataFrame。

```
> df <- as.DataFrame(Orange)
```

显示 SparkDataFrame 的类型。

```
> df
```

选择“Tree”列并打印前 6 行。

```
> head(select(df, df$Tree))
```

可以把字符串用作列名。

```
> head(select(df, "Tree"))
```

过滤出 df 中“Tree”为 1 的行。

```
> head(filter(df, df$Tree==1))
```

2．列操作

在 df 中新增一列，命令如下。

```
> df$new_age <- df$age+1
> head(df)
```

代码执行结果如下，new_age 为新增列。

```
  Tree  age circumference new_age
1    1  118            30     119
2    1  484            58     485
3    1  664            87     665
4    1 1004           115    1005
5    1 1231           120    1232
6    1 1372           142    1373
```

3．分组、聚合操作

SparkDataFrame 支持一些常见的、用于在 grouping（分组）数据后进行 aggregate（聚合）的函数。

求 age 的平均值。

```
> head(select(df, avg(df$age)))
```

求每个级别的橘树的 age 平均值。

```
> head(avg(groupBy(df, "Tree")),100)
```

统计每种级别橘树的个数。

```
> head(count(groupBy(df, "Tree")))
```

4．获取帮助

在需要获取帮助的对象前加上问号可以得到该对象的帮助描述。

例如，要获取 select 函数的帮助，在 select 前加上？即可，如下所示。

```
> ?select
```

select 帮助信息显示如下，可以看到 select 所属的 Package，select 功能描述和使用描述等信息。

```
select                  package:SparkR                  R Documentation
Select
Description:
     Selects a set of columns with names or Column expressions.

Usage:
     select(x, col, ...)
```

按下〈q〉键，可以退出帮助显示。

如果要快速获取 select 的使用示例，可以调用 example 函数，命令如下。

```
> example(select)
```

执行命令后，select 的使用示例显示如下。

```
select> ## Not run:
select> ##D    select(df, "*")
select> ##D    select(df, "col1", "col2")
select> ##D    select(df, df$name, df$age + 1)
select> ##D    select(df, c("col1", "col2"))
select> ##D    select(df, list(df$name, df$age + 1))
```

9.4.4 在 Spark 上分布式执行 R 函数

SparkR 支持将 R 函数提交的 Spark 集群上分布式执行。这里的分布式执行是指将 R 函数提交到 Spark 集群的各个节点，每个节点运行的是同一个 R 函数，只是处理的数据不同而已。并不是指将原有的 R 函数内部实现做并行化。本节将以示例形式介绍两种分布式执行 R 函数的方法：spark.lapply 和 gapply，具体描述如下。

1．使用 spark.lapply 分布式执行 R 函数

spark.lapply 支持 Spark 使用自定义的 R 函数对列表元素进行处理，函数定义如下，其中 list 是 R 语言的列表元素，func 是自定义 R 函数，func 将会在 Spark 集群的各个节点并行处理 list 数据。

```
spark.lapply(list, func)
```

spark.lapply 示例如下。

（1）示例一：将 1～100 的数字统一乘以 2

代码如下所示。

```
numList <- c(1:100)
spark.lapply(numList , function(x){2 * x})
```

代码说明如下。

📖 numList 包含 1 ~ 100 的 100 个数字，function 用来对 numList 进行处理，传入的参数 x 就是 numList 中的每个元素，返回值是 2*x。

代码执行时，可以看到执行进度如下，在 Spark 上启动了 100 个 Task 来执行该程序，100 对应 nunList 中的元素个数。

```
> spark.lapply(numList , function(x){2 * x})
[Stage 10:=====================================>                    (61 + 1) / 100]
```

代码执行结果如下，会显示乘以 2 后的各个元素的值。

```
。。。
[[19]]
[1] 38

[[20]]
[1] 40

[[21]]
[1] 42
。。。
```

（2）示例二：对 Orange 的列操作

本示例将 Orange 的 age 列乘以 2，示例代码如下。

```
> spark.lapply(Orange$age, function(x){2 * x})
```

上述代码执行时，会将 Orange 的 age 列中的每个元素作为参数 x 传入 function，function 将返回 2*x，最后组成一个新 list。执行过程显示如下，可以看到在 Spark 上启动了 35 个 Task 来执行该程序，35 正好对应 age 列元素的个数。

```
[Stage 13:==========================>                          (16 + 1) / 35]
```

2．使用 gapply 分布式执行 R 函数

gapply 可以指定列对 SparkDataFrame 进行分组，并且对每个分组应用自定义的 R 函数进行处理，R 函数会在多个分组并行执行。

（1）gapply 函数的定义

gapply 函数定义如下。

```
gapply(x, cols, func, schema)
```

其中 x 是 SparkDataFrame 对象；cols 是 x 上进行分组的列；func 是分组处理函数；schema 是返回值的 schema。gapplay 将按照 cols 进行分组，然后使用 func 对分组数据进行处理，返回新的 data.frame，该 data.frame 的 schema 要和传入的 schema 参数一致，最后多个 data.frame 合并成一个新的 SparkDataFrame。

（2）gapply 示例

该示例将使用 gapply 统计 Orange 数据集中周长大于 50 毫米的橘树的平均年龄，代码如下。

```
1 df <- as.DataFrame(Orange)
2 newDF <- filter(df, df$circumference > 50)
3 schema <- "tree STRING, avg_age DOUBLE"
4 rs <- gapply(newDF, "Tree", function(key, x) { data.frame(key, mean(x$age),stringsAsFactors =
FALSE)}, schema)
5 head(rs)
```

上述代码执行过程如下，整个代码被分成多个 Stage，每个 Stage 中又有多个 Task 并行处理。

```
> head(rs)
[Stage 97:========================================>          (53 + 1) / 75]
```

示例代码执行结果如下，共 5 行 3 列，其中第一列为行编号；第二列为橘树等级；第三列为该等级橘树的平均年龄（满足周围>50mm）。

```
  tree  avg_age
1    3 1056.167
2    5 1170.600
3    1 1056.167
4    4 1056.167
5    2 1056.167
```

代码说明如下。

1）第 1 行，将 Orange 转换成 SparkDataFrame 赋值给 df;

2）第 2 行，获得 df 表中周长大于 50mm 的行赋值给 newDF;

3）第 3 行，设置 gapply 返回值的 schema，包含两列：tree 和 avg_age，类型分别是

STRING 和 DOUBLE；

4）第 4 行，调用 gapplay，按照 Tree 列的值对 newDF 上的行进行分组，即 Tree 值相同的行为一组，总共可分为 5 组，然后应用 function 对每组进行处理。gapplay 有 4 个参数，具体说明如下：

- gapplay 第一个参数是 newDF，它是 gapply 待处理的 SparkDataFrame；
- gapplay 第二个参数是"Tree"，它是指定的分组列，即按照 Tree 列的值对 newDF 上的行进行分组，如果两行的 Tree 字段的值相同，则把这两行分到同一组；

📖 也可以使用 c 函数指定多个分组列，如 c("Tree", "age")就是将 Tree 列和 age 列组合起来对 newDF 进行分组。

- gapplay 第三个参数是 function，它是分组处理函数，有两个参数（key 和 x），说明如下：

参数 key 是分组列的值，它是 list 类型，本例中分组列是 Tree，因此会传入每个分组中 Tree 的值（同一个分组的行的 Tree 值相同，不同的分组的行的 Tree 值不同），如果是 c("Tree", "age")，传入的则是 Tree 的值和 age 的值的组合；

📖 可以使用 key[[n]]来访问 key 的第 n 个元素，本例中，只有 1 个元素，则可以使用 key[[1]]来访问第一个元素，如果是 c("Tree", "age")，则可以使用 key[[1]]来获得 Tree 的值，key[[2]]来访问 age 的值；

📖 下面的代码和示例代码中的第 4 行代码是等价的。

```
rs <- gapply(newDF, "Tree", function(key, x) { y <- data.frame(key[[1]], mean(x$age),stringsAsFactors = FALSE)}, schema)
```

参数 x 是对应分组的 data.frame，它的结构和 newDF 是一样的，但它只包含一个分组的行，newDF 则是包含了所有行。

📖 x$xx 表示 x 这个 data.frame 中的 xx 列，xx 为列名，例如 x$age 表示 x 这个 data.frame 的 age 列，x$circumference 表示 x 这个 data.frame 的 circumference 列。

function 的需要创建一个 data.frame，本例的处理逻辑是：data.frame(key, mean(x$age), stringsAsFactors = FALSE)，即根据传入的 key 和 x，构建一个新的 data.frame。

data.frame 有 3 个参数：第一个参数 key 为分组列 Tree 的值；第二个参数 mean(x$age)表示对分组中的 age 取平均值，因此，该 data.frame 有两列，第一列是分组列 Tree 的值，第二列是分组中 age 的平均值。每个 function 返回的 data.frame 最后汇总到一起，构成一个新的 SparkDataFrame，作为 gapply 的返回值；第三个参数：stringsAsFactors = FALSE。factor 是 R 语言中的一种数据类型，默认情况下，R 语言会自动将 string 类型列转换成 factor 类型列进行处理。本例中 Tree 列的类型就是 string，因此会转换成 factor 类型，而且，Tree 列在 Spark 中会被串行化，用于后续处理，但是，由于 factor 不是 Spark 所支持的串行化类型，因此，Spark 在串行化 factor 类型的数据（Tree 列）时，会报下面的错误。

```
Caused by: org.apache.spark.SparkException: R computation failed with
```

```
Error in writeType(con, serdeType) :
  Unsupported type for serialization factor
```

设置 stringsAsFactors = FALSE 后，R 语言就不会将 string 列转换成 factor 列了，也就不会有上面的报错了。

- gapplay 第四个参数是 schema，schema 是最终返回值 SparkDataFrame 的 schema，必须和 function 返回的 data.frame 的 schema 一致。

9.4.5 SQL 查询

SparkR 支持 SQL 对数据进行查询操作，下面介绍 3 个示例，它们使用 3 种不同的方法实现了 SQL 对同一数据（Orange 数据集）的查询。

1．使用 SQL 直接对文件查询

```
> rs <- sql("SELECT * FROM ORC.`/sparkr`")
> head(rs)
```

2．创建视图进行查询

读取文件生成 SparkDataFrame，并基于此创建临时视图 orange_tmp。

```
> orange <- read.orc("/sparkr")
> createOrReplaceTempView(orange, "orange_tmp")
```

在临时视图 orange_tmp 进行 SQL 查询，获取 Orange 中年龄超过 100 天的橘树。

```
> tree <- sql("SELECT * FROM orange_tmp WHERE age > 100")
> head(tree)
```

3．创建 Hive 表进行查询

该示例将创建 ORC 格式的 Hive 表，和 HDFS 目录下 ORC 格式的 Orange 数据/sparkr 关联起来，使用 SQL 查询获取 Orange 中年龄超过 100 天的橘树。

```
> rs <- sql("CREATE EXTERNAL TABLE IF NOT EXISTS orange_tb (tree STRING, age DOUBLE, circumference DOUBLE) STORED AS ORC LOCATION '/sparkr'")
> tree <- sql("SELECT * FROM orange_tb WHERE age > 100")
> head(tree)
```

9.5 SparkR 机器学习算子

SparkR 除了支持海量数据处理外，还支持 MLlib 机器学习算法，它提供了很多机器学习算子，方便用户进行机器学习的相关计算。

9.5.1 SparkR 常用的机器学习算子

SparkR 常用的机器学习算子如表 9-2 所示。

表 9-2　SparkR 常用的机器学习算子

算子类别	算子名称	说　明
分类	spark.logit	逻辑回归算法
	spark.mlp	多层感知算法 (MLP)
	spark.naiveBayes	朴素贝叶斯算法
	spark.svmLinear	线性支持向量机算法
回归	spark.survreg	加速失效时间生存模型
	spark.glm	广义线性模型
	spark.isoreg	保序回归模型
树	spark.decisionTree	回归分类的决策树模型
	spark.gbt	回归分类的梯度提升树模型
	spark.randomForest	回归分类的随机森林模型
聚类	spark.bisectingKmeans	二分 K 均值算法
	spark.gaussianMixture	高斯混合模型（GMM）
	spark.kmeans	K-Means 算法
	spark.lda	隐含狄利克雷分布（LDA）
协同过滤	spark.als	交替最小二乘算法（ALS）
频繁模式挖掘	spark.fpGrowth	FP-growth 算法
统计	spark.kstest	柯尔莫哥洛夫-斯米尔诺夫检验

具体使用可以参考 SparkR 的说明文档（http://spark.apache.org/docs/2.3.0/sparkr.html）。

9.5.2　SparkR 机器学习算子的使用

本节通过一个具体示例介绍 SparkR 机器学习算子的基本使用步骤，包括：1）在 R 语言代码中调用 SparkR 的机器学习算子；2）使用 spark-submit 命令行将 R 脚本提交到 Spark 集群，并在集群上运行。本示例在 R 语言代码中使用频繁模式挖掘算法 FP-Growth 算子对用户商品购买记录进行挖掘，从而获得用户商品购买的频繁模式集，作为下一步用户商品推荐的基础。

1．示例代码

（1）代码文件

示例代码文件名为：fpm.R。R 文件路径为/home/user/prog/examples/09/01/fpm.R。

（2）代码内容

```
1 library(SparkR)
2 Sys.setenv(SPARK_HOME="/home/user/spark-2.3.0-bin-hadoop2.7")
3 sparkR.session(master="spark://scaladev:7077", sparkConfig=list(spark.app.name="SparkR-ML-fpm"))
4 args<-commandArgs(TRUE)
5 inputDataPath=args[1]
6 frqOutPath=args[2]
```

```
 7 minSupp<-0.5
 8 minConf<-0.6
 9 inputData<-SparkR::read.text(inputDataPath)
10 df<-selectExpr(inputData,"split(value,',') AS items")
11 fpm <- spark.fpGrowth(df, itemsCol="items", minSupport=minSupp, minConfidence=minConf)
12 freq<-spark.freqItemsets(fpm)
13 freqRs<-select(freq,"items")
14 write.json(freqRs,frqOutPath)
15 sparkR.session.stop()
```

（3）代码说明

1）第 1 行，导入 SparkR 包；

2）第 2 行；设置 Spark 安装路径；

3）第 3 行，初始化 SparkR.session；设置 APP 名称及 Spark 连接方式；

4）第 4 行，设置允许从命令行接收参数；

5）第 5 行，命令行接收的第一个参数为训练数据输入路径；

6）第 6 行，命令行接收的第二个参数为频繁模式集输出路径；

7）第 7 行，设置最小支持度；

8）第 8 行，设置最小置信度；

9）第 9 行，读入训练数据；

10）第 10 行，用“，”分割数据，并把列名命名为 items；

11）第 11 行，调用 spark.fpGrowth 机器学习算子；

12）第 12 行，得到频繁模式集及其支持度；

13）第 13 行，选择频繁模式集的 items 字段；

14）第 14 行，以 JSON 格式输出频繁模式集；

15）第 15 行，停止 SparkR.session。

2．准备输入文件

该输入文件即用户的商品购买记录，具体信息如下。

输入文件名：input.txt。

文件本地路径：/home/user/prog/examples/09/01/input/input.txt。

文件内容如下。

```
1,2,5
1,2,3,5
1,2
```

其中，每一行是一条商品购买记录，每个数字就是一个商品编号，用逗号隔开。例如第 1 行“1,2,5”表示该用户一次购买了商品 1、2 和 5。

将 input.txt 上传到 HDFS 的/r/fpm/input 路径下，创建输出路径：hdfs://scaladev:9001/r/fpm/out/。

3．执行示例代码

（1）方式一：使用 spark-submit 执行示例代码

命令如下，因为在 fpm.R 中已经指定了要连接的集群管理器信息，在命令行中就不需要再指定了。

```
spark-submit fpm.R hdfs://scaladev:9001/r/fpm/input/input.txt hdfs://scaladev:9001/r/fpm/out/frq/
```

（2）执行方式二：使用 R Shell 执行示例代码

具体命令如下。

```
[user@scaladev 01]$ R -f fpmR.R
```

📖 fpmR.R 和 fpm.R 相比，将第 5 行和第 6 行的参数值写在了代码中，这样不需要传参。

4．输出文件

输出文件的路径如下所示。

```
hdfs://scaladev:9001/r/fpm/out/frq/part-00000-d8a86ea6-aab7-4f5c-ae7a-ba07d7f5e28a-c000.json
```

输出文件内容如下。

```
{"items":["5"]}
{"items":["5","1"]}
{"items":["5","1","2"]}
{"items":["5","2"]}
{"items":["1"]}
{"items":["1","2"]}
{"items":["2"]}
```

输出文件中的每一行就是一个频繁项，以第 3 行{"items":["5","1","2"]}为例，表示 5、1、2 这 3 个商品组合出现的次数>最小支持度。

9.6 利用 SparkR 实现单词统计和图形输出

R 语言的长项在于数据统计分析和绘图，Spark 的长项在于大规模数据处理。将两者结合起来可以很好地完成大数据挖掘和分析的任务。

本节以 WordCount 为例介绍将 SparkR 和 R 语言结合起来综合应用：在 Rstudio 中编写 R 程序，利用 Spark 对指定文件的进行单词统计，然后利用 R 语言的 ggplot2 绘图工具包将统计结果输出为图形。具体步骤如下。

1．安装绘图工具包

安装绘图工具包 Cario Package 步骤如下。

1）使用 yum 安装 Cario-devel，因为在 R 中安装 Cario Package 时，需要 cario.h，命令如下。

```
[root@scaladev Cairo]# yum -y install cairo-devel.x86_64
```

2）更新 freetype 库，否则 Cario 安装时会因为 freetype 的版本低报错，命令如下。

```
[root@scaladev Cairo]# yum update freetype.x86_64
```

3）在 Rstudio 中安装 ggplot2、Cairo 绘图工具包，命令如下。

```
install.packages("ggplot2")
install.packages("Cairo")
```

2．示例代码

R 文件名：wordcount.R。

文件路径：/home/user/prog/examples/09/02/。

（1）代码内容

```
1 library(SparkR)
2 library(ggplot2)
3 Sys.setenv(JAVA_HOME="/home/user/jdk1.8.0_162")
4 Sys.setenv(SPARK_HOME="/home/user/spark-2.3.0-bin-hadoop2.7")
5 #sparkR.session(master="spark://scaladev:7077", sparkConfig=list(spark.app.name="wc"))
6 sparkR.session(sparkConfig=list(spark.app.name="wc", spark.master="spark://scaladev:7077"))
7 #sc<-sparkR.session(appName = "wc")
8 df<-read.text("hdfs://scaladev:9001/r/wordcount/README")
9 words<-select(df,SparkR:::explode_outer(SparkR:::split_string(df$value,"\\/|\\t|\\(|\\)|\\||\\.|\\,|\\:|\\[|\\]|
\\?|\\--|\\;|\\!| ")))
10 wordsDF<-selectExpr(words,"col as words")
11 wordCountDF <-count(group_by(wordsDF,"words"))
12 wordCountDFs<-filter(wordCountDF,wordCountDF$words!="")
13 newDF<-filter(wordCountDFs,wordCountDFs$count>=5)
14 setLogLevel("INFO")
15 rdf<-as.data.frame(newDF)
16 library(Cairo)
17 CairoPNG(filename = 'myout.png',width = 1920, height = 1080)
18 p<-ggplot(rdf, aes(x = words, y = count))+geom_point()
19 p+theme(axis.text =element_text(size=28),axis.title.x =element_text(size=32), axis.title.y=element_
text(size=32))
20 dev.off()
21 sparkR.session.stop()
```

（2）代码说明

1）第 1～2 行，导入依赖的工具包；

2）第 3～4 行，设置环境变量；

3）第 6 行，初始化 SparkR.session，以 Standalone 方式运行；

4）第 8 行，读取指定文件（本文件为 R-3.5.1 目录下的 README 文件）；

5）第 9 行，把字符串分割为单词，并将一行的内容展开成多行；

6）第 10 行，将列名重命名为“words”；

7）第 11 行，将行相同的内容进行合并；

8）第 12 行，过滤掉单词为空的值；

9）第 13 行，选择单词数量大于 5 的单词；

10）第 14 行，设置日志显示级别为 INFO，这样会显示程序执行时的详细信息；

11）第 15 行，将 SparkDataFrame 转化为 R 语言的 data.frame；

12）第 16 行，导入绘图工具包 ggplot；

13）第 17 行，以输出图片的参数，包括文件名、图片的宽度和高度，其中 filename = 'myout.png'将会在当前目录下生成 myout.png 文件，如果要在其他路径下生成该文件，则要将输出文件的路径写全，总之，这个路径都是本地路径，不能指定 HDFS 上的路径；

14）第 18 行，以“words”为横坐标，“count”为纵坐标绘图；

15）第 19 行，设置坐标轴字号；

16）第 20 行，关闭图片；

17）第 21 行，停止 SparkR.session。

3．准备输入数据

- 在 HDFS 上创建目录：/r/wordcount；
- 将本地 README 文件（/home/user/prog/examples/10/02/input/README）上传到 HDFS 的/r/wordcount。

4．运行脚本

命令如下。

```
[user@scaladev 02]$ ./ts.sh run-spark
```

使用 spark-submit 提交，因为在代码中已经指定 master，在 spark-submit 时不需要再指定。

```
spark-submit wordcount.R
```

5．输出结果

在运行脚本的当前路径下，输出 myout.png，如图 9-7 所示。

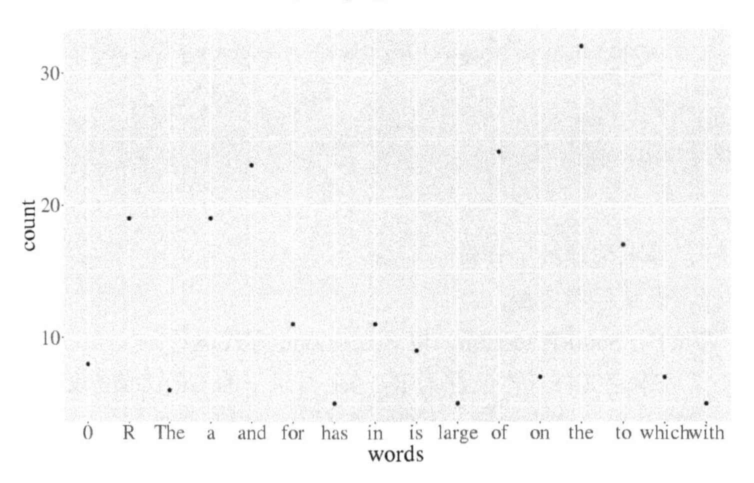

图 9-7　单词统计结果图 myout.png

9.7 练习

1）SparkR 是什么？

2）为什么需要 SparkR?

3）SparkR 和 R 语言的关系?

4）SparkR 代码有哪几种执行方式?

5）基于本书的实验环境，将 R 语言自带数据集 Orange 转换成 SparkDataFrame，并打印前 10 行数据。

6）在 SparkR 中，将 Orange 存储为 ORC 文件，存储目录为 hdfs://scaladev:9001/sparkr。然后，使用 3 种 SQL 查询方式，查询 hdfs://scaladev:9001/sparkr 下的 ORC 文件的内容。

7）使用 SparkDataFrame 求 Orange 数据集中每个级别的橘树的 age 平均值。

8）仿照书中 9.5.2 节示例，在 R 语言代码中调用 SparkR 机器学习算子，并使用 spark-submit 提交和运行该代码。

9）仿照书中 9.6 节示例，使用 SparkR 进行数据处理，使用 R 的绘图功能输出图形。

第 10 章　GraphX

GraphX 是 Spark 的图计算组件，它的底层基于 RDD 实现，可以利用 Spark 进行海量图数据的分布式并行计算。和其他分布式图计算框架相比，GraphX 最突出的特点是：拥有整个 Spark 处理数据的一站式解决方案，可以便捷、高效地完成图计算的整个作业流程。

本章将介绍图和 GraphX 的基本概念，以及 GraphX 编程方法。通过本章的学习，可具备回答或解决以下问题的能力。

- 什么是图？什么是图计算？什么是有向多重图？
- GraphX 有什么特点？
- GraphX 的架构是怎样的？
- GraphX 有哪些基本数据结构？它是如何表示图的基本元素的？
- GraphX 有哪些基本编程接口？
- 如何使用 GraphX 进行编程？
- GraphX Pregel 是什么？它的工作原理是怎样的？
- 如何使用 GraphX Pregel 进行编程？

本章将分别采用 GraphX 和 GraphX Pregel 来实现经典的最短路径算法，基于相同的数据集和测试环境进行对比测试，并对结果进行分析，分析两种方法性能差异的原因，加深读者对两种 GraphX 编程接口的掌握和理解。

本章的实验环境为 6.3.3 节所构建的“兼容 Hive 的 Spark SQL 运行环境”，使用时需要启动 Hive 元数据服务。

10.1　GraphX 基础

GraphX 与图计算密切相关，本节面向无图计算基础的初学者，介绍图计算相关的部分基础内容和 GrahpX 的基础知识。

10.1.1　图的定义和传统表示方法

1．图的定义

图（Graph，简称 G）是关系的数学表示。具体说来，图 G 由两个集合组成：非空的结点（根据使用习惯，后续统一称顶点）集 V 和有限的边集 E，其中边是指不同顶点组成的无序对。若令 $V=\{v_1,v_2,...,v_n\}$是包含 n 个顶点的集合，其中 m 条边的结合 $E=\{e_1,e_2,...e_m\}$，其中，每一条边都是集合 V 的二元素子集$\{v_i,v_j\}$。如图 10-1 所示，是一个经典的图，使用数字表示顶点，其中 V={0,1,2,3,4,5,6}，E={(0,1),(0,2),(0,3),(1,4),(2,5),(3,5),(4,6),(5,6)}。

2．图的应用

图在计算机科学、商业、社会关系、心理学和军事等多个领域应用广泛。因为从本质上讲图是对现实世界中关系（事物和事物之间的联系）的一种抽象和描述。因此，凡是涉及关系的问题都可以尝试用图来解决。很多复杂的关系问题用图来处理，往往更加简单和方便。

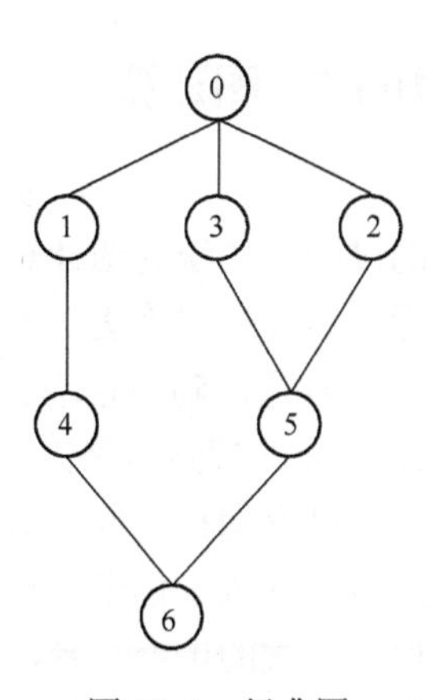

图 10-1　经典图

3．图的传统表示方法

图在计算机中的传统表示方法有邻接表（Adjacency Lists）或邻接矩阵（Adjacency Matrix）两种，具体说明如下。

（1）邻接表

邻接表由若干行组成，每一行表示一个顶点的相邻顶点的集合。图 10-1 对应的邻接表如下所示。

```
123
04
05
05
16
36
45
```

以上内容，每行的序号（行也从 0 开始编号）就是顶点的序号，例如第 0 行就表示顶点 0。每行的内容即该行对应顶点的相邻顶点的集合。如第 0 行内容为 1 2 3，表示顶点 0 的相邻顶点为 1，2，3；第 1 行内容为 0 4，表示顶点 1 的相邻顶点为 0 和 4，以此类推。

邻接表的编程实现有多种，如数组和链表，也可以存储成文件。

（2）邻接矩阵

邻接矩阵是一个固定大小的方阵，矩阵的行、列数都等于图的顶点数，将矩阵命名为 a，a[i][j]的值表示 i 顶点与 j 顶点之间是否存在着边，通常 0 和 1 来表示两种状态，0 表示不存在边，1 表示有边。图 10-1 有 7 个顶点，其邻接矩阵就有 7 行 7 列，如下所示。

```
0111000
1000100
1000010
1000010
0100001
0001001
0000110
```

该邻接矩阵的第 3 行（行从 0 开始编号）为例，其内容为：1 0 0 0 0 1 0，其中 a[3][0]=1 表示顶点 3 到顶点 0 之间有边；a[3][5]=1 表示顶点 3 到顶点 5 之间有边，其余的都为 0，则说明顶点 3 到其他顶点之间没有边，其他的以此类推。

10.1.2 图计算

图计算是指：将实际问题抽象成图问题，使用计算机系统对图数据进行处理，求解问题的过程。传统的图计算往往是基于单机的，图存储在一台计算机的内存中，然后在此基础上运行传统的图算法，求解经典的图问题，如图的遍历、搜索、匹配和最短路径求解等。

但是，随着信息技术，尤其是互联网技术的快速发展，新的图问题不断出现，例如：Google 的搜索引擎需要将全世界几十万亿个网页抽象成图的顶点，将网页之间的链接抽象成边，进行网页重要性的排名，以此决定每个网页在搜索结果中的出现顺序；社交网络分析需要对全网数十亿个顶点（人）和千百亿条边（人之间的关系）进行处理，从中挖掘出有用的信息；大的电商平台，如淘宝上有数亿的卖家和买家，每天产生数百亿的用户行为，这些都可以抽象成图的顶点，而它们之间的关系则可以抽象成图的边，这就构成了一张巨大无比的图，从中挖掘出有用的信息，可实现更好地盈利和服务用户等。

上述问题，无论是从图数据的规模还是计算量都远超单机能力，传统的图计算方法/框架等已不适用，于是很多新的图计算理论和框架应运而生，它们总的思路都是要实现图的分布式化，无论是图的存储还是计算，都将其分布到多台机器并行处理，利用多台机器的算力来解决更大规模的图问题。

因此，从狭义的角度，今天讲的图计算更多的是指：基于图并行处理模型和特定的分布式计算框架，编程实现多台计算机并行处理海量图数据求解复杂图问题的过程。

10.1.3 有向多重图

10.1.1 节中的图定义是一个最简有限图的定义，只有顶点的编号和顶点间的关系。但在实际应用中，每个顶点和每条边都可能有属性信息，而且边还区分方向，这些信息可以用一个更复杂的图——有向多重图来表示。

1．有向多重图的定义

有向多重图：在一个有限图中，从一个顶点到另一个顶点可以有多条同向的边，每个顶点和每条边都可以有属性值。

图 10-2 是一个典型的有向多重图，顶点 0 的属性值是 A；顶点 1 的属性值是 B；顶点 2 的属性值是 C；顶点 3 的属性是 D。从节点 1 到顶点 3 有两条同向边，其属性值分别是 b 和 c。

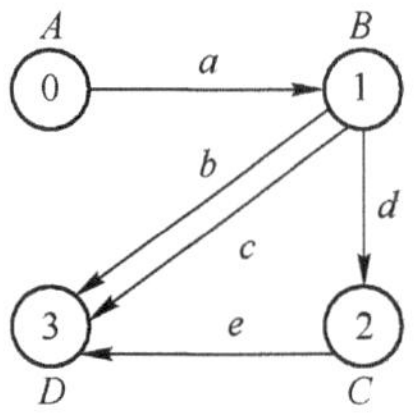

图 10-2　经典的有向多重图

2．GraphX 如何表示有向多重图

GraphX 使用弹性分布式属性图（Resilient Distributed Property Graph，后面简称属性图）来表示有向多重图。GraphX 中属性图的具体类名是 Graph（后面会详细描述 Graph 的使用）。Graph 的定义如下。

```
1 class Graph[VD, ED] {
2     val vertices: VertexRDD[VD]
3     val edges: EdgeRDD[ED]
4 }
```

上述代码中，vertices 是顶点集合，它的类型是 VertexRDD[VD]，VertexRDD[VD]扩展了 RDD[(VertexId, VD)]，VertexId 是顶点的 ID，VD 是顶点的属性类型，这是一个泛型，可以由用户自己定义。因此，vertices 依托 RDD 实现了顶点的分布式存储和计算，同时又可以自定义顶点属性类型，存储各类属性值。

Edges 是边集合，它的类型是 EdgeRDD[ED]，EdgeRDD[ED]扩展了 RDD[Edge[ED]]，Edge 是边类型，包含 srcId 和 dstId 两个成员变量，它们都是 VertexId 类型，分别表示源节点和目的顶点，因此 Edge 可以表示有向边，ED 是边属性类型，是一个泛型，可以由用户自己定义。因此，edges 依托 RDD 实现了边的分布式存储和计算，同时又可以自定义边属性类型，存储各类属性值。

10.1.4 GraphX 特性

与其他的图计算框架相比，GraphX 具有以下特性。

1．更加灵活

GraphX 将 ETL（Extract-Transform-Load 数据抽取、转换、加载），探索性分析（Exploratory Analysis）以及迭代图形计算（Iterative Graph Computation）集成到了一个系统中，在此之前，上述 3 个功能往往需要不同的工具来完成。对于同一份图数据，GraphX 既可以从集合的角度使用 RDD 高效地对图进行变换（Transform）和连接（Join），也可以使用 Pregel API（后面会详细介绍 Pregel）来编写自定义的迭代图算法。

2．处理速度更快

将 GraphX 与当前最快的图处理系统 GraphLab 进行性能对比，采用 PageRank 图算法，在相同的计算数据和迭代次数情况下，GraphX 的速度是 GraphLab 的 1.3 倍，与此同时，GraphX 还可以利用到 Spark 的灵活、容错以及易用等特性。

3．算法更丰富

GraphX 除了已有的高度灵活的 API 外，还采用了很多用户贡献的图算法（因为 Spark 开源），因此，它的图算法更为丰富，例如，PageRank（网页重要性评估）、Connected components（连通分支）、Label propagation（标签传播）等。

4．统一了表结构和图结构两种视图

对于一个图来说，它有两种基本视图：表结构视图，图结构视图。传统的图计算软件往往只能针对单一视图。但在实际中，往往需要结合这两种视图来处理。因此，通常会分别部署支持这两种视图的图计算框架。例如：部署 Hadoop 的图处理框架来处理表结构视图，同时部署 Pregel 框架来处理图结构视图。这种解决方案是不得已而为之的选择，部署过程麻烦，容易出错，而且系统间数据交换困难，开销大，计算效率也不高。

而 GraphX 则不存在上述问题，它同时支持表和图视图，可以非常轻松地实现各种操作。此外，由于 GraphX 构建在 Spark 底层框架之上，可以充分利用 Spark SQL、MLlib 的特性，从而获得更大的优势。

5．提供 Pregel API

图计算框架的共同目标是：提供抽象的 API 以简化编程实现。GraphX 同样如此，它提供了 Pregel API，可以非常方便地利用它来实现一些复杂的图算法。

目前主流的图的并行计算框架如：Google 的 Pregel、Apache 的 Giraph，以及 CMU 的

GraphLab。它们大多是基于BSP模型（Bulk Synchronous Parallel Computing Model，整体同步并行计算模型）来实现的。

📖 BSP是一种并行计算模型，用来描述和抽象如何并行完成一个计算任务。并行计算模型有很多，MapReduce也是一个并行计算模型，它将计算分解成Map和Reduce两个步骤，用于并行处理；

📖 BSP将一次计算分解成若干超步（Superstep），每个超步又分解成3个步骤：本地并发计算、全局通信和同步；

📖 BSP模型最大的好处是编程简单，存在的问题是，要等待所有节点本地计算完成以后才能进行同步。这样系统的速度取决于最慢的计算，因此计算性能可能会差一些。

10.1.5 GraphX框架

1．GraphX的组成

GraphX组成包含4层，如图10-3所示。

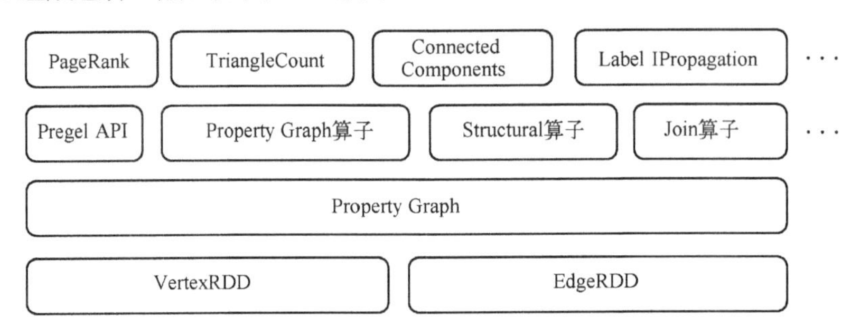

图10-3　GraphX的组成示意图

每层描述如下。

1）第一层由VertexRDD和EdgeRDD等核心抽象组成，为GraphX提供底层支撑；

2）第二层由Property Graph组成，以第一层的核心抽象为基础构建属性图；

3）第三层由各种算子和API组成，包括Property Graph算子、Structural算子、Join算子、Pregel API等；

4）第四层由图经典算法组成，有PageRank（网页排名）、Connected Components（连通分支）、Label Propagation（标签传播）和TriangleCount（三角形计数）等。

2．GraphX的实现

GraphX继承了Spark代码简洁的风格，GraphX核心代码仅三千多行，而在此之上实现的Pregel模型只有二十多行代码。整个代码重点对Partition进行了优化，以实现图数据的高效存储和计算。除此之外，GraphX还以VertexRDD和EdgeRDD为核心构建Graph，提供各种算子和Pregel API，实现了PageRank、SVDPlusPlus（奇异值分解++）和TriangleCount（三角形计数）等经典算法。

GraphX的设计充分利用了点分割和GAS（Gather Apply Scatter）模型的研究成果，并针对这些成果中的问题做了优化。

📖 点分割模型：图中的任何一条边，只存在于一台机器上，而图中的一个点，则有可能在多台机器上出现。海量图中，点数量众多，由于边是点的组合，这样，边的开销会远大于点的开销，使用点分割模型，边在同一台机器上，不做分割，这样，可以大幅降低与边相关的网络开销。但是，同一个顶点可能是多条边的公共顶点，它们可能在不同的机器上，可能会导致一致性问题。当该顶点要更新数据时，指定其中一个点为主点（Master），其他的点为虚点（Ghost），先更新主点，然后再更新所有的虚点；

📖 GAS 模型：该模型进一步优化了以节点为中心的图计算模型，以增强并行度。它将节点更新流程进一步拆分成若干子过程，这样，多个节点的更新可以使用流水线，并发完成。

GraphX 的底层设计的关键点说明如下。

- GraphX 图的存储采用点分割模型，用户可以定制点分割策略，不同的策略将导致不同的存储开销；
- GraphX 的两种视图在底层使用相同的 RDD 来存储图数据；
- GraphX 图结构视图的所有操作，最终会被转换成表结构视图上的 RDD 操作来完成。

10.2 GraphX 的基本数据结构

GraphX 的基本数据结构包括：VertexRDD、EdgeRDD 和 Graph，分别对应图抽象中的三个核心元素：点、边、图；同时还提供了一系列的算子，例如 subGraph，可以返回满足点、边条件的子图；此外，Graphx 还包含了一组不断增加的图算法和图构建集合用来简化图分析任务。本节主要介绍 VertexRDD、EdgeRDD 和 Graph 三种基本数据结构。

10.2.1 VertexRDD

1．VertexRDD 概述

Vertices 在 GraphX 中用来表示图的顶点，它的类型是 VertexRDD，VertexRDD 是顶点的分布式弹性数据集合，具有 ID 和属性值，其构造函数如下。

```
abstract class VertexRDD[VD](sc: SparkContext,deps: Seq[Dependency[_]]) extends RDD[(VertexId, VD)]
```

VertexRDD 是一个抽象类，它继承了 RDD[(VertexId, VD)]，RDD 元素的类型是（VertexId，VD）二元组，其中 VertexId 是顶点 ID，VD 是顶点属性值的数据类型，可以由用户自定义。

VertexRDD 的相关操作如表 10-1 所示，后续小节将详细介绍各种操作的使用。

表 10-1　VertexRDD 常用方法

操　作	说　明
filter(pred: Tuple2[VertexId, VD] => Boolean): VertexRDD[VD]	根据条件筛选顶点集
mapValues[VD2](map: (VertexId, VD) => VD2): VertexRDD[VD2]	对顶点的属性值进行转换
minus(other: RDD[(VertexId, VD)])	去掉在 other 中出现的顶点
diff(other: VertexRDD[VD]): VertexRDD[VD]	返回同时出现在当前 RDD 和 other 中，且 other 中的值不一样的顶点，返回的顶点的值为 other 中的值

（续）

操　作	说　明
leftJoin[VD2, VD3](other: RDD[(VertexId, VD2)])(f: (VertexId, VD, Option[VD2]) => VD3): VertexRDD[VD3]	关联两个 RDD 中相同顶点的值，如果当前顶点在 other 中不存在，则返回 None
innerJoin[U, VD2](other: RDD[(VertexId, U)])(f: (VertexId, VD, U) => VD2): VertexRDD[VD2]	返回同时出现在当前 RDD 和 other 中的顶点，其值为 f 操作返回的值
aggregateUsingIndex[VD2](other: RDD[(VertexId, VD2)], reduceFunc: (VD2, VD2) => VD2): VertexRDD[VD2]	根据与当前 RDD 中相同的 ID，将 other 中 ID 相同的值进行聚合操作

2．创建 VertexRDD

因为顶点是图的一部分，因此，要得到 VertexRDD，首先要创建 Graph，示例如下。

（1）构建 Graph

构建一个图 10-4 所示的 Graph，以此得到该 Graph 的点集合，即 VertexRDD。

构建 Graph 的步骤如下（更全的 Graph 构建方法将在 10.2.3 中讲解）。

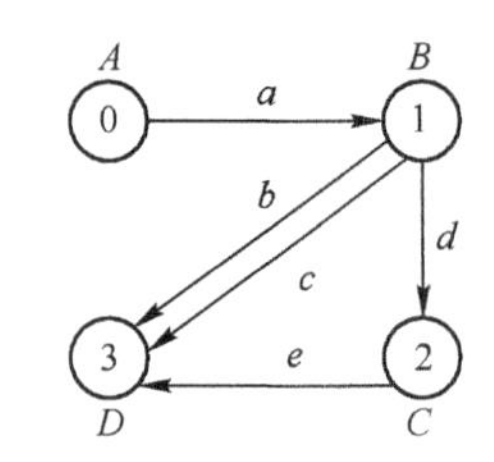

图 10-4　构建 Graph 的示例图

1）加载点数据；

```
scala> val verts = sc.makeRDD(Array((0L, "A"), (1L, "B"), (2L, "C"), (3L, "D")))
vert: org.apache.spark.rdd.RDD[(Long, String)] = ParallelCollectionRDD[2] at makeRDD at <console>:24
```

2）加载边数据；

```
scala> import org.apache.spark.graphx.Edge
scala> val edges = sc.makeRDD(Array(Edge(0L, 1L, "a"),Edge(1L, 3L, "b"), Edge(1L, 3L, "c"), Edge(1L, 2L, "d"), Edge(2L, 3L, "e")))
```

3）创建 Graph。

```
scala> import org.apache.spark.graphx.Graph
scala> val g = Graph(verts, edges)
```

（2）获得 VertexRDD

```
scala> val vertRDD = g.vertices
```

📖 Graph 的 vertices 会返回 VertexRDD。

3．VertexRDD 的基本操作

（1）filter 操作

使用 filter 过滤属性值不等于 A 的顶点，示例代码如下。

```
scala> vertRDD.filter(v=>v._2!="A").collect
res4: Array[(org.apache.spark.graphx.VertexId, String)] = Array((3,D), (1,B), (2,C))
```

（2）mapValues 操作

mapValues 可以对顶点的属性值进行转换。下面的示例可以将每个顶点属性的 ASCII 码值加 1，代码如下。

```
scala> vertRDD.mapValues(v=>((v.charAt(0)+1)).toChar).collect
res11: Array[(org.apache.spark.graphx.VertexId, Char)] = Array((0,B), (3,E), (1,C), (2,D))
```

（3）minus 操作

minus 操作可以去掉 vertRDD 出现在 otherVerts 中的顶点，示例如下。

```
scala> val otherVerts= sc.makeRDD(Array((0L, "A"), (2L, "C")))
scala> vertRDD.minus(otherVerts).collect()
res12: Array[(org.apache.spark.graphx.VertexId, String)] = Array((3,D), (1,B))
```

（4）diff 操作

diff 操作可以获得同时出现在 otherVerts 和 vertRDD 中且属性值不同的顶点，且该顶点的值为 vertRDD 顶点的属性值，示例如下。

```
scala> val otherVerts= sc.makeRDD(Array((0L, "A"), (2L, "E")))
scala> vertRDD.diff(otherVerts).collect()
res24: Array[(org.apache.spark.graphx.VertexId, String)] = Array((2,E))
```

📖 diff 先会计算 vertRDD 和 otherVerts 都存在的顶点，然后留下 otherVerts 中属性值不一样的顶点。图 10-4 中，0 和 2 是 vertRDD 和 otherVerts 都存在的顶点，otherVerts 中(2L, "E")的属性值 E 和 vertRDD 中(2L, "C")属性值 C 不同，因此，留下(2L, "E")作为返回值。

（5）leftJoin 操作

leftJoin 会用第一个 RDD 中顶点的 ID 去匹配第二个 RDD 中的顶点。如果当前顶点在第二个 RDD 中不存在，则返回 None，如果存在，则进行 f 函数计算。

f 的输入参数是一个三元组（vid, vd1, vd2），vid 表示第一个 RDD 中顶点的 ID，vd1 是第一个 RDD 中该 ID 对应顶点的值，vd2 是第二个 RDD 中该 ID 对应顶点的值，它是 Option 类型，因为可能匹配不到值，示例如下。

```
scala> val otherVerts= sc.makeRDD(Array((0L, "A"), (2L, "E"), (4L, "F")))
scala> vertRDD.leftJoin(otherVerts)((vid, vd1, vd2)=>vd1+":"+vd2.getOrElse("NoneValue")).collect
res29: Array[(org.apache.spark.graphx.VertexId, String)] = Array((0,A:A), (3,D:NoneValue), (1,B:None
Value), (2,C:E))
```

（6）innerJoin 操作

innerJoin 方法用于返回同时出现在两个 RDD 中的顶点，使用 f 函数对 ID 相同的顶点值进行操作，f 的输入参数是一个三元组（vid, vd1, vd2），vid 表示第一个 RDD 中顶点的 ID，vd1 是第一个 RDD 中该 ID 对应顶点的值，vd2 是第二个 RDD 中该 ID 对应顶点的值，注意，vd2 不是 Option 类型，因为 vd2 是肯定可以取得到值的。

```
scala> vertRDD.innerJoin(otherVerts)((vid, vd1, vd2)=>vd1+":"+vd2).collect
res31: Array[(org.apache.spark.graphx.VertexId, String)] = Array((0,A:A), (2,C:E))
```

10.2.2 EdgeRDD

1. EdgeRDD 说明

Edges 在 GraphX 中用来表示图的边，它的类型是 EdgeRDD，EdgeRDD 是边的分布式弹性数据集合，EdgeRDD 定义如下，它是一个抽象类，扩展了 RDD[Edge[ED]]。

```
abstract class EdgeRDD[ED](sc: SparkContext,deps: Seq[Dependency[_]]) extends RDD[Edge[ED]]
```

RDD[Edge[ED]]的元素类型是 Edge[ED]，其中，Edge 由源顶点 ID、目的顶点 ID、边属性三元组（srcID，dstID，attr）组成，ED 是边属性值的数据类型，可以由用户自定义，具体代码如下。

```
case class Edge[@specialized(Char, Int, Boolean, Byte, Long, Float, Double) ED] (var srcId: VertexId =
0,var dstId: VertexId = 0,var attr: ED = null.asInstanceOf[ED])
```

EdgeRDD 常用操作如表 10-2 所示。

表 10-2 EdgeRDD 常用方法

方　法	说　明
mapValues[ED2](f: Edge[ED] => ED2): EdgeRDD[ED2]	对边的属性值进行转换
reverse: EdgeRDD[ED]	把边的源顶点 ID 和目的顶点 ID 交换
innerJoin[ED2: ClassTag, ED3: ClassTag](other: EdgeRDD[ED2])(f: (VertexId, VertexId, ED, ED2) => ED3): EdgeRDD[ED3]	实现两个 EdgeRDD 的内连接功能

2. 创建 EdgeRDD

首先创建一个名为 g 的图，如图 10-5 所示，创建命令可参考 10.2.1 节。

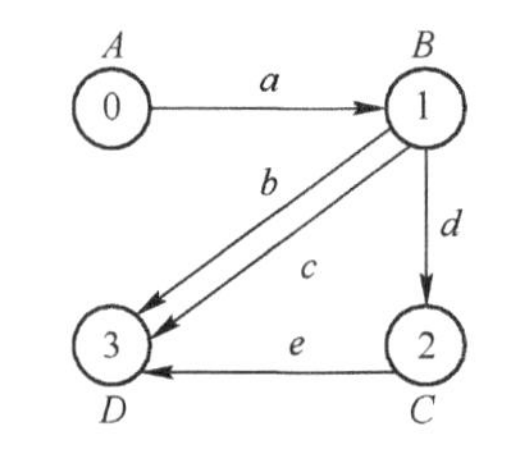

图 10-5 构建 Graph 的示例图 g

图 g 创建好后，得到 EdgeRDD。

```
scala> val edgeRDD = g.edges
```

接下来以此图为例讲解 EdgeRDD 的常用操作。

3. mapValues 操作

mapValues 可以对边的源顶点 ID、目的顶点 ID 和边属性值进行转换。

本示例对 EdgeRDD 每条边的长度值加 5，具体语句如下。

```
scala> edgeRDD.mapValues(it=>it.attr+"v").collect()
res17: Array[org.apache.spark.graphx.Edge[String]] = Array(Edge(0,1,av), Edge(1,3,bv), Edge(1,3,cv),
Edge(1,2,dv), Edge(2,3,ev))
```

4. reverse 操作

reverse 可以交换边的源顶点 ID 和目的顶点 ID，实质就是转换边的方向。

本示例将调用 edgeRDD 的 reverse 使得 edgeRDD 中的边转换方向，具体语句如下。

```
scala> edgeRDD.reverse.collect()
res18: Array[org.apache.spark.graphx.Edge[String]] = Array(Edge(1,0,a), Edge(3,1,b), Edge(3,1,c), Edge(2,1,d), Edge(3,2,e))
```

然后再使用 collect 打印 edgeRDD 原来的值，示例如下。

```
scala> edgeRDD.collect()
res19: Array[org.apache.spark.graphx.Edge[String]] = Array(Edge(0,1,a), Edge(1,3,b), Edge(1,3,c), Edge(1,2,d), Edge(2,3,e))
```

上述结果打印了 edgeRDD 原来的值，例如边 Edge(0,1,a)中，源顶点 ID 是 0，目的顶点 ID 是 1，调用 reverse 操作后，Edge(0,1,a)边的源顶点 ID 为 1，目的顶点 ID 为 0，转换了边的方向。

5. innerJoin 操作

（1）innerJoin 的定义

innerJoin 会实现两个 EdgeRDD 的 inner join，其定义如下。

```
def innerJoin[ED2: ClassTag, ED3: ClassTag](other: EdgeRDD[ED2])(f: (VertexId, VertexId, ED, ED2) => ED3): EdgeRDD[ED3]
```

参数说明如下。

- other 是第二个 EdgeRDD；
- f 是 JOIN 处理函数，它有 4 个参数：第一个参数表示边的起始顶点 ID；第二个参数表示边的目的顶点的 ID；ED 是第一个 EdgeRDD 元素类型；ED2 是第二个 EdgeRDD 元素类型。f 返回值类型是 ED3，它将构成新 EdgeRDD；

📖 innerJoin 操作时，会先假设两个 EdgeRDD 使用了相同的 PartitionStrategy 进行分区，也就是说，相同的边在两个 EdgeRDD 中的分区号是一样的。如果相同的边在两个 EdgeRDD 中对应的分区号不同，则会 join 不到；

📖 innerJoin 会对两个 EdgeRDD 中相同分区号的 Partition 中源 ID 和目的 ID 都相同的边进行匹配，然后对这两条边应用 f 函数，f 的第一个参数是匹配边的源顶点 ID，第二个参数是匹配边的目的顶点 ID，第三个参数是第一条边的值，第四个参数是第二条边（Other EdgeRDD 中）的值。f 计算结果作为新边的值，然后构成新的 EdgeRDD。

（2）创建 edgeRDD

下面以示例形式创建 edgeRDD 来表示如图 10-5 中所示的图 g 的边。

先创建一个 Graph，然后通过该 Graph 得到 edgeRDD，步骤如下。

1）新建点和边；

```
scala> val verts = sc.makeRDD(Array((0L, "A"), (1L, "B"), (2L, "C"), (3L, "D")))
scala> import org.apache.spark.graphx._
scala> val edges = sc.makeRDD(Array(Edge(0L, 1L, "a"),Edge(1L, 3L, "b"), Edge(1L, 3L, "c"), Edge(1L, 2L, "d"), Edge(2L, 3L, "e")), 1)
```

2）对边进行分区，创建 edgeRDD。

使用 EdgePartition2D 策略对 EdgeRDD 进行分区，并设置分区数为 4。

```
scala> import org.apache.spark.graphx.PartitionStrategy._

scala> val edgeRDD = Graph(verts, edges).partitionBy(Edge
Partition2D, 4).edges
```

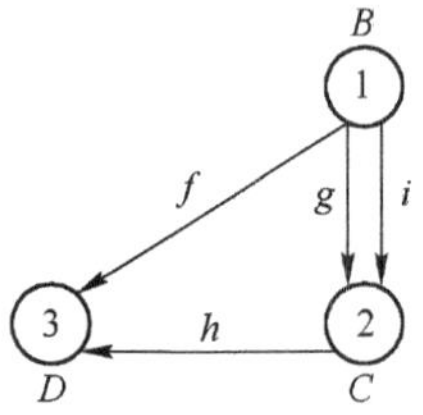

（3）创建 otherEdgeRDD

otherEdgeRDD 表示图 10-6 的边，因此，先创建图 10-6 所示的 Graph，然后通过该 Graph 得到 otherEdgeRDD，步骤如下。

图 10-6　other Graph 示例图

1）新建点和边；

```
scala> val otherVerts = sc.makeRDD(Array((1L, "B"),(2L, "C"),(3L, "D")))
scala> val otherEdges = sc.makeRDD(Array(Edge(1L, 3L, "f"), Edge(1L, 2L, "g"), Edge(1L, 2L, "i"),
Edge(2L, 3L, "h")))
```

2）使用 EdgePartition2D 策略对 EdgeRDD 进行分区，并设置分区数为 4，示例如下。

```
scala> val otherEdgeRDD = Graph(otherVerts, otherEdges).partitionBy(EdgePartition2D, 4).edges
```

（4）对 edgeRDD 和 otherEdgeRDD 进行 innerJoin 操作

示例代码如下。

```
scala> edgeRDD.innerJoin(otherEdgeRDD)((sid, did, v1, v2)=>v1+v2).collect()
res22: Array[org.apache.spark.graphx.Edge[String]] = Array(Edge(2,3,eh), Edge(1,2,di), Edge(1,3,bf),
Edge(1,3,cf))
```

innerJoin 会从 edgeRDD 中开始遍历，将它的每条边与 otherEdgeRDD 中的每条边进行匹配，如果边相同（源顶点、目的顶点相同），则应用 f 函数（(sid, did, v1, v2)=>v1+v2），在 edgeRDD 中，一旦该边匹配成功，就结束，不进一步匹配。

（5）对 otherEdgeRDD 和 edgeRDD 进行 innerJoin 操作

示例代码如下。

```
scala> otherEdgeRDD.innerJoin(edgeRDD)((sid, did, v1, v2)=>v1+v2).collect()
```

显示结果如下。

```
res23: Array[org.apache.spark.graphx.Edge[String]] = Array(Edge(2,3,he), Edge(1,2,id), Edge(1,2,gd),
Edge(1,3,fb))
```

10.2.3　Graph

前两节介绍了顶点和边，本节介绍图的概念和操作。GraphX 中使用属性图来表示有向多重图，属性图对应的类是 Graph，说明如下。

1．Graph 类

Graph 类的源码如下。

```
1 class Graph[VD, ED] {
2   val vertices: VertexRDD[VD]
3   val edges: EdgeRDD[ED]
4 }
```

Graph 有两个成员变量：一个是顶点 vertices，类型是 VertexRDD[VD]；另一个是边 edges，类型是 EdgeRDD[ED]。点和边扩展了 RDD，其元素类型都可以由用户来定义。对 Graph 的操作将转换为对 VertexRDD 或 EdgeRDD 的相关操作。

2．由 RDD 创建 Graph

从 RDD 创建 Graph，主要有 3 种方法：fromEdgeTuples、fromEdges 和 apply。下面分别介绍这 3 种方法的使用。在此之前，要先导入相应的 GraphX 依赖包，代码如下。

```
scala> import org.apache.spark.graphx._
```

（1）fromEdgeTuples 操作

使用 fromEdgeTuples 方法创建 Graph 的步骤如下。

1）创建 edges RDD，只指明顶点信息，没有边属性信息；

```
scala> val edges = sc.makeRDD(Array((0L, 1L),(1L, 3L),(1L, 3L),(1L, 2L)))
```

2）调用 fromEdgeTuples 生成 Graph；

```
scala> val g = Graph.fromEdgeTuples(edges, 2)
g: org.apache.spark.graphx.Graph[Int,Int] = org.apache.spark.graphx.impl.GraphImpl@75a5429e
```

fromEdgeTuples 有两个参数，第一个参数是：边 RDD，其 RDD 元素类型是(VertexId, VertexId)二元组，其中第一项是源顶点 ID，第二项是目的顶点 ID，本例中传入的是 edges；第二个参数是顶点的属性值，本例设置所有顶点的属性值为 2。

通过 fromEdgeTuples 创建的 Graph，边的属性值默认为 1，如果需要修改，使用 EdgeRDD 的 mapValues 修改即可。

3）获得 VertexRDD 信息；

```
scala> g.vertices.collect
res8: Array[(org.apache.spark.graphx.VertexId, Int)] = Array((0,2), (3,2), (1,2), (2,2))
```

4）获得 EdgeRDD 信息。

```
scala> g.edges.collect
res9: Array[org.apache.spark.graphx.Edge[Int]] = Array(Edge(0,1,1), Edge(1,3,1), Edge(1,2,1),
Edge(1,3,1))
```

📖 图的顶点 ID 的类型为 VertexId，实质就是 Long 类型。

（2）fromEdges 操作

使用 fromEdges 创建 Graph 的步骤如下。

1）创建 edges；

```
scala> val edges = sc.makeRDD(Array(Edge(0L, 1L, "a"),Edge(1L, 3L, "b"), Edge(1L, 3L, "c"), Edge
(1L, 2L, "d")))
edges: org.apache.spark.rdd.RDD[org.apache.spark.graphx.Edge[String]] = ParallelCollectionRDD[58] at
makeRDD at <console>:26
```

2）调用 fromEdges 生成 Graph，设置所有顶点的属性值为 3；

```
scala> val g=Graph.fromEdges(edges ,3)
```

📖 如果需要修改顶点属性值，使用 VertexRDD 的 mapValues 方法修改即可。

3）得到 VertexRDD，可以看到，每个顶点的值都是 3；

```
scala> g.vertices.collect()
res11: Array[(org.apache.spark.graphx.VertexId, Int)] = Array((0,3), (3,3), (1,3), (2,3))
```

4）得到 EdgeRDD，每条边的值和 edges 中的值是一样的。

```
scala> g.edges.collect
res10: Array[org.apache.spark.graphx.Edge[String]] = Array(Edge(0,1,a), Edge(1,3,b), Edge(1,2,d),
Edge(1,3,c))
```

（3）apply 操作

使用 apply 创建 Graph 的步骤如下。

1）创建顶点 RDD；

```
scala> val verts = sc.makeRDD(Array((0L, "A"), (1L, "B"), (2L, "C"), (3L, "D")))
```

2）创建边 RDD；

```
scala> val edges = sc.makeRDD(Array(Edge(0L, 1L, "a"),Edge(1L, 3L, "b"), Edge(1L, 3L, "c"), Edge
(1L, 2L, "d")))
edges: org.apache.spark.rdd.RDD[org.apache.spark.graphx.Edge[String]] = ParallelCollectionRDD[70]
at makeRDD at <console>:26
```

3）调用 apply 生成 Graph；

```
scala> val g = Graph.apply(verts , edges)
g: org.apache.spark.graphx.Graph[String,String] = org.apache.spark.graphx.impl.GraphImpl@20c1fe97
```

4）获得顶点信息；

```
scala> g.vertices.collect()
res12: Array[(org.apache.spark.graphx.VertexId, String)] = Array((0,A), (3,D), (1,B), (2,C))
```

5）获得边信息。

```
scala> g.edges.collect()
res13: Array[org.apache.spark.graphx.Edge[String]] = Array(Edge(0,1,a), Edge(1,3,b), Edge(1,2,d),
Edge(1,3,c))
```

📖 apply 方法通过顶点及属性值和边及属性的 vertices: RDD[(VertexId, VD)]和 edges: RDD[Edge[ED]]来创建 Graph，此方法直接设置顶点和边的属性值，可以先从文件中读入顶点和边的值，再用 apply 方法创建 Graph，这样较为简便；

📖 创建 Graph 的 Graph.apply(VerticesRDD, EdgesRDD)方法也可简写为 Graph(VerticesRDD, EdgesRDD)。

3．由文件创建 Graph

图的信息存储在文件中可以实现图的持久化存储。GraphX 提供了 edgeListFile 操作来读取文件创建 Graph。

（1）edgeListFile 说明

edgeListFile 操作是类 GraphLoader 中的一个函数，可以加载文件来创建 Graph。edgeListFile 操作的定义如下。

```
def edgeListFile(
        sc: SparkContext,
        path: String,
        canonicalOrientation: Boolean = false,
        numEdgePartitions: Int = -1,
        edgeStorageLevel: StorageLevel = StorageLevel.MEMORY_ONLY,
        vertexStorageLevel: StorageLevel = StorageLevel.MEMORY_ONLY)
      : Graph[Int, Int]
```

edgeListFile 的参数说明如下。

- sc 是 SparkContext；
- path 是 Edge List 文件所在路径，支持本地路径和 HDFS 路径；
- canonicalOrientation：是否将边设置为正向边，即要求源顶点 ID 小于目的顶点 ID；
- numEdgePartitions：设置 Edge RDD 的 Partition 数，如果设置成-1，则使用默认的 Partition 数；
- edgeStorageLevel：设置 Edge RDD 的存储级别，默认是 MEMORY_ONLY；
- vertexStorageLevel：设置 Vetex RDD 的存储级别，默认是 MEMORY_ONLY。

（2）edgeListFile 创建 Graph 示例

1）导入 GraphX 依赖包；

```
scala> import org.apache.spark.graphx._
```

2）使用 edgeListFile 从 HDFS 上读取文件中边的数据生成图；

```
scala> val g=GraphLoader.edgeListFile(sc,"/graphx/input/edge_list_file_example")
g: org.apache.spark.graphx.Graph[Int,Int] = org.apache.spark.graphx.impl.GraphImpl@74c23525
```

edgeListFile 加载的文件（hdfs://scaladev:9001/graphx/input/edge_list_file_example）是一个格式化的 edge 列表文件。文件内容如下所示，其中一行表示一条边，每行有两个整数，分别代表该边的 Source Id 和 Target Id，没有顶点属性和边属性，使用空格或 Tab 隔开。如果一行使用#开头，则该行不起作用，跳过该行。

```
#This is a edge list file
0 1
1 3
1 3
1 2
```

3）得到图的 VertexRDD，顶点属性值默认是 1；

```
scala> g.vertices.collect
res0: Array[(org.apache.spark.graphx.VertexId, Int)] = Array((0,1), (2,1), (1,1), (3,1))
```

4）得到图的 EdgeRDD，边属性值默认是 1。

```
scala> g.edges.collect
res1: Array[org.apache.spark.graphx.Edge[Int]] = Array(Edge(0,1,1), Edge(1,3,1), Edge(1,3,1),
Edge(1,2,1))
```

4．Graph 的基本操作

Graph 的基本操作可以分为：构建 Graph、获取 Graph 信息、Graph 属性操作、获取点和边的 RDD、Graph 缓存操作、Graph 分区、Structural 操作、join 操作等，以下进行具体介绍。

在介绍之前，要先创建一个 Graph g，如图 10-7 所示，后续的 Graph 基本操作，都将在 Graph g 上进行，步骤如下。

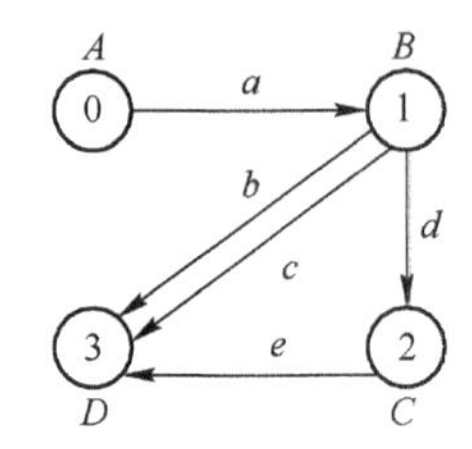

图 10-7　Graph g 示例图

（1）构建图 10-7 所示 Graph g

创建 Graph g 的示例代码如下。

```
scala> val verts = sc.makeRDD(Array((0L, "A"), (1L, "B"), (2L, "C"), (3L, "D")))
verts: org.apache.spark.rdd.RDD[(Long, String)] = ParallelCollectionRDD[26] at makeRDD at
<console>:27
scala> import org.apache.spark.graphx._
scala> val edges = sc.makeRDD(Array(Edge(0L, 1L, "a"),Edge(1L, 3L, "b"), Edge(1L, 3L, "c"), Edge
(1L, 2L, "d"), Edge(2L, 3L, "e")))
edges: org.apache.spark.rdd.RDD[org.apache.spark.graphx.Edge[String]] = ParallelCollectionRDD[47] at
makeRDD at <console>:27

scala> val g = Graph(verts, edges)
g: org.apache.spark.graphx.Graph[String,String] = org.apache.spark.graphx.impl.GraphImpl@1cdb4bd3
```

📖 此处创建的 Graph g 在本节的后续示例中会直接引用，特此说明。

（2）获取 Graph 的基本信息

1）获取边的个数；

```
scala> g.numEdges
res3: Long = 5
```

2）获取图的顶点的个数；

```
scala> g.numVertices
res4: Long = 4
```

3）获取图的入度，即指向该顶点的边数，可以看到 0 节点没有入度；

```
scala> g.inDegrees.collect
res9: Array[(org.apache.spark.graphx.VertexId, Int)] = Array((3,3), (1,1), (2,1))
```

4）获取图的出度，即每个顶点向外发出的边数；

```
scala> g.outDegrees.collect
he.spark.graphx.VertexId, Int)] = Array((0,1), (1,3), (2,1))
```

5）获取图的度，即每个顶点的出度和入度的和。

```
scala> g.degrees.collect
res8: Array[(org.apache.spark.graphx.VertexId, Int)] = Array((0,1), (3,3), (1,4), (2,2))
```

（3）Graph 属性操作

1）使用 mapVertices 对 Graph 每个顶点的属性值进行转换，以此构成新的 Graph；

```
scala> val newGraph = g.mapVertices((id,vd)=>vd+":v")
```

2）获取顶点信息；

```
scala> newGraph.vertices.collect
res10: Array[(org.apache.spark.graphx.VertexId, String)] = Array((0,A:v), (3,D:v), (1,B:v), (2,C:v))
```

3）使用 mapEdges 对 Graph 的每条边进行转换，以此构成新的 Graph；

```
scala> val newGraph = g.mapEdges(e=>Edge(e.srcId, e.dstId, e.attr+":v"))
```

4）获取新 Graph 的边信息；

```
scala> newGraph.edges.collect
res12: Array[org.apache.spark.graphx.Edge[org.apache.spark.graphx.Edge[String]]] = Array(Edge(0,1,
Edge(0,1,a:v)), Edge(1,2,Edge(1,2,d:v)), Edge(1,3,Edge(1,3,b:v)), Edge(1,3,Edge(1,3,c:v)), Edge(2,3,Edge(2,3,e:v)))
```

5）使用 mapTriplets 对 Graph 的每条边进行转换，以此构成新的 Graph；

mapTriplets 接口的定义如下。

```
def mapTriplets[ED2: ClassTag](map: EdgeTriplet[VD, ED] => ED2): Graph[VD, ED2]
```

有的时候，边的属性需要由边的顶点的属性来决定，使用 mapTriplets 可以方便地对这些边的属性进行初始化。map 处理函数中，传入的是 EdgeTriplet 类型，它不仅包含 Edge 属性，同时还包括 Edge 的起始顶点和目的顶点的属性，因此，它是一个三元组。示例如下。

```
scala> val newGraph = g.mapTriplets(e=>e.attr+":"+e.srcAttr+":"+e.dstAttr)
```

📖 e 的类型是 EdgeTriplet，e.attr 表示该 Edge 的属性值，e.srcAttr 表示源顶点的属性值，e.dstAttr 表示目的顶点的属性值，示例中，将 3 者使用冒号:拼接起来，构成新 Edge 的属性值。

6）查看结果的操作如下。

```
scala> newGraph.edges.collect
res16: Array[org.apache.spark.graphx.Edge[String]] = Array(Edge(0,1,a:A:B), Edge(1,2,d:B:C), Edge
(1,3,b:B:D), Edge(1,3,c:B:D), Edge(2,3,e:C:D))
```

由上述结果可知：每条边的属性都发生了改变，例如 Edge(0,1,a)原来的属性是 a，现在变成了 a:A:B，其中 A 是该条边的源顶点属性，B 是该条边的目的顶点属性，他们通过冒号:相连接。

（4）获取 Graph 的顶点和边的 RDD

1）定义顶点的 RDD VertexRDD；

```
scala> val vertexRDD=g.vertices
```

2）获取 VertexRDD 内容；

```
scala> vertexRDD.collect
res17: Array[(org.apache.spark.graphx.VertexId, String)] = Array((0,A), (3,D), (1,B), (2,C))
```

3）得到边的 RDD EdgeRDD；

```
scala> val edgeRDD=g.edges
```

4）获取 edgeRDD 内容；

```
scala> edgeRDD.collect
res18: Array[org.apache.spark.graphx.Edge[String]] = Array(Edge(0,1,a), Edge(1,2,d), Edge(1,3,b),
Edge(1,3,c), Edge(2,3,e))
```

5）获取 Edge 3 元组 RDD；

```
scala> val triplets=g.triplets
```

6）获取 triplets 内容。

```
scala> triplets.collect
res19: Array[org.apache.spark.graphx.EdgeTriplet[String,String]] = Array(((0,A),(1,B),a), ((1,B),(2,C),d),
((1,B),(3,D),b), ((1,B),(3,D),c), ((2,C),(3,D),e))
```

（5）Graph 缓存操作

1）调用 cache 进行缓存；

和 RDD 一样，默认情况下，Graph 中的 VertexRDD 和 EdgeRDD 等 RDD 是不会缓存的。如果 Graph 在代码中需要反复使用，则可以调用 cache 将其缓存到 Memory 中，这样可以避免反复计算。

2）调用 persist 指定其他的存储 Level；

cache 可以将 Graph 缓存到 Memory 中，但有的时候 Memory 资源不够，此时，可以调用 persist 指定其他 Storage level（存储级别），将 Graph 存储到磁盘或在磁盘和内存中同时存储。Persist 的定义如下。

```
def persist(newLevel: StorageLevel = StorageLevel.MEMORY_ONLY): Graph[VD, ED]
```

3）调用 unpersist 释放资源；

如果之前缓存的 Graph 在后续的代码中不再使用，可以调用 unpersist 来立即释放资源。

4）调用 unpersistVertices 释放顶点资源；

如果不需要缓存顶点，但还是要复用边的话，可以调用 unpersistVertices 来释放顶点所占的资源。

（6）Graph 分区

使用 partitionBy 可以更改 Graph 中 EdgeRDD 的分区策略和分区数。

partitionBy 接口定义如下。

partitionBy 有两种定义方式，设置分区策略的定义如下所示。

```
def partitionBy(partitionStrategy: PartitionStrategy): Graph[VD, ED]
```

设置分区策略和分区数的定义如下所示。

```
def partitionBy(partitionStrategy: PartitionStrategy, numPartitions: Int): Graph[VD, ED]
```

partitionBy 分区策略如下。

PartitionStrategy 有 4 种策略：RandomVertexCut、EdgePartition1D、CanonicalRandomVertexCut 和 EdgePartition2D，说明如下。

- RandomVertexCut：将边的源顶点 ID 和目的顶点 ID 组合起来进行 Hash。这样实现顶点了的随机分割；源顶点和目标顶点都相同的边会在同一个 Partition。如果只有源顶点，或者只有目标顶点相同的两条边，不一定在同一个 Partition；
- EdgePartition1D：只使用边的源顶点 ID 进行分区，源顶点相同的边会在同一个 Partition；
- CanonicalRandomVertexCut：比较源顶点 ID 和目的顶点 ID 的大小，将较小的 ID 放前面，较大的 ID 放后面，组合起来进行 Hash。这样也会实现顶点的随机分割，并且不考虑边的方向，例如两个顶点间有双向的两条边，它们会在同一个 Partition，如果采用 RandomVertexCut，则可能不在同一个 Partition；
- EdgePartition2D：对 Partition Num 开根号，得到一个 n*n 的网格，每个子网格对应一个 Partition，并编号，使用此 n*n 网格 1:1 覆盖 Graph 的邻接矩阵，每个子网格会覆盖邻接矩阵中的一部分，该部分中邻接矩阵所标记的 Graph 边将分配到该子网格所对应的 Partition。

partitionBy 使用示例如下。

本示例将创建一个 2*2 的网格，共 4 个小网格，对 Graph 的邻接矩阵进行划分，示例代码如下。

```
scala> import org.apache.spark.graphx.PartitionStrategy._
scala> val nGraph = Graph(verts, edges).partitionBy(EdgePartition2D, 4)
```

也可以在创建 Graph 之前就对 edges 分好区，这样创建 Graph 时，不需要再调用 partitionBy，示例代码如下。

```
val edges = sc.makeRDD(Array(Edge(0L, 1L, "a"),Edge(1L, 3L, "b"), Edge(1L, 3L, "c"), Edge(1L, 2L, "d"), Edge(2L, 3L, "e")), 1).
        map(e=>{val p = PartitionStrategy.EdgePartition2D.getPartition(e.srcId, e.dstId, 4); (p, e)}).
        partitionBy(new HashPartitioner(4)).map(ne=>ne._2)
```

（7）Structural 操作

Structural 用于 Graph 结构相关的操作，例如改变原 Graph 中边的方向、获得子图等，常见的 Structural 操作说明如下。

1）使用 reverse 改变原 Graph 中边的方向，得到一个新的 Graph；

```
scala> val newGraph = g.reverse
```

查看结果的命令如下。

```
scala> newGraph.edges.collect
res0: Array[org.apache.spark.graphx.Edge[String]] = Array(Edge(1,0,a), Edge(3,1,b), Edge(3,1,c), Edge(2,1,d), Edge(3,2,e))
```

上述命令结果显示，newGraph 中边的方向和 g 中边的方向是相反的，例如 newGraph 中 Edge(1,0,a)的源顶点 ID 是 1，则 g 中对应边 Edge(0,1,a)的目的顶点 ID 是 1，newGraph 中 Edge(1,0,a)的目的顶点 ID 是 0，则 g 中对应边 Edge(0,1,a)的源顶点 ID 是 0。

2）使用 subgraph 对 Graph 的边和顶点进行筛选，留下符合条件的边和点，构成一个子图；subgraph 的定义如下。

```
def subgraph(
    epred: EdgeTriplet[VD, ED] => Boolean = (x => true),
    vpred: (VertexId, VD) => Boolean = ((v, d) => true))
  : Graph[VD, ED]
```

参数说明如下。

- epred: EdgeTriplet[VD, ED] => Boolean = (x => true)，这个是对边的筛选函数，传入的是关于边的 3 元组，包括边属性、源顶点属性、目的顶点属性。函数的返回值是 Boolean，true 表示留下该边，false 则去除该边，默认值是 true；
- vpred: (VertexId, VD) => Boolean = ((v, d) => true))，这个是对顶点的筛选函数，传入的是顶点二元组(顶点 ID, 顶点属性值)，返回值是 Boolean，true 表示留下该边，false 则去除该边，默认值是 true。

使用示例如下。

本示例将使用 subgraph 过滤所有属性为 b 的边，同时过滤所有顶点值<1 的点。

```
scala> val newGraph = g.subgraph(et=>et.attr!="b",(v,d)=>v>=1)
```

查看结果，不符合条件的边已经去除。

```
scala> newGraph.edges.collect
res5: Array[org.apache.spark.graphx.Edge[String]] = Array(Edge(1,3,c), Edge(1,2,d), Edge(2,3,e))
```

查看结果，不符合条件的顶点已经去除。

```
scala> newGraph.vertices.collect
res6: Array[(org.apache.spark.graphx.VertexId, String)] = Array((3,D), (1,B), (2,C))
```

3）使用 mask 返回在当前 Graph 和 other Graph 都存在的顶点和边，并采用当前 Graph 中的属性值；

mask 的定义如下。

```
def mask[VD2: ClassTag, ED2: ClassTag](other: Graph[VD2, ED2]): Graph[VD, ED]
```

使用示例如下。

本示例将构建两个 Graph：thisGraph 和 otherGraph，然后调用 mask 进行标记，返回 thisGraph 和 otherGraph 都存在的顶点和边，具体步骤如下。

第一步：先构建 otherGraph，代码如下；

```
scala> val otherVerts = sc.makeRDD(Array((4L, "E"), (1L, "F"), (2L, "G"), (3L, "H")))
scala> val otherEdges = sc.makeRDD(Array(Edge(1L, 2L, "dd"), Edge(2L, 3L, "ee"), Edge(1L, 4L,
"gg")))
scala> val otherGraph = Graph(otherVerts, otherEdges).partitionBy(EdgePartition2D, 4)
```

第二步：构建 thisGraph，代码如下；

```
scala> val verts = sc.makeRDD(Array((0L, "A"), (1L, "B"), (2L, "C"), (3L, "D")))
scala> val edges = sc.makeRDD(Array(Edge(0L, 1L, "a"),Edge(1L, 3L, "b"), Edge(1L, 3L, "c"), Edge
(1L, 2L, "d"), Edge(2L, 3L, "e")))
scala> import org.apache.spark.graphx.PartitionStrategy._
scala> val thisGraph = Graph(verts, edges).partitionBy(EdgePartition2D, 4)
```

第三步：调用 Mask。

```
scala> val newGraph = thisGraph .mask(otherGraph)
```

验证方法如下。

第一步：获取 vertices 信息；

```
scala> newGraph.vertices.collect
```

输出结果如下，可以看到，newGraph 的顶点在 thisGraph 和 otherGraph 都存在，属性值采用了 thisGraph 中顶点的属性值。otherGraph 的顶点 4 和 g 的顶点 0 都没有出现。

```
res33: Array[(org.apache.spark.graphx.VertexId, String)] = Array((3,D), (1,B), (2,C))
```

第二步：获取 newGraph 边的信息。

```
scala> newGraph.edges.collect
```

输出结果如下，可以看到，边在 thisGraph 和 otherGraph 都存在，属性值采用了 thisGraph 中边的属性值。

```
res34: Array[org.apache.spark.graphx.Edge[String]] = Array(Edge(2,3,e), Edge(1,2,d))
```

📖 mask 也是针对两个 Graph 的 Partition 一对一进行操作的，因此，需要采用相同的策略进行分区，否则会漏结果。

4）使用 groupEdges 将两个顶点间的多条边合并成一条边。

groupEdges 的定义如下。

其中 merge 是边合并函数，它有输入两个参数，类型都是边属性 ED，merge 的返回值也是 ED 类型，merge 会对两个顶点间的多条边的边属性进行归并操作，最终合并成一个属性，并将该属性作为这两个顶点间边的唯一属性，从而实现了边的合并。

```
def groupEdges(merge: (ED, ED) => ED): Graph[VD, ED]
```

使用示例代码如下。

```
scala> val newGraph = g.groupEdges((v1,v2)=>v1+v2)
```

验证方法如下。

获取 newGraph 的边信息，命令如下。

```
scala> newGraph.edges.collect
```

命令执行后，输出结果如下，顶点 1 到顶点 3 的两条边被合并成了 1 条。

```
res35: Array[org.apache.spark.graphx.Edge[String]] = Array(Edge(0,1,a), Edge(2,3,e), Edge(1,2,d),
Edge(1,3,bc))
```

📖 在调用 groupEdges 之前，Graph 要先使用 partitionBy 进行分区，否则结果可能不对。

（8）join 操作

1）joinVertices 操作；

joinVertices 可以将 Graph 的顶点值同一个 RDD 进行 join，返回使用新顶点值的 Graph。要求输入 RDD 中的元素是(VertexID, VD)二元组，而且每个顶点最多出现一次，如果出现多次，也只选择其中一个进行 join，如果没有出现，则使用原顶点的值。

joinVertices 的定义如下。

```
def joinVertices[U: ClassTag](table: RDD[(VertexId, U)])(mapFunc: (VertexId, VD, U) => VD): Graph
[VD, ED]
```

参数说明如下。

- table: RDD[(VertexId, U)]，这是传入的 RDD，它的元素是(VertexId, U)二元组，VertexId 是顶点 ID，U 是顶点属性类型。joinVertices 这里采用了柯里化，就是为了在第一个参数列表中推断出 U 类型，供第二个参数列表使用；
- mapFunc: (VertexId, VD, U) => VD，是 join 处理函数，它会传入 Graph 中每个顶点的 ID、属性值，以及该顶点在 table 中的值，由 mapFunc 处理后得到新的属性值，其类型和 Graph 中属性值类型一样，以此构成新的 Graph。如果 Graph 中顶点 ID 在 table 中不存在，该顶点 ID 将不参与 mapFunc 计算，该顶点的值不变。

使用示例如下。

本示例会将 Graph g 中的入度添加每个顶点属性值后面。

```
scala> val inDegreeRDD = g.inDegrees
scala> val newGraph = g.joinVertices(inDegreeRDD)((vid,v1,v2)=>v1+":"+v2)
```

验证 joinVertices 操作是否成功，获取 newGraph 的点信息。

```
scala> newGraph.vertices.collect
```

上述操作的输出如下，由于顶点 0 没有入度，因此 inDegreeRDD 中不会有顶点 0。g 和 inDegreeRDD 进行 joinVertices 操作时，顶点 0 就不会参与运算，其属性值还是原来的值，即 A。而其他的顶点如 1、2、3 都有入度，因此 inDegreeRDD 会包含这些顶点，g 和 inDegreeRDD 进行 joinVertices 操作时，这些顶点都会会参与运算，每个顶点的新属性值为原属性值和顶点入度的组合。

```
res36: Array[(org.apache.spark.graphx.VertexId, String)] = Array((0,A), (3,D:3), (1,B:1), (2,C:1))
```

2）outerJoinVertices 操作。

outerJoinVertices 会将 Graph 中的每个顶点同 table 进行 join 操作。由于 Graph 中每个顶点 ID 在 table 中不一定有对应的值，因此传入的是 Option[U]。

outerJoinVertices 的定义如下。

```
def outerJoinVertices[U: ClassTag, VD2: ClassTag](other: RDD[(VertexId, U)])(mapFunc: (VertexId,
VD, Option[U]) => VD2)(implicit eq: VD =:= VD2 = null) : Graph[VD2, ED]
```

和 joinVertices 不同的在于 mapFunc: (VertexId, VD, Option[U]) => VD2)，传入的是 Option[U]，因此，即使该顶点 ID 在 table 中不存在，也会传入 mapFunc 进行运算，而且计算的结果可以和原 Graph 中节点类型不一样。

使用示例如下。

```
scala> val newGraph = g.outerJoinVertices(inDegreeRDD)((vid,v1,v2)=>v1+":"+v2.getOrElse("none"))
```

验证 outerJoinVertices 操作是否成功，获取顶点信息。

```
scala> newGraph.vertices.collect
```

输出结果如下，可以看到虽然顶点 0 在 inDegreeRDD 中不存在，但仍然参与了运算。

```
res39: Array[(org.apache.spark.graphx.VertexId, String)] = Array((0,A:none), (3,D:3), (1,B:1), (2,C:1))
```

（9）Graph 的邻域聚集操作

1）collectNeighborIds 操作；

使用 collectNeighborIds 收集一个顶点的相邻顶点 ID。

collectNeighborIds 的定义如下。

```
def collectNeighborIds(edgeDirection: EdgeDirection): VertexRDD[Array[VertexId]]
```

参数说明如下。

- edgeDirection: EdgeDirection 设置要收集什么边的数据信息，有 4 个值，分别是 EdgeDirection.In、EdgeDirection.Out、EdgeDirection.Both 和 Edge Direction.Either。EdgeDirection.In 将统计每个顶点的入度顶点信息；EdgeDirection. Out 将统计每个顶点的出度顶点信息；EdgeDirection.Either 表示统计每个顶点的入度、出度顶点信息；EdgeDirection.Both 在 Spark 2.3.0 中暂不支持，使用 EdgeDirection.Either 替代。
- 返回值类型是 VertexRDD[Array[VertexId]]，说明顶点属性值类型是：Array [VertexId]，是一个顶点 ID 的数组。

使用示例如下。

该示例将统计每个顶点的入度顶点信息，代码如下。

```
scala> g.collectNeighborIds(EdgeDirection.In).collect
```

输出结果如下。

```
res42: Array[(org.apache.spark.graphx.VertexId, Array[org.apache.spark.graphx.VertexId])] = Array((0,
Array()), (3,Array(2, 1, 1)), (1,Array(0)), (2,Array(1)))
```

可以看到，顶点 0 没有入度顶点，顶点 3 有 3 个入度顶点，分别是 2、1、1，这是多重有向边。

2）collectNeighbors 操作；

使用 collectNeighbors 可以收集一个顶点的相邻顶点的 ID 和属性信息。collectNeighbors 的定义如下。

```
def collectNeighbors(edgeDirection: EdgeDirection): VertexRDD[Array[(VertexId, VD)]]
```

输入参数同 collectNeighbors，返回值类型是 VertexRDD[Array[(VertexId, VD)]]，多了一个属性值，示例代码如下。

```
scala> g.collectNeighbors(EdgeDirection.In).collect
res48: Array[(org.apache.spark.graphx.VertexId, Array[(org.apache.spark.graphx.VertexId, String)])] =
Array((0,Array()), (3,Array((2,C), (1,B), (1,B))), (1,Array((0,A))), (2,Array((1,B))))
```

3）aggregateMessages 操作。

aggregateMessages 用来对每个顶点的相邻边或者相邻顶点的值进行聚集操作（Aggregates）。

aggregateMessages 的定义如下。

```
def aggregateMessages[A: ClassTag](
    sendMsg: EdgeContext[VD, ED, A] => Unit,
    mergeMsg: (A, A) => A,
    tripletFields: TripletFields = TripletFields.All): VertexRDD[A]
```

aggregateMessages 将返回每个接收了消息的顶点的处理结果。Graph 的每条边将会执行 sendMsg 函数（用户定义），在 sendMsg 处理逻辑中可以发送消息给邻接顶点，每个顶点接收到这些消息后，将调用 mergeMsg 进行 Combine 处理。每条边的 sendMsg 是可以并行处理的，它类似于 Map 操作，而每个消息接收顶点的 mergeMsg 也是可以并行处理的，类似于 Reduce 操作，从而实现图数据中边和点的并行处理。

参数说明如下。

- A 表示发送给每个顶点的消息类型；
- sendMsg 会在每条边上运行，它的输入参数类型是 EdgeContext，EdgeContext 包含 5 个属性：srcId、dstId、srcAttr、dstAttr、attr，以及两个函数 sendToSrc 和 sendToDst；在 sendMsg 的处理逻辑中，可以使用 EdgeContext 的 5 个属性，并调用 sendToSrc 或 sendToDst 给邻居顶点发消息；sendMsg 的返回值是 Unit；
- mergeMsg 用于联合处理该顶点所接收的、来自 sendMsg 所发送的消息；它有两个参数，类型都是 A，第一个参数表示前一次 mergeMsg 的处理结果（初始值是第一次接收消息的值），第二个参数表示当前接收的消息值（从第二次接收的消息开始），mergeMsg 的返回值是这两个参数计算的结果，类型也是 A；
- tripletFields 用来指定 sendMsg 中输入参数（类型是 EdgeContext）的传递哪些成员；如果不是所有的成员都需要传递的话，通过该参数指定传递部分成员可以改进性能；默认是传递所有的成员。
- aggregateMessages 的返回值类型是 VertexRDD[A]，它对应二元组（VertexID,A）,第一个元素是顶点 ID，第二个元素是该顶点处理完所有接收的消息后的最终结果。因此，如果该顶点没有接收消息，是不会出现在返回结果的。

aggregateMessages 使用示例一，计算指定 Graph 的入度，代码如下。

```
g.aggregateMessages[Int](_.sendToDst(1), _ + _, TripletFields.None).collect
```

代码执行说明如下。

- 在每条边上，将会执行_.sendToDst(1)，即 sendMsg 的处理逻辑，_是 sendMsg 参数，它的类型是 EdgeContext，表示该边的 Context 信息，包括 srcId、dstId、srcAttr、dstAttr、attr，以及两个函数 sendToSrc 和 sendToDst；_.sendToDst(1)会向该边的目的顶点发消息，消息内容是 1，类型是 Int，需要在 aggregateMessages 后声明[Int]，1 表示该顶点（消息接收顶点）有 1 个入度；
- 每个顶点接收到消息后，会调用 mergeMsg 进行处理，本例中，处理逻辑是_ + _，第一个_表示之前 mergeMsg 的结果，第二个_表示当前接收的消息值，总的逻辑是：累加接收到的 1（入度值），也就是统计入度；
- TripletFields.None 表示 sendMsg 的参数中，不需要传递任何属性成员信息，包括 srcAttr、dstAttr、attr（srcId、dstId 是传递的）。之所以这样指定，是因为在 sendMsg 的处理逻辑中没有用到这些成员，因此不需要传递，以降低开销。

- TripletFields 有以下选项：All、None、Dst、Src、EdgeOnly，它们用来设置 sendMsg 参数中属性值成员是否被传递；
- All 表示，在 sendMsg 中将传递参数（EdgeContext）的所有属性：srcAttr、dstAttr、attr;
- Dst 表示在 sendMsg 中将传递参数（EdgeContext）的 Dst 顶点属性 dstAttr;
- Src 表示在 sendMsg 中将传递参数（EdgeContext）的 Src 顶点属性 srcAttr;
- EdgeOnly 表示在 sendMsg 中将传递参数（EdgeContext）的 edge 的属性 attr;
- None 表示在 sendMsg 中将不传递参数（EdgeContext）的所有属性，包括：srcAttr、dstAttr、attr;
- TripletFields 只限制属性值，而所有的 ID，包括 srcId、dstId 都是会传递的；
- 如果访问了 TripletFields 中没有传递的属性值（代码如下所示），代码是可以执行的，但是传入的值 ec.dstAttr 都是 null。

```
scala> g.aggregateMessages[String](ec=>ec.sendToSrc(ec.dstAttr), _ +":"+_, TripletFields.EdgeOnly).
collect
```

aggregateMessages 使用示例二，计算 Graph g 的出度。

```
g.aggregateMessages[Int](_.sendToSrc(1), _ + _, TripletFields.None).collect
```

aggregateMessages 使用示例三，计算 Graph g 的度。

在 sendMsg 中，可以调用多次消息发送函数向不同的顶点发送。

```
g.aggregateMessages[Int](ctx => { ctx.sendToSrc(1); ctx.sendToDst(1) }, _ + _,TripletFields.None). collect
```

（10）Pregel API

GraphX 还提供了 Pregel 类型的接口，用来并行、迭代处理大规模图数据，具体使用在后面将详细介绍。

5. 经典图算法

GraphX 还内置了 pageRank、connectedComponents 和 triangleCount 等经典图算法，感兴趣的读者可以参考 http://spark.apache.org/docs/2.3.0/graphx-programming-guide.html#graph-algorithms，在此不再赘述。

10.3 GraphX 实现最短路径算法——SGDSP

本节以一个示例介绍如何使用 GraphX 来实现并行化的最短路径算法，帮助大家加深对 GraphX 编程和综合应用的理解。

- 最短路径算法用来计算有限图中一个顶点到其他所有顶点的最短路径。它广泛应用于路径规划，城市交通管理和工程构建成本优化等多个方面。最短路径算法有很多，如 Dijkstra 算法，Floyd 算法等。

1. SGDSP 算法流程

Dijkstra 算法是经典的最短路径算法，传统的 Dijkstra 算法是基于单机版的，整个图放在一台计算机的内存中存储，而且算法处理是串行的，无法处理更大规模的图数据。

本示例基于 GraphX，提出了一种新的并行版的 Dijkstra 算法实现：SGDSP（Spark

GraphX Dijkstra Shortest Path）。SGDSP 实现了图数据的分布式存储和分布式并行处理，可以处理更大规模的图数据。SGDSP 实现流程如图 10-8 所示，不同之处在于，SGDSP 会利用 GraphX 将原来 Dijkstra 算法的一些步骤并行化。

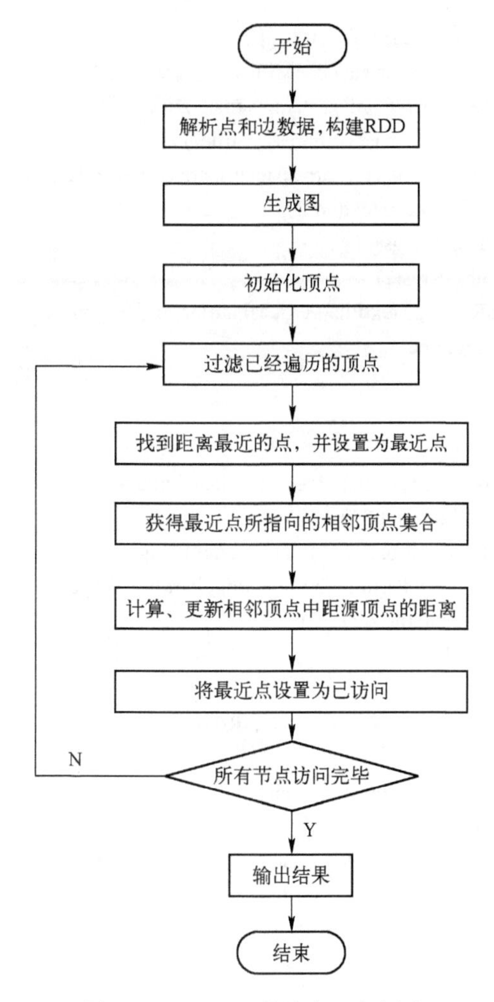

图 10-8 SGDSP 算法实现流程图

2．SGDSP 算法实现示例代码

图 10-8 描述的 SGDSP 算法流程对应的示例代码如下所示。

```
1 package examples.idea.spark
2
3 import java.io.{BufferedWriter, OutputStreamWriter}
4 import java.net.URI
5 import org.apache.hadoop.conf.Configuration
6 import org.apache.hadoop.fs.{FileSystem, Path}
7 import org.apache.spark.graphx._
8 import org.apache.spark.rdd.RDD
9 import org.apache.spark.{HashPartitioner, SparkConf, SparkContext}
```

```
10 import scala.collection.mutable
11
12 object GraphXDijkstra {
13
14     def main(args: Array[String]): Unit = {
15         val time0 = System.currentTimeMillis()
16         val conf = new SparkConf().setAppName("Dijkstra")
17         conf.set("spark.broadcast.compress", "true")
18         conf.set("spark.serializer", "org.apache.spark.serializer.KryoSerializer")
19         val sc = new SparkContext(conf)
20         val verticesPath = args(1)
21         val edgesPath = args(2)
22         val verticesRdd = sc.textFile(verticesPath).map { line =>
23             (line.toLong, line)
24         }
25
26         // very important
27         val edgesRdd = sc.textFile(edgesPath).map { line =>
28             val fields = line.split(" ")
29             Edge(fields(0).toLong, fields(1).toLong, fields(2).toDouble)
30         }.map(e=>{val p = PartitionStrategy.EdgePartition1D.getPartition(e.srcId,e.dstId,4); (p, e)}).
partitionBy(new HashPartitioner(4)).map(ne=>ne._2)
31         //edgesRdd.cache()
32
33         val graph = Graph(verticesRdd, edgesRdd)
34
35         val hdfsConf = new Configuration()
36         val outPath = args(3)
37         val fs = FileSystem.get(URI.create(outPath), hdfsConf)
38         val osw = new OutputStreamWriter(fs.create(new Path(outPath)), "utf-8")
39         val out = new BufferedWriter(osw)
40         val sourceId = args(0).toInt
41
42         val rs = dijkstra(sc, graph, sourceId).collect()
43         for (i <- rs) {
44             out.write("srcId:" + sourceId + "\tdstId:" + i._1 + "\tdist:" + i._2 + "\tpath:" + sourceId + " " +
(i._3).mkString(" ") + "\n")
45         }
46
47         out.close()
48         println("Time:" + (System.currentTimeMillis() - time0))
49         println("********************lll***************************")
50         sc.stop()
51     }
52
53     def dijkstra[VD](sc: SparkContext, g: Graph[VD, Double], origin: VertexId) = {
54
```

```
55      var remainGraph = g.mapVertices((vid, _) => (false, if (vid == origin) 0 else Double.MaxValue,
List[VertexId]()))
56      val verNum = g.vertices.count()
57      var i=0
58      var exit = i <= (verNum-1)
59
60      while (exit) {
61
62        //1. find shortest distance vertex action
63        val remainVertexRDD = remainGraph.vertices.filter(v => (!v._2._1))
64        val shortestVertex = remainVertexRDD.reduce((a, b) => if (a._2._2 < b._2._2) a else b)
65        if (shortestVertex._2._2 != Double.MaxValue) {
66
67          //2. get distance update vertex
68          val distUpdateVertexs = remainGraph.edges.filter(e => e.srcId == shortestVertex._1).
69            map(e => ((e.srcId, e.dstId), e.attr)).groupByKey().
70            map(e => {
71              val dstId = e._1._2;
72              val minDis = e._2.min + shortestVertex._2._2;
73              (dstId, minDis)
74            })
75
76          //3. update distance and select vertex on Graph
77          val disUpdateVertexHM = new mutable.HashMap[VertexId, Double]()
78          distUpdateVertexs.collect().foreach(v=>disUpdateVertexHM.put(v._1,v._2))
79
80          val bcDistUpdateVertexs = sc.broadcast(disUpdateVertexHM)
81          remainGraph = remainGraph.mapVertices((vid,vd)=>{
82            var beSelect = vd._1
83            if(vid==shortestVertex._1) beSelect=true
84            var dist = vd._2
85            var path = vd._3
86
87            val bcDistUpdateVertexsVal = bcDistUpdateVertexs.value
88            val newDistVal = disUpdateVertexHM.getOrElse(vid, Double.MaxValue)
89            if (vd._2 > newDistVal) {
90              // update
91              dist = newDistVal
92              path = shortestVertex._2._3 :+ vid
93            }
94            (beSelect, dist, path)
95          })
96
97          i += 1
98          exit = i <= (verNum - 1)
99        } else {
100         exit = false
```

```
101             remainGraph = remainGraph.mapVertices((vid, v) => (true, v._2, v._3))
102           }
103         }
104         remainGraph.vertices.map(v=>(v._1,v._2._2,v._2._3)).sortBy(_._1)
105     }
106 }
```

3. SGDSP 主干代码说明

SGDSP 算法示例代码分为两大部分：SGDSP 主干代码，用于实现 SGDSP 的整个流程；Dijkstra 算法代码，这部分代码用来实现纯粹的 Dijkstra 算法，这部分代码被封装成了一个函数供 SGDSP 调用。其中 SGDSP 主干代码的具体说明如下。

1）第 1 行，设置 Package；

2）第 3～10 行，分别导入程序运行所需要的依赖包；

3）第 12 行，创建 object 为 Dijkstra；

4）第 11 行，定义 main 函数；

5）第 14～45 行，main 函数实现体；

6）第 15 行，获取初始时间，用于计时；

7）第 16 行，创建 SparkConf，设置 Application 名字为 Dijkstra；

8）第 17 行，设置压缩广播变量，默认是 false，可以提升性能；

9）第 18 行，设置使用 KryoSerializer 进行序列化，可以提升性能；

10）第 19 行，创建 SparkContext 对象；

11）第 20～21 行，获取程序参数，一个是顶点文件路径，另一个边文件路径；

12）第 22～24 行，创建顶点 RDD；

13）第 27～29 行，创建边 RDD edgesRdd；

📖 边 RDD 和顶点 RDD 可以利用整个集群的存储空间，这样可以处理更大规模的图。

14）第 30 行，对 edgesRdd 进行分区；

📖 如果不这样做，去除第 30 行（只是生成 edgesRdd），后续迭代计算时，每次会：a）重新读入边文件；b）生成 edgesRdd；c）对 edgesRdd 重新分区。如果对 edgesRdd 进行 cache，可以避免读入边文件和生成 edgesRdd，但不能避免 edgesRdd 重新分区。而采用第 30 行，在创建 Graph 时提前分区，则上述 3 个步骤都可以避免；

15）第 33 行，创建 Graph；

16）第 35～39 行，创建输出流，用来向 HDFS 写入文件；

17）第 40 行，从程序参数中获取源顶点 ID；

18）第 42 行，调用 dijkstra 函数获取从源顶点到图中所有顶点的最短距离及路径；

19）第 43～45 行，格式化输出最短路径结果；

20）第 47 行，关闭输出流；

21）第 48 行，打印处理时间；

22）第 49 行，此处的打印用作编译标识，每次修改代码时，可以同步修改此行的输出，这样，程序执行后，就可知当前运行的程序是否为修改后的程序；

23）第 50 行，关闭 SparkContext。

4．Dijkstra 算法代码说明

此段代码对应第 53～105 行处的 dijkstra 函数，定义如下。

```
53   def dijkstra[VD](sc: SparkContext, g: Graph[VD, Double], origin: VertexId) = {
```

输入参数有 3 个，说明如下。

- sc: SparkContext，传入 SparkContext 引用，用于代码中广播变量使用；
- g: Graph[VD, Double]，要处理的图；
- origin: VertexId，源顶点 ID。

返回结果类型是：RDD[(graphx.VertexId, Double，List[graphx.VertexId])]，RDD 元素类型是一个 3 元组，第一项是目的顶点 ID，第二项是源顶点到目的顶点的最短距离，第三项是源顶点到目的顶点的路径列表。

关键代码说明如下。

1）第 55 行，初始化 graph：a）将源顶点自身的值（该值表示从源顶点到自身的距离值，用 Double 表示）设置为 0，其他顶点的值设置为 Double 的最大值；b）将所有顶点设置成 false，表示未处理；

2）第 56 行，获取顶点数量 verNum，verNum 也是迭代的次数，g.vertices.count()是一个 Action，将产生一个 Spark Job；

3）第 57 行，i 初始化为 0，i 用于迭代次数的计数；

4）第 58 行，设置 exit 初始值，exit 为是否退出循环的标识；

5）第 60～103 行，迭代计算体；

> 📖 总的迭代次数和经典的 Dijkstra 算法是一样的，区别在于：每次迭代的内部可以并行化。

6）第 63～64 行，获得图未处理顶点中，距源节点最近的顶点 shortestVertex；

> 📖 此处使用了 reduce 操作来计算顶点的最小值（自定义），reduce 可以并行处理。

7）第 65 行，如果 shortestVertex 的距离是 Double.Max，说明所有未处理顶点和源顶点都不连通，可以直接退出，跳到 99～102 行处理。如果不是 Double.Max，则说明 shortestVertex 和源顶点是连通的，继续向下处理；

8）第 68～74 行，获得 shortestVertex 所指向的所有相邻顶点的集合 distUpdateVertexs，并计算从源顶点经过 shortestVertex 到这些相邻顶点的新距离；

> 📖 根据 Dijkstra 算法，shortestVertex 是刚被确定最短路径的节点，它可以加入到已处理节点的集合中，那么 shortestVertex 所指向的相邻顶点距离也可能变化，此时，要比较每个邻顶点更新后的距离和原距离，如果比之前的小，就更新，否则不更新；
>
> 📖 只需要更新邻居节点即可，不需要再继续更新下去，因为下一轮迭代的最短路径顶点，还轮不到这些邻居节点的后续节点；
>
> 📖 此处对 edges RDD 进行了 filter、map 等级联操作，它们可以管道化，在一个 Task 中运行，而整个任务是可以并行的。

9）第 77～78 行，将 distUpdateVertexs 拉取到 Driver 端，并将其数据插入到 Hash 表 disUpdateVertexHM 中，disUpdateVertexHM 的 Key 是 VertexId，表示 shortestVertex 所指向的相邻顶点的 ID，Value 是计算判断后的距离；

10）第 80 行，将 disUpdateVertexHM 转换成广播变量 bcDistUpdateVertexs，这样，在一个 Executor 中只需要保存一份 bcDistUpdateVertexs 供所有 Task 使用；

11）第 81～95 行，利用 bcDistUpdateVertexs 将 disUpdateVertexHM 和 shortestVertex 更新到未处理节点图 remainGraph 中：a）将 shortestVertex 对应的顶点置为 True，表示已处理；b）如果 remainGraph 的顶点在 disUpdateVertexHM 中，则判断：如果新距离更短，就更新距离和路径，反之不做动作；

此处代码的执行也是并行的。

12）第 97～98 行，迭代计数 i 加 1，计算 exit 的值，看是否需要退出循环；

13）第 104 行，迭代完成后，返回由 3 元组（目的顶点的 ID，距离，路径）组成的 RDD。

5．输入、输出文件示例

程序输入文件有两个，1 个是点信息文件，一个是边信息文件，它们表示的是多重有向图，示例图如图 10-9 所示。

示例图对应的点文件（vertices.txt）的内容如下。

```
1
2
3
4
5
6
```

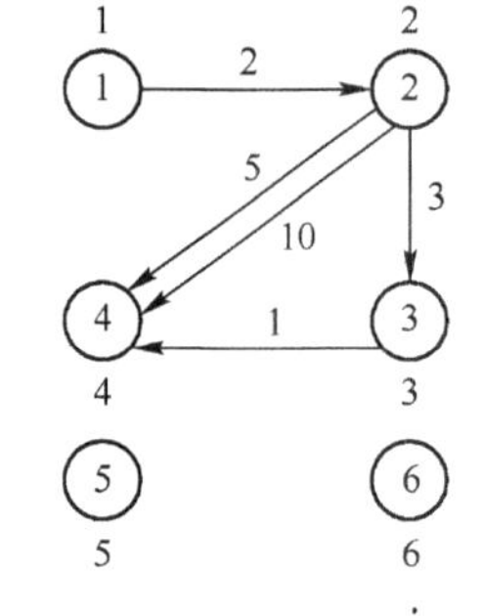

图 10-9　输入文件对应的多重有向图

示例图对应的边文件（edges.txt）的内容如下。

```
1 2 2
2 4 5
2 4 10
2 3 3
3 4 1
```

程序输出文件（rs.txt）的内容如下。

```
srcId:1 dstId:1 dist:0.0          path:1
srcId:1 dstId:2 dist:2.0          path:1 2
srcId:1 dstId:3 dist:5.0          path:1 2 3
srcId:1 dstId:4 dist:6.0          path:1 2 3 4
srcId:1 dstId:5 dist:1.7976931348623157E308        path:1
srcId:1 dstId:6 dist:1.7976931348623157E308        path:1
```

10.4 GraphX Pregel 的原理及使用

Pregel 是 Google 的大规模图处理平台，同时也是一个图并行处理抽象模型：以图顶点为中心，在每个活跃顶点上进行计算，并向其他顶点发送消息，通过多轮迭代，直到所有顶点达到不活跃状态，则计算结束。这个抽象模型适合很多图处理算法，因为这些算法也是迭代计算顶点的属性，直到达到一个稳定值。

GraphX 实现了一个 Pregel API 的变种，和标准的 Pregel API 相比，它增加了一些特性和限制，如图中的顶点只能向相邻的顶点发送消息，消息的构建是并行的，且在用户定义的函数中完成等，这些限制可以支持 GraphX 做更多的优化。下面将详细介绍 GraphX Pregel API 接口的原理及使用。

10.4.1 GraphX Pregel 接口说明

GraphX 的 Graph 类提供了 Pregel 接口，定义如下。

```
def pregel[A: ClassTag](
    initialMsg: A,
    maxIterations: Int = Int.MaxValue,
    activeDirection: EdgeDirection = EdgeDirection.Either)(
    vprog: (VertexId, VD, A) => VD,
    sendMsg: EdgeTriplet[VD, ED] => Iterator[(VertexId, A)],
    mergeMsg: (A, A) => A)
  : Graph[VD, ED]
```

参数说明如下。

- initialMsg，初始化消息，调用 Pregel 后，会向每个顶点发送 initialMsg；
- maxIterations，最大迭代次数，表示 Pregel 调用后，最多迭代 maxIterations 次，这样可以确保 Pregel 总可以结束，默认值是 Int.MaxValue；
- activeDirection，当一个顶点处理它所接收的消息后，使用 activeDirection 来决定在它的哪些边上执行 sendMsg 函数，后续还会举例详细说明；

📖 activeDirection 的类型是 EdgeDirection，它有四个值，说明如下。
EdgeDirection.In，只在该顶点的所有入边执行 sendMsg；EdgeDirection.Out，只在该顶点的所有出边执行 sendMsg；EdgeDirection.Either，在该顶点的所有边执行 sendMsg；EdgeDirection.Both，如果一条边的源顶点和目的顶点都是该顶点，则在这条边上执行 sendMsg；

📖 如果一条边的两个顶点都接收到了消息，从每个顶点来看，都要在这条边上执行 sendMsg，那么，该边上只会执行一次 sendMsg；

📖 sendMsg 的作用是：确定向哪个（哪些）顶点发送消息，只是确定消息发送对象。具体的消息发送是由 GraphX 底层实现的，不需要用户实现。

- vprog，每个顶点接收到消息后，将调用 vprog 来处理消息，vprog 的输入参数 (VertexId, VD, A)中，VertexId 表示接收此消息的顶点的 ID；VD 表示该顶点的值；A 是接收的消息；返回值类型是 VD，将用此返回值来更新顶点的值；

- sendMsg: EdgeTriplet[VD, ED] => Iterator[(VertexId, A)]，sendMsg 在边上被调用，用来确定向哪些顶点（只能发送给相邻的顶点）发送消息，以及发送的消息内容。它的输入参数类型是 EdgeTriplet[VD, ED]，包含了该边的所有信息：srcId、dstId、srcAttr、dstAttr 和 attr。返回值是一个二元组构成的 Iterator，二元组(VertexId, A)的 VertexId 表示发送对象的顶点 ID，A 表示发送的消息内容；
- mergeMsg: (A, A) => A，由于每个顶点可能会接收到多条消息，使用 mergeMsg 将该顶点接收的所有消息合并成一条，由于消息到达顺序的不确定性，要求 mergeMsg 满足交换律和结合律，这样才能确保运算结果的正确性；
- Graph[VD, ED]，返回值类型，最后将返回顶点被更新后的新 Graph。

10.4.2 GraphX Pregel 的处理流程

Pregel 将图计算分解成多次迭代，每轮迭代在 Pregel 中称为一个超步（SuperStep），在一个超步中，会做以下 3 件事情。

- 本地并行计算；
- 发送消息；
- 各节点同步消息。

以上只是一个粗略的说明，下面详细说明 Pregel 的处理流程。

1）初始化 Pregel 各参数；

> 📖 这是 Pregel 调用前的准备工作。Pregel 调用后的动作从步骤 2 开始。

2）向所有顶点发送初始消息（initialMsg），该消息将作为第一轮超步（迭代）的消息；

3）是否有节点需要处理消息，即是否有节点处在活跃状态？如果是，则跳到第 4 步，否则此次 Pregel 的处理到此结束并退出；

4）每个顶点处理它所接收的、来自上一轮超步（迭代的）消息，调用 mergeMsg 合并消息，调用 vprog 处理消息，vprog 的值将作为新顶点的值，以此更新顶点属性值；

> 📖 如果顶点没有消息，则不做任何处理；
>
> 📖 如果顶点有多条消息，先调用 mergeMsg，将其合并成 1 条消息。对于该顶点，在 1 轮迭代中，只处理 1 条消息；
>
> 📖 各顶点间处理消息是并行的，这一步就对应前面的“并行本地计算”。

5）迭代次数+1，判断是否已达到最大迭代次数？如果是，此次 Pregel 的处理到此结束并退出；否则，跳到第 7 步；

6）顶点处理完消息后，依据 activeDirection 的设置，决定在当前顶点的哪些边上运行 sendMsg 函数。sendMsg 函数返回一个迭代器，迭代器中的元素是二元组（顶点 ID，消息内容），顶点 ID 表示要接收消息的顶点 ID，消息内容即要接收的消息内容。此消息将作为下一次超步的消息；

> 📖 activeDirection 的取值参考 10.4.1 中的说明；
>
> 📖 sendMsg 由用户预先定义好；

📖 在该顶点规定方向的 Edge 上调用该函数；
📖 sendMsg 会返回：要发送消息的顶点以及消息内容；
📖 sendMsg 只负责确定发送消息给哪些顶点，以及消息的内容，不需要关注消息传递；
📖 这一步对应前面的“发送消息”。

7）GraphX 底层依据 sendMsg 的返回值，向对应的顶点发送消息；

📖 GraphX 的消息传递和处理机制是：
GraphX 将一次超步的所有消息封装成一个 VertexRDD，然后对 Graph 和 VertexRDD 进行 join，将消息和对应顶点关联起来，这样就实现了消息的传递和接收。同时，在 join 中传入 vprog，实现了每个顶点消息的处理。
📖 这个和传统、使用 Socket 或者 RPC 进行消息传递的方法是不一样的。

8）同步消息，直到本次超步（本轮迭代）所有顶点的消息都发送完毕，这一步对应前面的“同步”；

9）跳到第 3 步。

📖 第 5～8 步为一轮迭代，即一个超步。

10.4.3 GraphX Pregel 的使用

下面以求 Graph 的入度（In Degree）为例，对上节中 Pregel 的使用和处理流程进一步说明。

1．任务说明

使用 Pregel 求图 10-10 中顶点 4 的入度。图中圆圈中的数字表示顶点 ID，圆圈外面的数字是顶点的属性值，边上的数字是边的属性值。

顶点文件 vertices.txt 内容如下面所示。此文件每行只有顶点 ID，没有属性值，生成 Graph 时，将顶点的 ID 值也作为顶点的属性值，就可以得到图 10-10 所示的图。

```
1
2
3
4
5
6
```

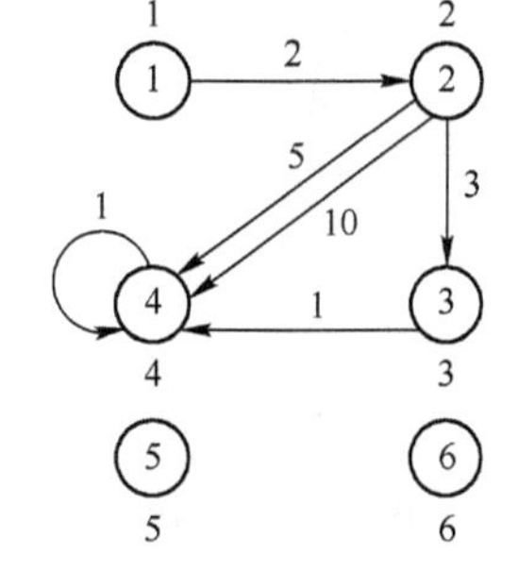

图 10-10　入度计算的示例图

边文件 edges.txt 内容如下。

```
1 2 2
2 4 5
4 4 5
2 4 10
2 3 3
3 4 1
```

实现代码及说明如下。

（1）代码内容

getInDegree 函数可以求指定 Graph 中指定顶点(ID)的入度，代码内容如下。

```
1 def getInDegree[VD](graph: Graph[VD, Double], id:VertexId)={
2
3     val newGraph = graph.mapVertices((vid, _)=>0)
4     val initMsg = 0
5     val maxIter = 1
6     val edgeDirection=EdgeDirection.Out
7
8     val vprog = (_: VertexId, degree: Int, newDegree: Int) => {
9       newDegree
10    }
11
12    val sndMsg=(triplet: EdgeTriplet[Int, Double]) =>{
13      // vertex id is destination id
14      if(triplet.dstId==id)
15        Iterator((triplet.dstId, 1))
16      else
17        Iterator.empty
18    }
19
20    val mergeMsg = (a: Int, b: Int) =>{
21      a+b
22    }
23
24    newGraph.pregel(initMsg,maxIter,edgeDirection)(vprog, sndMsg, mergeMsg).vertices.filter
(v=>v._1==id).collect().foreach(println)
25 }
```

（2）代码说明

1）第 1 行，getInDegree 的定义：参数 graph 是传入的 Graph 引用，需要在调用前创建好；参数 VD 是顶点属性值的类型，它是一个泛型；id 是要求入度的顶点 ID；返回值是 Unit；

2）第 3 行，对 graph 进行转换，将顶点属性值类型转换成 Int，并赋初始值 0，生成新的 Graph newGraph；

📖 原 Graph 中顶点或边的属性值，在计算中不一定用的上，而计算中又需要其他类型的属性值，可以使用 mapVertices 或 mapEdges 修改属性值，而又不改变图的拓扑结构。

3）第 4 行，初始化 initMsg 为 0，initMsg 将在 Pregel 调用后，作为初始化消息（不是第一轮迭代的消息）发送给每个顶点；

4）第 5 行，设置最大迭代次数 maxIter=1，因为计算入度只需要指定顶点收到所有入边的消息即可，1 轮迭代就可以得到结果；

📖 发送初始化消息，不计算在迭代次数内；

5）第 6 行，如果当前顶点接收了消息，处理完毕后，将依据 edgeDirection 的设置来决定在哪些边上运行 sndMsg，其中，EdgeDirection.Out 表示在当前顶点的所有出边上运行 sndMsg，其他边则不运行；

6）第 8～10 行，定义消息处理函数 vprog；第一个参数类型是 VertexId，因为用不到，所以参数名用_代替；第二个参数 degree 是该顶点本身的属性值；第 3 个参数 newDegree 是从其他顶点发送过来的消息（这个消息可能是合并过的），它表示从其他顶点到该顶点的总的入边个数，也就是入度，因此返回值就是 newDegree；

7）第 12～18 行，定义 sndMsg，输入参数 triplet 是执行 sndMsg 所在边的信息（具体说明参见 11.4.1），sndMsg 判断边的目的顶点是否为要计算入度的顶点，如果是，则返回 Iterator((triplet.dstId, 1))，Iterator 中只有 1 个元素，表示只发送一条消息，消息接收的顶点 ID 是 triplet.dstId, 消息内容是 1，表示该入边计数为 1。在下一轮迭代中，triplet.dstId（即要计算入度的顶点）将会收到这条消息；如果目的顶点不是要计算入度的顶点，则返回空的 Iterator，则说明该顶点不需要向外发送任何消息；

8）第 20～22 行，定义 mergeMsg，用来合并该顶点接收的所有消息。输入参数 a 表示中间合并的结果，a 的初始值是第一条消息的值，b 表示从第一条消息以后的消息。如果该顶点只接收了 1 条消息，则 mergeMsg 不会被调用，该消息的值直接作为 vprog 的参数。如果该顶点接收了 2 条以上的消息，则第一条消息作为 a 的值，其他的消息将分别作为每轮 mergeMsg 调用的参数 b，当前 mergeMsg 的值将作为下一轮 mergeMsg 的 a，再加上另一个消息作为参数 b，又计算一轮 mergeMsg 的值，直到所有消息都计算一次，最后的值将作为 vprog 的参数；

9）第 24 行，调用 newGraph 的 pregel 接口，共传入 6 个参数，得到顶点值更新后的 Graph，然后过滤，留下指定的顶点，最后调用 collect 将数据拉取到 Driver 端，打印输出。

2．执行过程说明

下面以 getInDegree(graph, 4)为例，说明 Pregel 计算图 10-11 中 ID=4 的顶点入度的过程。

1）计算前的 Graph 经过第 3 行代码的处理后，可以得到 newGraph，可以看到每个顶点的属性值都是 0；

2）调用 Pregel 后，每个顶点会接收到第 4 行的 initMsg，它的值是 0，然后，每个顶点会调用 vprog，vprog 的第一个参数是当前顶点的 ID，第二个参数是该顶点原来的属性值，第三个参数是 initMsg，返回值是 initMsg，作为该顶点新属性值，如图 10-12 所示。空心箭头表示该顶点接收的消息，箭头旁边的数字表示消息值，可以看到，每个顶点都收到了 initMsg，同时每个顶点处理 initMsg，将顶点属性值更新为 initMsg 的值还是 0，如图 10-12 所示；

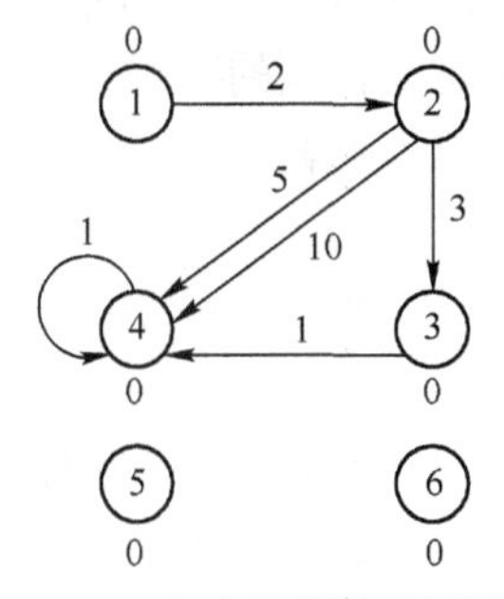

图 10-11　入度计算的示例图

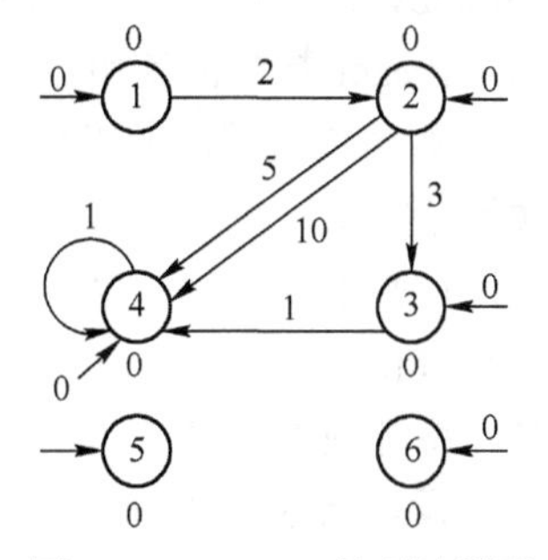

图 10-12　Pregel 处理过程图

3）每个顶点处理完 initMsg 后，根据第 6 行代码：val edgeDirection=EdgeDirection.Out，将在该顶点的出边上运行 sndMsg（根据第 12 行代码），计算过程说明如下。

- 顶点 1 有 1 条出边（属性值为 2），运行 sndMsg，该边的目的顶点不是 4，返回空的 Iterator，因此，顶点 1 不发消息；
- 顶点 2 有两条指向顶点 4 的出边，运行两次 sndMsg，这两条边的目的顶点都是 4，因此，要向顶点 4 发送两条消息，每条消息的值都是 1，表示 1 个入度；顶点 2 还有 1 条执行 3 的出边，根据 sndMsg，不向顶点 3 发消息；
- 顶点 3 有 1 条指向顶点 4 的出边，运行 sndMsg，该边的目的顶点是 4，因此，向顶点 4 发消息，消息值是 1；
- 顶点 4 有 1 条指向自己的出边，同样，向自己发消息，消息值是 1；
- 顶点 5 和顶点 6 没有出边，因此，不发消息。

4）等待上述顶点的消息发送完毕后，GraphX Pregel 进入第一轮迭代；

5）newGraph 中只有顶点 4 有接收消息，先调用 mergeMsg（第 20 行）合并消息，共 4 条（2 条来自顶点 2,1 条来自顶点 3,1 条来自顶点 4），合并后消息值是 4，然后调用 vprog，vprog 的第 1 个参数是顶点 ID 4，第 2 个参数是顶点原来的属性值 0，第 3 个参数是合并消息结果 4，最后返回 4，更新顶点 4 的属性值，如图 10-13 所示。

6）第 1 轮迭代结束，由于达到最大迭代次数（val maxIter = 1），程序退出执行，返回顶点更新后的 Graph，如图 10-14 所示。

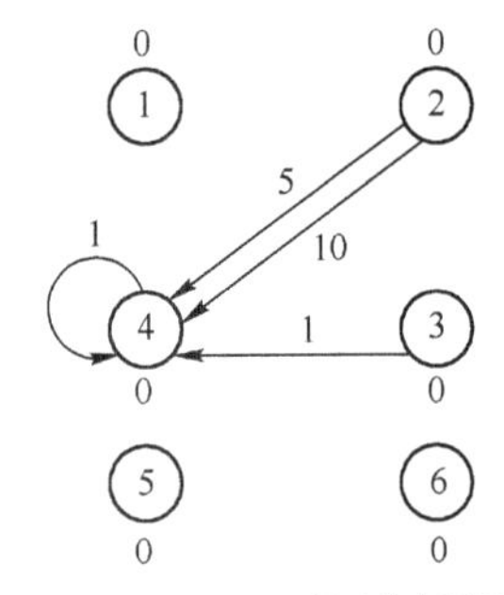

图 10-13　Pregel 处理过程图

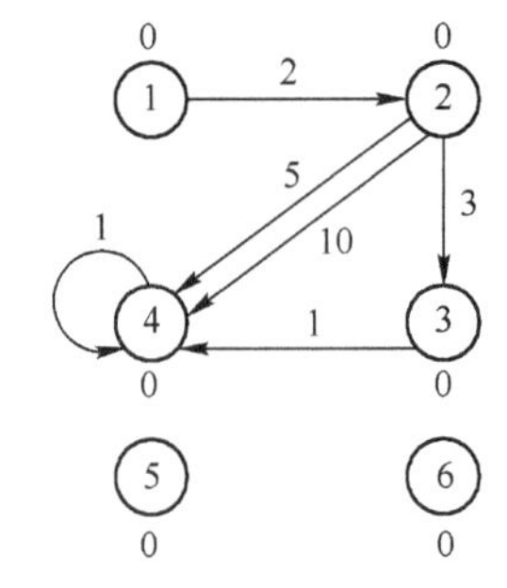

图 10-14　Pregel 处理过程图

10.5　GraphX Pregel 实现最短路径算法——SGPSP

本节使用 GraphX Pregel 实现最短路径算法 SGPSP（Spark GraphX Pregel Shortest Path），进一步理解 Pregel 接口的使用；加深对 Pregel 运行机制的理解；对 10.3 和本节中的两种最短路径算法进行对比测试，加深对这两种编程方法的理解。

1．SGPSP 算法的思路

1）每个顶点保存两个属性值：第一个是源顶点到当前顶点的距离 dis；第二个是源顶点到当前顶点的路径 path；

2）初始化时，将源顶点自身的 dis 设置为 0，其他顶点的 dis 设置为无穷大；

3）从源顶点出发，看源顶点到每条出边的目的顶点的距离，是否小于出边目的顶点原有的 dis，如果是，则向该目的顶点发送消息，并将新距离和新路径记录在消息中；

4）顶点处理消息，比较自身 dis 和消息中的新距离，如果新距离短，则以新距离和新路径来更新顶点属性值，否则不动；

5）从当前顶点出发，看源顶点到当前顶点到每条出边的目的顶点的距离，是否小于出边目的顶点原有的？如果是，则向该目的顶点发送消息，并将新距离和新路径记录在消息中；

6）循环上述步骤，直到所有顶点都找到源顶点到自身的最短距离，之后，不再有消息，迭代结束。

2．SGPSP 算法流程

整个 SGPSP 算法分为两大部分，如图 10-15 所示。

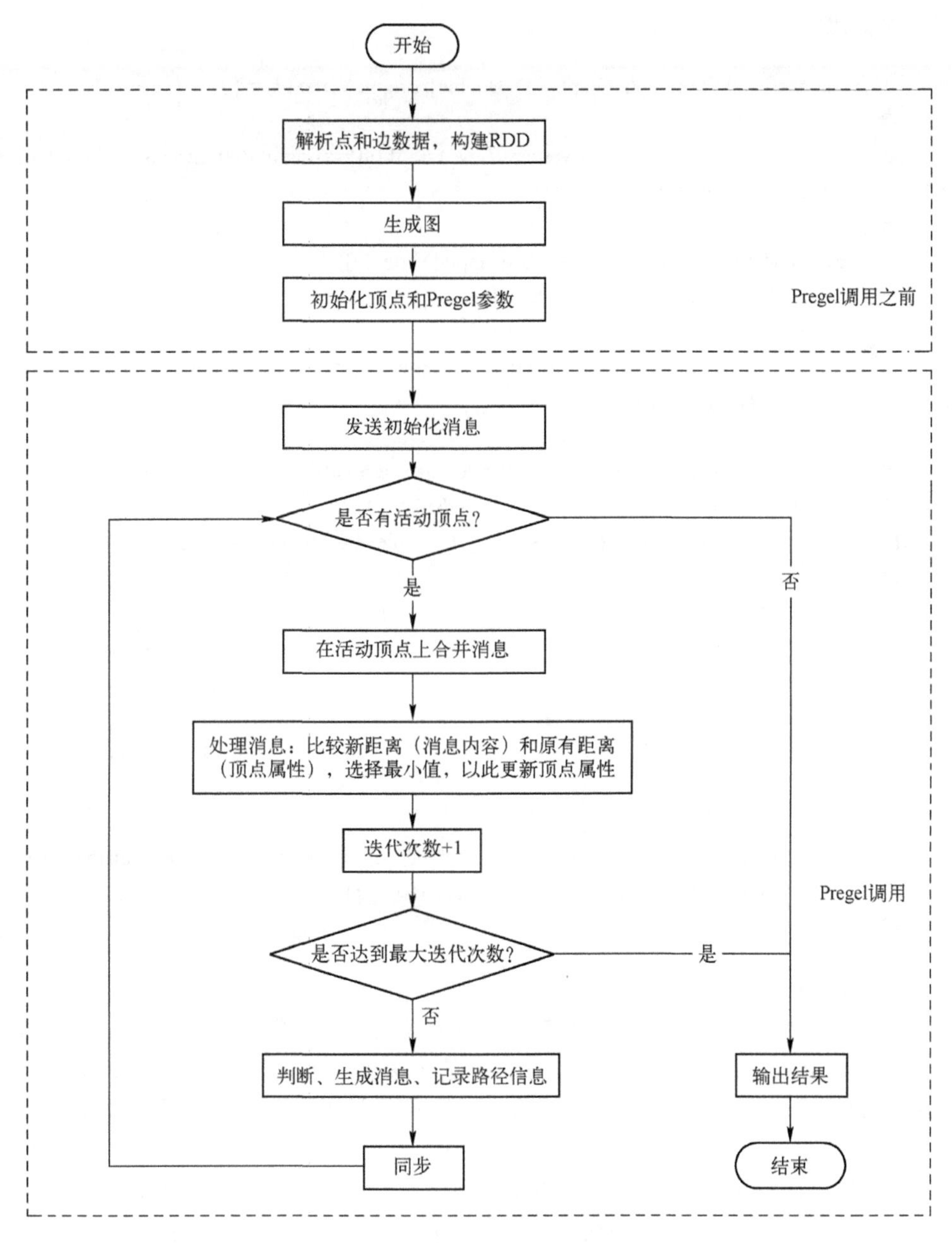

图 10-15　SGPSP 算法流程图

第一部分是 Pregel 调用之前，其作用主要是生成 Graph、初始化 Graph，同时初始化 Pregel 参数；

第二部分是 Pregel 调用的处理，这是重点，其中："是否有活动顶点""迭代次数+1""是否达到最大迭代次数""同步"，这 4 个步骤是 GraphX 底层自动完成的，不需要上层用户实现，用户只需要编写黑色加粗方框内的逻辑。

3．算法代码及说明

下面列出最短路径算法的关键代码和说明。

（1）关键代码

```
1 def shortestPath[VD](graph: Graph[VD, Double], origin: VertexId) = {
2
3   val remainGraph = graph.mapVertices((id, _) => if (id == origin) (0.0, List.empty[VertexId]) else (Double.MaxValue, List.empty[VertexId]))
4
5   val initMsg = (Double.MaxValue, List.empty[VertexId])
6   val maxIter = graph.vertices.count().toInt
7   val edgeDirection = EdgeDirection.Out
8   val vprog = (_: VertexId, dist: (Double, List[VertexId]), newDist: (Double, List[VertexId])) => {if (dist._1 < newDist._1) dist else newDist}
9
10  val sndMsg = (triplet: EdgeTriplet[(Double, List[VertexId]), Double]) => {
11    if (triplet.srcAttr._1 + triplet.attr < triplet.dstAttr._1) {
12      Iterator((triplet.dstId, (triplet.srcAttr._1 + triplet.attr, triplet.srcAttr._2:+triplet.dstId)))
13    } else {
14      Iterator.empty
15    }
16  }
17
18  val mergeMsg = (a: (Double, List[VertexId]), b: (Double, List[VertexId])) => {if (a._1 < b._1) a else b}
19
20  val g = remainGraph.pregel(initMsg, maxIter, edgeDirection)(vprog, sndMsg , mergeMsg)
21  g.vertices.map(v=>(v._1,v._2._1,v._2._2)).sortBy(_._1)
22 }
```

（2）关键代码说明

1）第 1 行，定义 shortestPath 函数，有两个参数，第一个是 Graph，第二个是源顶点 origin；shortestPath 将返回一个 RDD，RDD 的元素是一个 3 元组（VertexId, Double，List[VertexId]），第一项是目的顶点 ID，第二项是源顶点到目的顶点的距离，第三项是源顶点到目的顶点的路径；

2）第 3 行，对 graph 的顶点属性值进行转换，其中源顶点的距离设置为 0，其他顶点的距离设置为 Double 最大值 Double.MaxValue，所有的路径初始化成 List.empty[VertexId]；

3）第 5 行，设置 initMsg 的初始值，Pregel 被调用后，将首先发送 initMsg 到每个顶点；

4）第 6 行，设置最大迭代次数 maxIter，因为每一次迭代，就相当于路径跳数+1，因此，最大迭代次数应该不超过 Graph 总的顶点数−1。保险起见，设置 val maxIter = graph.vertices.count().toInt。实际上，最短路径的跳数往往会远小于 Graph 总的顶点数-1，因此实际中，可能不需要迭代那么多次；

5）第 7 行，设置运行 sndMsg 的边的方向为 EdgeDirection.Out，也就是说，当一个顶点处理完消息后，会在它的每一条出边上运行 sndMsg，决定是否需要向出边的目的顶点发送消息；

6）第 8 行，定义消息处理函数 vprog，如果一个顶点接收到消息，将调用 vprog 处理该消息，vprog 函数说明如下。

- vprog 的第一个参数是顶点 ID，在这里用不到；
- 第二个参数 dist 是顶点属性值，是一个二元组(Double, List[VertexId])，第一项表示源顶点到当前顶点的距离，第二项是路径；
- 第三个参数 newDist 是接收的消息，是从该顶点入边的源顶点发送过来的，也是一个二元组(Double, List[VertexId])，第一项表示从源顶点到入边源顶点到当前顶点的距离，这个距离比当前顶点原有的距离要短（第一次 initMsg 消息除外），第二项是这个距离对应的路径；
- Vprog 取 newDist 和 dist 中距离最短的那个作为顶点的新属性值，也就是说，它找到了一条更短的路径；

7）第 10～16 行，定义 sndMsg，它将在每个接收了消息的顶点的出边上运行，当这些顶点调用 vprog 处理消息后，就会在它们的出边上调用 sndMsg；

- sndMsg 的参数是 triplet，即出边信息，包括出边的 srcId，srcAttr，dstId，dstAttr 和 attr；
- sndMsg 会判断：源顶点到出边源顶点到出边目的顶点的距离，是否小于出边目的顶点保存的现有距离，如果是，就创建一条发送给出边目的顶点的消息：(triplet.dstId, (triplet.srcAttr._1 + triplet.attr, triplet.srcAttr._2:+triplet.dstId))，其中 triplet.dstId 表示消息的接收者是出边的目的顶点，消息内容是：(triplet.srcAttr._1 + triplet.attr, triplet.srcAttr._2:+triplet. dstId)，其中第一项 triplet.srcAttr._1 + triplet.attr 表示新距离，第二项 triplet.srcAttr._2:+ triplet.dstId 是新路径；如果不是，返回 Iterator.empty，不发送消息。

8）第 18 行，定义 mergeMsg。每个顶点可能会多个入边，因此，它可能会收到多条距离更新的消息，mergeMsg 用来合并这些消息，选出最短的距离，交给 vprog 处理；

9）第 20 行，Pregel 调用；

10）第 21 行，对新 Graph 进行转换，获得 3 元组的 RDD。

4．算法对比测试与分析

下面对 10.3 节的 SGDSP 和本节的 SGPSP 两种最短路径算法进行对比测试，测试环境和测试数据如表 10-3 所示。

表 10-3　测试环境表

<table>
<tr><td>URL</td><td colspan="5">spark://scaladev:7077</td></tr>
<tr><td>Worker Number</td><td colspan="5">2</td></tr>
<tr><td>Total Core Number</td><td colspan="5">3</td></tr>
<tr><td>Total Memory</td><td colspan="5">3.7GB</td></tr>
<tr><td rowspan="2">Works State</td><td>work-192.168.0.226</td><td>Core Number</td><td>2</td><td>Memory</td><td>2.7G</td></tr>
<tr><td>work-192.168.0.227</td><td>Core Number</td><td>1</td><td>Memory</td><td>1G</td></tr>
<tr><td>测试文件</td><td colspan="5">文件路径：/home/user/prog/examples/10/input/02/200
文件来源说明：http://snap.stanford.edu/data/email-Eu-core.txt.gz，截取了前 200 个顶点数据，以此生成顶点文件 vertice.txt 和边文件 edges.txt</td></tr>
</table>

参照 3.2.3 节内容编译 SGDSP 和 SGPSP 的源码，并打包到 example.jar 中。参考 3.2.4 节内容，分别提交和运行 SGDSP 和 SGPSP，得到测试结果如表 10-4 所示。

表 10-4　测试结果表

版本	运行时间（s）
SGDSP	279.029
SGPSP	18.494

5．结果分析

由上表可知，两种实现方式的效率差别很大，具体原因分析如下。

- SGDSP 每次迭代找出一个距离最近的点，因此图中有多少个顶点就需要迭代多少次，本例中需要迭代满 200 次，每次迭代会产生两个 Spark Job，每个 Spark Job 的启动都会需要开销，尤其是本例，每个 Spark Job 真正处理的时间没多少，而 Spark Job 启动的开销占了很大比例；
- 与之相反，SGPSP 虽然也设置了最大迭代次数，但如果每个顶点已经找到了最短路径，就不会再迭代，从结果中看，最短路径中，最大的跳数才 3 跳（每一次迭代就是 1 跳），也就是说，最多经过 4 次迭代就完成了整个任务，因此它的处理速度更快。

10.6　练习

1）什么是有向多重图？

2）GraphX 如何表示有向多重图？

3）和其他图计算框架相比，GraphX 的特点是什么？

4）什么是点分割模型？

5）GraphX 的基本数据结构有哪些？

6）参考本书 10.2.1 节内容构建 Graph，获取 VertexRDD，并练习常用操作。

7）参考本书 10.2.2 节内容构建 Graph，获取 EdgeRDD，并练习常用操作。

8）参考本书 10.2.3 节内容，使用 RDD 或文件构建 Graph。

9）参考本书 10.3 节内容，使用 GraphX 接口实现 Dijkstra 算法。

10）使用 Spark 生成 10.5 节的输入文件。

a．先从 http://snap.stanford.edu/data/email-Eu-core.txt.gz 下载文件；

b．使用 Spark 直接处理 email-Eu-core.txt.gz（不需要解压）；

c．生成顶点文件 vertices.txt，顶点序号=email-Eu-core.txt.gz 中顶点序号+1，编号为 1～200；

d．生成边文件 edges.txt，边为 email-Eu-core.txt.gz 中，顶点序号 0～199 的所有边，但要将顶点序号+1，更新为 vertices.txt 中的顶点序号。

11）参考本书 10.5 节内容，使用 GraphX 的 Pregel 接口实现最短路径算法，并同练习 9 中的算法进行性能比较和分析。

参 考 文 献

[1] Wikipedia．Big Data [EB/OL]. [2018-12-30]．https://en.wikipedia.org/wiki/Big_data.

[2] Google 每天索引网页 200 亿跟踪链接 30 万亿[EB/OL]．[2012-08-09]．http://news.mydrivers.com/1/237/237222.htm．

[3] 谷歌网页索引数量突破 1 万亿个 [EB/OL]．[2008-07-26]．https://news.cnblogs.com/n/41309/.

[4] 推荐几个常用的网站建设流量统计工具[EB/OL]．[2016-12-06]．http://www.sohu.com/a/120801983_565767.

[5] Spark Lightning-fast unified analytics engine [EB/OL]．[2018-12-30]．http://spark.apache.org/.

[6] SerDe [EB/OL]．https://cwiki.apache.org/confluence/display/Hive/SerDe, 2016-12-09.

[7] Hive 的 UDF 是什么？[EB/OL]．[2017-04-17]．https://blog.csdn.net/yqlakers/article/details/70211522.

[8] MALEWICZ G, AUSTERN M, BIK A．Pregel: A System for Large-Scale Graph Processing．SIGMOD Conference[C]．page 135-146．ACM．2010.

[9] Spark GraphX [EB/OL]．[2018-12-30]．http://spark.apache.org/graphx/.

[10] 什么是流数据？[EB/OL]．[2018-12-30]．https://amazonaws-china.com/cn/streaming-data/.

[11] Spark Streaming Programming Guide [EB/OL]．[2018-12-30]．http://spark.apache.org/docs/2.3.0/streaming-program-ming-guide.html.

[12] SparkR (R on Spark) [EB/OL]．[2018-12-30]．http://spark.apache.org/docs/2.3.0/sparkr.html#creating-sparkdataframes.

[13] Machine Learning Library (MLlib) Guide [EB/OL]．[2018-12-30]．http://spark.apache.org/docs/2.3.0/ml-guide.html.

[14] ZAHARIA MATEI, CHOWDHURY MOSHARAF, DAS TATHAGATA, etc．Resilient Distributed Datasets: A Fault-Tolerant Abstraction for In-Memory Cluster Computing [M/OL]．[2011-06-19]．http://www2.eecs.berkeley.edu/Pubs/TechRpts/ 2011/EECS-2011-82.pdf.

[15] Tour of Scala Unified Types [EB/OL]．[2018-12-31]．https://docs.scala-lang.org/tour/unified-types.html.

[16] bing_chen.Java 泛型: 类型擦除(type erasure) [EB/OL]．[2017-03-15]．https://www.jianshu.com/p/f9da328c91be.

[17] 端吉．Scala 与 Java 泛型数组 [EB/OL]．[2017-04-16]．https://www.jianshu.com/p/e7142123f54c.

[18] Wikipedia．SQL [EB/OL]．[2018-12-30]．https://en.wikipedia.org/wiki/SQL.

[19] 百度百科．数据库语言[EB/OL]．[2018-12-31]．https://baike.baidu.com/item/%E6%95%B0%E6%8D%AE%E5% BA%93%E8%AF%AD%E8%A8%80/106138?fr=aladdin.

[20] Spark Release 2.0.0 [EB/OL]．[2018-12-31]．http://spark.apache.org/releases/spark-release-2-0-0.html.

[21] 百度百科．CSV [EB/OL]．[2018-12-31]．https://baike.baidu.com/item/CSV/10739?fr=aladdin.

[22] 百度百科．JSON [EB/OL]．[2018-12-31]．https://baike.baidu.com/item/JSON/2462549?fr=aladdin.

[23] LanguageManual. ORC [EB/OL]. [2018-06-17]. https://cwiki.apache.org/confluence/display/Hive/LanguageManual+ ORC.

[24] Apache.Parquet [EB/OL]. [2018-12-31]. http://parquet.apache.org/.

[25] 教练_我要踢球. Parquet 与 ORC：高性能列式存储格式[EB/OL]. [2016-07-09]. https://blog.csdn.net/yu616568/ article/details/51868447.

[26] 百度百科. MariaDB [EB/OL]. [2018-12-31]. https://baike.baidu.com/item/mariaDB/6466119?fr=aladdin.

[27] Dataset [EB/OL]. [2018-12-31]. http://spark.apache.org/docs/2.3.0/api/scala/index.html#org.apache.spark.sql.Dataset.

[28] Wikipedia. SQL [EB/OL]. [2018-12-31]. https://en.wikipedia.org/wiki/SQL.

[29] Wikipedia. Data definition language [EB/OL]. [2018-12-31]. https://en.wikipedia.org/wiki/Data_definition_language.

[30] Wikipedia. Query Language [EB/OL]. [2018-12-31]. https://en.wikipedia.org/wiki/Query_language.

[31] Wikipedia. Data control language [EB/OL]. [2018-12-31]. https://en.wikipedia.org/wiki/Data_control_language.

[32] BUCKLEY F, LEWINTER M 图论简明教程[M]. 李霸慧，王凤芹，译. 北京：清华大学出版社，2005.

[33] 明风 快刀初试：Spark GraphX 在淘宝的实践[EB/OL]. [2018-12-31]. https://www.cnblogs.com/aliyunblogs/p/ 3911191.html.

[34] GraphX Programming Guide [EB/OL]. [2018-12-31]. http://spark.apache.org/docs/2.3.0/graphx-programming-guide. html#pregel-api.

[35] Stackoverflow.How to get SSSP actual path by apache spark graphX [EB/OL]. [2018-12-31]. https://stackoverflow. com/questions/ 23700124/how-to-get-sssp-actual-path-by-apache-spark-graphx.